普通高等教育"十二五"规划教材

工程造价管理

主　编　彭红涛
副主编　董自才　郝仕玲　李敬民
　　　　王旭光　赵雪峰

中国水利水电出版社
www.waterpub.com.cn

内 容 提 要

本书根据建设项目全过程造价管理的原则，系统地论述了工程造价的组成、计价依据和理论，以及项目建设各阶段的工程造价管理方法与内容，体现了我国工程造价管理体制改革的新精神，反映了当前工程造价管理实践发展的新动态。全书共十章，内容包括工程造价管理基础知识，工程造价的组成，以及建设项目决策阶段、设计阶段、招投标过程、施工阶段的工程、竣工验收、竣工决算和后评价等阶段的工程造价管理，建设工程造价审计、工程造价司法鉴定、工程造价计算机管理等内容；并精选了许多反映工程造价管理实践的典型案例，突出了应用性、实用性、综合性、先进性，力求通过案例阐明工程造价管理的相关概念、理论、方法及其应用。

本书主要作为高等学校工程管理、工程造价、土木工程和其他相关专业的教材，也可作为工程造价管理人员的岗位培训教材，还可供建设、施工、设计、监理、造价咨询等单位的工程造价管理人员学习参考；对参加造价工程师、监理工程师、建造师、咨询工程师（投资）等执业资格考试的考生也有一定的参考价值。

图书在版编目（CIP）数据

工程造价管理/彭红涛主编 . —北京：中国水利
水电出版社，2012.6（2015.8 重印）
普通高等教育"十二五"规划教材
ISBN 978 - 7 - 5084 - 9878 - 2

Ⅰ.①工…　Ⅱ.①彭…　Ⅲ.①建筑造价管理-高等学
校-教材　Ⅳ.①TU723.3

中国版本图书馆 CIP 数据核字（2012）第 127946 号

书　　名	普通高等教育"十二五"规划教材 **工程造价管理**
作　　者	主　编　彭红涛 副主编　董自才　郝仕玲　李敬民　王旭光　赵雪峰
出 版 发 行	中国水利水电出版社 （北京市海淀区玉渊潭南路 1 号 D 座　100038） 网址：www. waterpub. com. cn E - mail：sales@ waterpub. com. cn 电话：（010）68367658（发行部）
经　　售	北京科水图书销售中心（零售） 电话：（010）88383994、63202643、68545874 全国各地新华书店和相关出版物销售网点
排　　版	中国水利水电出版社微机排版中心
印　　刷	北京市北中印刷厂
规　　格	184mm×260mm　16 开本　23.5 印张　558 千字
版　　次	2012 年 6 月第 1 版　2015 年 8 月第 3 次印刷
印　　数	6001—9000 册
定　　价	**48.00 元**

前　言

　　工程造价管理贯穿于建设工程的全过程，是工程建设管理的重要组成部分。工程造价管理是以建设工程为研究对象，以提高效益为目的，以工程技术、经济、管理和法律法规为手段，研究工程造价的内在规律性，以及确定和控制工程造价的理论与方法的学科，研究内容涉及技术经济学、建筑经济学、投资管理学、经济管理学和经济法学等，是一门多学科交叉的新兴学科，具有实践性和政策性较强的特点。

　　当前，随着我国经济增长方式的转变和建筑业转型升级的加快，我国工程造价管理体制改革也需要稳步推进。我国工程造价行业的发展将以服务经济转型需要、规范建设市场、加快计价体制改革为主线，以提高投资效益、合理确定和有效控制工程造价为目的，建立健全符合市场经济体制下、通过市场竞争形成建设工程造价的机制和工程计价依据体系，加大法制支撑力度和国有投资项目的工程造价监管，促进工程造价咨询企业健康发展，着力提升工程造价管理在工程建设事业中的地位和作用。为此，本书在编写时对工程造价管理理论的阐述、实际操作方法的说明、法律法规的引用、工程案例的解析，都力求反映我国和国际上工程造价管理领域的最新动态。全书构建了较为完整的工程造价管理理论与实务知识体系。全书共 10 章，主要阐述了工程造价及其管理的概念、作用、内容、机构、人员和国内外的发展情况；系统介绍了建设项目的决策、设计、招投标、施工、竣工决算、后评价等各阶段工程造价管理的内容、依据、方法和步骤等；阐明了建设项目工程合同管理、建设项目审计、工程造价司法鉴定、建设项目后评价的方法和内容；介绍了工程造价计算机管理的相关知识；通过深入解析反映工程造价管理实践的精选典型案例，揭示了工程造价理论联系实际的方法。由于在工程建设的不同阶段，工程造价管理的依据也不尽相同，故本书未将工程造价计价依据单独列为一章，而是根据工程造价管理的不同阶段分别在各有关章节编入相应的计价依据，这样更有利于读者把握工程造价管理的脉络。

　　本书由中国农业大学水利与土木工程学院彭红涛主编；副主编有云南农

业大学建筑工程学院董自才和李敬民、中国农业大学水利与土木工程学院郝仕玲、山东农业大学水利土木工程学院王旭光、北京工业大学建筑工程学院赵雪峰。其中，董自才编写第一章、第八章，郝仕玲编写第二章，彭红涛编写第三章、第九章，李敬民编写第四章，王旭光编写第五章、第七章，赵雪峰编写第六章、第十章。

本书在编写过程中，参阅了大量专著和文献，在此对其作者表示衷心的感谢。

目前适逢我国建设工程造价管理体制的变革时期，许多问题有待进一步探讨和研究，加之受编写水平所限，定有疏漏或不妥之处，敬请广大读者批评指正。

编者

2012 年 1 月

目 录

第一章　工程造价管理基础知识

【学习指导】　本章对建设项目、工程造价管理、工程造价咨询、造价工程师与造价员进行了概述。通过本章的学习，要求了解工程造价管理理论的发展现状；熟悉建设项目的组成与分类，工程造价管理的目标、任务、特点和对象；重点掌握建设项目建设程序、工程造价管理的内容、建设工程造价咨询企业管理、注册造价工程师和造价员资格管理。

第一节　建设项目管理概述

一、建设项目的划分与分类

（一）建设项目的划分

1. 建设项目

建设项目是指具有完整的计划任务书和总体设计并能进行施工，行政上有独立的组织形式，经济上实行统一核算的基本建设单位。一个建设项目可由几个单项工程或一个单项工程组成。在生产性建设项目中，一般是以一个企业或一个联合企业的工厂为建设项目；在非生产性建设项目中，一般是以一个事业单位的办公设施为建设项目，如一所学校；也有以经营性质设施为建设项目，如宾馆、饭店等。

2. 单项工程

单项工程又称工程项目，是建设项目的组成部分。一个建设项目，可以是一个单项工程，也可能包括多个单项工程。所谓单项工程是具有独立的设计文件，竣工后可以独立发挥生产能力或效益的工程。例如，新建一个钢铁厂，这一建设项目可按主要生产车间、辅助生产车间、办公室、宿舍等分为若干单项工程。单项工程是一个复杂的综合体，按其构成可分为建筑工程，设备及其安装工程，工具、器具及生产用具的购置等。

3. 单位工程

单位工程是指具有独立的设计文件，能单独施工，并可以单独作为进行经济核算对象的工程，单位工程是单项工程的组成部分。单位工程一般划分为建筑工程、设备及其安装工程。

（1）建筑工程。根据其中各组成成分的性质、作用再分为若干单位工程。

1）一般土建工程，包括房屋及构筑物的各种结构工程和装饰工程。

2）卫生工程，包括室内外给排水管道、采暖、通风及民用煤气管道工程等。

3）工业管道工程，包括蒸汽、压缩空气、煤气、输油管道工程等。

4）特殊构筑物工程，包括各种设备基础、高炉、烟囱、桥梁、涵洞工程等。

5）电气照明工程，包括室内外照明、线路架设、变电与配电设备安装等。

（2）设备及其安装工程。设备购置与安装工程，两者有着密切的联系，因此，在工程预算上把两者结合起来，组成为设备及其安装工程，其中又可分为：

1）机械设备及其安装工程，包括工艺设备、起重运输设备、动力设备等的购置及其安装工程；

2）电气设备及其安装工程，包括传动电气设备、吊车电气设备、起重控制设备等的购置及其安装工程。

4. 分部工程

分部工程是单位工程的组成部分，应按专业性质、建筑部位确定。如一个单位工程中的土建工程可以分为土石方工程、砖石工程、脚手架工程、钢筋混凝土工程、楼地面工程、屋面工程及装饰工程等，而其中的每一个部分就是一个分部工程。当分部工程较大或较复杂时，可按材料种类、施工特点、施工程序、专业系统及类别等将其划分为若干子分部工程。

5. 分项工程

分项工程是指按照不同的施工方法、建筑材料、设备不同的规格等，将分部工程作进一步细分的工程。分项工程是建筑工程的基本构造要素，是分部工程的组成部分，如土石方分部工程，可以分为人工挖土方、机械挖土方、运土方、回填土方等分项工程。

（二）建设项目的分类

1. 建设项目按其用途不同分类

（1）生产性建设项目。生产性建设项目是指直接用于物资（产品）生产或满足物质（产品）生产所需要的建设项目，主要包括以下的建设项目：①工业建设；②建筑业建设；③农林水利气象建设；④邮电运输建设；⑤商业和物资供应建设；⑥地质资源勘探建设。

（2）非生产性建设项目。非生产性建设项目一般是指满足人民物质和文化生活所需要的建设项目，主要包括以下建设项目：①住宅建设；②文教卫生建设；③科学实验研究建设；④公用事业建设；⑤其他建设。

2. 建设项目按其性质不同分类

（1）新建项目。新建项目是指从无到有新开始建设的项目。有的建设项目原有规模较小，经重新进行总体设计，扩大建设规模后，其新增加的固定资产价值超过原有固定资产价值3倍以上的，亦属于新建项目。

（2）扩建项目。扩建项目是指原企事业单位为了扩大原有产品的生产能力和效益，或增加新的产品生产能力和效益而扩建的生产车间、生产线或其他工程。

（3）改建项目。改建项目是指原企事业单位，为了提高生产效率、改进产品质量或改变产品方向，对原有设备、工艺流程进行改造的建设项目。为了提高综合生产能力，增加一些附属和辅助车间或非生产性工程，亦属于改建项目。

（4）恢复项目。恢复项目是指企事业单位的固定资产因自然灾害、战争、人为灾害等原因部分或全部被破坏报废，而后又重新投资恢复的建设项目。不论是按原来的规模恢复建设，还是在恢复的同时进行扩充建设的部分，均称恢复项目。

（5）迁建项目。迁建项目是指企事业单位，由于各种原因将建设工程迁到另一地方的建设项目。不论其建设规模是否维持原来的建设规模，均属于迁建项目。

3. 建设项目按规模不同分类

依据建设项目规模或投资的大小，可把建设项目划分为大型建设项目、中型建设项目和小型建设项目。对于工业建设项目和非工业建设项目的大、中、小型划分标准，原国家计委、原建设部、财政部都有明确的规定。一个建设项目，只能属于大、中、小型其中的一类。大、中型建设项目一般都是国家的重点骨干工程，对国民经济的发展具有重大意义。

生产产品单一的工业企业，其建设规模一般按产品的设计能力划分。如钢铁联合企业，年生产钢量在100万t以上的为大型建设项目；10万～100万t为中型建设项目；10万t以下为小型建设项目。生产产品多种的工业企业，按其主要产品的设计能力进行划分，产品种类繁多，难以按生产能力划分的，则按全部建设投资额的大小进行划分。

4. 按项目的投资效益不同分类

按项目的投资效益不同分类建设项目可分为竞争性项目、基础性项目和公益性项目。

5. 按项目的投资来源不同分类

按项目的投资来源不同分类建设项目可分为政府投资项目和非政府投资项目。按照其盈利性不同，政府投资项目又可分为经营性政府投资项目和非经营性政府投资项目。

二、建设项目建设程序

（一）建设项目建设程序概念

建设项目建设程序是指工程项目从策划、评估、决策、设计、施工到竣工验收、投入生产或交付使用的整个建设过程中，各项工作必须遵循的先后工作次序。建设项目建设程序是工程建设过程客观规律的反映，是建设项目科学决策和顺利进行的重要保证。按照建设项目发展的内在联系和发展过程，建设程序分成若干阶段，这些发展阶段有严格的先后次序，不能任意颠倒。

（二）建设程序阶段划分

依据建设程序一般分为以下阶段：

（1）项目建议书阶段。项目建议书是业主向国家提出的要求建设某一具体项目的建议文件，项目建议书一经批准后即为立项，立项后可进行可行性研究。

（2）可行性研究阶段。可行性研究是对建设工程项目技术上是否可行和经济上是否合理而进行的科学分析和论证，可行性研究报告一经批准后即形成项目投资决策。

（3）建设地点选择阶段。如选工厂厂址主要考虑三大问题：一是资源、原材料是否落实可靠；二是工程地质和水文地质等建厂的自然条件是否可靠；三是交通运输、燃料动力等建厂的外部条件是否具备，经济上是否合理。

（4）初步设计阶段。初步设计是为了阐明在指定地点、时间和投资限额内，拟建项目技术上的可行性和经济上的合理性。

（5）施工图设计阶段。施工图设计是在初步设计基础上完整地表现建筑物外形、内部空间尺寸、结构等，还包括通信、管道系统设计等。

（6）建设准备阶段。初步设计经批准以后，进行施工图设计并做好施工前的各项准备工作。

（7）工程实施阶段。在开工报告和建设年度计划得到批准后，即可组织施工。

（8）生产准备阶段。根据工程进度，做好生产准备工作。

（9）竣工验收阶段。项目按批准的设计内容完成，经投料试车合格后，正式验收，交付生产使用。验收前，建设单位要组织设计、施工等单位进行初检，提出竣工报告，整理技术资料，分类立卷，移交建设单位保存。

（10）后评价阶段。总结项目建设成功或失误的经验教训，供以后的项目决策借鉴；同时，也可为决策和建设中的各种失误找出原因，明确责任；还可对项目投入生产或使用后还存在的问题，提出解决办法，弥补项目决策和建设中的缺陷。

以上程序可由项目审批主管部门视项目建设条件、投资规模作适当调整。

第二节 工程造价管理理论概述

一、工程造价管理的概念

工程造价管理是指在建设项目的建设中，全过程、全方位、多层次地运用技术、经济及法律等手段，通过对建设项目工程造价的预测、优化、控制、分析、监督等，以获得资源的最优配置和建设工程项目最大的投资效益。

工程造价管理有两种含义：一是指建设工程投资费用管理；二是指工程价格管理。

1. 建设工程投资费用管理

建设工程的投资费用管理，它属于投资管理范畴。管理是为了实现一定的目标而进行的计划、组织、协调、控制等系统活动。建设工程投资管理，就是为了达到预期的效果对建设工程的投资行为进行计划、组织、协调与控制。这种含义的管理侧重于投资费用的管理，而不是侧重于工程建设的技术方面。建设工程投资费用管理的含义是为了实现投资的预期目标，在拟定的规划、设计方案的条件下，预测、计算、确定和监控工程造价及其变动的系统活动。这一含义既涵盖了微观的项目投资费用的管理，也涵盖了宏观层次的投资费用的管理。

2. 工程价格管理

工程价格管理是属于价格管理范畴。在社会主义市场经济条件下，价格管理分两个层次。在微观层次上是生产企业在掌握市场价格信息的基础上，为实现管理目标而进行的成本控制、计价、定价和竞价的系统活动。它反映了微观主体按支配价格运动的经济规律，对商品价格进行能动的计划、预测、监控和调整，并接受价格对生产的调节。在宏观层次上是政府根据社会经济发展的要求，利用法律手段、经济手段和行政手段对价格进行管理和调控，以及通过市场管理规范市场主体价格行为的系统活动。工程建设关系国计民生，同时政府投资公共项目仍然有相当份额，所以国家对工程造价的管理，不仅承担一般商品价格的调控职能，而且在政府投资项目上也承担着微观主体的管理职能。这种双重角色的双重管理职能，是工程造价管理的一大特色。区分两种管理职能，进而制定不同的管理目标，采用不同的管理方法是建设工程造价管理的本质所在。

二、工程造价管理的产生与发展

（一）工程造价管理的产生

工程造价管理是随着社会生产力的发展、商品经济的发展和现代管理科学的发展而产生发展的。

我国古代在组织规模宏大的生产活动（例如土木建筑工程）时就运用了科学管理方法。据《辑古篡经》等书记载，我国唐代就有夯筑城台的用工定额——功。1103 年，北宋土木建筑家李诫编修了《营造法式》，该书共 36 卷，3555 条，包括释名、工作制度、功限、料例、图样五个部分。其中"功限"就是现在的劳动定额、"料例"就是材料消耗定额。第一卷、第二卷主要是对土木建筑名词术语的考证，即"释名"；第三卷至第十五卷是石作、木作等工作制度，说明工作的施工技术和方法，即"工作制度"；第十六卷至第二十五卷是工作工额的规定，即"功限"；第二十六卷至第二十八卷是各工程用料的规定，即"料例"；第二十九卷至第三十六卷是图样。《营造法式》汇集了北宋以前的技术精华，对控制工料消耗、加强施工管理起了很大的作用，并一直沿用到明清。明代管辖官府建筑的工部所编著的《工程做法》一直流传至今。由此可看出，北宋时已有了造价管理的雏形。

现代工程造价管理是随着资本主义社会化大生产而产生的，最早出现在 16 世纪至 18 世纪的英国。社会化大生产促使大批厂房新建；农民从农村向城市集中，需要大量住房，从而使建筑业逐渐得到发展。随着设计与施工分离形成独立的专业后，出现了工料测量师对已完工程量进行测量、计算工料、进行估价，并以工匠小组名义与工程委托人和建筑师洽商，估算工程价款。工程造价管理由此产生。

（二）工程造价管理的发展

从 19 世纪初期开始，资本主义国家在工程建设中开始推行招标承包制，要求工料测量师在工程设计以后和开工以前就进行测量和估价，根据图纸算出实物工程量并汇编成工程量清单，为招标者确定控制价或为投标者做出投标报价。从此，工程造价管理逐渐形成了独立的专业。1881 年英国皇家测量师学会成立。至此，工程委托人能够在工程开工前预先了解需要支付的投资额，但还不能在设计阶段就对工程项目所需投资进行准确预计，并对设计进行有效的监督、控制。因此，往往在招标时或招标后才发现，根据完成的设计，工程费用过高，投资不足，不得不中途停工或修改设计。业主为了使资源得到最有效利用，迫切要求在设计早期阶段甚至在作投资决策时，就进行投资估算，并对设计进行控制。由于工程造价规划技术和分析方法的应用，工料测量师也有可能在设计过程中相当准确地作出概预算，并可根据工程委托人的要求使工程造价控制在限额以内。至此，从 20 世纪 40 年代开始，在英国等经济发达国家产生了"投资计划和控制制度"，工程造价管理进入了一个崭新阶段。

从工程造价管理的发展历程中不难看出，工程造价管理是随着工程建设的发展和社会经济的发展而产生并日臻完善的。主要表现为：

从事后算账，发展到事前算账。最初只是消极地反映已完工程的价格，逐步发展到开工前进行工程量的计算和估价，为业主进行投资决策提供依据。

从被动反映设计和施工，发展到能动地影响设计和施工。最初只是根据设计图纸进行施工监督，结算工程价款，逐步发展到在设计阶段对造价进行预测，并对设计进行控制。

从依附于建筑师发展成一个独立的专业。当今在大多数国家包括我国都有专业学会组织规范执业操守；高等院校也开设了工程造价专业，培养专门人才。

三、工程造价管理的目标、任务、特点和对象

（一）工程造价管理的目标

工程造价管理的目标是按照经济规律的要求，根据社会主义市场经济的发展形势，利用科学管理方法和先进管理手段，合理地确定工程造价和有效地控制造价，以提高投资效益。

合理确定造价和有效控制造价是有机联系辩证的关系、贯穿于工程建设全过程。原国家计划委员会计标（1988）30 号文《关于控制建设工程造价的苦干规定》指出："控制工程造价的目的，不仅仅在于控制工程项目投资不超过批准的造价限额，更积极的意义在于合理使用人力、物力、财力，以取得最大的投资效益。"

（二）工程造价管理的任务

工程造价管理的任务是：加强工程造价的全过程动态管理，强化工程造价的约束机制，维护有关各方的经济利益，规范价格行为，促进微观效益和宏观效益的统一。具体地来说，工程造价管理的基本任务是在工程建设中对工程造价进行预测、优化、控制、分析评价和监督。

（1）工程造价的预测是指根据建设项目决策内容、技术文件、社会经济水平等资料，按照一定的方法对拟建工程项目的花费做出测算。

（2）工程造价的优化是以资源的优化配置为目标而进行的工程造价管理活动。在满足工程项目功能的前提下，通过确定合理的建设规模进行设计方案及施工组织的优化，实现资源的最小化。

（3）工程造价的控制是在工程建设的每一个阶段，检查造价控制目标（如批准的概算、合同总价等）的实现情况。若发现偏差，立即分析原因，及时进行调整，以确保既定目标的实现。

（4）工程造价的分析评价贯穿于整个工程造价管理过程之中，它包括工程造价的构成分析、技术经济分析、比较分析等。

工程造价的构成分析主要是对工程造价的组成要素、所占比例等进行分析，为工程造价管理提供依据；工程造价的技术经济分析主要是对设计及施工方案等进行技术经济分析，以确定工程造价是否合理；工程造价的比较分析是对工程造价进行纵向或横向比较，例如：估算、概算、预算三者进行对比分析；拟建工程的技术经济指标与已建工程的技术经济指标进行对比分析。

（5）工程造价的监督。工程造价的监督主要是指根据国家的有关文件和规定对建设工程项目进行审查与审计。

（三）工程造价管理的特点

建筑产品作为特殊的商品，具有不同于一般商品的特征，如建设周期长、资源消耗大、参与建设人员多、计价复杂等。相应地，反映在工程造价管理上则表现为参与主体多、阶段性管理、动态化管理和系统化管理的特点。

1. 工程造价管理的多主体性

工程造价管理的参与主体不仅包括建设单位项目法人，还包括工程项目建设的投资主管部门、行业协会、设计单位、施工单位、造价咨询机构等。具体来说，决策主管部门要

加强项目的审批管理；项目法人要对建设项目从筹建到竣工验收全过程负责；设计单位要把好设计质量和设计变更关；施工企业要加强施工管理等。因而，工程造价管理具有明显的多主体性。

2. 工程造价管理的多阶段性

建设工程项目从可行性研究开始，依次进行设计、招标投标、工程施工、竣工验收等阶段，每一个阶段都有相应的工程造价文件，而每一个阶段的造价文件都有特定的作用，例如：投资估算价是进行建设项目可行性研究的重要参数，设计概预算是设计文件的重要组成部分；招标控制价及投标报价是进行招投标的重要依据；工程结算是承发包双方控制造价的重要手段；竣工决算是确定新增固定资产的依据。因此，工程造价的管理需要分阶段进行。

3. 工程造价管理的动态性

工程造价管理的动态性有两个方面，一是指工程建设过程中有许多不确定因素，如物价、自然条件、社会因素等，对这些不确定因素必须采用动态的方式进行管理；二是指工程造价管理的内容和重点在项目建设的各个阶段是不同的、动态的。例如：可行性研究阶段工程造价管理的重点在于提高投资估算的编制精度以保证决策的正确性；招投标阶段是要使招标控制价和投标报价能够反映市场；施工阶段是要在满足质量和进度的前提下降低工程造价以提高投资效益。

4. 工程造价管理的系统性

工程造价管理具备系统性的特点，例如，投资估算、设计概预算、招标控制价（投标报价）、工程结算与竣工决算组成了一个系统。因此应该将工程造价管理作为一个系统来研究，用系统工程的原理、观点和方法进行工程造价管理，才能实施有效的管理，实现最大的投资效益。

（四）工程造价管理的对象

建设工程造价管理的对象分客体和主体。客体是建设项目，而主体是业主或投资人（建设单位）、承包商或承建商（设计单位、施工单位、项目管理单位）以及监理、咨询等机构及其工作人员。对各个管理对象而言，具体的工程造价管理工作的范围、内容以及作用各不相同。

四、工程造价管理的内容

工程造价管理的基本内容就是合理确定和有效控制工程造价。

（一）工程造价的合理确定

工程造价的合理确定，就是在工程建设的各个阶段，采用科学的计算方法和现行的计价依据及批准的设计方案或设计图纸等文件资料，合理确定投资估算、设计概算、施工图预算、承包合同价、工程结算价和竣工决算价。

依据建设程序，工程造价的确定与工程建设阶段性工作深度相适应。一般分为以下阶段：

（1）项目建议书阶段。该阶段编制的初步投资估算，经有关部门批准，即作为拟建项目进行投资计划和前期造价控制的工作依据。

（2）可行性研究阶段。该阶段编制的投资估算，经有关部门批准，即成为该项目造价控制的目标限额。

（3）初步设计阶段。该阶段编制的初步设计概算，经有关部门批准，即为控制拟建项目工程造价的具体最高限额。在初步设计阶段，对实行建设项目招标承包制签订承包合同协议的项目，其合同价也应在最高限价（设计概算）相应的范围以内。

技术设计阶段是进一步解决初步设计的重大技术问题，如工艺流程、建筑结构、设备选型等，该阶段则应编制修正设计概算。

（4）施工图设计阶段。该阶段编制的施工图预算，用以核实施工图阶段造价是否超过批准的初步设计概算。经承发包双方共同确认、有关部门审查通过的施工图预算，即为结算工程价款的依据。

对以施工图预算为基础的招标投标工程，承包合同价是以经济合同形式确定的建安工程造价。承发包双方应严格履行合同，使造价控制在承包合同价以内。

（5）工程实施阶段。该阶段要按照承包方实际完成的工程量，以合同价为基础，同时考虑因物价上涨引起的造价提高，考虑到设计中难以预料的而在实施阶段实际发生的工程变更和费用，合理确定工程结算价。

（6）竣工验收阶段。该阶段全面总结在工程建设过程中实际花费的全部费用，编制竣工决算，如实体现该建设工程的实际造价。

建设程序的各阶段工程造价确定如图 1-1 所示。

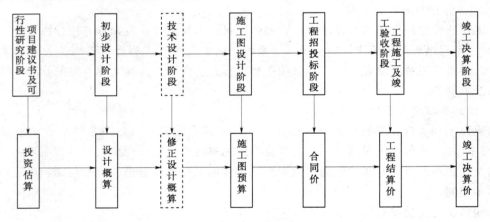

图 1-1　建设程序的各阶段工程造价确定示意图

（二）工程造价的有效控制

工程造价的有效控制是指在投资决策阶段、设计阶段、建设项目发包阶段和实施阶段，把建设工程造价的实际发生控制在批准的造价限额以内，随时纠正发生的偏差，以保证项目管理目标的实现，以求在各个建设项目中能合理使用人力、物力、财力，取得较好的投资效益和社会效益。具体来说，是用投资估算控制初步设计和初步设计概算；用设计概算控制技术设计和修正设计概算；用概算或者修正设计概算控制施工图设计和施工图预算。

有效控制工程造价应注意以下几点。

1. 以设计阶段为重点的全过程造价控制

工程造价控制应贯穿于项目建设的全过程，但是各阶段工作对造价的影响程度是不同的。影响工程造价最大的阶段是投资决策和设计阶段，在项目作出投资决策后，控制工程造价的关键就在于设计阶段。有资料显示，至初步设计结束，影响工程造价的程度从95％下降到75％；至技术设计结束，影响工程造价的程度从75％下降到35％；施工图设计阶段，影响工程造价的程度从35％下降到10％；而至施工开始，通过技术组织措施节约工程造价的可能性只有5％～10％。

因此，有关单位和设计人员必须树立经济核算的观念，克服重技术轻经济的思想，严格按照设计任务书规定的投资估算做好多方案的技术经济比较。工程经济人员在设计过程中应及时地对工程造价进行分析对比，能动地影响设计，以保证有效地控制造价。同时要积极推行限额设计，在保证工程功能要求的前提下，按各专业分配的造价限额进行设计，保证估算、设计概算起层层控制作用。

2. 以主动控制为主

长期以来，建设管理人员把控制理解为进行目标值与实际值的比较，当两者有偏差时，分析产生偏差的原因，确定下一阶段的对策。这种传统的控制方法只能发现偏差，不能预防发生偏差，是被动地控制。自20世纪70年代开始，人们将系统论和控制论研究成果应用于项目管理，把控制立足于事先主动地采取决策措施，尽可能减少避免目标值与实际值发生偏离。这是主动的、积极的控制方法，因此被称为主动控制。这就意味着工程造价管理人员不能死算账，而应能进行科学管理。不仅要真实地反映投资估算、设计概预算，更重要的是要能动地影响投资决策、设计和施工，主动地控制工程造价。

3. 技术与经济相结合是控制工程造价最有效的手段

控制工程造价，应从组织、技术、经济、合同等多方面采取措施。

从组织上采取措施，就要做到专人负责，明确分工；技术上要进行多方案选择，力求先进可行、符合实际；经济上要动态比较投资的计划值和实际值，严格审核各项支出。

工程建设要把技术与经济有机地结合起来，通过技术比较、经济分析和效果评价，正确处理技术先进与经济合理之间的对立统一关系，力求做到在技术先进条件下的经济合理，在经济合理基础上的技术先进，把控制工程造价的思想真正地渗透到可行性研究、项目评价、设计和施工的全过程中去。

4. 区分不同投资主体的工程造价控制

造价管理必须适应投资主体多元化的要求，区分政府性投资项目和社会性投资项目的特点，推行不同的造价管理模式。我国现行的投资体制存在不少问题，主要是政府对企业项目管得过多过细，对政府投资项目管得不够。

2004年颁布的《国务院关于投资体制改革的决定》主要强调了区分不同的投资主体，针对不同的项目性质，实行不同的管理方式。确立企业投资主体地位，同时对政府投资行为规范、制约。

（1）政府投资项目。政府投资主要用于关系国家安全和市场不能有效配置资源的经济和社会领域。对于政府投资项目，继续实行审批管理。但要按照行政许可法的要求，在程序、时限等方面对政府的投资管理行为进行规范。

（2）企业投资项目。对于企业不使用政府投资建设的项目，一律不再实行审批制，区别不同情况实行核准制和备案制。对企业重大项目和限制类项目实行核准制，其他项目则实行备案制。项目的市场前景、经济效益、资金来源和产品技术方案等均由企业自主决策、自担风险，并依法办理环境保护、土地使用、资源利用、安全生产、城市规划等许可手续和减免税确认手续。据有关方面的测算，实行备案制的项目约为75%，也就是说大部分项目将实行备案制。同时对于企业投资项目，政府转变了管理的角度、将主要从行使公共管理职能的角度对其外部性进行核准，其他则由企业自主决策。"企业投资建设实行核准制的项目，仅需向政府提交项目申请报告，不再经过批准项目建议书、可行性研究报告和开工报告的程序"。

五、工程造价管理的组织

工程造价管理的组织是指为了实现工程造价管理目标而进行的有效组织活动，以及与造价管理功能相关的有机群体。按照管理的权限和职责范围划分，我国目前的工程造价管理组织系统分为政府行政管理、行业协会管理以及企业、事业机构管理。

（一）政府部门的行政管理

政府在工程造价管理中既是宏观管理主体，也是政府投资项目的微观管理主体。从宏观管理的角度，政府对工程造价管理有一个严密的组织系统，设置了多层管理机构，规定了管理权限和职责范围。住建部标准定额司是国家工程造价管理的最高行政管理机构，它的主要职责是：

（1）组织拟订工程建设国家标准、全国统一定额、建设项目评价方法、经济参数和建设标准、建设工期定额、公共服务设施（不含通信设施）建设标准；拟定工程造价管理的规章制度。

（2）拟定部管行业工程标准、经济定额和产品标准，指导产品质量认证工作。

（3）指导监督各类工程建设标准定额的实施。

（4）拟订工程造价咨询单位的资质标准并监督执行。

各省、自治区、直辖市和国务院其他主管部门的建设管理机构在其管辖范围内行使相应的管理职能；省辖市和地区的建设管理部门在所辖地区行使相应的管理职能。

（二）行业协会的自律管理

中国建设工程造价管理协会是我国建设工程造价管理的行业协会。

我国工程造价管理协会已初步形成三级协会体系，即：中国建设工程造价管理协会，省、自治区、直辖市和行业工程造价管理协会，工程造价管理协会分会。其职责范围也初步形成了宏观领导、中观区域和行业指导、微观具体实施的体系。

中国建设工程造价管理协会作为建设工程造价咨询行业的自律性组织，其行业管理的主要职能包括：

（1）研究工程造价咨询与管理改革和发展的理论、方针、政策，参与相关法律法规、行业政策及行业标准规范的研究制订。

（2）制订并组织实施工程造价咨询行业的规章制度、职业道德准则、咨询业务操作规程等行规行约，推动工程造价行业诚信建设，开展工程造价咨询成果文件质量检查等活动，建立和完善工程造价行业自律机制。

（3）研究和探讨工程造价行业改革与发展中的热点、难点问题，开展行业的调查研究工作，倾听会员的呼声，向政府有关部门反映行业和会员的建议和诉求，维护会员的合法权益，发挥联系政府与企业间的桥梁和纽带作用。

（4）接受政府部门委托，协助开展工程造价咨询行业的日常管理工作。开展注册造价工程师考试、注册及继续教育、造价员队伍建设等具体工作。

（5）组织行业培训，开展业务交流，推广工程造价咨询与管理方面的先进经验，开展工程造价先进单位会员、优秀个人会员及优秀工程造价咨询成果评选和推介等活动。

（6）办好协会的网站，出版《工程造价管理》期刊，组织出版有关工程造价专业和教育培训等书籍，开展行业宣传和信息咨询服务。

（7）维护行业的社会形象和会员的合法权益，协调会员和行业内外关系，受理工程造价咨询行业中执业违规的投诉，对违规者实行行业惩戒或提请政府主管部门进行行政处罚。

（8）代表中国工程造价咨询行业和中国注册造价工程师与国际组织及各国同行建立联系，履行相关国际组织成员应尽的职责和义务，为会员开展国际交流与合作提供服务。

（9）指导中价协各专业委员会和各地方造价协会的业务工作。

（10）完成政府及其部门委托或授权开展的其他工作。

地方建设工程造价管理协会作为建设工程造价咨询行业管理的地方性组织，在业务上接受中国建设工程造价管理协会的指导，协助地方政府建设主管部门和中国建设工程造价管理协会进行本地区建设工程造价咨询行业的自律管理。

（三）企业、事业机构管理

企业、事业机构对工程造价的管理，属于微观管理的范畴，通常是针对具体的建设项目而实施工程造价管理活动。企业、事业机构管理系统根据主体的不同，可划分为业主方工程造价管理系统、承包方工程造价管理系统、中介服务方工程造价管理系统。

1. 业主方工程造价管理

业主对项目建设的全过程进行造价管理，其职责主要是：进行可行性研究、投资估算的确定与控制；设计方案的优化和设计概算的确定与控制；施工招标文件和标底的编制；工程进度款的支付和工程结算及控制；合同价的调整；索赔与风险管理；竣工决算的编制等。

2. 承包方工程造价管理

承包方工程造价管理组织的职责主要有：投标决策，并通过市场研究、结合自身积累的经验进行投标报价；编制企业定额；在施工过程中进行工程造价的动态管理，加强风险管理、工程进度款的支付、工程索赔、竣工结算；同时加强企业内部的管理，包括施工成本的预测、控制与核算等。

3. 中介服务方工程造价管理

中介服务方主要有设计方与工程造价咨询方，其职责包括：按照业主或委托方的意图，在可行性研究和规划设计阶段确定并控制工程造价；采用限额设计以实现设定的工程造价管理目标；在招投标阶段编制控制价，参与评标、议标；在项目实施阶段，通过设计变更、索赔与结算等工作进行工程造价的控制。

六、现代工程造价管理发展模式

工程造价管理理论是随着现代管理科学的发展而发展的，到 20 世纪 70 年代末有新的突破。世界各国纷纷借助其他管理领域的最新发展，开始了对工程造价计价与控制更为深入和全面的研究。这一时期，英国提出了"全寿命期造价管理"的工程项目投资评估与造价管理的理论与方法。稍后，美国推出了"全面造价管理"这一涉及工程项目战略资产管理、工程项目造价管理的概念和理论。从此，国际上的工程造价管理研究与实践进入了一个全新发展阶段。我国在 20 世纪 80 年代末和 90 年代初提出了全过程造价管理的思想和观念，要求工程造价的计算与控制必须从立项就开始全过程的管理活动，从前期工作开始抓起，直到竣工为止。而后又出现多种具有时代特征的工程造价管理模式，如协同工程造价管理和集成工程造价管理等模式，每一种模式都体现了工程造价管理发展的需要。

第三节 工 程 造 价 咨 询

一、工程造价咨询业的形成和发展

(一) 咨询及工程造价咨询

所谓咨询，是利用科学技术和管理人才，根据政府、企业以至个人的委托要求，提供解决有关决策、技术和管理等方面问题的优化方案的智力服务活动过程。它以智力劳动为特点，以特定问题为目标，以委托人为服务对象，按合同规定条件进行有偿的经营活动。可见，咨询是商品经济进一步发展和社会分工更加细密的产物，也是技术和知识商品化的具体形式。

工程造价咨询系指面向社会接受委托，承担建设项目的可行性研究、投资估算，项目经济评价，工程概算、预算、结算、竣工决算、招标控制价、投标报价的编制和审核，对工程造价进行监控以及提供有关工程造价信息资料等业务工作。

(二) 咨询业的形成

咨询业作为一个产业部门的形成，是技术进步和社会经济发展的结果。

咨询业属于第三产业中的服务业，它的形成也是在工业化和后工业化时期完成并得到迅速发展。这是因为经济发展程度越高，在社会经济生活和个人生活中对各种专业知识和技能、经验的需要越广泛。而要使一个企业或个人掌握和精通经济活动和社会活动所需要的各种专业知识、技能和经验，几乎是不可能的。例如，进行物业投资的企业和个人并不很了解有关的技术经济问题；要出国深造或旅游，但不知道如何选择学校和旅游线路；进行国际贸易或项目投资，不掌握国际市场的情况。凡此种种，都要求有大量的咨询服务。适应这种形势，能够提供不同专业咨询服务的咨询公司应运而生。

(三) 咨询业的社会功能

咨询是商品经济进一步发展和分工更加细密的产物，也是技术和商品化的具体形式。咨询业具有三大社会功能。

1. 服务功能

咨询业的首要功能就是为经济发展、社会发展和为居民生活服务。在生产领域和流通领域的技术咨询、信息咨询、管理咨询，可以起到加速企业技术进步，提高生产效率和投资效益，提高企业素质和管理水平的作用。

2. 引导功能

咨询业是知识密集的智能型产业，有能力也有义务为服务对象提供最权威的指导，引导服务对象社会行为和市场行为既符合企业和个人的利益，也符合宏观社会经济发展的要求，以引导他们去规范自己的行为，促使微观效益和宏观效益的统一。

3. 联系功能

通过咨询活动把生产、流通和消费更密切地联系起来，同时也促进了市场需求主体和供给主体的联系，促进了企业、居民和政府的联系，从而有利于国民经济以至整个社会健康、协调地发展。

（四）香港工程造价咨询业

在香港，工料测量师行是直接参与工程造价管理的咨询部门。从 20 世纪 60 年代开始，造价师（工料测量师）已从以往的编制工程概算、预算，按施工完成的实物工程量编制期中结算和竣工决算，发展到对工程建设全过程进行成本控制；造价师从以往的服务于建筑师、工程师的被动地位，发展到与建筑师和工程师并列，并相互制约、相互影响的主动地位，在工程建设的过程中发挥出积极作用。香港在英国管辖期间，工料测量师行除承担本地各项业务外，还把业务扩展到世界各地，在世界各地都有良好的声誉。

开办测量师行的人，在香港等地称为合伙人。他们是公司的所有者，在法律上代表公司，在经济上自负盈亏，既是管理者，又是生产者，相当于公司的董事。政府对这些合伙人有严格要求，要求注册测量师行的合伙人必须具有较高的专业知识，获得测量师学会颁发的注册测量师证书，否则领不到营业执照，无法开业经营。

工料测量师行在工程建设中的主要任务和作用如下。

1. 立约前阶段

（1）在工程建设开始阶段提出建设任务和要求，如建设规模、技术条件和可筹集到的资金等。这时工料测量师要和建筑师、工程师共同提出"初步投资建议"，对拟建项目作出初步的经济评价，和业主讨论在工程建设过程中工料测量师行的服务内容、收费标准，并着手一般准备工作和计划今后的任务安排。

（2）在可行性研究阶段，工料测量师根据建筑师和工程师提供的建设项目的规模、厂址、技术协作条件，对各种拟建方案制订初步估算，有的还要为业主估算竣工后的经营费和维护保养费，从而向业主提交估价和建议，以便业主决定项目执行方案，确保方案在功能上、技术上和财务上的可行性。

（3）在方案建议（有的称为总体建议）阶段，工料测量师按照不同的设计方案编制估算书，除反映总投资额外，还要提供分部工程的投资额，以便业主确定拟建项目的布局、设计和施工方案。工料测量师还应为拟建项目获得当局批准而向业主提供必要的报告。

（4）在初步设计阶段，根据建筑师、工程师草拟的图纸，制订建设投资分项初步概算。根据概算及建设程序，制订资金支出初步估算表，以保证投资得到最有效的运用，并可制定项目投资限额。

（5）在详细设计阶段，根据近似的工料数量及当时的价格，制订更详细的分项概算，并将它们与项目投资限额相比较。

（6）对不同的设计及材料进行成本研究，并向建筑师、工程师或设计人员提出成本建议，协助他们在投资限额范围内进行设计。

（7）就工程的招标程序、合同安排、合同内容方面提供建议。

（8）制订招标文件、工料清单、合同条款、工料说明书及投标书供业主招标或供业主与选定的承包人议价。

（9）研究并分析收回的标书，包括进行详尽的技术及数据审核，并向业主提交对各项投标的分析报告。

（10）为总承包单位及指定供货单位或分包单位制订正式合同文件。

2. 立约后阶段

（1）工程开工后，对工程进度进行测量，并向业主提出中期付款额的建议。

（2）工程进行期间，定期制订最终成本估计报告书，反映施工中存在的问题及投资的支付情况。

（3）制订工程变更清单，并与承包人达成费用上增减的协议。

（4）就工程变更的大约费用，向建筑师提供建议。

（5）审核及评估承包人提出的索赔，并进行协商。

（6）与工程项目的建筑师、工程师等紧密合作，在施工阶段密切控制成本。

（7）办理工程竣工结算。

（8）回顾分析项目管理和执行情况。

工料测量师行受雇于业主，针对工程规模大小、难易程度，按总投资的 0.5%～3% 收费，同时对项目造价控制负有重大责任。如果项目建设成本最后在缺乏充足正当理由情况下超支较多，业主付不起，则将要求工料测量师行对建设成本超支额及应付银行贷款利息进行赔偿。所以测量师行在接受项目造价控制委托，特别是接受工期较长、难度较大的项目造价控制委托时，都要购买专业保险，以防估价失误时因对业主进行赔偿而破产。由于工料测量师在工程建设中的主要任务就是对项目造价进行全面系统的控制，因而他们被誉为"工程建设经济专家"和"工程建设中管理财务的经理"。

在众多的测量师行之间，测量师学会是其相互联系的纽带。这种学会在保护行业利益和推行政府决策方面起着重要作用。学会内部互相监督、互相协调、互通情报，强调职业道德和经营作风。测量师学会对工程造价起了指导和间接管理的作用，甚至充当工程造价纠纷仲裁机构，当承发包双方不能相互协调或对测量师行的计价有异议时，可以向测量师学会提出仲裁申请，由测量师学会会长指派专业测量师充当仲裁员。仲裁结果，一般都能为双方所接受。测量师学会与政府之间也保持着密切联系，政府部门很多专业人员都是学会的会员。学会除了保护行业利益之外，还体现了政府与行业之间的对话、控制与反控制的关系。测量师行均为民办、私营，测量师以自己的实力、专业知识、服务质量在社会上赢得声誉，以公正、中立的身份从事各种服务。

（五）我国工程造价咨询业概述

我国工程造价咨询业是随着社会主义市场经济体制建立逐步发展起来的。在计划经济时期，国家以指令性的方式进行工程造价的管理，并且培养和造就了一大批工程概预算人员。进入20世纪90年代中期以后，投资体制的多元化，以及《招标投标法》的颁布，工程造价更多的是通过招标投标竞争定价。市场环境的变化，客观上要求有专业从事工程造价咨询的机构提供工程造价咨询服务。为了规范工程造价中介组织的行为，保障其依法进行经营活动，维护建设市场的秩序，建设部发布了《工程造价咨询单位资质管理办法（试行）》、《工程造价咨询单位管理办法》、《工程造价咨询企业管理办法》等一系列文件。

二、建设工程造价咨询企业管理

工程造价咨询企业是指接受委托，对建设项目投资、工程造价的确定与控制提供专业咨询服务的企业。工程造价咨询企业从事工程造价咨询活动，应当遵循独立、客观、公正、诚实守信的原则，不得损害社会公共利益和他人的合法权益。

（一）工程造价咨询企业资质等级标准

工程造价咨询企业资质等级分为甲级、乙级。

1. 甲级资质标准

（1）已取得乙级工程造价咨询企业资质证书满3年。

（2）企业出资人中，注册造价工程师人数不低于出资人总人数的60%，且其出资额不低于企业注册资本总额的60%。

（3）技术负责人已取得造价工程师注册证书，并具有工程或工程经济类高级专业技术职称，且从事工程造价专业工作15年以上。

（4）专职从事工程造价专业工作的人员（以下简称专职专业人员）不少于20人，其中，具有工程或者工程经济类中级以上专业技术职称的人员不少于16人，取得造价工程师注册证书的人员不少于10人，其他人员具有从事工程造价专业工作的经历。

（5）企业与专职专业人员签订劳动合同，且专职专业人员符合国家规定的职业年龄（出资人除外）。

（6）专职专业人员人事档案关系由国家认可的人事代理机构代为管理。

（7）企业注册资本不少于人民币100万元。

（8）企业近3年工程造价咨询营业收入累计不低于人民币500万元。

（9）具有固定的办公场所，人均办公建筑面积不少于10m^2。

（10）技术档案管理制度、质量控制制度、财务管理制度齐全。

（11）企业为本单位专职专业人员办理的社会基本养老保险手续齐全。

（12）在申请核定资质等级之日前3年内无违规行为。

2. 乙级资质标准

（1）企业出资人中，注册造价工程师人数不低于出资人总人数的60%，且其出资额不低于注册资本总额的60%。

（2）技术负责人已取得造价工程师注册证书，并具有工程或工程经济类高级专业技术职称，且从事工程造价专业工作10年以上。

（3）专职专业人员不少于12人，其中，具有工程或者工程经济类中级以上专业技术职称的人员不少于 8 人，取得造价工程师注册证书的人员不少于 6 人，其他人员具有从事工程造价专业工作的经历。

（4）企业与专职专业人员签订劳动合同，且专职专业人员符合国家规定的职业年龄（出资人除外）。

（5）专职专业人员人事档案关系由国家认可的人事代理机构代为管理。

（6）企业注册资本不少于人民币 50 万元。

（7）具有固定的办公场所，人均办公建筑面积不少于 10m²。

（8）技术档案管理制度、质量控制制度、财务管理制度齐全。

（9）企业为本单位专职专业人员办理的社会基本养老保障手续齐全。

（10）暂定期内工程造价咨询营业收入累计不低于人民币 50 万元。

（11）在申请核定资质等级之日前 3 年内无违规行为。

3. 申请材料的要求

申请工程造价咨询企业资质，应当提交下列材料并同时在网上申报：

（1）《工程造价咨询企业资质等级申请书》。

（2）专职专业人员（含技术负责人）的造价工程师注册证书、造价员资格证书、专业技术职称证书和身份证。

（3）专职专业人员（含技术负责人）的人事代理合同和企业为其交纳的本年度社会基本养老保险费用的凭证。

（4）企业章程、股东出资协议并附工商部门出具的股东出资情况证明。

（5）企业缴纳营业收入的营业税发票或税务部门出具的缴纳工程造价咨询营业收入的营业税完税证明；企业营业收入含其他业务收入的，还需出具工程造价咨询营业收入的财务审计报告。

（6）工程造价咨询企业资质证书。

（7）企业营业执照。

（8）固定办公场所的租赁合同或产权证明。

（9）有关企业技术档案管理、质量控制、财务管理等制度的文件。

（10）法律、法规规定的其他材料。

新申请工程造价咨询企业资质的，不需要提交前款第（5）项、第（6）项所列材料。

新申请工程造价咨询企业资质的，其资质等级按照乙级资质标准中的相关条款进行审核，合格者应核定为乙级，设暂定期一年。暂定期届满需继续从事工程造价咨询活动的，应当在暂定期届满 30 日前，向资质许可机关申请换发资质证书。符合乙级资质条件的，由资质许可机关换发资质证书。

（二）工程造价咨询企业的业务承接

工程造价咨询企业应当依法取得工程造价咨询企业资质，并在其资质等级许可的范围内从事工程造价咨询活动。工程造价咨询企业依法从事工程造价咨询活动，不受行政区域限制。甲级工程造价咨询企业可以从事各类建设项目的工程造价咨询业务；乙级工程造价咨询企业可以从事工程造价 5000 万元人民币以下的各类建设项目的工程造价咨询业务。

1. 业务范围

工程造价咨询业务范围包括：

（1）建设项目建议书及可行性研究投资估算、项目经济评价报告的编制和审核。

（2）建设项目概预算的编制与审核，并配合设计方案比选、优化设计、限额设计等工作进行工程造价分析与控制。

（3）建设项目合同价款的确定（包括招标工程工程量清单和控制价、投标报价的编制和审核）；合同价款的签订与调整（包括工程变更、工程洽商和索赔费用的计算）与工程款支付，工程结算及竣工结（决）算报告的编制与审核等。

（4）工程造价经济纠纷的鉴定和仲裁的咨询。

（5）提供工程造价信息服务等。

工程造价咨询企业可以对建设项目的组织实施进行全过程或者若干阶段的管理和服务。

2. 执业

（1）咨询合同及其履行。工程造价咨询企业在承接各类建设项目的工程造价咨询业务时，可以参照《建设工程造价咨询合同》（示范文本）与委托人签订书面工程造价咨询合同。

建设工程造价咨询合同一般包括下列主要内容：

1）委托人与咨询人的详细信息；

2）咨询项目的名称、委托内容、要求、标准，以及履行期限；

3）委托人与咨询人的权利、义务与责任；

4）咨询业务的酬金、支付方式和时间；

5）合同的生效、变更与终止；

6）违约责任、合同争议与纠纷解决方式；

7）当事人约定的其他专用条款的内容。

工程造价咨询企业从事工程造价咨询业务，应当按照有关规定的要求出具工程造价成果文件。工程造价成果文件应当由工程造价咨询企业加盖有企业名称、资质等级及证书编号的执业印章，并由执行咨询业务的注册造价工程师签字、加盖执业印章。

（2）执业行为准则。工程造价咨询企业在执业活动中应遵循下列执业行为准则：

1）执行国家的宏观经济政策和产业政策，遵守国家和地方的法律、法规及有关规定，维护国家和人民的利益；

2）接受工程造价咨询行业自律组织业务指导，自觉遵守本行业的规定和各项制度，积极参加本行业组织的业务活动；

3）按照工程造价咨询单位资质证书规定的资质等级和服务范围开展业务，只承担能够胜任的工作；

4）具有独立执业的能力和工作条件，竭诚为客户服务，以高质量的咨询成果和优良服务，获得客户的信任和好评；

5）按照公平、公正和诚信的原则开展业务，认真履行合同，依法独立自主开展经营活动，努力提高经济效益；

6）靠质量、靠信誉参加市场竞争，杜绝无序和恶性竞争；不得利用与行政机关、社会团体以及其他经济组织的特殊关系搞业务垄断；

7）以人为本，鼓励员工更新知识，掌握先进的技术手段和业务知识，采取有效措施组织、督促员工接受继续教育；

8）不得在解决经济纠纷的鉴证咨询业务中分别接受双方当事人的委托；

9）不得阻挠委托人委托其他工程造价咨询单位参与咨询服务；共同提供服务的工程造价咨询单位之间应分工明确，密切协作，不得损害其他单位的利益和名誉；

10）保守客户的技术和商务秘密，客户事先允许和国家另有规定的除外。

3. 企业分支机构

工程造价咨询企业设立分支机构的，应当自领取分支机构营业执照之日起 30 日内，持下列材料到分支机构工商注册所在地省、自治区、直辖市人民政府建设主管部门备案：

（1）分支机构营业执照复印件。

（2）工程造价咨询企业资质证书复印件。

（3）拟在分支机构执业的不少于 3 名注册造价工程师的注册证书复印件。

（4）分支机构固定办公场所的租赁合同或产权证明。

省、自治区、直辖市人民政府建设主管部门应当在接受备案之日起 20 日内，报国务院建设主管部门备案。

分支机构从事工程造价咨询业务，应当由设立该分支机构的工程造价咨询企业负责承接工程造价咨询业务、订立工程造价咨询合同、出具工程造价成果文件。分支机构不得以自己名义承接工程造价咨询业务、订立工程造价咨询合同、出具工程造价成果文件。

4. 跨省区承接业务

工程造价咨询企业跨省、自治区、直辖市承接工程造价咨询业务的，应当自承接业务之日起 30 日内到建设工程所在地省、自治区、直辖市人民政府建设主管部门备案。

（三）工程造价咨询企业的法律责任

1. 资质申请或取得的违规责任

申请人隐瞒有关情况或者提供虚假材料申请工程造价咨询企业资质的，不予受理或者不于资质许可，并给予警告，申请人在 1 年内不得再次申请工程造价咨询企业资质。

以欺骗、贿赂等不正当手段取得工程造价咨询企业资质的，由县级以上地方人民政府建设主管部门或者有关专业部门给予警告，并处 1 万元以上 3 万元以下的罚款，申请人 3 年内不得再次申请工程造价咨询企业资质。

2. 经营违规的责任

未取得工程造价咨询企业资质从事工程造价咨询活动或者超越资质等级承接工程造价咨询业务的，出具的工程造价成果文件无效，由县级以上地方人民政府建设主管部门或者有关专业部门给予警告，责令限期改正，并处 1 万元以上 3 万元以下的罚款。

工程造价咨询企业不及时办理资质证书变更手续的，由资质许可机关责令限期办理；逾期不办理的，可处以 1 万元以下的罚款。

有下列行为之一的，由县级以上地方人民政府建设主管部门或者有关专业部门给予警告，责令限期改正，逾期未改正的，可处以 5000 元以上 2 万元以下的罚款：

（1）新设立的分支机构不备案的。

（2）跨省、自治区、直辖市承接业务不备案的。

3．其他违规责任

工程造价咨询企业有下列行为之一的，由县级以上地方人民政府建设主管部门或者有关专业部门给予警告，责令限期改正，并处以1万元以上3万元以下的罚款：

（1）涂改、倒卖、出租、出借资质证书，或者以其他形式非法转让资质证书。

（2）超越资质等级业务范围承接工程造价咨询业务。

（3）同时接受招标人和投标人或两个以上投标人对同一工程项目的工程造价咨询业务。

（4）以给予回扣、恶意压低收费等方式进行不正当竞争。

（5）转包承接的工程造价咨询业务。

（6）法律、法规禁止的其他行为。

第四节　造价工程师与造价员

一、造价工程师和造价员

造价员是指取得《全国建设工程造价员资格证书》，在一个单位注册从事建设工程造价活动的专业人员。造价工程师是指取得《造价工程师注册证书》，在一个单位注册从事建设工程造价活动的专业人员。从事工程造价的专业人员在考取造价工程师之前可以考取造价员作为过渡。

造价员以前称为预算员。我国建设部2005年在《关于统一换发概预算人员资格证书事宜的通知》中声明将概预算人员资格命名为"全国建设工程造价员资格"。2005年底前，中国建设工程造价管理协会（中价协）完成《中国建设工程造价员资格证书》的换证工作。

造价员和预算员除了名称改变之外，还存在以下不同：

（1）概念不同。预算是造价范围内的一个小科目。

（2）工作范围不同。预算员强调的主要是预算工作，而造价员则可以从事招投标、审计等范围较广的工作。

（3）备案机制不同。预算员只要领了证、章就可以执业，不需要注册；而造价员则要登记注册，由当地造价管理部门进行管理和继续教育培训。

（4）使用地范围不同。一般来说预算员只能在本省执业，而造价员则是全国适用的。

（一）素质要求

注册造价工程师和造价员的工作关系到国家和社会公众利益，技术性很强，因此，对注册造价工程师和造价员的素质有特殊要求，包括以下几个方面。

1．思想品德方面的素质

在执业过程中，往往要接触许多工程项目，这些项目的工程造价高达数千万元、数亿元，甚至数百亿元、上千亿元人民币。造价确定是否准确，造价控制是否合理，不仅关系到投资，关系到国民经济发展的速度和规模，而且关系到多方面的经济利益关系。这就要求注册造价工程师和造价员具有良好的思想修养和职业道德，既能维护国家利益，又能以公正的态度维护有关各方合理的经济利益，绝不能以权谋私。

2. 专业方面的素质

集中表现在以专业知识和技能为基础的工程造价管理方面的实际工作能力。应掌握和了解的专业知识主要包括：相关的经济理论；项目投资管理和融资；建筑经济与企业管理；财政税收与金融实务；市场与价格；招投标与合同管理；工程造价管理；工作方法与动作研究；综合工业技术与建筑技术；建筑制图与识图；施工技术与施工组织；相关法律、法规和政策；计算机应用相信息管理；现行各类计价依据（定额）。

3. 身体方面的素质

要有健康的身体，以适应紧张、繁忙和错综复杂的管理和技术工作。同时，应具有肯于钻研和积极进取的精神面貌。

以上各项素质，只是注册造价工程师和造价员工作能力的基础。造价工程师在实际岗位上应能独立完成建设方案、设计方案的经济比较工作，项目可行性研究的投资估算、设计概算和施工图预算、招标的控制价和投标的报价、补充定额和造价指数等编制与管理工作，应能进行合同价结算和竣工决算的管理，以及对造价变动规律和趋势应具有分析和预测能力。

（二）技能结构

注册造价工程师和造价员是建设领域工程造价的管理者，其执业范围和担负的重要任务，要求注册造价工程师和造价员必须具备现代管理人员的技能结构。

按照行为科学的观点，作为管理人员应具有3种技能，即技术技能、人文技能和观念技能。技术技能是指能使用由经验、教育及训练上的知识、方法、技能及设备，来达到特定任务的能力。人文技能是指与人共事的能力和判断力。观念技能是指了解整个组织及自己在组织中地位的能力，使自己不仅能按本身所属的群体目标行事，而且能按整个组织的目标行事。但是，不同层次的管理人员所需具备的3种技能的结构并不相同，造价工程师应同时具备这3种技能。特别是观念技能和技术技能。但也不能忽视人文技能，忽视与人共事能力的培养，忽视激励的作用。当然也不能按行为科学的观点，过分强调人文技能在3种技能中的中心地位。

（三）注册造价工程师和造价员的教育培养

注册造价工程师和造价员的教育培养是达到其素质和技能要求的基本途径之一。教育方式主要有两类：一是普通高校和高等职业技术学院的系统教育，也称为职前教育；二是专业继续教育，也称为职后教育。

二、注册造价工程师和造价员资格管理

为了加强对注册造价工程师和造价员的管理，规范注册造价工程师和造价员的执业行为和提高其业务水平，原建设部修订并颁布《注册造价工程师管理办法》（建设部令第150号），中国建设工程造价管理协会2007年修订了《注册造价工程师继续教育实施暂行办法》、《造价工程师职业道德行为准则》、《全国建设工程造价员管理暂行办法》（中价协〔2006〕13号）等。

（一）注册造价工程师执业资格制度

注册造价工程师是指通过全国造价工程师执业资格统一考试或者资格认定、资格互认，取得中华人民共和国造价工程师执业资格，并注册取得中华人民共和国造价工程师注册执业证书和执业印章，从事工程造价活动的专业人员。未取得注册证书和执业印章的人员，不得以注册造价工程师的名义从事工程造价活动。

1. 资格考试

注册造价工程师执业资格考试实行全国统一大纲、统一命题、统一组织的办法。原则上每年举行1次。

（1）报考条件。凡中华人民共和国公民，工程造价或相关专业大专及其以上学历，从事工程造价业务工作一定年限后，均可参加注册造价工程师执业资格考试。

（2）考试科目。造价工程师执业资格考试分为4个科目："工程造价管理基础理论与相关法规"、"工程造价计价与控制"、"建设工程技术与计量（土建工程或安装工程）"和"工程造价案例分析"。

对于长期从事工程造价管理业务工作的技术人员，符合一定的学历和专业年限条件的，可免试"工程造价管理基础理论与相关法规"、"建设工程技术与计量"两个科目，只参加"工程造价计价与控制"和"工程造价案例分析"两个科目的考试。

4个科目分别单独考试、单独计分。参加全部科目考试的人员，须在连续的两个考试年度通过；参加免试部分考试科目的人员，须在1个考试年度内通过应试科目。

（3）证书取得。注册造价工程师执业资格考试合格者，由省、自治区、直辖市人事部门颁发国务院人事主管部门统一印制、国务院人事主管部门和建设主管部门统一用印的造价工程师执业资格证书，该证书全国范围内有效，并作为造价工程师注册的凭证。

2. 注册

注册造价工程师实行注册执业管理制度。取得造价工程师执业资格的人员，经过注册方能以注册造价工程师的名义执业。

（1）初始注册。取得注册造价工程师执业资格证书的人员，受聘于一个工程造价咨询企业或者工程建设领域的建设、勘察设计、施工、招标代理、工程监理、工程造价管理等单位，可自执业资格证书签发之日起1年内向聘用单位工商注册所在地的省、自治区、直辖市人民政府建设主管部门或者国务院有关部门提出注册申请。申请初始注册的，应当提交下列材料：

1）初始注册申请表；

2）执业资格证件和身份证件复印件；

3）与聘用单位签订的劳动合同复印件；

4）工程造价岗位工作证明。

受聘于具有工程造价咨询资质的中介机构的，应当提供聘用单位为其交纳的社会基本养老保险凭证、人事代理合同复印件，或者劳动、人事部门颁发的离退休证复印件。外国人、中国台港澳人员应当提供外国人就业许可证书、台港澳人员就业证书复印件。

逾期未申请注册的，须符合继续教育的要求后方可申请初始注册。初始注册的有效期为4年。

（2）延续注册。造价工程师注册有效期满需继续执业的，应当在注册有效期满 30 日前，按照规定的程序申请延续注册。延续注册的有效期为 4 年。申请延续注册的，应当提交下列材料：

1）延续注册申请表；

2）注册证书；

3）与聘用单位签订的劳动合同复印件；

4）前一个注册期内的工作业绩证明；

5）继续教育合格证明。

（3）变更注册。在注册有效期内，注册造价工程师变更执业单位的，应当与原聘用单位解除劳动合同，并按照规定的程序办理变更注册手续。变更注册后延续原注册有效期。申请变更注册的，应当提交下列材料：

1）变更注册申请表；

2）注册证书；

3）与新聘用单位签订的劳动合同复印件；

4）与原聘用单位解除劳动合同的证明文件。

受聘于具有工程造价咨询资质的中介机构的，应当提供聘用单位为其交纳的社会基本养老保险凭证、人事代理合同复印件，或者劳动、人事部门颁发的离退休证复印件。外国人、中国台港澳人员应当提供外国人就业许可证书、台港澳人员就业证书复印件。

（4）不予注册的情形。有下列情形之一的，不予注册：

1）不具有完全民事行为能力的；

2）申请在两个或者两个以上单位注册的；

3）未达到造价工程师继续教育合格标准的；

4）前一个注册期内工作业绩达不到规定标准或未办理暂停执业手续而脱离工程造价业务岗位的；

5）受刑事处罚，刑事处罚尚未执行完毕的；

6）因工程造价业务活动受刑事处罚，自刑事处罚执行完毕之日起至申请注册之日止不满 5 年的；

7）因前项规定以外原因受刑事处罚，自处罚决定之日起至申请注册之日止不满 3 年的；

8）被吊销注册证书，自被处罚决定之日起至申请注册之日止不满 3 年的；

9）以欺骗、贿赂等不正当手段获准注册被撤销，自被撤销注册之日起至申请注册之日止不满 3 年的；

10）法律、法规规定不予注册的其他情形。

3. 执业

（1）执业范围。注册造价工程师的执业范围包括：

1）建设项目建议书、可行性研究投资估算的编制和审核，项目经济评价，工程概算、预算、结算、竣工结（决）算的编制和审核；

2）工程量清单、控制价、投标报价的编制和审核，工程合同价款的签订及变更、调整、工程款支付与工程索赔费用的计算；

3）建设项目管理过程中设计方案的优化、限额设计等工程造价分析与控制，工程保险理赔的核查；

4）工程经济纠纷的鉴定。

注册造价工程师应当在本人承担的工程造价成果文件上签字并盖章。修改经注册造价工程师签字盖章的工程造价成果文件，应当由签字盖章的注册造价工程师本人进行；注册造价工程师本人因特殊情况不能进行修改的，应当由其他注册造价工程师修改，并签字盖章；修改工程造价成果文件的注册造价工程师对修改部分承担相应的法律责任。

（2）权利和义务。

1）注册造价工程师享有下列权利：①使用注册造价工程师名称；②依法独立执行工程造价业务；③在本人执业活动中形成的工程造价成果文件上签字并加盖执业印章；④发起设立工程造价咨询企业；⑤保管和使用本人的注册证书和执业印章；⑥参加继续教育。

2）注册造价工程师应当履行下列义务：①遵守法律、法规、有关管理规定，恪守职业道德；②保证执业活动成果的质量；③接受继续教育，提高执业水平；④执行工程造价计价标准和计价方法；⑤与当事人有利害关系的，应当主动回避；⑥保守在执业中知悉的国家秘密和他人的商业、技术秘密。

4. 继续教育

注册造价工程师在每一注册期内应当达到注册机关规定的继续教育要求。注册造价工程师继续教育分为必修课和选修课，每一注册有效期各为 60 学时。经继续教育达到合格标准的，颁发继续教育合格证明。注册造价工程师继续教育，由中国建设工程造价管理协会负责组织。

（二）造价员从业资格制度

建设工程造价员（简称造价员）是指通过考试，取得"全国建设工程造价员资格证书"，从事工程造价业务的人员。

1. 资格考试

造价员资格考试实行全国统一考试大纲、通用专业和考试科目，各造价管理协会或归口管理机构（简称管理机构）和中国建设工程造价管理协会专业委员会（简称专业委员会）负责组织命题和考试。通用专业分土建工程和安装工程两个专业，通用考试科目包括：①工程造价基础知识；②土建工程或安装工程（可任选一门）。其他专业和考试科目由各管理机构、专业委员会根据本地区、本行业的需要设置，并报中国建设工程造价管理协会备案。

（1）报考条件。凡遵守国家法律、法规，恪守职业道德，具备下列条件之一者，均可申请参加造价员的资格考试：①工程造价专业中专及以上学历；②其他专业中专及以上学历，工作满 1 年。

工程造价专业大专及以上应届毕业生，可向管理机构或专业委员会申请免试"工程造价管理基础知识"。

（2）资格证书的颁发。造价员资格考试合格者，由各管理机构、专业委员会颁发由中国建设工程造价管理协会统一印制的"全国建设工程造价员资格证书"及专用章。"全国建设工程造价员资格证书"是造价员从事工程造价业务的资格证明。

2. 从业

造价员可以从事与本人取得的"全国建设工程造价员资格证书"专业相符合的建设工程造价工作。造价员应在本人承担的工程造价业务文件上签字、加盖专用章，并承担相应的岗位责任。

造价员跨地区或行业变动工作，并继续从事建设工程造价工作的，应持调出手续、"全国建设工程造价员资格证书"和专用章，到调入所在地管理机构或专业委员会申请办理变更手续，换发资格证书和专用章。

造价员不得同时受聘于两个或两个以上单位。

3. 资格证书的管理

(1) 证书的检验。"全国建设工程造价员资格证书"原则上每3年检验一次，由各管理机构和各专业委员会负责具体实施。验证的内容为本人从事工程造价工作的业绩、继续教育情况、职业道德等。

(2) 验证不合格或注销资格证书和专用章的情形。有下列情形之一者，验证不合格或注销"全国建设工程造价员资格证书"和专用章：

1）无工作业绩的；

2）脱离工程造价业务岗位的；

3）未按规定参加继续教育的；

4）以不正当手段取得"全国建设工程造价员资格证书"的；

5）在建设工程造价活动中有不良记录的；

6）涂改"全国建设工程造价员资格证书"和转借专用章的；

7）在两个或两个以上单位以造价员名义从业的。

4. 继续教育

造价员每3年参加继续教育的时间原则上不得小于30小时，各管理机构和各专业委员会可根据需要进行调整。各地区、行业继续教育的教材编写及培训组织工作由各管理机构、专业委员会分别负责。

5. 自律管理

中国建设工程造价管理协会负责全国建设工程造价员的行业自律管理工作。各地区管理机构在本地区建设行政主管部门的指导和监督下，负责本地区造价员的自律管理工作。各专业委员会负责本行业造价员的自律管理工作。全国建设工程造价员行业自律工作受住建部标准定额司指导和监督。

造价员职业道德准则包括：

(1) 应遵守国家法律、法规，维护国家和社会公共利益，忠于职守，恪守职业道德，自觉抵制商业贿赂。

(2) 应遵守工程造价行业的技术规范和规程，保证工程造价业务文件的质量。

(3) 应保守委托人的商业秘密。

(4) 不准许他人以自己的名义执业。

(5) 与委托人有利害关系时，应当主动回避。

（6）接受继续教育，提高专业技术水平。

（7）对违反国家法律、法规的计价行为，有权向国家有关部门举报。

各管理机构和各专业委员会应建立造价员信息管理系统和信用评价体系，并向社会公众开放查询造价员资格、信用记录等信息。

三、国外造价工程师执业资格制度简介

以英国为例，造价专业人员资格的考试与审核制度和实施是通过专业学会或协会负责的。造价工程师称为工料测量师（QS），特许工料测量师的称号是由英国测量师学会（RICS）经过严格程序而授予该会的专业会员（MRICS）和资深会员（FRJCS）的。整个程序如图1-2所示。

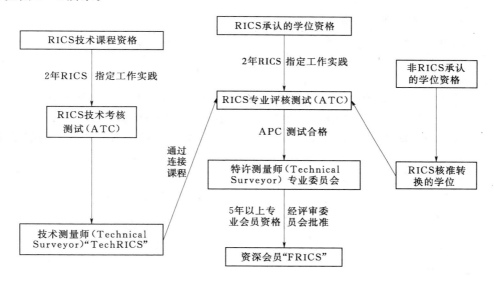

图 1-2　英国工料测量师授予程序图

注　1. RICS：The Royal Institution of Chartered Surveyors。

2. APC：Assessment of Professional Competence。

3. ATC：Assessment of Technical Competence。

这种执业资格的考试与认证制度始于1891年，经过100多年的发展与演变，形成目前选拔高级专业人才的途径。

工科测量专业本科毕业生可直接取得申请工科测量师专业工作能力培养和考核的资格。而对一般具有高中毕业水平的人，或学习其他专业的大学毕业生可申请技术员资格培养和考核的资格。

对工料测量专业本科毕业生（硕士生、博士生）以及经过专业知识考试合格的人员，还要通过皇家测量师学会组织的专业工作能力的考核（APC），即通过2年以上的工作实践，在学会规定的各项专业能力考核科目范围内，获得某几项较丰富的工作经验，经考核合格后，即由皇家测量师学会发给合格证书并吸收为学会会员（MBlCS），也就是有了特许工料测量师资格。

在取得特许工料测量师（工料估价师）资格以后，就可签署有关估算、概算、预算、结算、决算文件，也可独立开业，承揽有关业务，再从事 12 年本专业工作，或者在预算公司等单位中承担重要职务（如董事）5 年以上者，经学会的资深委员评审委员会批准，即可被吸收为资深会员（FRICS）。

在英国，工料测量师被认为是工程建设经济师。在工程建设全过程中，按照既定工程项目确定投资，在实施的各阶段、各项活动中控制造价，使最终造价不超过规定投资额。不论受雇于政府还是企事业单位的测量师都是如此，社会地位很高。

思 考 题

1. 举例说明建设项目的组成。
2. 简述我国建设项目建设程序。
3. 简述工程造价管理的内涵。
4. 分析我国工程造价管理的特点。
5. 简述工程造价管理的主要内容，为什么说设计阶段是工程造价控制的重点？
6. 工程造价咨询企业资质等级分几级？其业务咨询范围有何异同？
7. 结合本地实际说明报考造价工程师和造价员要哪些条件？考试科目、内容及注册有何异同？

第二章 工程造价的组成

【学习指导】 通过本章学习，应掌握我国工程造价的组成；熟悉设备及工、器具购置费，建筑安装工程费用，工程建设其他费用，预备费，建设期贷款利息的组成及计算；了解世界银行贷款项目工程造价的组成。

第一节 我国工程造价的组成

我国现行工程造价主要由设备及工、器具购置费、建筑安装工程费用、工程建设其他费用、预备费、建设期贷款利息、固定资产投资方向调节税等组成，如图2-1所示。

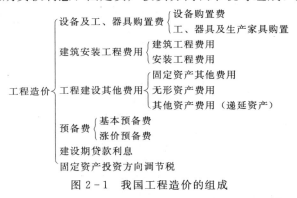

图2-1 我国工程造价的组成

第二节 建筑安装工程费用

建筑工程费用主要包括：

（1）各类房屋建筑工程和列入房屋建筑工程预算的供水、供暖、卫生、通风、煤气等设备费用及其装设、油饰的费用，列入建筑工程预算的各种管道、电力、电信和电缆电线的敷设工程的费用。

（2）设备基础、支柱、工作台、烟囱、水塔、水池、灰塔等建筑工程以及各种炉窑的砌筑工程和金属结构工程的费用。

（3）为施工而进行的场地平整，工程和水文地质勘察，原有建筑和障碍物的拆除以及施工临时用水、电、气、路和完工后的场地清理，环境绿化、美化等工作的费用。

（4）矿井开凿、井巷延伸、露天矿剥离、石油、天然气钻井，修建铁路、公路、桥梁、水库、堤坝、灌渠及防洪等工程的费用。

安装工程费用主要包括：

（1）生产、动力、起重、运输、传动和医疗、实验等各种需要安装的机械设备的装配费用，与设备相连的工作台、梯子、栏杆等设施的工程费用，附属于被安装设备的管线铺设工程费用，以及被安装设备的绝缘、防腐、保温、油漆等工作的材料费和安装费。

（2）为测定安装工程质量，对单台设备进行单机试运转、对系统设备进行系统联动无负荷试运转工作的调试费。

建筑安装工程费的费用组成可分为工料单价法计价模式下的费用组成和综合单价计价模式下的费用组成。工料单价法计价模式下的建筑安装工程费用组成如图2-2所示。基于综合单价法计价模式下的建筑安装工程费用组成详见第五章的图5-1。

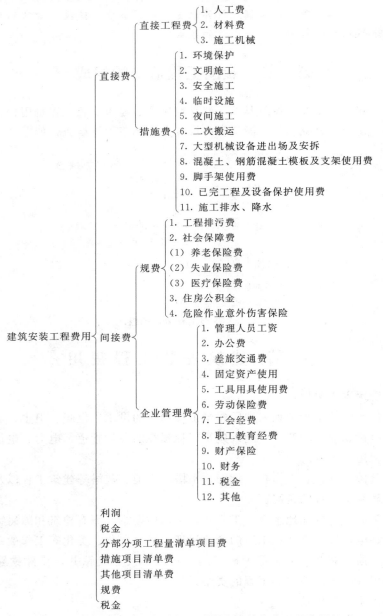

图2-2 基于工清单综合单价法计价的建筑安装工程费用组成

一、直接费

直接费由直接工程费和措施费组成。

（一）直接工程费

直接工程费指施工过程中耗费的构成工程实体的各项费用，包括人工费、材料费、施工机械使用费，即：

$$直接工程费＝人工费＋材料费＋施工机械使用费$$

（1）人工费：是指直接从事建筑安装工程施工的生产工人开支的各项费用，计算式如下：

$$人工费＝\sum(工日消耗量×日工资单价)$$

日工资单价由基本工资、工资性补贴、生产工人辅助工资、职工福利费、生产工人劳动保护费五项组成，可写成如下表达式：

$$日工资单价(G)＝\sum_1^5 G_i$$

1）基本工资：是指发放给生产工人的基本工资。

$$基本工资(G_1)＝\frac{生产工人平均月工资}{年平均每月法定工作日}$$

2）工资性补贴：是指按规定标准发放的物价补贴，煤、燃气补贴，交通补贴，住房补贴，流动施工津贴等。

$$工资性补贴(G_2)＝\frac{\sum 年发放标准}{全年日历日－法定假日}＋\frac{\sum 月发放标准}{年平均每月法定工作日}＋每工作日发放标准$$

3）生产工人辅助工资：是指生产工人年有效施工天数以外非作业天数的工资，包括职工学习、培训期间的工资，调动工作、探亲、休假期间的工资，因气候影响的停工工资，女工哺乳时间的工资，病假在 6 个月以内的工资及产、婚、丧假期的工资。

$$生产工人辅助工资(G_3)＝\frac{全年无效工作日×(G_1＋G_2)}{全年日历日－法定假日}$$

4）职工福利费：是指按规定标准计提的职工福利费，计算式如下：

$$职工福利费(G_4)＝(G_1＋G_2＋G_3)×福利费计提比例(\%)$$

5）生产工人劳动保护费：是指按规定标准发放的劳动保护用品的购置费及修理费，徒工服装补贴，防暑降温费，在有碍身体健康环境中施工的保健费用等。

$$生产工人劳动保护费(G_5)＝\frac{生产工人年平均支出劳动保护费}{全年日历日－法定假日}$$

（2）材料费：是指施工过程中耗费的构成工程实体的原材料、辅助材料、构配件、零件、半成品的费用。构成材料费的基本要素是材料消耗量、材料基价和材料检验试验费。

1）材料消耗量。材料消耗量指在合理和节约使用材料的条件下，生产单位假定建筑安装产品（分部分项工程或结构构件）必须消耗的一定品种规格的原材料、辅助材料、构配件、零件、半成品等的数量标准。它包括材料的净用量和不可避免的损耗量。

2）材料基价：是指材料在购买、运输、保管过程中形成的价格，其内容包括材料原价（或供应价）、材料运杂费、运输损耗费、采购及保管费等。

3）检验试验费：是指对建筑材料、构件和建筑安装物进行一般鉴定、检查所发生的费用，包括自设试验室进行试验所耗用的材料和化学药品等费用。不包括新结构、新材料的试验费和建设单位对具有出厂合格证明的材料进行检验，对构件做破坏性试验及其他特殊要求检验试验的费用。

材料费计算公式如下：

$$材料费 = \sum(材料消耗量 \times 材料基价) + 检验试验费$$

其中

$$材料基价 = \{(供应价格 + 运杂费) \times [1 + 运输损耗率(\%)]\} \times [1 + 采购保管费率(\%)]$$

$$检验试验费 = \sum(单位材料量检验试验费 \times 材料消耗量)$$

（3）施工机械使用费：是指施工机械作业所发生的机械使用费以及机械安拆费和场外运费。其计算式如下：

$$施工机械使用费 = \sum(施工机械台班消耗量 \times 机械台班单价)$$

1）施工机械台班消耗量。系指在正常施工条件下，生产单位假定建筑安装产品（分部分项工程或结构构件）必须消耗的某类某种型号施工机械的台班数量。

2）施工机械台班单价。由台班折旧费、台班大修理费、台班经常修理费、台班安拆费及场外运输费、台班人工费、台班燃料动力费、台班养路费及车船使用税等 7 项费用组成，即

$$台班单价 = 台班折旧费 + 台班大修费 + 台班经常修理费 + 台班安拆费及场外运费$$
$$+ 台班人工费 + 台班燃料动力费 + 台班养路费及车船使用税$$

1）折旧费：指施工机械在规定的使用年限内，陆续收回其原值及购置资金的时间价值。

2）大修理费：指施工机械按规定的大修理间隔台班进行必要的大修，以恢复其正常功能所需的费用。

3）经常修理费：指施工机械除大修理以外的各级保养和临时故障排除所需的费用。包括为保障机械正常运转所需替换设备与随机配备工具附具的摊销和维护费用，机械运转中日常保养所需润滑与擦拭的材料费用及机械停滞期间的维护和保养费用等。

4）安拆费及场外运费：安拆费指施工机械在现场进行安装与拆卸所需的人工、材料、机械和试运转费用以及机械辅助设施的折旧、搭设、拆除等费用；场外运费指施工机械整体或分体自停放地点运至施工现场或由一施工地点运至另一施工地点的运输、装卸、辅助材料及架线等费用。

5）人工费：指机上司机（司炉）和其他操作人员的工作日人工费及上述人员在施工机械规定的年工作台班以外的人工费。

6）燃料动力费：指施工机械在运转作业中所消耗的固体燃料（煤、木柴）、液体燃料（汽油、柴油）及水、电等。

7）养路费及车船使用税：指施工机械按照国家规定和有关部门规定应缴纳的养路费、车船使用税、保险费及年检费等。

（二）措施费

措施费是指为完成工程项目施工，发生于该工程施工前和施工过程中非工程实体项目的费用。所谓非工程实体项目，是指其费用的发生和金额的大小与使用时间、施工方法或者两个以上工序相关，并且不形成最终的实体工程。措施费包括环境保护费，文明施工

费，安全施工费，临时设施费，夜间施工费，二次搬运费，大型机械设备进出场及安拆费，混凝土、钢筋混凝土模板及支架费，脚手架费，已完工程及设备保护费，施工排水、降水费等。

（1）环境保护费：是指施工现场为达到环保部门要求所需要的各项费用。

$$环境保护费 = 直接工程费 \times 环境保护费费率（\%）$$

$$环境保护费费率（\%）= \frac{本项费用年度平均支出}{全年建安产值 \times 直接工程费占总造价比例（\%）}$$

（2）文明施工费：是指施工现场文明施工所需要的各项费用。

$$文明施工费 = 直接工程费 \times 文明施工费费率（\%）$$

$$文明施工费费率（\%）= \frac{本项费用年度平均支出}{全年建安产值 \times 直接工程费占总造价比例（\%）}$$

（3）安全施工费：是指施工现场安全施工所需要的各项费用。

$$安全施工费 = 直接工程费 \times 安全施工费费率（\%）$$

$$安全施工费费率（\%）= \frac{本项费用年度平均支出}{全年建安产值 \times 直接工程费占总造价比例（\%）}$$

（4）临时设施费：是指施工企业为进行建筑工程施工所必须搭设的生活和生产用的临时建筑物、构筑物和其他临时设施费用等。

临时设施包括：临时宿舍、文化福利及公用事业房屋与构筑物，仓库、办公室、加工厂以及规定范围内道路、水、电、管线等临时设施和小型临时设施。

临时设施费用包括临时设施的搭设、维修、拆除费或摊销费。

临时设施费由以下三部分组成：

1）周转使用临建（如，活动房屋）。

2）一次性使用临建（如，简易建筑）。

3）其他临时设施（如，临时管线）。

临时设施费 = （周转使用临建费 + 一次性使用临建费）× [1 + 其他临时设施所占比例（%）]

其中：

1）周转使用临建费计算公式为：

$$周转使用临建费 = \sum \left[\frac{临建面积 \times 每平方米造价}{使用年限 \times 365 \times 利用率（\%）} \times 工期（天） \right] + 一次性拆除费$$

2）一次性使用临建费计算公式为：

$$一次性使用临建费 = \sum 临建面积 \times 每平方米造价 \times [1 - 残值率（\%）] + 一次性拆除费$$

3）其他临时设施在临时设施费中所占比例，可由各地区造价管理部门依据典型施工企业的成本资料经分析后综合测定。

（5）夜间施工费：是指因夜间施工所发生的夜班补助费、夜间施工降效、夜间施工照明设备摊销及照明用电等费用。

$$夜间施工增加费 = \left(1 - \frac{合同工期}{定额工期}\right) \times \frac{直接工程费中的人工费合计}{平均日工资单价} \times 每工日夜间施工费开支$$

（6）二次搬运费：是指因施工场地狭小等特殊情况而发生的二次搬运费用。

$$二次搬运费 = 直接工程费 \times 二次搬运费费率（\%）$$

$$二次搬运费费率（\%）=\frac{年平均二次搬运费开支额}{全年建安产值×直接工程费占总造价的比例（\%）}$$

（7）大型机械设备进出场及安拆费：是指机械整体或分体自停放场地运至施工现场或由一个施工地点运至另一个施工地点，所发生的机械进出场运输及转移费用及机械在施工现场进行安装、拆卸所需的人工费、材料费、机械费、试运转费和安装所需的辅助设施的费用。

$$大型机械进出场及安拆费=\frac{一次进出场及安拆费×年平均安拆次数}{年工作台班}$$

（8）混凝土、钢筋混凝土模板及支架费：是指混凝土施工过程中需要的各种钢模板、木模板、支架等的支、拆、运输费用及模板、支架的摊销（或租赁）费用。

1）模板及支架费＝模板摊销量×模板价格＋支、拆、运输费

摊销量＝一次使用量×（1＋施工损耗）×［1＋（周转次数－1）×补损率/周转次数

　　　－（1－补损率)50%/周转次数］

2）租赁费＝模板使用量×使用日期×租赁价格＋支、拆、运输费

（9）脚手架费：是指施工需要的各种脚手架搭、拆、运输费用及脚手架的摊销（或租赁）费用。

1）脚手架搭拆费＝脚手架摊销量×脚手架价格＋搭、拆、运输费

$$脚手架摊销量=\frac{单位一次使用量×（1－残值率）}{耐用期/一次使用期}$$

2）租赁费＝脚手架每日租金×搭设周期＋搭、拆、运输费

（10）已完工程及设备保护费：是指竣工验收前，对已完工程及设备进行保护所需费用。

已完工程及设备保护费＝成品保护所需机械费＋材料费＋人工费

（11）施工排水、降水费：是指为确保工程在正常条件下施工，采取各种排水、降水措施所发生的各种费用。

排水降水费＝∑排水降水机械台班费×排水降水周期＋排水降水使用材料费、人工费

值得指出，以上只列通用措施费项目的计算方法，各专业工程的专用措施费项目的计算方法由各地区或国务院有关专业主管部门的工程造价管理机构自行制定。

二、间接费

间接费是指虽不直接由施工的工艺过程所引起，但却与工程总体条件有关的，建筑安装企业为组织施工和进行经营管理，以及间接为建筑安装生产服务的各项费用。

（一）间接费的组成

间接费由规费、企业管理费组成。

1. 规费

规费是指政府和有关权力部门规定必须缴纳的费用（简称规费）。包括：

（1）工程排污费：是指施工现场按规定缴纳的工程排污费。

（2）社会保障费。

1）养老保险费：是指企业按规定标准为职工缴纳的基本养老保险费。

2）失业保险费：是指企业按照国家规定标准为职工缴纳的失业保险费。

3）医疗保险费：是指企业按照规定标准为职工缴纳的基本医疗保险费。

（3）住房公积金：是指企业按规定标准为职工缴纳的住房公积金。

（4）危险作业意外伤害保险：是指按照建筑法规定，企业为从事危险作业的建筑安装施工人员支付的意外伤害保险费。

2. 企业管理费

企业管理费是指建筑安装企业组织施工生产和经营管理所需费用。包括：

（1）管理人员工资：是指管理人员的基本工资、工资性补贴、职工福利费、劳动保护费等。

（2）办公费：是指企业管理办公用的文具、纸张、账表、印刷、邮电、书报、会议、水电、烧水和集体取暖（包括现场临时宿舍取暖）用煤等费用。

（3）差旅交通费：是指职工因公出差、调动工作的差旅费、住勤补助费，市内交通费和误餐补助费，职工探亲路费，劳动力招募费，职工离退休、退职一次性路费，工伤人员就医路费，工地转移费以及管理部门使用的交通工具的油料、燃料、养路费及牌照费。

（4）固定资产使用费：是指管理和试验部门及附属生产单位使用的属于固定资产的房屋、设备仪器等的折旧、大修、维修或租赁费。

（5）工具用具使用费：是指管理使用的不属于固定资产的生产工具、器具、家具、交通工具和检验、试验、测绘、消防用具等的购置、维修和摊销费。

（6）劳动保险费：是指由企业支付离退休职工的易地安家补助费、职工退职金、6个月以上的病假人员工资、职工死亡丧葬补助费、抚恤费、按规定支付给离休干部的各项经费。

（7）工会经费：是指企业按职工工资总额计提的工会经费。

（8）职工教育经费：是指企业为职工学习先进技术和提高文化水平，按职工工资总额计提的费用。

（9）财产保险费：是指施工管理用财产、车辆保险。

（10）财务费：是指企业为筹集资金而发生的各种费用。

（11）税金：是指企业按规定缴纳的房产税、车船使用税、土地使用税、印花税等。

（12）其他：包括技术转让费、技术开发费、业务招待费、绿化费、广告费、公证费、法律顾问费、审计费、咨询费等。

（二）间接费的计算

间接费的计算有以直接费合计为基数、以人工费和机械费合计为基数、以人工费合计为基数三种计算方法，公式为：

$$间接费＝取费基数×间接费费率（\%）$$

$$间接费费率＝规费费率（\%）＋企业管理费费率（\%）$$

规费和企业管理费的计算方法按取费基数的不同分为以下三种：

1. 以直接费为计算基础

$$规费费率（\%）＝\frac{\sum 规费缴纳标准×每万元发承包价计算基数}{每万元发承包价中的人工费含量}×人工费占直接费的比例（\%）$$

$$企业管理费费率（\%）＝\frac{生产工人年平均管理费}{年有效施工天数×人工单价}×人工费占直接费比例（\%）$$

2. 以人工费和机械费合计为计算基础

$$规费费率(\%)=\frac{\sum 规费缴纳标准\times 每万元发承包价计算基数}{每万元发承包价中的人工费含量和机械费含量}\times 100\%$$

$$企业管理费费率(\%)=\frac{生产工人年平均管理费}{年有效施工天数\times(人工单价+每一工日机械使用费)}\times 100\%$$

3. 以人工费为计算基础

$$规费费率(\%)=\frac{\sum 规费缴纳标准\times 每万元发承包价计算基数}{每万元发承包价中的人工费含量}\times 100\%$$

$$企业管理费费率(\%)=\frac{生产工人年平均管理费}{年有效施工天数\times 人工单价}\times 100\%$$

三、利润

利润是指施工企业完成所承包工程获得的盈利。利润的计算方法按取费基数的不同分为以下三种。

1. 以直接费为计算基础

$$利润=(直接费+间接费)\times 相应利润率(\%)$$

2. 以人工费和机械费合计为计算基础

$$利润=人工费和机械费合计\times 相应利润率(\%)$$

3. 以人工费为计算基础

$$利润=(直接工程费中人工费+措施费中人工费)\times 相应利润率(\%)$$

利润率的确定体现着一个企业的定价政策，利润率过高可能导致丧失一定的市场机会，过低可能增加企业面临的市场风险。企业应根据市场的竞争状况确定出合理的利润率。

四、税金

税金是指国家税法规定的应计入建筑安装工程造价内的营业税、城市维护建设税及教育费附加等。

税金计算公式

$$税金=(直接费+间接费+利润)\times 税率(\%)$$

税率随企业所在地点不同而不同，有如下三种情况：

1. 纳税地点在市区的企业

$$税率(\%)=\frac{1}{1-3\%-(3\%\times 7\%)-(3\%\times 3\%)}-1$$

2. 纳税地点在县城、镇的企业

$$税率(\%)=\frac{1}{1-3\%-(3\%\times 5\%)-(3\%\times 3\%)}-1$$

3. 纳税地点不在市区、县城、镇的企业

$$税率(\%)=\frac{1}{1-3\%-(3\%\times 1\%)-(3\%\times 3\%)}-1$$

五、建筑安装工程计价程序

建筑安装工程造价的计算方法分为工料单价法和综合单价法。

（一）工料单价法计价程序

工料单价法是以分部分项工程量乘以单价后的合计为直接工程费，直接工程费以人工、材料、机械的消耗量及其相应价格确定。直接工程费汇总后另加间接费、利润、税金生成工程发承包价，其计算程序分为三种：

1. 以直接费为计算基础

以直接费为计算基础，建筑安装工程费用的计算程序见表2-1。

表2-1　　　　　　　以直接费为计算基础，建筑安装工程费用的计算方法

序　号	费 用 项 目	计 算 方 法	备　注
(1)	直接工程费	按预算表	
(2)	措施费	按规定标准计算	
(3)	小计	(1)+(2)	
(4)	间接费	(3)×相应费率	
(5)	利润	[(3)+(4)]×相应利润率	
(6)	合计	(3)+(4)+(5)	
(7)	含税造价	(6)×(1+相应税率)	

2. 以人工费和机械费为计算基础

以人工费和机械费为计算基础，建筑安装工程费用的计算程序见表2-2。

表2-2　　　　　　以人工费和机械费为计算基础，建筑安装工程费用的计算方法

序　号	费 用 项 目	计 算 方 法	备　注
(1)	直接工程费	按预算表	
(2)	其中人工费和机械费	按预算表	
(3)	措施费	按规定标准计算	
(4)	其中人工费和机械费	按规定标准计算	
(5)	小计	(1)+(3)	
(6)	人工费和机械费小计	(2)+(4)	
(7)	间接费	(6)×相应费率	
(8)	利润	(6)×相应利润率	
(9)	合计	(5)+(7)+(8)	
(10)	含税造价	(9)×(1+相应税率)	

3. 以人工费为计算基础

以人工费为计算基础，建筑安装工程费用的计算程序见表2-3。

表2-3　　　　　　　以人工费为计算基础，建筑安装工程费用的计算方法

序　号	费 用 项 目	计 算 方 法	备　注
(1)	直接工程费	按预算表	
(2)	直接工程费中人工费	按预算表	
(3)	措施费	按规定标准计算	
(4)	措施费中人工费	按规定标准计算	

续表

序 号	费 用 项 目	计 算 方 法	备 注
(5)	小计	(1)+(3)	
(6)	人工费小计	(2)+(4)	
(7)	间接费	(6)×相应费率	
(8)	利润	(6)×相应利润率	
(9)	合计	(5)+(7)+(8)	
(10)	含税造价	(9)×(1+相应税率)	

（二）综合单价法计价程序

综合单价法是综合了直接工程费及以外的多项费用，按照单价综合的内容不同，综合单价可分为全费用综合单价和清单综合单价。

1. 全费用综合单价法

全费用综合单价中综合了分项工程人工费、材料费、机械费、管理费、利润、规费以及有关文件规定的调价、税金和一定范围的风险等全部费用。

各分项工程量乘以综合单价的合价汇总后，生成工程发包、承包价，即：

建筑安装工程费用＝∑（分项工程量×分项工程综合单价）+措施项目完全价格

全费用综合单价法计价程序见表2-4。

表 2-4　　　　　　　　　全费用综合单价法的计算方法

序 号	费 用 项 目	计 算 方 法
(1)	分部分项工程项目费	∑（分项工程量×分项工程全费用综合单价）
(2)	措施项目费	∑（施工措施项目工程量×该措施项目全费用综合单价）
(3)	建筑安装工程造价	(1)+(2)

2. 清单综合单价

清单综合单价中综合了人工费、材料费、机械使用费、企业管理费和利润，并考虑风险因素的费用，但不包括项目措施费、规费和税金，因此它是一种不完全价格。以各分部分项工程量乘以该综合单价的合价汇总后，再加上项目措施费、规费和税金后，就是单位工程的造价。计算程序见表2-5。

表 2-5　　　　　　　　　清单综合单价法的计算方法

序 号	费 用 项 目	计 算 方 法
(1)	分部分项工程量清单项目费	∑（分部分项工程量×清单综合单价）
(2)	措施项目清单费	∑（施工措施项目工程量×相应措施项目清单综合单价）
(3)	其他项目清单费	按清单计价要求计算
(4)	规费	[(1)+(2)+(3)]×相应费率
(5)	税金	[(1)+(2)+(3)+(4)]×相应费率
(6)	工程造价	(1)+(2)+(3)+(4)+(5)

第三节　设备及工、器具购置费

设备及工、器具购置费由设备购置费和工、器具购置费两部分组成。

一、设备购置费

设备购置费是指为建设项目购置或自制的达到固定资产标准的各种国产或进口设备、工具、器具的费用。固定资产是指使用期限超过一年，单位价值在规定标准以上（具体标准由各主管部门规定），并且在使用过程中保持原有物质形态的资产。设备购置费由设备原价和设备运杂费组成，即

$$设备购置费＝设备原价＋设备运杂费$$

（一）设备原价

设备原价指国产设备原价或进口设备原价。

1. 国产设备原价

国产设备原价是指设备制造厂的交货价，或订货合同价。一般通过生产厂或供应商询价、报价、合同价确定。或用一定的方法计算确定。国产设备原价分为国产标准设备原价和国产非标准设备原价。

（1）国产标准设备原价。国产标准设备是指按照主管部门颁布的标准图纸和技术要求，由我国设备生产厂批量生产的，符合国家质量检测标准的设备。国产设备原价有两种：带有备件的国产设备原价和不带有备件的国产设备原价。在计算时，一般采用带有备件的国产设备原价。

（2）国产非标准设备原价。国产非标准设备是指国家尚无定型标准，各设备生产厂不可能在工艺过程中进行批量生产，只能按一次订货，并根据具体图纸生产制造的设备。国产非标准设备原价的计算方法有多种，如成本计算估价法、系列设备插入估价法、分部组合估价法、定额估价法等。在此只介绍成本计算估价法，其他计算方法请查阅有关资料，在此不再赘述。

按成本计算估价法，非标准设备的原价由十项组成，为清楚起见，见表2-6。

表 2-6　　　　　　　　成本计算估价法计算非标准设备的原价计算

序号	名　称	计　算	备　注
（1）	材料费	材料费＝材料净重×（1＋加工损耗系数）×每吨材料综合价	
（2）	加工费	加工费＝设备总重量（吨）×设备每吨加工费	包括生产工人工资和工资附加费、燃料动力费、设备折旧费、车间经费等
（3）	辅助材料费（简称辅材费）	辅助材料费＝设备总重量×辅助材料费指标	包括焊条、焊丝、氧气、氩气、氮气、油漆、电石等费用
（4）	专用工具费	［（1）＋（2）＋（3）］×专用工具费率	
（5）	废品损失费	［（1）＋（2）＋（3）＋（4）］×废品损失费率	
（6）	外购配套件费	按设备设计图纸所列的外购配套件的名称、型号、规格、数量、重量，根据相应的价格加运杂费计算	

序号	名 称	计 算	备 注
(7)	包装费	$[(1)+(2)+(3)+(4)+(5)+(6)] \times$ 包装费率	
(8)	利润	$[(1)+(2)+(3)+(4)+(5)+(7)] \times$ 利润率	
(9)	税金	增值税＝当期销项税额－进项税额 当期销项税额＝销售额×适用增值税率 [销售额为(1)～(8)项之和]	主要指增值税
10	非标准设备设计费	按国家规定的设计费收费标准计算	

单台非标准设备原价＝{[(材料费＋加工费＋辅助材料费)×(1＋专用工具费率)×(1＋废品损失费率)＋外购配套件费]×(1＋包装费率)－外购配套件费}×(1＋利润率)＋销项税金＋非标准设备设计费＋外购配套件费

2. 进口设备原价

进口设备原价指进口设备的抵岸价，即抵达买方边境港口或边境车站，且交完关税等税费后形成的价格。进口设备抵岸价的构成与进口设备的交货类别有关。

进口设备交货类别 { 内陆交货类　目的地交货类　装运港交货类

图 2-3　进口设备交货类别

（1）进口设备交货类别。进口设备的交货类别可分为内陆交货类、目的地交货类、装运港交货类，如图 2-3 所示。

1）内陆交货类：卖方在出口国内陆的某个地点交货。在交货地点，卖方及时提交合同规定的货物和有关凭证，并负担交货前的一切费用和风险；买方按时接受货物，交付货款，负担接货后的一切费用和风险，自行办理出口手续和装运出口。货物的所有权在交货后由卖方转移给买方。

2）目的地交货类：卖方在进口国的港口或内地交货。卖方在交货点将货物置于买方控制下才算交货，向买方收取货款。这种交货类别卖方承担的风险较大，在国际贸易中卖方一般不愿采用。

3）装运港交货类：卖方在出口国装运港交货。卖方按照约定时间在装运港按照合同规定的货物装上买方指定的船只，并通知买方，负担装船前的一切费用和风险，负责办理出口手续，提供出口国政府或有关方面签发的证件，负责提供有关货运单据；买方负责船或订舱，支付运费，负担货物装船后的一切费用和风险，负责办理保险和支付保险费，办理在目的港的进口和收货手续，接受卖方提供的有关装运单据，并按合同支付货款。装运港交货类主要有装运港船上交货价（FOB），也称离岸价，运费在内价（C&F），运费、保险费在内价（CIF），习惯称到岸价。装运港交货类是我国进口设备采用最多的交货种类。

（2）进口设备原价。我国进口设备通常采用装运港交货类，其抵岸价（即进口设备原价）构成如下：

进口设备抵岸价＝货价＋国际运费＋运输保险费＋银行财务费＋外贸手续费＋关税

＋增值税＋海关监管手续费＋消费税＋车辆购置附加费

1）货价。一般指装运港船上交货价（FOB），按有关生产厂商询价、报价、订货合同价计算。货价分为原币货价和人民币货价。原币货价一律折算成美元表示，人民币货价按原币货价乘以外汇市场美元兑人民币中间价确定。

2）国际运费。即从装运港（站）到达我国抵达港（站）的运费。我国进口设备大部分采用海洋运输，小部分采用铁路运输，个别采用航空运输。国际运费计算式如下：

$$国际运费（海、陆、空）＝原币货价（FOB）×运费率$$

或
$$国际运费（海、陆、空）＝运量×单位运价$$

其中，运费率或单位运价参照有关部门或进出口公司的规定执行。

3）运输保险费。这是一种财产保险。指保险人（保险公司）与被保险人（出口人或进口人）订立保险契约，在被保险人交付议定的保险费后，保险人根据保险契约的规定对货物在运输过程中发生的承保责任范围内的损失给予经济上的补偿。计算式为：

$$运输保险费＝\frac{原币货价（FOB）＋国际运费}{1－保险费率}×保险费率$$

其中，保险费率按照保险公司规定的进口货物保险费率计算。

4）银行财务费。指中国人民银行为进出口商提供金融结算服务所收取的手续费，计算式如下：

$$银行财务费＝货价（FOB）×人民币外汇汇率×银行财务费率$$

5）外贸手续费。按对外经济贸易部规定的外贸手续费率计取的费用，外贸手续费率一般取 1.5%，计算公式如下：

$$外贸手续费＝[装运港船上交货价（FOB）＋国际运费＋运输保险费]$$
$$×人民币外汇汇率×外贸手续费率$$

其中，装运港船上交货价（FOB）、国际运费、运输保险费之和也称到岸价格（CIF），即

$$到岸价格（CIF）＝装运港船上交货价（FOB）＋国际运费＋运输保险费$$

6）关税。指海关对进出国境或关境的货物和物品征收的一种税。计算公式为：

$$关税＝到岸价格（CIF）×人民币外汇汇率×进口关税税率$$

关税税率分为优惠和普通两种。优惠税率适用于与我国签订关税互惠条约或协定的国家的进口设备；普通税率适用于与我国未签订关税互惠条约或协定的国家的进口设备。进口关税税率按照我国海关总署发布的进口关税税率计算。

7）增值税。是对从事进口贸易的单位和个人，在进口商品报关进口后征收的一种税。我国增值税条例规定，进口应税产品均按组成计税价格和增值税税率直接计算应纳税额，即

$$进口产品增值税税额＝组成计价税价格×增值税税率$$
$$组成计价税价格＝关税完税价格＋关税＋消费税$$

增值税税率按照规定的税率计算。

8）消费税。对部分进口设备，如轿车、摩托车等，征收的一种税。计算公式如下：

$$应纳消费税额＝\frac{到岸价×人民币外汇汇率＋关税}{1－消费税税率}×消费税税率$$

其中，消费税税率根据规定的税率计算。

9）海关监管手续费。对进口减税、免税、保税货物实施监督、管理、提供服务的手续费。对于全额征收进口关税的货物不计海关监管手续费。

$$海关监管手续费＝到岸价×海关监管手续费率（一般为0.3\%）$$

10）进口车辆购置附加费。进口车辆须交纳进口车辆购置附加费。公式如下：

$$进口车辆购置税＝（到岸价＋关税＋消费税＋增值税）×进口车辆购置附加费率$$

（二）设备运杂费

1.设备运杂费的组成

设备运杂费包括运费和装卸费、包装费、设备供销部门手续费、采购及仓库保管费，如图2-4所示。

设备运杂费 $\begin{cases} 运费和装卸费 \\ 包装费 \\ 设备供销部门的手续费 \\ 采购与仓库保管费 \end{cases}$

图2-4　设备运杂费组成

（1）运费和装卸费。国产设备是由设备制造厂交货地点起到达施工工地仓库（或施工组织设计指定的需要安装设备的堆放地点）止所发生的运费和装卸费。进口设备是由我国到岸港口或边境车站起到达施工工地仓库（或施工组织设计指定的需要安装设备的堆放地点）止所发生的运费和装卸费。

（2）包装费。包装费是指设备原价中没有包含的，为运输而进行的包装支出的各种费用。

（3）设备供销部门手续费。按有关部门规定的统一费率计算。

（4）采购及仓库保管费。指在组织采购、验收、保管和收发设备所发生的各种费用，包括设备采购人员、保管人员和管理人员的工资、工资附加、办公费、差旅及交通费，设备供应部门办公和仓库所占固定资产使用费、工具用具使用费、劳动保护费、检验试验费等。采购及保管费可按主管部门规定的采购及保管费费率计算。

2.设备运杂费的计算

设备运杂费按设备原价乘以设备运杂费率计算，即

$$设备运杂费＝设备原价×设备运杂费率$$

设备运杂费率按各部门及省、自治区、直辖市等的规定计取。

二、工具、器具及生产家具购置费

工具、器具及生产家具购置费是指新建或扩建项目初步设计规定的，保证初期正常生产必须购置的没有达到固定资产标准的设备、仪器、工卡模具、器具、生产家具和备品备件等的购置费用。计算公式如下：

$$工具、器具及生产家具购置费＝设备购置费×定额费率$$

其中，定额费率按照各部门或行业的规定费率计算。

第四节　工程建设其他费用

工程建设其他费用是指应在建设项目的建设投资中开支的固定资产其他费用、无形资产费用和其他资产费用（递延资产），如图2-5所示。

$$工程建设其他费用＝固定资产其他费用＋无形资产费用＋其他资产费用（递延资产）$$

建设管理费
建设用地费
可行性研究费
研究试验费
勘察设计费
环境影响评价费
固定资产其他费用 劳动安全卫生评价费
场地准备及临时设施费
引进技术和引进设备其他费
工程保险费
联合试运转费
特殊设备安全监督检验费
市政公用设施建设及绿化费

工程建设其他费用

无形资产费用——专利及专有技术使用费
其他资产费用（递延资产）——生产准备及开办费

图 2-5 工程建设其他费用组成

一、固定资产其他费用

1. 建设管理费

建设管理费是指建设单位从项目立项、筹建开始至施工全过程、联合试运转、竣工验收、交付使用及项目后评估等建设全过程所发生的管理费用，包括建设单位管理费、工程监理费。

（1）建设单位管理费：是指建设单位发生的管理性质的开支。包括：工作人员工资、工资性补贴、施工现场津贴、职工福利费、住房基金、基本养老保险费、基本医疗保险费、失业保险费、工伤保险费、办公费、差旅交通费、劳动保护费、工具用具使用费、固定资产使用费、必要的办公及生活用品购置费、必要的通讯设备及交通工具购置费、零星固定资产购置费、招募生产工人费、技术图书资料费、业务招待费、设计审查费、工程招标费、合同契约公证费、法律顾问费、咨询费、工程质量监督检测费、审计费、完工清理费、竣工验收费、印花税和其他管理性质开支。

建设单位管理费的计算按照工程费用乘以建设单位管理费费率计算

$$建设单位管理费＝工程费用×建设单位管理费费率$$

其中，工程费用为建筑安装工程费用与设备购置费之和，即：

$$工程费用＝建筑工程费＋安装工程费＋设备购置费$$

建设单位管理费费率按照建设项目的不同性质、不同规模确定。有的建设项目按照建设工期和规定的金额计算建设单位管理费。如采用监理，建设单位部分管理工作量转移至监理单位。监理费应根据委托的监理工作范围和监理深度在监理合同中商定或按当地或所属行业部门有关规定计算；如建设单位采用工程总承包方式，其总包管理费由建设单位与总包单位根据总包工作范围在合同中商定，从建设管理费中支出。

（2）工程监理费：指建设单位委托工程监理单位实施工程监理的费用。其费用按《建设工程监理与相关服务收费管理规定》（发改价格〔2007〕670 号）计算。依法必须实行监理的建设工程施工阶段的监理收费实行政府指导价，其他建设工程施工阶段的监理收费和其他阶段的监理收费与相关服务收费实行市场调节价，监理费应根据委托的监理工作范

41

围和监理深度在监理合同中商定。

2. 建设用地费

系指按照《中华人民共和国土地管理法》等规定，建设项目征用土地或租用土地应支付的费用。目前我国取得土地使用权的方式有两种，即通过划拨方式取得无限期土地使用权和通过土地使用权出让方式取得土地使用权。通过划拨方式取得土地使用权需支付土地征用及迁移补偿费，通过土地使用权出让方式取得土地使用权需支付土地使用权出让金。

（1）土地征用及迁移补偿费。土地征用及迁移补偿费，是指建设项目通过划拨方式取得无限期的土地使用权，依照《中华人民共和国土地管理法》等规定所支付的费用。其总和一般不得超过被征土地年产值的30倍，土地年产值则按该地被征用前3年的平均产量和国家规定的价格计算。其内容包括：

1）土地补偿费。征用耕地（包括菜地）的补偿标准，按政府规定，为该耕地被征用前3年平均年产值的6～10倍，具体补偿标准由省、自治区、直辖市人民政府在此范围内制定。征用园地、鱼塘、藕塘、苇塘、宅基地、林地、牧场、草原等的补偿标准，由省、自治区、直辖市参照征用耕地的土地补偿费制定。征收无收益的土地，不予补偿。土地补偿费归农村集体经济组织所有。

2）青苗补偿费和被征用土地上的房屋、水井、树木等附着物补偿费。这些补偿费的标准由省、自治区、直辖市人民政府制定。征用城市郊区的菜地时，还应按照有关规定向国家缴纳新菜地开发建设基金。地上附着物及青苗补偿费归地上附着物及青苗的所有者所有。

3）安置补助费。征用耕地、菜地的，其安置补助费按照需要安置的农业人口数计算。每一个需要安置的农业人口的安置补助费标准，为该耕地被征用前3年平均年产值的4～6倍。但是，每公顷被征用耕地的安置补助费，最高不得超过被征用前3年平均年产值的15倍。征用土地的安置补助费必须专款专用，不得挪作他用。需要安置的人员由农村集体经济组织安置的，安置补助费支付给农村集体经济组织，由农村集体经济组织管理和使用；由其他单位安置的，安置补助费支付给安置单位；不需要统一安置的，安置补助费发放给被安置人员个人，或者征得被安置人员同意后用于支付被安置人员的保险费用。市、县和乡（镇）人民政府应当加强对安置补助费使用情况的监督。

4）缴纳的耕地占用税或城镇土地使用税、土地登记费及征地管理费等。县市土地管理机关从征地费中提取土地管理费的比率，按征地工作量大小，视不同情况，在1%～4%幅度内提取。

5）征地动迁费。包括征用土地上的房屋及附属构筑物、城市公共设施等拆除、迁建补偿费、搬迁运输费，企业单位因搬迁造成的减产、停工损失补贴费，拆迁管理费等。

6）水利水电工程水库淹没处理补偿费。包括农村移民安置迁建费，城市迁建补偿费，库区工矿企业、交通、电力、通信、广播、管网、水利等的恢复、迁建补偿费，库底清理费，防护工程费，环境影响补偿费用等。

（2）土地使用权出让金。土地使用权出让金，指建设项目通过土地使用权出让方式，取得有限期的土地使用权，依照《中华人民共和国城镇国有土地使用权出让和转让暂行条例》规定支付的土地使用权出让金。

1）明确国家是城市土地的唯一所有者，并分层次、有偿、有限期地出让、转让城市土地。第一层次是城市政府将国有土地使用权出让给用地者，该层次由城市政府垄断经营。出让对象可以是有法人资格的企事业单位，也可以是外商。第二层次及以下层次的转让则发生在使用者之间。

2）城市土地的出让和转让可采用协议、招标、公开拍卖等方式。

①协议方式是由用地单位申请，经市政府批准同意后双方洽谈具体地块及地价。该方式适用于市政工程、公益事业用地以及需要减免地价的机关、部队用地和需要重点扶持、优先发展的产业用地。②招标方式是在规定的期限内，由用地单位以书面形式投标，市政府根据投标报价、所提供的规划方案以及企业信誉综合考虑，择优而取。该方式适用于一般工程建设用地。③公开拍卖是指在指定的地点和时间，由申请用地者叫价应价，价高者得。这完全是由市场竞争决定，适用于盈利高的行业用地。

3）在有偿出让和转让土地时，政府对地价不作统一规定，但应坚持以下原则：

①地价对目前的投资环境不产生大的影响；②地价与当地的社会经济承受能力相适应；③地价要考虑已投入的土地开发费用、土地市场供求关系、土地用途和使用年限。

4）关于政府有偿出让土地使用权的年限，各地可根据时间、区位等各种条件作不同的规定。根据《中华人民共和国城镇国有土地使用权出让和转让暂行条例》，土地使用权出让最高年限按下列用途确定：

①居住用地 70 年；②工业用地 50 年；③教育、科技、文化、卫生、体育用地 50 年；④商业、旅游、娱乐用地 40 年；⑤综合或者其他用地 50 年。

5）土地有偿出让和转让，土地使用者和所有者要签约，明确使用者对土地享有的权利和对土地所有者应承担的义务。

①有偿出让和转让使用权，要向土地受让者征收契税；②转让土地如有增值，要向转让者征收土地增值税；③在土地转让期间，国家要区别不同地段、不同用途向土地使用者收取土地占用费。

3. 可行性研究费

系指在建设项目前期工作中，编制和评估项目建议书（或预可行性研究报告）、可行性研究报告所需的费用。

计算方法：

（1）依据前期研究委托合同计算，或按照《国家计委关于印发〈建设项目前期工作咨询收费暂行规定〉的通知》（计投资［1999］1283 号）的规定计算。

（2）编制预可行性研究报告参照编制项目建议书收费标准并可适当调整。

4. 研究试验费

系指为本建设项目提供或验证设计数据、资料等进行必要的研究试验及按照设计规定在建设过程中必须进行试验、验证所需的费用。但不包括：①应由科技三项费用（即新产品试制费、中间试验费和重要科学研究补助费）开支的项目；②应在建筑安装费用中列支的施工企业对建筑材料、构件和建筑物进行一般鉴定、检查所发生的费用及技术革新的研究试验费；③应由勘察设计费或工程费用中开支的项目。

研究试验费的计算应按照设计单位根据本工程项目的需要提出，并经上级主管单位批准的研究试验内容和要求进行编制。

5. 勘察设计费

系指委托勘察设计单位进行工程水文地质勘察、工程设计所发生的各项费用。包括：①工程勘察费、初步设计费（基础设计费）、施工图设计费（详细设计费）；②设计模型制作费。

该项费用计算应依据勘察设计委托合同计列，或按照国家计委、建设部《关于发布〈工程勘察设计收费管理规定〉的通知》（计价格〔2002〕10号）规定计算。

6. 环境影响评价费

系指按照《中华人民共和国环境保护法》、《中华人民共和国环境影响评价法》等规定，为全面、详细评价本建设项目对环境可能产生的污染或造成的重大影响所需的费用，包括编制环境影响报告书（含大纲）、环境影响报告表和评估环境影响报告书（含大纲）、评估环境影响报告表等所需的费用。

这项费用的计算应依据环境影响评价委托合同计列，或按照国家计委、国家环境保护总局《关于规范环境影响咨询收费有关问题的通知》（计价格〔2002〕125号）规定计算。

7. 劳动安全卫生评价费

系指按照劳动部《建设项目（工程）劳动安全卫生监察规定》和《建设项目（工程）劳动安全卫生预评价管理办法》的规定，为预测和分析建设项目存在的职业危险、危害因素的种类和危险危害程度，并提出先进、科学、合理可行的劳动安全卫生技术和管理对策所需的费用。包括编制建设项目劳动安全卫生预评价大纲和劳动安全卫生预评价报告书以及为编制上述文件所进行的工程分析和环境现状调查等所需费用。

其计算应依据劳动安全卫生预评价委托合同计列，或按照建设项目所在省（自治区、直辖市）劳动行政部门规定的标准计算。

8. 场地准备及临时设施费

包括场地准备费和临时设施费。

（1）场地准备费是指建设项目为达到工程开工条件所发生的场地平整和建设场地余留的有碍于施工建设的设施进行拆除清理的费用。

（2）临时设施费是指为满足施工建设需要而供到场地界区的临时水、电、路、信、气等工程费用和建设单位的现场临时建（构）筑物的搭设、维修、拆除、摊销或建设期间租赁费用，以及施工期间专用公路养护费、维修费。此费用不包括已列入建筑安装工程费用中的施工单位临时设施费用。

（3）场地准备及临时设施应尽量与永久性工程统一考虑。建设场地的大型土石方工程应进入工程费用中的总图运输费用中。

场地准备及临时设施费计算方法如下：

1）新建项目的场地准备和临时设施费应根据实际工程量估算，或按工程费用的比例计算。改扩建项目一般只计拆除清理费。

$$场地准备和临时设施费＝工程费用×费率＋拆除清理费$$

2）发生拆除清理费时可按新建同类工程造价或主材费、设备费的比例计算。凡可回收材料的拆除采用以料抵工方式，不再计算拆除清理费。

9. 引进技术和引进设备其他费

该项费用包括引进项目图纸资料翻译复制费、备品备件测绘费，出国人员费用，来华人员费用，银行担保及承诺费，根据工程实际情况分别计算。

（1）引进项目图纸资料翻译复制费、备品备件测绘费；根据引进项目的具体情况计列或按引进货价（FOB）的比例估列；引进项目发生备品备件测绘费时按具体情况估列。

（2）出国人员费用：包括买方人员出国设计联络、出国考察、联合设计、监造、培训等所发生的旅费、生活费、制装费等。依据合同规定的出国人次、期限和费用标准计算。生活费及制装费按照财政部、外交部规定的现行标准计算，旅费按中国民航公布的国际航线票价计算。

（3）来华人员费用：包括卖方来华工程技术人员的现场办公费用、往返现场交通费用、工资、食宿费用、接待费用等；应依据引进合同有关条款规定计算。引进合同价款中已包括的费用内容不得重复计算。来华人员接待费用可按每人次费用指标计算。

（4）银行担保及承诺费：指引进项目由国内外金融机构出面承担风险和责任担保所发生的费用，以及支付贷款机构的承诺费用。应按担保或承诺协议计取。投资估算和概算编制时可以担保金额或承诺金额为基数乘以费率计算。

10. 工程保险费

系指建设项目在建设期间根据需要对建筑工程、安装工程及机器设备进行投保而发生的保险费用。包括建筑工程一切险和人身意外伤害险、引进设备国内安装保险等。

工程保险费应根据不同的工程类别，分别以其建筑、安装工程费乘以建筑、安装工程保险费率计算。民用建筑（住宅楼、综合性大楼、商场、旅馆、医院、学校）占建筑工程费的 2‰～4‰；其他建筑（工业厂房、仓库、道路、码头、水坝、隧道、桥梁、管道等）占建筑工程费的 3‰～6‰；安装工程（农业、工业、机械、电子、电器、纺织、矿山、石油、化学及钢铁工业、钢结构桥梁）占建筑工程费的 3‰～6‰。

11. 联合试运转费

系指新建项目或新增加生产能力的工程，在交付生产前按照批准的设计文件所规定的工程质量标准和技术要求，进行整个生产线或装置的负荷联合试运转或局部联动试车所发生的费用净支出（试运转支出大于收入的差额部分费用，以及必要的工业炉烘炉费）。试运转支出包括试运转所需原材料、燃料及动力消耗、低值易耗品、其他物料消耗、工具用具使用费、机械使用费、保险金、施工单位参加试运转人员工资、以及专家指导费等；试运转收入包括试运转期间的产品销售收入和其他收入。

联合试运转费不包括应由设备安装工程费用开支的调试及试车费用，以及在试运转中暴露出来的因施工原因或设备缺陷等发生的处理费用。

计算方法：

（1）不发生试运转或试运转收入不小于费用支出的工程，不列此项费用。

（2）当联合试运转收入小于试运转支出时，计算式如下：

$$联合试运转费＝联合试运转费用支出－联合试运转收入$$

12. 特殊设备安全监督检验费

系指在施工现场组装的锅炉及压力容器、消防设备、燃气设备、电梯等特殊设备和设施，由安全监察部门按照有关安全监察条例和实施细则以及设计技术要求进行安全检验，应由建设项目支付的、向安全监察部门缴纳的费用。

其计算应按照建设项目所在省（自治区、直辖市）安全监察部门的规定标准计算。无具体规定的，在编制投资估算和概算时可按受检设备现场安装费的比例估算。

13. 市政公用设施费

系指项目建设单位按照项目所在地人民政府有关规定缴纳的市政公用设施建设费，以及绿化补偿费等。

其计算按工程所在地人民政府规定标准计列；不发生或按规定免征项目不计取。

二、无形资产费用

无形资产费用系指直接形成无形资产的建设投资，主要是指专利及专有技术使用费。专利及专有技术使用费包括：

（1）国外设计及技术资料费、引进有效专利、专有技术使用费和技术保密费。

（2）国内有效专利、专有技术使用费用。

（3）商标使用费、特许经营权费等。

专利及专有技术使用费计算方法：

（1）按专利使用许可协议和专有技术使用合同的规定计列。

（2）专有技术的界定应以省、部级鉴定批准为依据。

（3）项目投资中只计需在建设期支付的专利及专有技术使用费。协议或合同规定在生产期支付的使用费应在成本中核算。

（4）一次性支付的商标权、商誉及特许经营权费按协议或合同规定计列。协议或合同规定在生产期支付的商标权或特许经营权费应在生产成本中核算。

（5）为项目配套的专用设施投资，包括专用铁路线、专用公路、专用通信设施、送变电站、地下管道、专用码头等，如由项目建设单位负责投资但产权不归属本单位的，应作无形资产处理。

三、其他资产费用（递延资产）

其他资产费用系指建设投资中除形成固定资产和无形资产以外的部分。即指建设项目为保证正常生产（或营业、使用）而发生的人员培训费、提前进厂费以及投产使用初期必备的生产生活用具、工器具等购置费用。包括：

（1）人员培训费及提前进厂费：自行组织培训或委托其他单位培训的人员工资、工资性补贴、职工福利费、差旅交通费、劳动保护费、学习资料费等。

（2）为保证初期正常生产、生活（或营业、使用）所必需的生产办公、生活家具用具购置费。

（3）为保证初期正常生产（或营业、使用）必需的第一套不够固定资产标准的生产工具、器具、用具购置费，不包括备品备件费。

其他资产费用（递延资产）计算方法：

（1）新建项目按设计定员为基数计算，改扩建项目按新增设计定员为基数计算：

$$生产准备费＝设计定员×生产准备费指标(元／人)$$

（2）可采用综合的生产准备费指标进行计算，也可以按上述费用内容的分类指标计算。

第五节　预备费、建设期贷款利息、固定资产投资方向调节税

一、预备费

预备费包括基本预备费和涨价预备费。

（一）基本预备费

基本预备费是指在初步设计及概算内难以预料的工程费用，内容包括：

（1）在批准的初步设计范围内，技术设计、施工图设计及施工过程中所增加的工程费用；设计变更、材料代用、局部地基处理等增加的费用。

（2）一般自然灾害造成的损失和预防自然灾害所采取的措施费用。实行工程保险的工程项目，该费用应适当降低。

（3）竣工验收时为鉴定工程质量对隐蔽工程进行必要的挖掘和修复费用。

基本预备费的计算，按照工程费用和工程建设其他费用二者之和为计取基础，乘以基本预备费率进行计算。即

$$基本预备费＝(工程费用＋工程建设其他费用)×基本预备费率$$
$$工程费用＝建筑工程费＋安装工程费＋设备购置费$$

基本预备费率按照国家及部门的有关规定。

（二）涨价预备费

涨价预备费是指建设项目在建设期间由于人工、材料、设备等价格变化引起工程造价变化的预测预留费用，也称价格变动不可预见费。内容包括：人工、设备、材料、施工机械的价差费，建筑安装工程费及工程建设其他费用调整，利率、汇率调整等增加的费用。

涨价预备费的测算方法，一般根据国家规定的投资综合价格指数，按估算年份价格水平的投资额为基数，采用复利方法计算。公式如下：

$$PF = \sum_{t=1}^{n} I_t [(1+f)^m (1+f)^{0.5} (1+f)^{t-1} - 1] \qquad (2-1)$$

式中　PF——涨价预备费，元；

　　　　n——建设期年份数，年；

　　　　I_t——建设期中第 t 年的投资计划额，包括工程费用，工程建设其他费用及基本预备费；

　　　　f——年均投资价格上涨率；

　　　　m——建设前期年限（从编制估算到开工建设），a。

【例 2 - 1】　某工程项目，设备购置费 600 万元、建筑安装费 1000 万元、工程建设其

他费 400 万元，项目建设前期为 1 年，项目建设期为 2 年，每年投资额相等。基本预备费率为 5%。预计年均投资价格上涨率为 10%，该项目的涨价预备费为多少？

解：工程费用＝600＋1000＝1600（万元）

基本预备费＝（1600＋400）×5%＝100（万元）

静态投资＝1600＋400＋100＝2100（万元）

建设期每年投资额＝$\dfrac{2100}{2}$＝1050（万元）

第一年涨价预备费：$PF_1 = 1050 \times [(1+10\%)(1+10\%)^{0.5}(1+10\%)^{1-1}-1] = 161.37$（万元）

第二年涨价预备费：$PF_2 = 1050 \times [(1+10\%)(1+10\%)^{0.5}(1+10\%)^{2-1}-1] = 282.51$（万元）

所以，建设期涨价预备费为：$PF = 161.37 + 282.51 = 443.88$（万元）

二、建设期贷款利息

建设期贷款利息包括向国内银行和其他非银行金融机构贷款、出口信贷、外国政府贷款、国际商业银行贷款以及在境内外发行的债券等在建设期间内应偿还的借款利息。

当贷款是分年均衡发放时，建设期贷款利息的计算可按当年借款在年中支用考虑，即当年贷款按半年计息，上年贷款全年计息。公式如下：

$$q_j = \left(P_{j-1} + \frac{1}{2}A_j\right) \cdot i \tag{2-2}$$

式中 q_j——建设期第 j 年应计利息；

P_{j-1}——建设期第 $j-1$ 年未贷款累计金额与利息累计金额之和；

A_j——建设期第 j 年贷款金额；

i——年利率。

国外贷款利息的计算中，还应包括国外贷款银行根据贷款协议向贷款方以年利率的方式收取的手续费、管理费、承诺费；国内代理机构经国家主管部门批准的以年利率的方式向贷款单位收取的转贷费、担保费、管理费等。

【例 2-2】 某新建项目，建设期为 3 年，分年均衡进行贷款，第一年贷款 300 万元，第二年贷款 600 万元，第三年 400 万元，年利率 12%，建设期内利息只计息不支付，计算建设期贷款利息。

解：建设期各年的利息如下：

$$q_1 = \frac{1}{2}A_1 \cdot i = \frac{1}{2} \times 300 \times 12\% = 18（万元）$$

$$q_2 = \frac{1}{2}\left(P_1 + \frac{1}{2}A_2\right) \cdot i = \left(300 + 18 + \frac{1}{2} \times 600\right) \times 12\%$$

$$= 74.16（万元）$$

$$q_3 = \left(P_2 + \frac{1}{2}A_3\right) \cdot i$$

$$= \left(318 + 600 + 74.16 + \frac{1}{2} \times 400\right) \times 12\%$$

$$= 143.06（万元）$$

建设期贷款利息＝$q_1 + q_2 + q_3 = 18 + 74.16 + 143.06 = 235.22$（万元）

三、固定资产投资方向调节税

固定资产投资方向调节税是指国家对在我国境内进行固定资产投资的单位和个人，就其固定资产投资的各种资金征收的一种税。该税自 1991 年起征收，至 2000 年 1 月 1 日起已暂停征收。

第六节　世界银行建设项目工程造价的组成

世界银行、国际咨询工程师联合会对项目的总建设成本（相当于我国的工程造价）作了统一规定，建设项目工程造价组成如图 2-6 所示。

一、项目直接建设成本

项目直接建设成本主要有以下内容：

世界银行工程造价 $\begin{cases} 项目直接建设成本 \\ 项目间接建设成本 \\ 应急费 \\ 建设成本上升费用 \end{cases}$

图 2-6　世界银行工程造价构成

（1）土地征购费。

（2）场外设施费用，如道路、码头、桥梁、机场、输电线路等设施费用。

（3）场地费用，指用于场地准备、厂区道路、铁路、围栏、场内设施等的建设费用。

（4）工艺设备费，指主要设备、辅助设备及零配件的购置费用，包括海运包装费用、交货港离岸价，但不包括税金。

（5）设备安装费，指设备供应商的监理费用，本国劳务及工资费用，辅助材料、电缆管道和工具等费用，以及安装承包商的管理费和利润等。

（6）管道系统费用，指与系统的材料及劳务相关的全部费用。

（7）电气设备费，其内容与第（4）项相似。

（8）电气安装费，指设备供应商的监理费用，本国劳务与工资费用，辅助材料、电缆管道和工具费用，以及安装承包商的管理费和利润。

（9）仪器仪表费，指所有自动仪表、控制板、配线和辅助材料的费用以及供应商的监理费用，外国或本国劳务及工资费用，承包商的管理费和利润。

（10）机械的绝缘和油漆费，指与机械及管道的绝缘和油漆相关的全部费用。

（11）工艺建筑费，指原材料、劳务费以及与基础、建筑结构、屋顶、内外装修、公共设施等有关的全部费用。

（12）服务性建筑费用，其内容与第（11）项相似。

（13）工厂普通公共设施费，包括材料和劳务费以及与供水、燃料供应、通风、蒸汽发生及分配、下水道、污物处理等公共设施有关的费用。

（14）车辆费，指工艺操作必需的机动设备零件费用，包括海运包装费用以及交货港的离岸价，但不包括税金。

（15）其他当地费用，指那些不能归类于以上任何一个项目，不能计入项目的间接成本，但在建设期间又是必不可少的当地费用。如临时设备、临时公共设施及场地的维持费，营地设施及其管理、建筑保险和债务、杂项开支等费用。

二、项目间接建设成本

项目间接建设成本主要包括以下内容：

（1）项目管理费。包括：①总部人员的薪金和福利费，以及用于初步和详细工程设计、采购、时间和成本控制、行政和其他一般管理的费用；②施工管理现场人员的薪金、福利费和用于施工现场监督、质量保证、现场采购、时间及成本控制、行政及其他施工管理机构的费用；③零星杂项费用，如返工、旅行、生活津贴、业务支出等；④各项酬金。

（2）开工试车费。指工厂投料试车必需的劳务和材料费用（项目直接成本包括项目完工后的试车和空运转费用）。

（3）业主的行政性费用。指业主的项目管理人员费用及支出（其中某些费用必须排除在外，并在"估算基础"中详细说明）。

（4）生产前费用。指前期研究、勘测、建矿、采矿等费用（其中一些费用必须排除在外，并在"估算基础"中详细说明）。

（5）运费和保险费。指海运、国内运输、许可证及佣金、海洋保险、综合保险等费用。

（6）地方税。指地方关税、地方税及对特殊项目征收的税金。

三、应急费

应急费包括以下内容：

（1）未明确项目的准备金：此项准备金用于在估算时不可能明确的潜在项目，包括那些在做成本估算时因为缺乏完整、准确和详细的资料而不能完全预见和不能注明的项目，并且这些项目是必须完成的，或它们的费用是必定要发生的。在每一个组成部分中均单独以一定的百分比确定，并作为估算的一个项目单独列出。此项准备金不是为了支付工作范围以外可能增加的项目，不是用以应付天灾、非正常经济情况及罢工等情况，也不是用来补偿估算的任何误差，而是用来支付那些几乎可以肯定要发生的费用。因此，它是估算不可缺少的一个组成部分。

（2）不可预见准备金：此项准备金（在未明确项目准备金之外）用于在估算达到了一定的完整性并符合技术标准的基础上，由于物质、社会和经济的变化，导致估算增减的情况。此种情况可能发生，也可能不发生。因此，不可预见准备金只是一种储备，可能不动用。

四、建设成本上升费用

通常估算中使用的构成工资率、材料和设备价格基础的截止日期就是"估算日期"，必须对该日期或已知成本基础进行调整，以补偿直至工程结束时的未知价格增长。

工程的各个主要组成部分（国内劳务和相关成本、本国材料、外国材料、本国设备、外国设备、项目管理机构）的细目划分决定以后，便可确定每一个主要组成部分的增长率。这个增长率是一项判断因素，它以已发表的国内和国际成本指数、公司记录等为依据，并与实际供应商进行核对，然后根据确定的增长率和从工程进度表中获得的每项活动的中点值，计算出每项主要组成部分的成本上升值。

思 考 题

1. 我国工程造价的组成是怎样的？
2. 简述我国建筑安装工程费用的组成。
3. 简述设备、工器具购置费的组成。
4. 简述进口设备原价的组成及计算。
5. 简述工程建设其他费用的组成。
6. 什么是基本预备费？其包括哪些内容？
7. 什么是涨价预备费？其计算公式是什么？
8. 如何计算建设期贷款利息？
9. 世界银行工程造价的组成是怎样的？

第三章　建设项目决策阶段的工程造价管理

【学习指导】　通过本章学习，应掌握建设项目决策阶段工程造价管理的主要内容包括：建设项目投资决策与可行性研究；投资决策阶段影响工程造价的因素；建设项目投资估算的编制方法；建设项目经济评价的概念及方法；建设项目财务评价的指标体系与程序等。

第一节　建设项目决策阶段工程造价管理的内容

一、建设项目决策的含义

1. 建设项目决策的概念

决策是为了达到一定的目的，从两个或多个方案中选择一个较优方案的分析判断和抉择的过程。建设项目尤其是工业项目的技术经济要求较高，必须通过科学的理论和方法，进行细致深入调查、研究和论证，才能作出科学决策。决策有诸多分类方法。根据决策的对象不同，可分为投资决策、融资决策、营销决策等。本章重点阐述建设项目投资决策。

建设项目投资决策是选择和决定投资行动方案的过程，即对拟建项目的必要性及可行性进行技术经济论证，经对不同建设方案进行技术经济比较并作出决断的过程。据有关统计，在项目建设各阶段中，决策阶段影响工程造价的程度最高（可达70%～90%），对工程造价的高低和投资效果的好坏影响较为显著。因此，应加强项目决策阶段的工程造价管理工作。

2. 建设项目决策与工程造价的关系

（1）建设项目决策的正确性是工程造价合理性的前提。对不该建设的项目进行投资，或者项目建设地点的选择错误，或者投资方案不合理等所导致的决策失误，会直接带来不必要的人力、物力和财力的浪费，甚至造成难以弥补的损失。在这种情况下，合理进行工程造价的计价和控制的意义已不大。因此，要发挥工程造价合理计价与控制的作用，首先要按照科学发展观的要求进行决策，保证建设项目决策的正确性。

（2）建设项目决策的内容是决定工程造价的基础。在建设项目决策阶段的各项技术经济决策，特别是建设标准的确定、建设地点的选择、工艺的评选、设备的选择等，直接关系到工程造价的高低，影响着决策阶段之后项目建设各阶段工程造价的计价与控制是否科学、合理。

（3）工程造价的高低也会影响建设项目决策。建设项目决策阶段的工程造价估算值（即投资估算结果）的高低，是投资方案选择的重要依据之一，还是决定项目可行性以及主管部门进行项目审批的参考依据。

（4）建设项目决策的深度既影响投资估算的精确度又影响工程造价的控制效果。建设项目投资决策过程，是一个由浅入深、不断深化的过程，可依次分为若干工作阶段，其相应的投资估算精确度也不同。工程造价的计价与控制贯穿于项目建设全过程，随着工程进展相应地形成投资估算、设计概算、修正概算、施工图预算、承包合同价、结算价及竣工决算等。按照"前者控制后者"的制约关系,意味着投资估算对其后的各阶段不同形式的工程造价起着制约作用,作为限额目标。

二、建设项目决策阶段工程造价管理的主要内容

建设项目决策阶段工程造价管理的主要工作包括:分析确定影响建设项目决策的主要因素;编制建设项目投资估算;对建设项目进行财务分析、经济分析及社会效益评价;结合建设项目的决策阶段的不确定性因素对建设项目进行风险分析等。

1. 分析确定影响建设项目决策的主要因素

(1) 合理处理建设项目决策阶段影响工程造价的主要因素。

1) 确定项目的合理建设规模。建设规模是指项目设定的正常生产运营年份可能达到的生产或服务能力,也可称为项目生产规模。建设规模是在产品方案的基础上,结合工艺技术、原材料和能源供应、协作配套、项目投融资及规模经济等研究来确定的。

2) 选择建设地区和建设地点。

建设地区的选择要考虑以下因素:①符合国民经济发展战略规划、国家工业布局总体规划和地区经济发展规划的要求;②充分考虑原材料条件、能源条件、水源条件、各地区对项目产品需求及运输条件等;③充分考虑劳动力来源、生活环境、协作、施工力量、风俗文化等社会环境因素的影响。

在综合考虑上述因素的基础上,建设地区的选择同时应遵循以下两个基本原则:

①靠近原料、燃料提供地和产品消费的原则;②工业项目适当聚集的原则。在工业布局中,通常是一系列相关的项目聚集成适当规模的工业基地和城镇,从而有利于发挥"集聚效益"。

建设地点的选择即项目场(厂)址地点的选择。不同行业选择项目场(厂)址需要研究的具体内容、方法和遵循的规程、规范不同,其称谓也有所区别。例如,工业项目称厂址选择,水利水电项目称场址选择。选择建设地点的要求包括:①节约土地,少占耕地;②减少拆迁移民;③应尽量选择在工程地质、水文地质条件较好的地段;④要有利于场(厂)区合理布置和安全运行;⑤应尽量靠近交通运输条件和水、电等供应条件好的地方;⑥应尽量减少对环境的污染。

在进行场(厂)址多方案技术经济分析时,除比较上述场(厂)址条件外,还应从全寿命周期的理念出发,从以下两方面进行分析:

①项目投资费用。包括土地征购费、拆迁补偿费、土石方工程费、运输设施费、排水及污水处理设施费、动力设施费、生活设施费、临时设施费、建材运输费等。②项目投产后生产经营费用比较。包括原材料、燃料运入及产品运出费用,给水、排水、污水处理费用,动力供应费用等。

拟定项目选址的备选方案,接下来就是对各种方案进行技术经济论证,选择最佳场(厂)址方案。场(厂)址比较的主要内容包括:建设条件比较、建设费用比较、经营费用比较、运输费用比较、环境影响比较和安全条件比较等。

3) 确定技术方案。生产技术方案指产品生产所采用的工艺流程和生产方法。技术方案选择的基本原则是:先进适用、安全可靠、经济合理。技术方案选择内容包括:生产方法选择、工艺流程方案选择、工艺方案比选等。

4）确定设备方案。根据工厂生产规模和工艺过程的要求，选择设备的型号和数量。设备选择时应注意：尽量选用国产设备；进口设备之间以及国内外设备之间的衔接配套问题；进口设备与原有国产设备、厂房之间的配套问题；进口设备与原材料、备品备件及维修能力之间的配套问题。

5）选择工程方案。工程方案选择是在已选定项目建设规模、技术方案和设备方案的基础上，研究论证主要建筑物、构筑物的建造方案，包括建筑标准的确定。一般工业项目的厂房、工业窑炉、生产装置等建筑物、构筑物的工程方案，主要研究其建筑特征（面积、层数、高度、跨度），建筑物或构筑物的结构型式，以及特殊建筑要求（防火、防爆、防腐蚀、隔声、隔热等），基础工程方案，抗震设防等。

6）提出环境保护措施。在确定场（厂）址方案和技术方案中，调查研究环境条件，需识别和分析拟建项目影响环境的因素，研究提出治理和保护环境的措施，比选和优化环境保护方案。

（2）建设项目资本金制度与资金筹措方法的选择。资本金制度是我国国家围绕资本金的筹集、管理以及所有者的责权利等方面所制定的法律规范。为了深化投资体制改革，建立投资风险约束机制，各种经营性固定资产投资项目实行资本金制度，只有先落实资本金，才能建设实施。资本金未达到规定比例的，不得进行融资筹资活动，项目不得批准建设。投资项目资本金占总投资的比例，是根据不同行业和项目的经济效益等因素确定的。但公益性投资项目不实行资本金制度。

资金筹措又称融资，是以一定的渠道为某种特定目的筹措所需资金的一系列活动的总称。项目的资金筹措是项目实施的重要工作之一。在项目决策分析和评价阶段要考虑融资方案的设计，并进行必要的分析研究或评估，为最终的融资决策提供依据。特别是大型投资项目的融资通常良好的组织和系统的融资方案。融资技巧和技术对项目目标的实现往往起着决定性的作用。

可能的融资渠道是构造项目融资方案的基础，各种融资渠道取得资金的条件对于融资渠道的选择有着决定性的影响。融资渠道主要有：

1）政府资金，包括财政预算内及预算外的资金。政府的资金可能是无偿的，可能是作为项目资本金投资，或者以贷款的形式。

2）国内外银行等金融机构的贷款，包括国家政策性银行、国内外商业银行、区域性及全球性国际金融机构的贷款。

3）国内外证券市场，可以发行股票或债券。

4）国内外非银行金融机构的资金，包括信托投资公司、投资基金公司、风险投资公司、保险公司、租赁公司的资金。

5）外国政府的资金，可能以赠款或贷款方式提供。

6）国内外企业、团体、个人的资金。

资金来源一般分为直接融资和间接融资。直接融资是指从资本市场上直接发行股票或债券取得资金，以及公司股东投入资金。间接融资是指从银行及非银行金融机构借贷的信贷资金。

融资渠道与融资方式既相互联系又有所不同。同一筹资方式往往适用于不同筹资渠道，同一渠道的资金可能通过不同的方式取得。因此，制订融资方案时，必须考虑如何使两者合理配合。融资根据不同的标准，可有不同的方式。

按照融资的期限不同，划分为长期融资和短期融资。

1）长期融资。长期融资是指企业因购建固定资产、无形资产或进行长期投资等资金需求，而筹集的使用期限在一年以上的融资。

长期融资通常采用吸收直接投资、发行股票、发行长期债券或进行长期借款等融资方式进行融资。

2）短期融资。短期融资是指企业因季节性或临时性资金需求而筹集的使用期限在一年以内的融资。

按照融资的性质不同，融资可划分为权益融资和负债融资。

1）权益融资。权益融资是指以所有者的身份投入的非负债性资金的方式所进行的融资。权益融资形成企业的"所有者权益"和项目的"资本金"。根据我国法律、法规规定，建设项目可通过争取国家财政预算内投资、发行股票、自筹投资和利用外资直接投资等多种方式来筹集资本金。

2）负债融资。负债融资是指以各种负债的方式筹集的负债资金。其资金来源主要包括：商业银行贷款、政策性银行贷款、出口信贷、外国政府贷款、国际金融机构贷款、银团贷款、发行债券、发行可转换债、融资租赁。

a. 商业银行贷款。我国的银行分为商业银行和政策性银行。按所有制形式，我国的商业银行分为国有商业银行和股份制银行。随着我国加入 WTO 的实施进程，外国商业银行在我国获得批准设立分行，或者设立合资或独资的子银行，我国境内的外资商业银行也逐步开展外汇及人民币贷款业务。

b. 政策性银行贷款。我国政策性银行有国家开发银行、进出口银行、农业发展银行。国家开发银行主要提供基础设施建设及重要的生产性建设项目的长期贷款，一般贷款期限较长；进出口银行主要为产品出口提供贷款支持，进出口银行提供的出口信贷通常利率低于一般的商业银行利率；农业发展银行主要为农业、农村发展项目提供贷款，贷款利率通常较低。

c. 出口信贷。出口信贷是指出口国为了鼓励和支持本国商品出口，增强国际竞争力所采取的对本国出口给予利息补贴并提供信贷担保或保险的中长期贷款方式。它主要分为卖方信贷、买方信贷和混合信贷。卖方信贷是由有信贷权的银行对符合条件的出口商提供出口信贷资金，再由该出口商向相应的进口商提供延期付款的一种出口信贷方式。而买方信贷是由有信贷权的银行直接对符合条件的进口商或进口方银行提供贷款，用于支付其进口所需款项的一种出口信贷方式。混合贷款是出口信贷、商业银行贷款、以及出口国政府的援助、捐赠相结合的贷款。其中政府出资一般占 30%～50%，因此综合利率相对较低，期限可达 30～50 年，宽限期可达 10 年；但选项较严，手续较复杂。买方信贷通常由中国银行直接向出口国银行申请，混合贷款则需先由主管部门与对方政府洽谈项目。我国已与西方十几个国家签有混合贷款协议。

d. 外国政府贷款。政府贷款是一国政府向另一个国家的企业或政府提供的贷款，这种贷款通常在利率及期限上有很大的优惠。

e. 国际金融机构贷款。提供项目贷款的主要国际金融机构包括：世界银行、国际金融公司、欧洲复兴与开发银行、亚洲开发银行、美洲开发银行等全球性或地区性金融机构。

f. 银团贷款。银团贷款又称辛迪加贷款，是国际商业贷款的一种形式；它是指由一家或几家银行牵头，多家国际商业银行参加，共同向某一项目提供长期、高额贷款。

g. 发行债券。企业可以通过发行企业债券，筹集资金用于项目投资，是一种直接融资。

h. 发行可转换债。可转换债是企业发行的一种特殊形式的债券，在预先约定的期限内，可转换债的债券持有人有权选择按照预先规定的条件将债券转换为发行人公司的股权。

i. 融资租赁。又称金融租赁或财务租赁，是相对于实物租赁的另外一种租赁方式，目前运用较多。主要是投资者购置设备资金匮乏时，由设备出租方购（或租）进设备，再出租给项目投资者使用，项目投资者按照约定时限、额度及范围给付设备价款、贷款利息及手续费，租赁期满，项目投资者取得设备所有权。

2. 建设项目决策阶段的投资估算

投资估算是建设项目决策阶段的主要造价文件，是项目建议书和可行性研究报告的重要组成部分。建设投资估算的编制，应根据建设项目的具体内容及国家有关规定和估算指标等，以估算编制时期的价格水平为依据，合理地预测估算编制后至工程竣工期间的价格、利率、汇率等动态因素的变化对投资的影响，打足项目建设投资，确保投资估算的编制质量。

3. 建设项目财务分析

财务分析（也称财务评价）是在国家现行财税制度和价格体系的前提下，从项目的角度出发，计算项目范围内的财务效益和费用，分析项目的盈利能力和清偿能力，评价项目在财务上的可行性。

4. 建设项目经济分析

建设项目经济分析（也称国民经济评价）是在合理配置社会资源的前提下，从国民经济整体利益的角度出发，计算项目对国民经济的贡献，分析项目的经济效率、效果和对社会的影响，评价项目在宏观经济上的合理性。

5. 建设项目的社会经济方面的影响分析

建设项目社会评价中社会经济影响，主要是从宏观经济角度分析建设项目对国家、地区（省、自治区、直辖市）的经济影响。具体内容可考虑如下各方面：①项目的技术进步效益；②项目节约时间的效益；③促进地区经济发展；④促进部门经济发展；⑤促进国民经济发展（包括改善结构、布局及提高效益等）。

社会经济方面的效益与影响，如某建设项目已在国民经济评价中作了分析，社会评价中就不必重复。

6. 建设项目风险分析

通过不确定分析与风险分析，发现潜在的不确定性和风险因素，制订有效措施，合理规避其不利影响，提高项目的社会和经济效益。

第二节 建设项目投资估算

一、建设项目投资估算的含义

建设项目投资估算是对项目的建设规模、技术方案、设备方案、工程方案及项目进度计划等进行研究和初步确定的基础上，估算项目投入总资金额，并测算建设期内分年资金需要量的过程。投资估算是编制项目建议书和可行性研究报告的重要组成部分，是建设项目决策的重要依据之一。

二、建设项目投资估算的作用

（1）建设项目建议书阶段的投资估算，是建设项目主管部门审批建设项目建议书的依据之一，并对项目规划和规模控制起参考作用。

（2）建设项目可行性研究阶段的投资估算，是建设项目投资决策的重要依据，也是分析、计算建设项目投资经济效果的重要条件。当可行性研究报告被批准后，其投资估算额即作为设计任务书中的投资限额，并对工程设计概算起控制作用，也是建设项目投资的最高限额，不得随意突破。

（3）建设项目投资估算可作为项目资金筹措及制定建设贷款计划的依据。

（4）投资估算是核算建设项目固定资产投资额和编制固定资产投资计划的重要依据。

三、建设项目投资估算的编制内容和深度

编制投资估算时，要对建设投资（不含建设期利息）、建设期利息和流动资金等各项内容分别进行估算。

一般来说，投资项目前期各阶段的研究内容由浅入深，项目投资和成本估算的精度要求由粗到细，研究工作量由小到大，因此，研究工作的时间和费用也逐渐增加，准确度逐步提高。我国建设项目投资估算的阶段划分与精度要求见表3-1。

表 3-1　　　　　　　　　　**我国建设项目投资估算的阶段划分与精度要求**

工作阶段	投资机会研究或项目规划阶段	项目建议书阶段	预可行性研究阶段	详细可行性研究
工作内容	投资机会研究是指为寻找有价值的投资机会而进行的准备性调查研究。 项目规划阶段是指有关部门根据国民经济发展规划、地区发展规划和行业发展规划的要求，编制一个建设项目的建设规划。此阶段需按建设项目规划的要求和内容，粗略地估算建设项目所需要的投资额	按项目建议书中的产品方案、项目建设规模、产品主要生产工艺、企业车间组成、初选建厂地点等，估算建设项目所需的投资额	在掌握了较前一阶段更详细、更深入的资料的条件下，估算建设项目所需的投资额	该阶段的投资估算至关重要，因为该阶段的投资估算经审批准后，便是工程设计任务书中规定的项目投资限额，可据此列入项目年度基本建设计划
投资估算误差率（%）	±30	±30	±20	±10

四、常用建设项目投资估算的编制方法

（一）固定资产投资的估算

1. 静态投资的估算方法

由建筑工程费、设备及工器具购置费、安装工程费用、工程建设其他费用（不含铺底流动资金）、基本预备费构成的固定资产静态投资估算方法包括：资金周转率法、单位生产能力投资估算法、指数估算法、朗格系数法、比例估算法、指标估算法、分类估算法等，不同条件下采用不同估算方法。

（1）资金周转率法。这是一种利用资金周转率来推算出投资额的方法。这种方法精度比较低，可用于投资机会研究及项目建议书阶段的投资估算。其计算公式如下：

$$C = \frac{Q \cdot V}{T} \tag{3-1}$$

式中　C——拟建项目的投资额；

　　　Q——产品的年产量；

　　　V——产品的单价；

　　　T——资金周转率，为年销售总额与总投资额之比。

拟建项目的资金周转率可根据已建类似项目的有关数据进行估计。

（2）单位生产能力投资估算法。单位生产能力投资估算法是根据类似企业单位生产能力投资指标估算拟建项目的固定资产投资。单位生产能力投资系由类似企业的固定资产投资以其生产能力求得。例如每公里铁路投资、每千瓦电的电站投资和每吨煤的煤矿投资等。计算公式为：

$$C_2 = C_1 \cdot \left(\frac{X_2}{X_1}\right) \cdot f \tag{3-2}$$

式中　C_1——类似企业的固定资产投资额（已知）；

　　　C_2——拟建项目的固定资产投资额（未知数）；

　　　X_1——类似企业的生产能力（已知）；

　　　X_2——拟建项目的生产能力（已知）；

　　　f——综合调整系数（综合时间、地点和价格等因素的变化情况确定）。

这种方法把项目的固定资产投资与其生产能力的关系视为简单的线性关系，估算结果精度较差。使用这种方法时要注意拟建项目的生产能力和类似企业的可比性，其他条件也应相似，否则误差很大。

【例3-1】　拟对某地一座有 230 套标准客房的普通宾馆进行装修改造。已掌握同一地区恰巧另有一座同类型宾馆近期刚完成装修改造的情况：其有 250 套标准客房，还有门厅、餐厅、会议厅、游泳池、夜总会等设施；总造价为 1025 万元。请估算拟装修改造项目的工程造价。

解： 根据上述资料，首先计算出类似装修改造工程的每套标准客房的造价：

$$\frac{类似工程总造价}{类似工程的标准客房总套数} = \frac{1025}{250} = 4.1（万元）$$

据此可估算出同一地区，且各方面有可比性的具有 230 套标准客房的装修改造工程造价为：

$$4.1 \times 230 = 943（万元）$$

（3）指数估算法（生产能力指数法）。指数估算法又叫装置能力指数法（国内称生产规模指数法或生产能力指数法），是用类似企业的投资指标来概略性地估算类型相同、但规模不同的设备或工厂的投资。计算公式：

$$C_a = C_b \left(\frac{P_a}{P_b}\right)^n f \tag{3-3}$$

式中　C_a——拟建项目或装置所需投资；

$\quad\quad C_b$——已建类似项目或装置的实际投资；

$\quad\quad P_a$——拟建项目或装置的生产能力；

$\quad\quad P_b$——已建类似项目或装置的生产能力；

$\quad\quad f$——费用综合调整系数，根据历年物价趋势作出的估计；

$\quad\quad n$——指数（也称规模指数），n 取值在 0、1 之间。

指数估算法可用于类型相似的项目总投资估算，规模扩大幅度不大于 50 倍。若规模的扩大是以提高项目的主要设备效率和功率，则 n 值可取 0.6～0.7（如美国一般取 0.6，英国和日本取 0.66）；若规模的扩大是以增加项目的相同规格机器设备的数量而达到的，则 n 值可取 0.8～1.0，运用这种方法还要根据两项目建设时间的差别，考虑物价上涨因素及其他不可比因素，进行适当的调整，力求得出符合实际的拟建项目的投资估算植。在我国，此方法可适用于项目建议书阶段的投资估算。

【例 3-2】　某拟建项目生产规模为年产 70 万 t 乙烯生产装置。根据统计资料，生产规模为年产 30 万 t 同类产品的装置投资额为 60000 万元，装置投资的综合调整系数为 1.2，生产能力指数为 0.6，试估算该装置的投资额。

解：采用生产能力指数法计算该拟建项目的投资额：

$$C_a = C_b \left(\frac{P_a}{P_b}\right)^n f = 60000 \times \left(\frac{70}{30}\right)^{0.6} \times 1.2 = 119707 (万元)$$

（4）系数估算法。

1）朗格系数法。朗格系数法以设备费为基础，乘以适当系数来推算项目的建设费用。计算公式：

$$D = (1 + \sum K_i) K_c C \tag{3-4}$$

式中　　D——总建设费用；

$\quad\quad K_i$——管线、仪表、建筑物等项费用的估算系数；

$\quad\quad K_c$——包括管理费、合同费、应急费等间接费在内的总估算系数；

$\quad\quad C$——主要设备费用。

总建设费用与设备费用之比为朗格系数 K_L，即：$K_L = (1 + \sum K_i) \cdot K_c$。

这种方法比较简单，但没有考虑设备规格、材质的差异，因此精确度不高。

2）设备系数法。以拟建项目或装置的设备费为基数，根据已建成的同类项目或装置的建筑安装费和其他工程费用等所占设备价值的百分比，求出相应的建筑安装费及其他工程费用等，再加上拟建项目的其他有关费用，其总和即为项目或装置的投资。计算公式为：

$$C = E(1 + f_1 p_1 + f_2 p_2 + f_3 p_3 + \cdots) + I \tag{3-5}$$

式中　　　　C——拟建项目或装置的投资额；

$\quad\quad\quad\quad E$——根据拟建项目或装置的设备清单按当时当地价格计算的设备费（包括运杂费）的总和；

$\quad\quad f_1、f_2、f_3、\cdots$——由于时间因素引起的定额、价格、费用标准等变化的综合调整系数；

p_1、p_2、p_3、…——已建项目中建筑、安装及其他工程费用等占设备费百分比；

I——拟建项目的其他费用。

3）主体专业系数法。以拟建项目中投资比重较大，并与生产能力直接相关的工艺设备的投资（包括运杂费及安装费）为基数，根据同类型的已建项目的有关统计资料，计算出拟建项目的各专业工程（总图、土建、暖通、给排水、管道、电气、电信、自控等）所占工艺设备投资的百分比，据以求出各专业的投资，然后将各部分投资费用（包括工艺设备费）求和，再加上工程其他有关费用，即为项目的总投资。其表达式为

$$C = E(1 + f_1 p_1' + f_2 p_2' + f_3 p_3' + \cdots) + I \tag{3-6}$$

式中 p_1'、p_2'、p_3'、…——已建项目中各专业工程费用占工艺设备费用百分比；

其他符号公式同前式。

（5）指标估算法。根据各种具体的投资估算指标，进行估算。

对于工业建筑的生产项目。如钢铁、纺织、轻工等以不同规模的年生产能力（如年产若干吨钢、若干纱锭、若干吨啤酒等）编制了投资估算指标，其中包括工艺设备、建筑安装工程、其他费用等的实物消耗量指标和编制年度的造价指标、取费标准及价格水平等内容。编制投资估算时，根据年生产能力套用对口的指标，对某些应调整、换算的内容进行调整后，即为所需的投资估算。

对于民用建筑。目前，编制的各种指标大多数是以"100m²"或"m²"建筑面积为单位，指标内容包括工程特征、主要工程量指标、主要材料及人工实物消耗量指标及造价指标（含直接费、间接费、单方造价等编制年度的各项造价）。民用建筑的各种指标目前大都以单项工程编制，其中包括配套的土建、水、暖、空调、电气等单位工程的内容。采用时只需根据结构类型套用即可，如需调整、换算也只能根据年份、地区间差异，按当地规定系数调整。

（6）分类估算法。这种方法是将建设投资中的固定资产静态投资划分为：建筑工程费、设备及工器具购置费、安装工程费用、工程建设其他费用、基本预备费等。先分别对各部分费用进行估算，然后汇总计算出投资总额。其估算精度较高，适用于可行性研究阶段的投资估算。

1）建筑工程费的估算。建筑工程费估算可采用以下三种方法：

a. 单位建筑工程投资估算法。是以单位建筑工程量投资乘以建筑工程总量来估算建筑工程投资费用的方法。一般工业与民用建筑以单位建筑面积（m²）的投资，工业窑炉砌筑以单位容积（m³）的投资，铁路路基以单位长度（km）的投资，矿山掘进以单位长度（m）的投资，乘以相应的建筑工程总量计算建筑工程费。

b. 单位实物工程量投资估算法。是以单位实物工程量的投资乘以实物工程总量来计算建筑工程投资费用的方法。土石方工程按每 m³ 投资，矿井巷道衬砌工程按每延长 m 投资，路面铺设工程按每 m² 投资，乘以相应的实物工程总量计算建筑工程费。

c. 概算指标投资估算法。是指在估算建筑工程费时，对于没有上述估算指标，或者建筑工程费占建设投资比例较大的项目，可采用概算指标进行估算的方法。建筑安装工程概算指标通常是以整个建筑物为对象，以建筑面积、体积或成套设备安装的台或组为计量单位而规定的劳动、材料和机械台班的消耗量标准和造价指标。采用这种估算法，应占有

较为详细的工程资料、建筑材料价格和工程费用指标。采用该方法投入的时间和工作量较大，具体方法参照专门机构发布的概算编制办法。

2）设备及工器具购置费的估算。设备及工器具购置费的估算方法参见第二章的有关内容。

3）安装工程费的估算。安装工程费通常按行业有关安装工程定额、取费标准和指标估算投资。如：计算时可按安装费率、每吨设备安装费或者每单位安装实物工程量的费用估算，即：

$$安装工程费＝设备原价×安装费率$$
$$安装工程费＝设备吨重×每吨安装费率$$
$$安装工程费＝安装工程实物量×安装费用指标$$

4）工程建设其他费用的估算。工程建设其他费用的估算方法参见第二章的有关内容。

5）基本预备费的估算。基本预备费的估算方法参见第二章的有关内容。

2．动态投资的估算方法

（1）涨价预备费的估算。涨价预备费的估算方法参见第二章的有关内容。

（2）汇率变化影响涉外建设项目动态投资的估算。汇率的变化意味着一种货币相对于另一种货币的升值或贬值。估计汇率变化对建设项目投资的影响大小，是通过预测汇率在项目建设期内的变动程度，以估计年份的投资额为基数，计算求得。

（3）建设期贷款利息的估算。建设期贷款利息的估算方法参见第二章的有关内容。固定资产投资方向调节税。自 2000 年 1 月 1 日起，暂停征收。

（二）流动资金的估算

流动资金是流动资产与流动负债的差值。

流动资金的估算一般采用扩大指标估算法和分项详细估算法。

1．扩大指标估算法

扩大指标估算法是一种简化的流动资金估算方法。一般可根据项目特点，参照同类企业流动资金占固定资产投资、销售收入、经营成本的比率，或单位产量占用流动资金的数额（单位产量资金率）来确定。虽然扩大指标估算法简便易行，但准确度不高，适用于项目建议书阶段的流动资金估算。

按同类企业流动资金占固定资产投资比率估算，估算公式为：

拟建项目流动资金额＝拟建项目固定资产投资×同类企业流动资金占固定资产投资比率

按同类企业流动资金占产值（或营业收入）比率估算，估算公式为：

拟建项目流动资金额＝拟建项目年产值（或营业收入）
　　　　　　　　　　×同类企业流动资金占产值（或营业收入）比率

按同类企业流动资金占经营成本（总成本）比率估算，估算公式为：

拟建项目流动资金额＝拟建项目年经营成本（年总成本）
　　　　　　　　　　×同类企业流动资金占经营成本（总成本）比率

按同类企业流动资金占固定资产投资比率估算，估算公式为：

拟建项目流动资金＝年生产能力×单位产量占用流动资金的数额

2. 分项详细估算法

分项详细估算法是对构成流动资金的各项流动资产和流动负债分别进行估算。在可行性研究阶段一般采用分项详细估算法。为简便起见，仅对存货、现金、应收账款、应付账款四项内容进行估算，计算公式如下：

$$流动资金＝流动资产－流动负债$$

$$流动资产＝应收账款＋预付账款＋存货＋现金$$

$$流动负债＝应付账款＋预收账款$$

$$流动资金本年增加额＝本年流动资金－上年流动资金$$

进行流动资金估算时，首先计算存货、现金、应收账款、应付账款的年周转次数，然后再分项估算占用资金额。周转次数的计算公式如下：

$$周转次数＝\frac{360}{最低需要周转天数}$$

存货、现金、应收账款和应付账款的最低需要周转天数，参照类似企业的平均周转天数并结合项目特点确定，或按部门（行业）规定计算。

（1）应收账款的估算。应收账款是指企业对外销售商品、提供劳务尚未收回的资金，计算公式如下：

$$应收账款＝\frac{年经营成本}{应收账款周转次数}$$

（2）预付账款的估算。预付账款是指企业为购买各类材料、半成品或服务所预先支付的款项，计算公式为：

$$预付账款＝\frac{外购商品或服务年费用金额}{预付账款周转次数}$$

（3）现金需要量的估算。项目流动资金中的现金是指为维持正常生产运营必须预留的货币资金，计算公式如下：

$$现金＝\frac{年工资及福利费＋年其他费用}{现金周转次数}$$

年其他费用＝制造费用＋管理费用＋财务费用

－（前3项费用中所含的工资及福利费、折旧费、维简费、摊销费、修理费）

（4）存货的估算。存货是企业为销售或耗用而储备的各种货物，主要包括原材料、辅助材料、燃料、低值易耗品、修理用备件、包装物、在产品、自制半成品和产成品等。为简化计算，估算存货时仅考虑外购原材料、燃料、其他材料、在产品和产成品，并分项进行计算。计算公式为：

$$存货＝外购原材料、燃料＋其他材料＋在产品＋产成品$$

$$外购原材料、燃料＝\frac{年外购原材料、燃料费用}{分项周转次数}$$

$$其他材料＝\frac{年其他材料费用}{其他材料周转次数}$$

$$在产品＝\frac{年外购原材料、燃料动力费用＋年工资及福利费＋年修理费＋年其他制造费}{在产品周转次数}$$

$$产成品=\frac{年经营成本-年营业费用}{产成品周转次数}$$

（5）流动负债的估算。流动负债是指在一年或超过一年的一个营业周期内，需要偿还的各种债务。一般流动负债的估算只考虑应付账款一项。

流动负债是指将在1年（含1年）或者超过1年的一个营业周期内偿还的债务，包括短期借款、应付票据、应付账款、预收账款、应付工资、应付福利费、应付股利、应交税金、其他暂收应付款项、预提费用和1年内到期的长期借款等。在项目评价中，流动负债的估算可以只考虑应付账款和预收账款两项。计算公式如下：

$$应付账款=\frac{外购原材料、燃料动力及其他材料年费用}{应付账款周转次数}$$

$$预收账款=\frac{预收的营业收入年金额}{预收账款周转次数}$$

【例3-3】 某拟建项目年经营估算为14000万元，存货资金占用估算为4700万元，全部职工人数为1000人，每人每年工资及福利费估算为9600元，年其他费用估算为1500万元，年外购原材料、燃料及动力费为11000万元。各项资金的周转天数：应收账款为30天，现金为15天，应付账款为30天。估算该拟建项目的流动资金额。

解：采用分项详细估算法计算流动资金额：

$$应收账款=\frac{年经营成本}{应收账款周转次数}=\frac{14000}{\frac{360}{30}}=\frac{14000}{12}=1166.67（万元）$$

$$存货=4700.00 万元$$

$$现金需用量=\frac{年工资及福利费+年其他费}{现金周转次数}=\frac{\frac{9600\times1000}{10000}+1500}{\frac{360}{15}}=\frac{2460}{24}=102.50（万元）$$

$$流动资产=应收账款+存货+现金=1166.67+4700.00+102.50=5969.17（万元）$$

$$流动负债=应付账款=\frac{年外购原材料+年外购燃料}{应付账款周转次数}=\frac{11000}{\frac{360}{30}}=\frac{11000}{12}=916.67（万元）$$

$$流动资金=流动资产-流动负债=5969.17-916.67=5052.50（万元）$$

（三）铺底流动资金的估算

一般按上述流动资金的30%估算。

【例3-4】 某地区拟建年产30万t铸钢厂。根据该项目可行性研究报告提供的已建年产25万t类似工程的资料，25万t类似工程的主厂房工艺设备投资约2400万元；与设备投资有关的各专业工程投资系数，见表3-2；与主厂房投资有关的辅助工程及附属设施投资系数，见表3-3。已知拟建项目建设期与类似项目建设期的综合价格差异系数为1.25。

表3-2 与设备投资有关的各专业工程投资系数

加热炉	汽化冷却	余热锅炉	自动化仪表	起重设备	供电与传热	建安工程
0.12	0.01	0.04	0.02	0.09	0.18	0.40

表 3 - 3 与主厂房投资有关的辅助工程及附属设施投资系数

动力系统	机修系统	总图运输系统	行政及生活福利设施工程	工程建设其他费
0.30	0.12	0.20	0.30	0.20

该拟建项目的资本金来源为自由资金和贷款，贷款总额为 8000 万元，贷款利率 8%（按年计息）。建设期 3 年，第 1 年投入 30%，第 2 年投入 50%，第 3 年投入 20%。预计建设期物价年平均上涨率 3%，基本预备费率 5%。

问题：

（1）试用生产能力指数估算法估算拟建工程的工艺设备投资额；用系数估算法估算该项目主厂房投资、项目建设的工程费与工程建设其他费投资。

（2）估算该项目的建设投资，并编制建设投资估算表。

（3）若单位产量占用流动资金额为：33.67 元/t，试用扩大指标估算法估算该项目的流动资金。确定该项目的建设总投资。

解：

问题（1）：

1）用生产能力指数估算法，估算主厂房工业设备投资：

$$主厂房工业设备投资 = 2400 \times \left(\frac{30}{25}\right) \times 1.25 = 3600（万元）$$

2）用设备系数估算法，估算主厂房投资：

$$主厂房投资 = 3600 \times (1 + 12\% + 1\% + 4\% + 2\% + 9\% + 18\% + 40\%)$$
$$= 3600 \times (1 + 0.86) = 6696（万元）$$

其中 建安工程投资 $= 3600 \times 0.4 = 1440（万元）$

设备购置投资 $= 3600 \times 1.46 = 5256（万元）$

3）工程费与工程建设其他费 $= 6696 \times (1 + 30\% + 12\% + 20\% + 30\% + 20\%)$
$$= 6696 \times (1 + 1.12)$$
$$= 14195.52（万元）$$

问题（2）：

1）计算基本预备费：

基本预备费 $= 14195.52 \times 5\% = 709.78（万元）$

静态投资 $= 14195.52 + 709.78 = 14905.30（万元）$

其中 建设期第 1 年的静态投资 $= 14905.30 \times 30\% = 4471.59（万元）$

建设期第 2 年的静态投资 $= 14905.30 \times 50\% = 7452.65（万元）$

建设期第 3 年的静态投资 $= 14905.30 \times 20\% = 2981.06（万元）$

2）计算涨价预备费：

$$涨价预备费 = 4471.59 \times [(1 + 3\%) - 1] + 7452.65 \times [(1 + 3\%)^2 - 1]$$
$$+ 2981.06 \times [(1 + 3\%)^3 - 1]$$
$$= 134.15 + 453.87 + 276.42 = 864.44（万元）$$

预备费 $=$ 基本预备费 $+$ 涨价预备费 $= 709.78 + 864.44 = 1574.22（万元）$

故，项目的建设投资 $= 14195.52 + 1574.22 = 15769.74（万元）$

3）计算建设期贷款利息：

第 1 年贷款利息 ＝（0＋8000×30％÷2）×8％＝96（万元）

第 2 年贷款利息 ＝[（8000×30％＋96）＋（8000×50％÷2）]×8％

＝（2400＋96＋4000÷2）×8％＝359.68（万元）

第 3 年贷款利息 ＝[（2400＋96＋4000＋359.68）＋（8000×20％÷2）]×8％

＝（6855.68＋1600÷2）×8％＝612.45（万元）

建设期贷款利息 ＝96＋359.68＋612.45＝1068.13（万元）

4）编制拟建项目建设投资估算表，见表 3-4。

表 3-4　　　　　　　　　　　　　　拟建项目建设投资估算表　　　　　　　　　　　　　单位：万元

序号	工程费用名称	系数	建安工程费	设备购置费	工程建设其他费	合计	占总投资比例（％）
1	工程费		7600.32	5256.00		12856.32	81.53
1.1	主厂房		1440.00	5256.00		6696.00	
1.2	动力系统	0.30	2008.80			2008.80	
1.3	机修系统	0.12	803.52			803.52	
1.4	总图运输系统	0.20	1339.20			1339.20	
1.5	行政、生活福利设施	0.30	2008.80			2008.80	
2	工程建设其他费	0.20			1339.20	1339.20	8.49
	（1＋2）					14195.52	
3	预备费				1574.22	1574.22	9.98
3.1	基本预备费				709.78	709.78	
3.2	涨价预备费				864.44	864.44	
项目建设投资合计（1＋2＋3）		—	7600.32	5256.00	2913.42	15769.74	100.00

问题（3）：

流动资金 ＝30×33.67＝1010.10（万元）

拟建项目总投资 ＝建设投资＋建设期贷款利息＋流动资金

＝15769.74＋1068.13＋1010.10＝17847.97（万元）

五、投资估算的审查

为保证成果质量，投资估算的成品文件应经投资估算编制单位相关责任人的审核、审定两级审查，即编制单位应自审。工程造价文件的编制、审核、审定人员应在投资估算的文件上签署注册造价工程师执业资格章或造价员从业资格章。

项目投资估算的审查部门和单位，在审查项目投资估算时，应注意审查其编制依据的可信性，其编制内容与规定、规划要求的一致性，以及投资估算费用项目与规定要求、实际情况的符合性等。

第三节　建设项目经济评价

建设项目经济评价是项目建议书和可行性研究报告的重要组成部分，其任务是在完成市场预测、厂址选择、工艺技术方案选择等研究的基础上，对拟建项目投入产出的各种经济因素进行调查研究、计算及分析论证，比选推荐最佳方案。经济评价的内容、深度和侧重点根据项目决策工作不同阶段的要求有所不同。项目建议书阶段的经济评价，重点是围绕项目立项建设的必要性和可能性，分析论证项目的经济条件及经济状况，采用的基础数据、评价指标和经济参数可适当简化；可行性研究报告阶段则必须按照建设项目经济评价方法和建设项目经济评价参数的要求，对项目建设的必要性和可能性做出全面、详细、完整的经济评价。

建设项目经济评价包括财务评价（也称财务分析）和国民经济评价（也称经济分析）。各个投资主体、各种投资来源、各样筹资方式兴办的大中型和限额以上建设项目，原则上应按建设项目经济评价方法和相应的评价参数进行财务评价和国民经济评价。对费用效益计算比较简单，建设期和生产期比较短，不涉及进出口平衡的项目，如果财务评价的结果能够满足最终决策的需要，也可不进行国民经济评价。

一、资金的时间价值

（一）资金时间价值的概念

资金的时间价值，是指一定数量的货币资金的价值不是固定的，随时间而变化。即在一定时间内，资金通过一系列的经济活动具有增值的能力。

常用相关的概念和有关参数符号：

（1）利率或折现率 i。根据未来的现金流量求现在的现金流量时所使用的利率称为折现率。一般对利率和折现率不加区别，均以 i 表示，且一般指年利率或年折现率。

（2）现值（Present Value）P。资金发生在（或折算为）某一特定时间序列起点的价值；一般情况下，为整个系统的现金流量折算到 0 点时的价值，折现计算法是评价投资项目经济效果时经常采用的基本方法。

（3）终值（Future Value）F。资金发生在（或折算为）某一特定时间序列终点的价值，即期末本利和的价值。

（4）年金（Annuity）A。指一定时间内每期有相等金额的收付款项。如折旧、租金、利息等通常都采用年金现值。

（二）现金流量及现金流量图

现金流量是指项目在寿命期内各个时间点上实际发生的现金流入、现金流出，以及流入与流出的差额（又称净现金流量）。现金流量一般以计息期（年、季、月等）为时间量的单位，用现金流量图或现金流量表来表示。

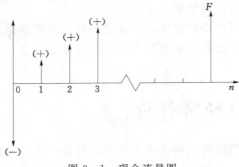

图 3-1　现金流量图

现金流量图是描述现金流量作为时间函数的图形，能表示资金在不同时间点流入与流出的情况。其包括三大要素：大小、流向、时间点；大小表示资金数额，流向指项目的现金流入或流出，时间点指现金流入或流出所发生的时间。

图 3-1 中，横轴称为时间轴，表示一个从 0 开始到 n 的时间序列，每一个刻度表示一个计息期，比如按年计息，则时间轴上的刻

度单位即为年。每一个系统的分析期都假定从 $n=0$ 年开始。实际上，$n=0$ 表示为第一年之初。$n=1$ 时，可理解为第一年的末，也可理解为第二年之初。相对于时间轴的纵坐标用来描述现金流量情况，箭头向上表示现金流入，即有资金流入时，现金流量为正值，用"＋"号表示；箭头向下表示现金流出，即有资金流出时，现金流量为负值，用"－"号表示，箭线的长度与流入或流出的金额成正比，金额越大，其相应的箭线长度就越长。

（三）利息、名义利率与有效利率

1. 利息

所谓利息是指借出一定数量的货币，在一定时间内除本金以外所取得的额外收入。从资金具有时间价值这一观点来看，借贷一定时期的货币，就要付出一定的代价。利息就是借贷货币所付出的代价。

利息的大小常用利率来表示。利率就是在一定时期内所付利息额与借贷金额（本金）的比值，通常以百分率表示。

利息的计算有单利法和复利法两种。

（1）单利法。单利法是指只对本金计算利息，而对每期的利息不再计息。单利法计算利息的公式为：

$$I_n = Pin \tag{3-7}$$

式中　I_n——利息；

　　　P——本金；

　　　i——利率；

　　　n——计息周期期数。

单利法计算本利和的公式为：

$$F = P + I_n = P(1+in) \tag{3-8}$$

式中　F——第 n 期期末的本利和。

（2）复利法。复利法是将前一期的本金与利息之和（本利和）作为下一期的利息，也就是利上加利的方法。复利法计算利息的公式为：

$$I_n = i \cdot F_{n-1} \tag{3-9}$$

式中　F_{n-1}——第 $n-1$ 期期末的本利和。

其本利和的计算公式为：　　$F = P(1+i)^n \tag{3-10}$

2. 名义利率与有效利率

在利息计算或贷款合同谈判时，通常用年利率表示利率的高低，此年利率 i 即称名义利率。而实际的贷款条件中，常常一年内计息多次，如半年、每季、每月等。有效利率又称实际利率，是采用复利计算方法，把各种不同计息的利率换算成以年为计息期的利率。

设名义利率为 $i_{名义}$，每年（即一个利率周期）内计息期数为 m，则每一个计息周期有效利率为 $\dfrac{i_{名义}}{m}$，其一年后本利和的计算公式为：

$$F = P\left(1 + \frac{i_{名义}}{m}\right)^m \tag{3-11}$$

其利息 I 为：　$I = F - P = P\left(1 + \frac{i_{名义}}{m}\right)^m - P = P\left[\left(1 + \frac{i_{名义}}{m}\right)^m - 1\right] \tag{3-12}$

因此，可得到该利率周期的有效利率与名义利率的换算关系为：

$$i_{有效} = \frac{I}{P} = \left(1 + \frac{i_{名义}}{m}\right)^m - 1 \qquad (3-13)$$

【例 3-5】 有一笔资金 1000 万元，年利率为 12%，计息期为半年（即每半年计息一次），求一年后的本利和 F。

解： 名义利率 i 名义为 12%；

一年内计息两次，则 $m = 2$；

有效年利率：$i_{有效} = \dfrac{I}{P} = \left(1 + \dfrac{i_{名义}}{m}\right)^m - 1 = \left(1 + \dfrac{12\%}{2}\right)^2 - 1 = 12.36\%$

一年后的本利和为：$F = 1000 \times (1 + 12.36\%) = 1123.60$（万元）

（四）资金时间价值计算（复利法）

1. 已知现值求终值

已知现值 P，年利率 i，计息期数 n，求未来期末 n 的本利和 F。如图 3-2 所示。其计算公式为：

$$F = P(1 + i)^n \qquad (3-14)$$

式中　$(1+i)^n$——终值系数，记为 $(F/P, i, n)$，F/P 表示已知 P 求 F。因此，式（3-14）又可写为：

$$F = P(F/P, i, n)$$

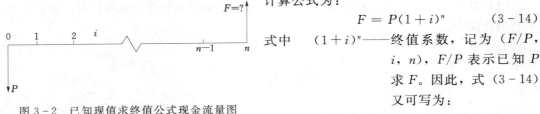

图 3-2　已知现值求终值公式现金流量图

在为了计算方便，按照不同的利率 i 和计息期 n，分别计算出 $(1+i)^n$ 的值，排列成一个表，称为复利终值系数表（也可称为复利系数表）。在计算时，根据 i 和 n 的值，在有关工具参考书中查复利系数表得出复利终值系数，然后与 P 相乘即可求出 F 的值。

【例 3-6】 一笔项目投资贷款 100 万元，年利率 12%，期限 5 年，求到期的本利和。

解： 根据公式（3-14），则有：

$$F = 100 \times (1 + 12\%)^5 = 176.23（万元）$$

或

$$F = 100 \times (F/P, 12\%, 5) = 100 \times 1.7623 = 176.23（万元）$$

2. 已知终值求现值

已知未来某一时间的终值 F，折现率 i，计息期数 n，求 F 的折现值 P。其现金流量图如图 3-3 所示。由式（3-14）得：

$$P = F(1 + i)^{-n} \qquad (3-15)$$

式（3-15）中，$(1+i)^{-n}$ 称为现值系数，记为 $(P/F, i, n)$，它与终值系数 $(F/P, i, n)$，互为倒数，可通过查复利系数表或计算求得。因此，式（3-15）又可写为：

$$P = F(P/F, i, n)$$

图 3-3　已知终值求现值公式现金流量图

【例 3-7】 10 年后需要使用一笔投资 10000 元，若利率 10%，一年计息一次，现在应存入银行多少资金？

解： 根据公式（3-15），则有：

$$P = 10000 \times (1 + 10\%)^{-10} = 3855.40(元)$$

或　　　$$P = 10000 \times (P/F, 10\%, 10) = 10000 \times 0.38554 = 3855.40(元)$$

3. 已知年金求终值

已知 1 到 n 期期末支付一笔等额的资金 A，利率为 i，求 n 期末的本利和 F，类似于银行储蓄中的零存整取。其现金流量图如图 3-4 所示。

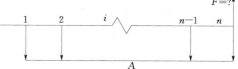

图 3-4　已知年金求终值公式现金流量图

其计算公式的推导过程为：若在每年末投资 A 元，则在第 n 年末累计的终值 F 显然等于各年投资之本利和。第一年的投资 A 得可 $n-1$ 年的利息，其本利和为 $A(1+i)^{n-1}$；第二年的投资 A 可得 $n-2$ 年的利息，其本利和为 $A(1+i)^{n-2}$；依此类推，直到第 n 年的投资不得利息，本利和仍为 A。因此，各年投资的本年和总额为：

$$F = A(1+i)^{n-1} + A(1+i)^{n-2} + \cdots + A = A[(1+i)^{n-1} + (1+i)^{n-2} + \cdots + 1] \tag{3-16}$$

将上式两边同乘以 $(1+i)$ 后则有：

$$F \cdot (1+i) = A[(1+i)^n + (1+i)^{n-1} + \cdots + (1+i)] \tag{3-17}$$

式（3-17）一式（3-16）得：

$$Fi = A[(1+i)^n - 1]$$

$$F = A \frac{(1+i)^n - 1}{i} \tag{3-18}$$

式中　$\dfrac{(1+i)^n - 1}{i}$——年金终值系数，记为 $(F/A, i, n)$，可通过查复利系数表或计算求得。因此，式（3-18）又可写为：

$$F = A(F/A, i, n)$$

【例 3-8】　某项工程项目建设期为 5 年，每年年末用掉银行借款 100 万元，年利率 10%，一年计息一次，问到第 5 年末欠银行多少钱？

解： $(F/A, 10\%, 5) = 6.1051$

$$F = A(F/A, 10\%, 5) = 100 \times 6.1051 = 610.51(万元)$$

4. 已知终值求年金

已知未来 n 期末要筹集一笔资金 F，利率为 i，则从 1 到 n 期每期末应等额存入多少钱，到 n 期末才能得到 F？其现金流量图如图 3-5 所示。

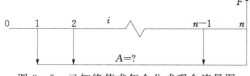

图 3-5　已知终值求年金公式现金流量图

其计算公式可由式（3-18）导出：

$$A = F \frac{i}{(1+i)^n - 1} \tag{3-19}$$

式中　$\dfrac{i}{(1+i)^n - 1}$——资金存储系数，记为 $(A/F, i, n)$，它与年金终值系数 $(F/A, i, n)$

互为倒数，可通过查复利系数表求得。因此，式（3-19）又可写为：

$$A = F(A/F, i, n)$$

【例 3-9】 某企业第 10 年末应向银行偿还 100000 元，若年利率 10%，一年计息一次，该企业从第 1～10 年，每年年末应等额向银行存入多少钱，才能使本利和正好偿清这笔债款。

解： $(A/F, 10\%, 10) = 0.06275$

$A = F(A/F, 10\%, 10) = 100000 \times 0.06275 = 6275(元)$

5. 已知现值求年金

已知现值 P，利率 i，及期数 n，求每期期末等额收回多少资金，到 n 期末正好全部收回本金及利息？其现金流量图如图 3-6 所示。资金回收计算公式可根据式（3-14）和式（3-18）推导，即：

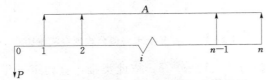

图 3-6　已知现值求年金公式现金流量图

$$A = P \frac{i(1+i)^n}{(1+i)^n - 1} \qquad (3-20)$$

式中 $\dfrac{i(1+i)^n}{(1+i)^n - 1}$——资金回收系数，记为 $(A/P, i, n)$，可通过查复利系数表求得。

式（3-20）又可写为：

$$A = P(A/P, i, n)$$

【例 3-10】 期初有一笔资金 1000 万元投入某个项目，年利率 10%，从 1～10 年每年年末等额收回多少钱，到第 10 年末正好将 1000 万元本金及利息全部收回？

解： $(A/P, 10\%, 10) = 0.16275$

$A = P(A/P, 10\%, 10) = 1000 \times 0.16275 = 162.75(万元)$

6. 已知年金求现值

已知从 1 到 n 期每期期末有一数值相等收入（或支出）A，利率为 i，求相当于初期（0 期末）的现值是多少？其现金流量图如图 3-7 所示。

其计算公式相当于式（3-20）的逆运算：

$$P = A \frac{(1+i)^n - 1}{i(1+i)^n} \qquad (3-21)$$

图 3-7　已知年金求现值公式现金流量图

式中 $\dfrac{(1+i)^n - 1}{i(1+i)^n}$——年金现值系数，记为 $(P/A, i, n)$，可通过查复利系数表得到，它与资金回收系数互为的倒数。因此，式（3-21）又可写为：

$$P = A(P/A, i, n)$$

【例 3-11】 某投资项目从第 1～10 年，每年年末可获得收益 100 万元，年利率 10%，10 年的收益相当于现值是多少？

解： $(P/A, 10\%, 10) = 6.1446$

$P = A(P/A, 10\%, 10) = 100 \times 6.1446 = 614.46(万元)$

二、财务基础数据测算

财务基础数据的测算是项目财务评价、国民经济评价的重要依据。其不仅为财务效益分析提供必要的财务数据，也将对最后的决策意见产生很大影响。财务效益和费用是财务分析的重要基础，其估算的准确性与可靠程度对项目财务分析影响很大。财务效益和费用估算应遵循"有无对比"的原则，正确识别和估算"有项目"和"无项目"状态的财务效益和费用。财务效益与费用估算应反映行业特点，符合依据明确、价格合理、方法适宜和表格清晰的要求。

（一）财务效益

项目的财务效益主要指项目实施后所获得的营业收入。营业收入包括销售产品或提供服务所获得的收入，其估算的基础数据，包括产品或服务的数量和价格。营业收入估算应分析、确认产品或服务的市场预测分析数据，特别要注重目标市场有效需求的分析；说明项目建设规模、产品或服务方案；分析产品或服务的价格，采用的价格基点、价格体系、价格预测方法；论述采用价格的合理性。

1. 利润

在建设项目经济评价中，利润总额计算常采用的公式为：

利润总额＝营业(产品销售)收入－总成本费用－销售税金及附加

2. 资产的回收

项目寿命期（或计算期）末，可回收的固定资产余值、无形资产及递延资产余值和回收的全部流动资金，可计为收益。

3. 补贴收入

补贴是企业得到的收入，应作为财务效益。例如：价格补贴、外贸补贴、政策亏损补贴和退税都为企业所获得。

（二）财务费用

财务支出（费用）主要表现为建设项目总投资、经营成本和税金等各项支出。

1. 建设项目总投资

建设项目总投资是固定资产投资与流动资金之和。固定资产投资包括建设投资、建设期贷款利息和固定资产投资方向调节税；流动资金是指为维持生产所占用的全部周转资金，其是流动资产与流动负债的差额。

房地产开发项目总投资包括开发建设投资与投资利息之和。

2. 经营成本及总成本费用的构成

经营成本作为项目运营期的主要现金流出，其构成和估算可采用下式表达：

经营成本 ＝ 外购原材料、燃料及动力费＋工资及福利费＋修理费＋其他费用 （3－22）

式中：其他费用是指从制造费用、管理费用和营业费用中扣除了折旧费、摊销费、修理费、工资及福利费以后的其余部分。

总成本费用＝外购原材料、燃料及动力费＋工资及福利费＋折旧费＋摊销费＋修理费

＋财务费用(利息支出)＋其他费用 （3－23）

或 总成本费用 ＝ 生产成本＋期间费用 （3－24）

式（3－24）中 生产成本＝直接材料费＋直接燃料和动力费＋直接工资

＋其他直接支出＋制造费用

期间费用＝管理费用＋营业费用＋财务费用

总成本费用还可分解为固定成本和可变成本。固定成本一般包括折旧费、摊销费、修理费、工资及福利费（计件工资除外）和其他费用等，通常把运营期发生的全部利息也作为固定成本。可变主要包括外购原材料、燃料及动力费用和计件工资等。

各行业成本费用的构成各部相同，制造业项目可直接采用上述公式估算，其他行业的成本费用估算应根据行业规定或综合行业特点另行处理。

折旧是固定资产价值转移到产品中的部分，企业会计制度中规定：企业计提的固定资产折旧，根据固定资产的使用地点和用途，记入有关成本费用；对于生产车间固定资产计提的折旧，记入"制造费用"科目；行政管理部门固定资产计提的折旧，记入"管理费用"科目；经营租赁租出固定资产计提的折旧，记入"其他业务支出"科目；摊销是无形资产和递延资产价值转移到产品中的部分，是成本的组成部分，在财务会计中将其看成费用，但由于其与设备和原材料等不同，不是一次随产品的出售而消失，而是随产品的一次次销售而将其补偿基金（即折旧和摊销）储存起来，直至折旧和摊销期满，原有投资得到回收。从这个意义上，折旧和摊销是效益的一部分。在项目寿命期（或计算期）内也可能初始投入的固定资产需要更新，其费用应由折旧基金支出。为了计算准确，将折旧额计入收益，而将更新投资额计入费用。应指出的是，在"现金流量表"中一般将"销售收入"作为流入项，"经营成本"（不包括折旧与摊销的成本）作为流出项。

常用的折旧方法主要有平均年限法、工作量法和快速折旧法。

（1）平均年限法。又称直线法，是指固定资产的应计折旧依次均衡地分摊到各期的一种折旧方法。计算公式如下：

$$年折旧率 = \frac{1 - 预计净残值率}{折旧年限} \times 100\%$$

$$年折旧额 = 固定资产原值 \times 年折旧率$$

（2）工作量法。是根据实际工作量计提折旧额的一种折旧方法。计算公式如下：

$$单位工作量折旧额 = \frac{固定资产原值 \times (1 - 预计净残值率)}{规定工作总量}$$

$$某项固定资产月折旧额 = 该项固定资产当月工作量 \times 单位工程量折旧额$$

（3）快速折旧法

1）双倍余额递减法。是根据各年期初固定资产账面净值和双倍的直线法折旧率（不考虑残值）计提各年折旧额的一种折旧方法。计算公式如下：

$$年折旧率 = \frac{2}{折旧年限} \times 100\%$$

$$年折旧额 = 固定资产净值 \times 年折旧率$$

实行双倍余额递减法的固定资产，应当在其固定资产折旧年限到期前两年内，将固定资产净值扣除预计净残值后的净额平均摊销。

2）年数总和法。也称年数总额法，是以固定资产原值减去预计净残值后的余额为基数，按照逐年递减的折旧率计提折旧的一种方法。其折旧率以该项固定资产预计尚可使用的年数（包括当年）作分子，而以逐年可使用年数之和作分母。分母是固定的，而分子逐年递减，所以折旧率也逐年递减。采用这种方法时，计算基数是固定的，但折旧率逐年递减，因此计提的折旧额也逐年递减。

$$年折旧率＝\frac{折旧年限－已使用年数}{折旧年限\times(折旧年限＋1)\div2}\times100\%$$

$$年折旧额＝（固定资产原值－预计净残值）\times年折旧率$$

【例 3－12】 某工程建设项目，购置一台设备，原值为 10000 元，预计净残值为 400 元，预计使用年限为 5 年。采用平均年限法、双倍余额递减法、年数总和法分别计算各年的折旧额。

解：（1）按平均年限法计算应计提的折旧额：

$$年折旧率＝\frac{1－预计净残值率}{折旧年限}\times100\%＝\frac{1-\dfrac{400}{10000}}{5}\times100\%＝19.20\%$$

$$年折旧额＝固定资产原值\times年折旧率＝10000\times19.20\%＝1920（元）$$

（2）按双倍余额递减法计算应计提的折旧额：

$$年折旧率＝2\div5\times100\%＝40\%$$

第一年折旧额：$10000\times40\%＝4000（元）$

第二年折旧额：$（10000－4000）\times40\%＝2400（元）$

第三年折旧额：$（10000－4000－2400）\times40\%＝1440（元）$

第四年折旧额：$（10000－4000－2400－1440－400）\div2＝880（元）$

第五年折旧额：$（10000－4000－2400－1440－400）\div2＝880（元）$

（3）按年数总和法计算应计提的折旧额，见表 3－5：

计算折旧的基数：$10000－400＝9600（元）$

年数总和＝$5＋4＋3＋2＋1＝15（年）$

或：$5\times（5＋1）\div2＝15（年）$

表 3－5　　　　　　　　　　**某项目按年数总和法应计提折旧计算表**

时间（年）	1	2	3	4	5
固定资产原值－净残值（万元）	9600	9600	9600	9600	9600
年折旧率（%）	5/15	4/15	3/15	2/15	1/15
年计提折旧（万元）	3200	2560	1920	1280	640

摊销包括无形资产的摊销和递延资产的摊销。

（1）无形资产的摊销。无形资产，指企业为生产商品、提供劳务、出租给他人，或为管理目的而持有的、没有实物形态的非货币性长期资产。

无形资产可分为可辨认无形资产和不可辨认无形资产。可辨认无形资产包括专利权、非专利技术、商标权、著作权、土地使用权、特许权等；不可辨认无形资产是指商誉。

根据《企业会计准则》，无形资产价值的计量原则为：

1）购入的无形资产，应以实际支付的价款作为入账价值。

2）通过非货币性交易换入的无形资产，其入账价值应按《企业会计准则—非货币性交易》的规定确定。

3）投资者投入的无形资产，应以投资各方确认的价值作为入账价值；但企业为首次发行股票而接受投资者投入的无形资产，应以该无形资产在投资方的账面价值作为入账价值。

4）通过债务重组取得的无形资产，其入账价值应按《企业会计准则—债务重组》的规定确定。

5）接受捐赠的无形资产，其入账价值按不同情况确定：捐赠方提供了有关凭据的，按凭据上标明的金额加上应支付的相关税费确定；捐赠方没有提供有关凭据的，按如下顺序确定：同类或类似无形资产存在活跃市场的，应参照同类或类似无形资产的市场价格估计的金额，加上应支付的相关税费确定；同类或类似无形资产不存在活跃市场的，按该接受捐赠的无形资产的预计未来现金流量现值确定。

6）自行开发并依法申请取得的无形资产，其入账价值应按依法取得时发生的注册费、律师费等费用确定；依法申请取得前发生的研究与开发费用，应于发生时确认为当期费用。

无形资产在确认后发生的后续支出，应在发生时确认为当期费用。

无形资产的成本，应自取得当月起在预计使用年限内分期平均摊销。

如果预计使用年限超过了相关合同规定的受益年限或法律规定的有效年限，无形资产的摊销年限按如下原则确定：

1）合同规定了受益年限但法律没有规定有效年限的，摊销年限不应超过受益年限；

2）合同没有规定受益年限但法律规定了有效年限的，摊销年限不应超过有效年限；

3）合同规定了受益年限，法律也规定了有效年限的，摊销年限不应超过受益年限与有效年限两者之中较短者。

如果合同没有规定受益年限，法律也没有规定有效年限的，摊销年限不应超过10年。

无形资产的每期摊销额采用直线法平均计算，没有残值，也没有清理费用。其计算公式如下：

$$某项无形资产年摊销额 = \frac{该项无形资产的账面价值}{该项无形资产的有效使用年限}$$

（2）递延资产的摊销。递延资产是指不能全部计入当年损益，应当在以后年度内分期摊销的各项费用，包括开办费、租入固定资产的改良支出、摊销期在一年以上的固定资产修理支出以及其他待摊费用等。

递延资产的摊销方法与无形资产的摊销相同，采用直线法平均计算每期的摊销额，作为管理费用入账。

1）开办费自企业开始生产经营月份的次月起，按不短于5年的期限分期摊入管理费。

2）以经营租赁方式租入的固定资产改良支出，在租赁有效期限内，分期摊入成本或管理费用。

3）摊销期在一年以上的固定资产修理费用和其他待摊费用，在费用的受益期内平均摊销。

3. 税金

税金是指产品销售税金及附加、所得税等，数额较大，需详细计算；对税额很小的税种，如房产税、印花税、车船使用税等，允许简化处理，一般可估算在建设单位管理费及企业管理费内，不必单独计算。房地产开发项目税金是指产品销售税金及附加、土地增值税、所得税等。

销售税金及附加包括：营业税、增值税、消费税、资源税、城市维护建设税及教育费附加等。其中增值税为价外税，其余均为价内税。所谓价外税，是指以商品价格为计算依据，但商品价格不包含税金本身，故商品价格有含税价与不含税价之分；所谓价内税，同样是以商品价格为计税依据，但商品价格包含税金本身。

$$销售税金及附加＝销售收入×销售税金及附加比率$$
$$所得税＝应纳税所得额×所得税率$$

（1）营业税。根据《中华人民共和国营业税暂行条例》，纳税人提供应税劳务、转让无形资产或者销售不动产，按照营业额和规定的税率计算应纳税额。应纳税额计算公式：

$$应纳税额＝营业额×税率$$

纳税人的营业额为纳税人提供应税劳务、转让无形资产或者销售不动产向对方收取的全部价款和价外费用，但不包括纳税人将建筑工程分包给其他单位的，以其取得的全部价款和价外费用扣除其支付给其他单位的分包款后的余额为营业额。

营业税的税目、税率见表3-6。

表3-6 营业税税目税率表

税 目	征 收 范 围	税率（%）
一、交通运输业	陆路运输、水路运输、航空运输、管道运输、装卸搬运	3
二、建筑业	建筑、安装、修缮、装饰及其他工程作业	3
三、金融保险业	略	5
四、邮电通信业	略	3
五、文化体育业	略	3
六、娱乐业	歌厅、舞厅、卡拉OK歌舞厅、音乐茶座、台球、高尔夫球、保龄球、游艺	5～20
七、服务业	代理业、旅店业、饮食业、旅游业、仓储业、租赁业、广告业及其他服务业	5
八、转让无形资产	转让土地使用权、专利权、非专利技术、商标权、著作权、商誉	5
九、销售不动产	销售建筑物及其他土地附着物	5

（2）增值税。增值税为价外税，财务评价应按税法规定计算增值税。注意当采用含（增值）税价格计算销售收入和原材料、燃料动力成本时，损益表中应单列增值税科目；采用不含（增值）税价格计算时，损益表中不包括增值税科目。应明确说明采用何种计价方式。

增值税应纳税额的计算公式：

$$应纳税额＝当期销项税额－当期进项税额$$

其中，销项税额是指纳税人销售货物或者提供应税劳务，按照销售额和规定税率计算的增值税税额，其计算公式为：

$$销项税额＝销售额×税率$$

进项税额是指纳税人当期购进货物或接受应税劳务，向销售方支付的增值税额，即从销售方取得的增值税专用发票上注明的增值税额或从海关取得的完税凭证上注明的增值税额。

（3）消费税。消费税是对我国境内从事生产、委托加工和进口依照消费税条例规定的消费品的单位和个人而征收的一种税。简单地说，消费税是对特定的消费品和消费行为征收的一种税。项目评价中涉及适用消费税的产品或进口货物时，应按税法规定计算消费税。

费税实行从价定率、从量定额，或者从价定率和从量定额复合计税的办法计算应纳税额。应纳税额计算公式：

$$实行从价定率办法计算的应纳税额＝销售额×比例税率$$
$$实行从量定额办法计算的应纳税额＝销售数量×定额税率$$
$$实行复合计税办法计算的应纳税额＝销售额×比例税率＋销售数量×定额税率$$

（4）资源税。是国家对开采特定矿产品或者生产盐的单位或个人征收的税种，通常按矿产的产量计征。

资源税的应纳税额，按照应税产品的课税数量和规定的单位税额计算。应纳税额计算公式：

$$应纳税额＝课税数量×单位税额$$

（5）城市维护建设税和教育费附加。

1）城市维护建设税。城市维护建设税以缴纳增值税、消费税、营业税的单位和个人为纳税人，以纳税人实际缴纳的上述三种税的税额为计税依据，城市维护建设税税率如下：

纳税人所在地在市区的，税率为7％；

纳税人所在地在县城、镇的，税率为5％；

纳税人所在地不在市区、县城或镇的，税率为1％。

2）教育费附加。教育费附加以纳税人缴纳的增值税、消费税、营业税税额为计征依据，附加率为3％。属于地方税种的，项目决策分析与评价中应注意当地的规定。

（6）企业所得税。根据《中华人民共和国企业所得税法》，在中华人民共和国境内，企业和其他取得收入的组织（以下统称企业）为企业所得税的纳税人。企业所得税的税率为25％。

（7）关税。关税是对进出口的应税货物为纳税对象的税种。项目决策分析与评价中涉及应税货物的进出口时，应按规定正确计算关税。引进技术、设备材料的关税体现在投资估算中；进口原材料的关税体现在成本中。

（8）土地增值税。转让国有土地使用权、地上的建筑物及其附着物（以下简称转让房地产）并取得收入的单位和个人，为土地增值税的纳税义务人（以下简称纳税人），应当依照《中华人民共和国土地增值税暂行条例》缴纳土地增值税。

土地增值税按照纳税人转让房地产所取得的增值额和规定的税率计算征收。

$$增值额＝纳税人转让房地产所取得的收入－规定的扣除项目金额$$

其中，纳税人转让房地产所取得的收入，包括货币收入、实物收入和其他收入。

4. 编制财务分析辅助报表

进行财务效益和费用估算，需要编写的主要财务分析辅助报表包括：建设投资估算表；建设期利息估算表；流动资金估算表；项目总投资使用计划与资金筹措表；营业收入、营业税金及附加和增值税估算表；总成本费用表等。

三、财务评价（财务分析）

（一）财务评价的概念及作用

1. 财务评价的概念

财务评价（财务分析）是根据国家现行财税制度和价格体系，分析、计算项目直接发生的财务效益和费用，编制财务报表，计算评价指标，从项目财务角度分析、计算和考察项目的盈利能力、清偿能力，据以判别项目的财务可行性的方法。其是工程项目可行性研究和工程项目评估的核心内容，其评价结论是工程项目取舍的重要决策依据。

2. 财务评价的作用

（1）考察建设项目的财务盈利能力。

（2）是制订资金规划的依据。

（3）为协调企业利益与国家利益提供依据。

（4）为建设项目合作各方提供合作的基础。

（二）财务评价的主要工作内容

（1）确定财务评价基础数据和选取财务评价参数。根据项目市场研究和技术研究的结果、现行价格体系及财税制度进行财务预测，获得项目在整个寿命周期中有关投资、销售（营业）收入、生产成本、利润、税金及项目计算期等一系列财务基础数据。

（2）编制财务评价报表。编制反映项目财务盈利能力、清偿能力及外汇平衡情况的财务报表。

（3）计算财务评价指标，进行财务效益分析。据基本财务报表计算各财务评价指标，并分别与对应的评价标准或基准值进行对比，对项目的盈利能力、清偿能力及外汇平衡能力等各项财务状况作出评价，得出结论。

（4）进行不确定性分析。通过盈亏平衡分析、敏感性分析、概率分析等不确定性分析方法，分析项目可能面临的风险及项目在不确定情况下的抗风险能力，并确定其影响程度，为采取必要的风险防范措施提供依据。

（5）对项目的财务可行性作出最终判断，得出项目财务评价的最终结论。

投资决策和融资决策均属于建设项目决策的内容。投资决策侧重于考察建设项目净现金流的价值是否大于其投资成本；融资决策侧重于考察资金筹措方案能否满足要求。根据决策的不同需要，财务分析可分为融资前分析和融资后分析。一般宜先进行融资前财务分析。

（三）财务评价指标体系与方法

1. 财务评价指标体系

建设项目财务评价指标体系是根据财务评价内容建立起来的，与编制的财务评价报表密切相关，见表 3 - 7。

表 3 - 7   **财 务 评 价 指 标 体 系**

分析评价内容	基 本 报 表		主 要 评 价 指 标	
			静 态 指 标	动 态 指 标
盈利能分析	融资前分析	项目投资现金流量表	项目投资回收期	项目投资财务内部收益率 项目投资财务净现值
	融资后分析	项目资本金现金流量表		项目资本金财务内部收益率
		投资各方现金流量表		投资各方财务内部收益率
		利润与利润分配表	总投资收益率 项目资本金 净利润率	
偿债能力分析	借款还本付息计划表		偿债备付率 利息备付率	
	资产负债表		资产负债率 流动比率 速动比率	
财务生存能力分析	财务计划现金流量表		净现金流量 累计盈余资金	
外汇平衡分析	财务外汇平衡表			
不确定分析	盈亏平衡分析		盈亏平衡产量 盈亏平衡生产能力利用率	
	敏感性分析		灵敏度 不确定因素的临界值	
风险分析	概率分析		FNPV≥0 的累计概率	
			定性分析	

2. 财务评价方法

(1) 财务盈利能力评价。按照所编制的项目投资现金流量表、项目资本金现金流量表、利润与利润分配表等财务报表，可计算出财务净现值、财务内部收益率、投资回收期、项目资本金利润率、总投资利润率等。

1) 财务净现值（FNPV）。财务净现值是按行业基准收益率或投资主体设定的目标折现率 i_c，将项目计算期（n）内各年净现金流量折现到建设期初的现值之和，可根据现金流量表计算得到。其表达式为：

$$FNPV = \sum_{t=1}^{n} (CI - CO)_t (1 + i_c)^{-t}$$

式中　　 CI——现金流入量；

　　　　 CO——现金流出量；

$(CI - CO)_t$——第 t 期的净现金流量；

　　　　 n——项目计算期；

　　　　 i_c——设定的折现率（同基准收益率）。

一般情况下，财务盈利能力分析只计算项目投资财务净现值，可根据需要选择计算所得税前净现值或所得税后净现值。

　　按照设定的折现率计算的财务净现值不小于零时，项目方案在财务上可考虑接受。

　　2）财务内部收益率（FIRR）。财务内部收益率是指项目在整个计算期内各年净现金流量现值累计等于零时的折现率，它反映项目所占用资金的盈利率，是考查项目盈利能力的主要动态评价指标，可通过财务现金流量表计算。其表达式为：

$$\sum_{t=1}^{n}(CI-CO)_t(1+FIRR)^{-t}=0$$

式中　CI——现金流入量；

　　　　CO——现金流出量；

$(CI-CO)_t$——第 t 期的净现金流量；

　　　　n——项目计算期。

　　项目投资财务内部收益率、项目资本金财务内部收益率和投资各方财务内部收益率都依据上式计算，但所用的现金流入和现金流出不同。

　　当财务内部收益率不小于所设定的判别基准 i_c（通常称为基准收益率）时，项目方案在财务上可考虑接受。项目投资财务内部收益率、项目资本金财务内部收益率和投资各方财务内部收益率可有不同的判别基准。

　　由于内部收益率是净现值为零时的收益（折现）率，在计算财务内部收益率时要经过多次试算，使得净现金流量现值累计等于零，所以财务内部收益率计算的一般步骤如下：①初步估计 $FIRR$ 的值。为减少试算的次数，可先令 $FIRR=i_c$。②若 $FNPV(i_c)=0$，则 $FIRR=i_c$；若 $FNPV(i_c)\neq0$，通过反复试算，最后分别计算出 i_1、i_2（$i_1<i_2$）对应的净现值 $FNPV_1>0$ 和 $FNPV_2<0$，如图 3-8 所示。为控制误差，i_1 与 i_2 之差最好不超过 $2\%\sim5\%$；否则，折现率 i_1、i_2 和净现值之间不一定呈线性关系，从而使求得的内部收益率失真。③用线性插入法计算 $FIRR$ 的近似值，其计算公式为：

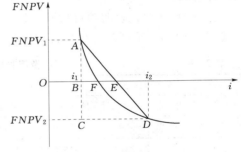

图 3-8　财务内部收益率的近似计算图解

$$FIRR\approx i_1+\frac{|FNPV_1|(i_2-i_1)}{|FNPV_1|+|FNPV_2|}$$

　　内部收益率愈大，说明项目的获利能力越大；将所求出的内部收益率与行业的基准收益率或目标收益率 i_c 相比，当 $FIRR\geqslant i_c$ 时，则 $FNPV\geqslant0$，说明项目的盈利能力已满足最低要求，在财务上可以被接受；若 $FIRR<i_c$ 时，则 $FNPV<0$，说明该方案财务效果不行。

　　3）投资回收期。

　　①静态投资回收期（P_t）。静态投资回收期是指以项目的净收益抵偿全部投资（固定资产投资、投资方向调节税和流动资金）所需要的时间。它是考察项目在财务上的投资回收能力的主要静态评价指标。投资回收期（一般以年为单位）一般从建设开始年算起，如果从投产年算起时，应予注明。其表达式为：

$$\sum_{t=1}^{P_t}(CI-CO)_t = 0$$

静态投资回收期可根据财务现金流量表（全部投资）中累计净现金流量计算求得。计算公式为：

静态投资回收期$(P_t)=$累计净现金流量开始出现正值或零的年数-1

$$+\frac{上年累计净现金流量的绝对值}{当年净现金流量}$$

在财务评价中，求出的投资回收期（P_t）与行业的基准投资回收期（P_c）比较。当$P_t \leqslant P_c$时，表明项目投资能在规定的时间内收回。

②动态投资回收期（P'_t）。动态投资回收期是在考虑货币时间价值的条件下，用项目净效益回收项目全部投资所需要时间。其表达式为：

$$\sum_{t=1}^{P'_t}(CI-CO)_t(1+i_c)^{-t} = 0$$

与静态投资回收期的计算相似，动态投资回收期的计算可通过财务现金流量表计算得出。其计算公式为：

$$P'_t=累计折现净现金流量开始出现正值或零的年数-1+\frac{上年累计折现净现金流量的绝对值}{当年折现现金流量}$$

将计算出的动态投资回收期（P'_t）与行业规定的标准动态投资回收期或同行业平均动态投资回收期进行比较，如果计算出的动态投资回收期不大于行业规定的标准动态投资回收期或同行业平均动态投资回收期，则认为项目可以考虑接受。

投资回收期短，表明项目投资回收快，抗风险能力强。

【例3-13】 某拟建工程项目的现金流量见表3-8。

表3-8　　　　　　　　　　　投资回收期计算用基础数据　　　　　　　　　　单位：万元

年数		净现金流量		累计净现金流量		10% 折现系数	折现净现金流量		累计折现净现金流量	
		所得税前	所得税后	所得税前	所得税后		所得税前	所得税后	所得税前	所得税后
建设期	1	−850.00	−850.00	−850.00	−850.00	0.909	−772.65	−772.65	−772.65	−772.65
运营期	2	33.80	23.96	−816.20	−826.04	0.826	27.92	19.79	−744.73	−752.86
	3	123.00	83.72	−693.20	−742.32	0.751	92.37	62.87	−652.36	−689.99
	4	223.00	183.72	−470.20	−558.60	0.683	152.31	125.48	−500.05	−564.51
	5	223.00	183.72	−247.20	−374.88	0.621	138.48	114.09	−361.57	−450.42
	6	223.00	183.72	−24.20	−191.16	0.564	125.77	103.62	−235.80	−346.80
	7	223.00	183.72	198.80	−7.44	0.513	114.40	94.25	−121.40	−252.55
	8	223.00	183.72	421.80	176.28	0.467	104.11	85.79	−17.26	−166.76
	9	457.66	418.38	879.46	594.66	0.424	194.05	177.39	176.79	10.63

试计算：（1）静态投资回收期；

（2）动态投资回收期（$i_c=10\%$）。

解：根据表 3-8 中的有关数据计算投资回收期：

所得税前项目投资静态投资回收期：

$$P_t = (7-1) + \frac{|-24.20|}{223} = 6.11(年)$$

所得税前项目投资动态投资回收期：

$$P_t' = (9-1) + \frac{|-17.26|}{194.05} = 8.09(年)$$

所得税后项目投资静态投资回收期：

$$P_t = (8-1) + \frac{|-7.44|}{183.72} = 7.04(年)$$

所得税后项目投资动态投资回收期：

$$P_t' = (9-1) + \frac{|-166.76|}{177.39} = 8.94(年)$$

4）总投资收益率（ROI）。总投资收益率表示总投资的盈利水平，是指项目达到设计能力后正常年份的年息税前利润或运营期内年平均息税前利润（$EBIT$）与项目总投资（TI）的比率；总投资收益率应按下式计算：

$$ROI = \frac{EBIT}{TI} \times 100\%$$

总投资收益率高于同行业的收益率参考值，表明用总投资收益率表示的盈利能力满足要求。

5）项目资本金净利润率（ROE）。项目资本金净利润率表示项目资本金的盈利水平，是指项目达到设计能力后正常年份的年净利润或项目运营期内平均净利润（NP）与项目资本金（EC）的比率，其反映投入项目的资本金的盈利能力，其计算公式为：

$$ROE = \frac{NP}{EC} \times 100\%$$

当其值高于同行业的净利润率参考值，表明用项目资本净利润率表示的盈利能力满足要求。

（2）偿债能力分析。投资项目的资金一般由借入资金和自有资金构成。其中借入资金必须按约定期限进行偿还。偿债能力分析应通过计算利息备付率（ICR）、偿债备付率（$DSCR$）和资产负债率（$LOAR$）等指标，分析判断财务主体的偿债能力。

1）利息备付率（ICR）。利息备付率是指项目在借款偿还期内的息税前利润（$EBIT$）与计入总成本费用的应付利息（PI）的比值，其从付息资金来源的充裕性角度反映项目偿付债务利息的保障程度，其表达式为：

$$ICR = \frac{EBIT}{PI}$$

利息备付率应分年计算。利息备付率表示项目的利润偿付利息的保证倍率。利息备付率应当大于 1，并结合债权人的要求确定；否则，表示付息能力保障程序不足。参考国际经验和国内行业的具体情况，根据我国企业历史数据统计分析，一般情况下，利息备付率不宜低于 2。利息备付率高，表明利息偿付的保障程度高。

2）偿债备付率（$DSCR$）。偿债备付率是指项目在借款偿还期内，各年可用于还本付息资金（$EBITDA-T_{AX}$）与当期应还本付息金额（PD）的比值，其表达式为：

$$DSCR = \frac{EBITDA - T_{AX}}{PD}$$

式中　$EBITDA$——息税前利润加折旧和摊销；

　　　　T_{AX}——企业所得税；

　　　　PD——应还本付息金额，包括还本金额和计入总成本费用的全部利息。

偿债备付率应分年计算。偿债备付率表示可用于还本付息的资金偿还借款本息的保证倍率。偿债备付率在正常情况应当大于1，并结合债权人的要求确定。根据我国企业历史数据统计分析，一般情况下，偿债备付率不宜低于1.3。当指标小于1时，表示当年资金来源不足以偿付当期债务，需要通过短期借款偿付已到期债务。偿债备付率高，表明可用于还本付息的资金保障程度高。

3）资产负债率（$LOAR$）。资产负债率是指各期末负债总额（TL）同资产总额（TA）的比率，其计算公式为：

$$LOAR = \frac{TL}{TA} \times 100\%$$

资产负债率是反映项目各年所面临的财务风险程度及偿债能力的指标。该比率越低，则偿债能力越强。

适度的资金负债率，表明企业经营安全、稳健，具有较强的筹资能力，也表明企业和债权人的风险较小。国际上公认的较好的资产负债率指标是60%，但难以简单地用资产负债率的高或低来判断，因为过高的资产负债率表明企业财务风险太大，过低的资产负债率则表明企业对财务杠杆利用不够。实际上，不同行业间资产负债率差异也较大。所以，对该指标的分析应结合国家宏观经济状况、行业发展趋势、企业所处竞争环境等具体条件判定。

4）流动比率。流动比率是流动资产与流动负债之比，反映法人偿还流动负债能力，应按下式计算：

$$流动比率 = \frac{流动资产}{流动负债} \times 100\%$$

流动比率高说明偿还流动负债的能力越强；但流动比率过高，说明企业资金利用效率低，不利于企业的运营；国际上公认其值一般以200%左右为好，我国较好的比率为150%。但不同行业间的流动比率差异较大，一般来说，如果生产周期较长，流动比率就应该相应提高；反之，就可以相对降低。

5）速动比率。速动比率是速动资产与流动负债之比，反映法人在短时间内偿还流动负债的能力。

$$速动比率 = \frac{速动资产}{流动负债} \times 100\%$$

式中　速动资产＝流动资产－存货。

速动比率指标是对流动比率指标的补充，是将流动比率指标计算公式的分子剔除了流动资产中变现力最差的存货后，计算企业实际的短期债务偿还能力，较流动比率更为准确。速动比率越高，说明偿还流动负债的能力越强；但速动比率过高，说明企业资金利用效率低，不利于企业的运营。其值一般以100％左右为好。但不同行业间的流动比率差异较大，实践中应结合行业特点分析判断。

（3）外汇平衡分析。外汇平衡分析主要适用于有外汇收支的项目，通过财务外汇平衡表反映项目计算期内各年外汇余缺程度，进行外汇平衡分析。

（4）不确定性分析与风险分析。项目评价所采用的数据，大部分来自预测和估算，有一定程度的不确定性。为了分析不确定性因素对经济评价指标的影响，估计项目可能承担的风险，需进行不确定性分析与经济风险分析，提出项目风险的预警、预报和相应的对策，为投资决策服务。

1）不确定性分析。不确定性分析包括盈亏平衡分析和敏感性分析。盈亏平衡分析只用于财务评价；敏感性分析和概率分析可同时用于财务评价和国民经济评价。

①盈亏平衡分析。盈亏平衡分析是指通过计算项目达产年的盈亏平衡点（BEP），分析项目成本与收益的平衡关系，判断项目对产出品数量变化的适应能力和抗风险能力。盈亏平衡分析只用于财务分析。

盈亏平衡点一般采用公式计算，也可利用盈亏平衡图求得（如图3-9所示）。盈亏平衡点可采用生产能力利用率或产量表示，可按下列公式计算：

$$BEP_{生产能力利用率} = \frac{年固定成本}{年营业收入 - 年可变成本 - 年营业税金及附加} \times 100\%$$

$$BEP(产量) = \frac{年固定总成本}{单位产品价格 - 单位产品可变成本 - 单位产品营业税金及附加}$$

当采用含增值税价格时，式中分母还应扣除增值税。

盈亏平衡点越低，表明项目适应市场变化能力越大，抗风险能力越强。

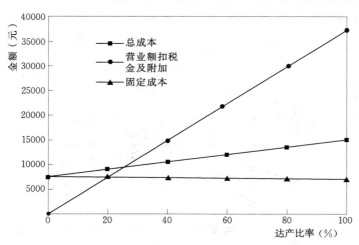

图3-9 盈亏平衡分析图（生产能力利用率）

②敏感性分析。敏感性分析是指通过分析不确定性因素发生增减变化时，对财务或经济评价指标的影响，并计算敏感度系数和临界点，找出敏感因素。通常只进行单因素敏感分析。

敏感度系数（S_{AF}）是指项目评价指标变化率与不确定性因素变化率之比，可按下式计算：

$$S_{AF} = \frac{\Delta A/A}{\Delta F/F}$$

式中　$\Delta F/F$——不确定因素 F 的变化率；

$\Delta A/A$——不确定因素 F 发生 ΔF 变化时，评价指标 A 的相应变化率。

临界点（转换值）是指不确定性因素的变化使项目由可行变为不可行的临界数值，一般采用不确定性因素相对基本方案的变化率或其对应的具体数值表示。临界点可通过敏感性分析图得到近似值，也可采用试算法求解。

敏感性分析的计算结果，应采用敏感性分析表和敏感性分析图（参见表 3 - 9、图 3 - 10）表示。敏感度系数和临界点分析的结果，应采用敏感度系数和临界点分析（参见表 3 - 10）表示。

表 3 - 9　　　　　　　敏 感 性 分 析 表

变化率（%） 变化因素	−30	−20	0	10	20	30
基准折现率 i_c						
建设投资						
销售价格						
原材料成本						
汇率						
……						

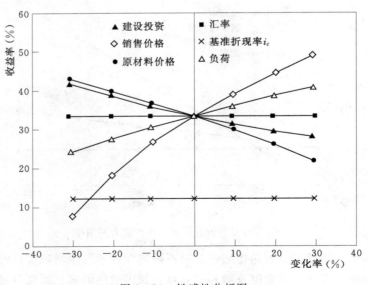

图 3 - 10　敏感性分析图

表 3 - 10　　　　　　　　　　　　敏感度系数和临界点分析表

序号	不 确 定 因 素	变化率（％）	内部收益率（％）	敏感系数	临界点（％）	临界值
	基本方案					
1	产品产量（生产负荷）					
2	产品价格					
3	主要原材料价格					
4	建设投资					
5	汇率					
	……					

　　2）风险分析。建设项目的经济风险来源于法律、法规及政策变化，市场供需变化，资源开发与利用、技术的可靠性、工程方案、融资方案、组织管理、环境与社会、外部配套条件等一个方面或几个方面的共同影响。经济风险分析的任务之一，是通过对政策、市场、资源、技术、工程、资金、管理、环境、外部配套条件和其他等以上 10 个方面的分析，找出风险因素。

　　风险识别是风险分析的基础，运用系统论的方法对项目进行全面考察综合分析，找出潜在的各种风险因素，并对各种风险进行比较、分类，确定各因素间的相关性与独立性，判断其发生的可能性及对项目的影响程度，按其重要性进行排队，或赋予权重。风险识别应根据项目的特点选用适当的方法。常用的方法有问卷调查、专家调查法和情景分析等。

　　风险估计又称风险测定、测试、衡量和估算等。风险估计是在风险识别之后，通过定量分析的方法测度风险发生的可能性及对项目的影响程度。风险估计是估算风险事件发生的概率及其后果的严重程度，因此，风险与概率密切相关。风险估计的一个重要方面是确定风险事件的概率分布。

　　风险评价是对项目经济风险进行综合分析，是依据风险对项目经济目标的影响程度进行项目风险分级排序的过程。其是在项目风险识别和估计的基础上，通过建立项目风险的系统评价模型，列出各种风险因素发生的概率及概率分布，确定可能导致的损失大小，从而找到该项目的关键风险，确定项目的整体风险水平，为如何处置这些风险提供科学依据。

　　在经济风险分析中找出的关键风险因素，对项目的成败具有重大影响，需要采取相应的应对措施，尽可能降低风险的不利影响，实现预期投资效益。常用的风险分析方法包括专家调查法、层次分析法、概率树、CIM 模型及蒙特卡罗模拟等分析方法，应根据项目具体情况，选用一种方法或几种方法组合使用。

（四）融资前财务分析

融资前分析是指在考虑融资方案前就可以开始进行的财务分析，即不考虑债务融资条件下进行的财务分析。在融资前分析结论满足要求的情况下，初步设定融资方案，再进行融资后分析。在项目建议书阶段，可只进行融资前财务分析。

融资前分析排除了融资方案变化的影响，从建设项目投资总获利能力的角度，考察建设项目方案设计的合理性。

融资前分析应以动态分析（折现现金流量分析）为主，静态分析（非折现现金流量分析）为辅。

融资前分析应以动态分析应以建设投资、营业收入、经营成本和流动资金的估算为基础，考察整个计算期内现金流入和现金流出，编制建设项目投资现金流量表，利用资金时间价值的原理进行折现，计算项目投资的内部收益率和净现值等指标。根据分析角度的不同，融资前分析可选择计算所得税前指标和（或）所得税后指标。

融资前分析也可计算静态投资回收期（P_t）指标，用以反映收回建设项目投资所需要的时间。

融资前分析计算的相关指标，应作为投资决策与融资方案研究的依据和基础。

（五）融资后财务分析

融资后分析应以融资前分析和初步的融资方案为基础，考察建设项目在拟定融资条件下的盈利能力、偿债能力和财务生存能力，判断建设项目方案在融资条件下的可行性。融资后分析用于比选融资方案，帮助投资者作出融资决策。

1. 融资后盈利能力分析

融资后盈利能力分析包括动态分析（折现现金流量分析）和静态分析（非折现盈利能力分析）。

（1）动态分析。动态分析是通过编制财务现金流量表，根据资金时间价值原理，计算财务内部收益率、财务净现值等指标，分析建设项目的获利能力；包括以下两个层次：

1）建设项目资本金流量分析。建设项目资本金流量分析应在拟定的融资方案下，从建设项目权益投资者整体的角度，确定其现金流入和现金流出，编制建设项目资金本金现金流量表，利用资金时间价值的原理进行折现，计算建设项目资金财务内部收益率指标，考察建设项目资本金可获得的收益水平。

2）建设投资各方现金流量分析。建设投资各方现金流量分析应从投资各方实际收入和支出的角度，确定其现金流入和现金流出，分别编制投资各方现金流量表，计算投资各方的财务内部收益指标，考察投资各方可能获得的收益水平。投资各方的内部收益率表示了投资各方的收益水平。一般情况下，投资各方按股本比例分配利润和分担亏损及风险，因此投资各方的利益一般是均等的，没有必要计算投资各方的内部收益率。只有投资者中的各方股权之外的不对等的利益分配时（契约式的合作企业常常会有这种情况），投资各方的收益率才会有差异，故常需要计算投资各方的内部收益率。从所计算的投资各方内部收益率可以看出各方收益是否均衡，或者其非均衡性是否在一个合理的水平上，有助于促进投资各方在合作谈判中达成平等互利的协议。

当投资各方不按股本比例进行分配或由其他不对等的收益时，可选择进行投资各方现金流量分析。

（2）静态分析。静态分析是指不采用折现方式处理数据，依据利润与利润分配表计算项目资本金净利润率（ROE）和总投资收益率（ROI）指标。静态盈利能力分析可根据建设项目的具体情况选做。对静态分析指标的判断，应按不同指标选定相应的参考值（企业或行业的对比值）。当静态分析指标分别符合其相应的参考值时，认为从该指标看盈利能力满足要求。如果不同指标得出的判断结论相反，应通过分析原因，得出合理结论。

2. 融资后偿债能力分析

（1）偿债计划的制定。对筹措了债务资金的建设项目，偿债能力需考察建设项目能否按期偿还借款的能力。通过计算利息备付率和偿债备付率指标判断项目的偿债能力，如果能够得知或根据经验设定所要求的借款偿还期，可直接计算利息备付率和偿债备付率指标；如果难以设定借款偿还期，也可以先大致估算出借款偿还期，再采用适宜的方法计算出每年需要还本和付息的金额，计算利息备付率、偿债备付率指标。

借款偿还期是指在国家财政规定及项目具体财务条件下，以项目投产后可用于还款的资金偿还借款本金与建设期利息（不包括已用自有资金支付的建设期利息）所需要的时间。

需要估算借款偿还期时，可按下式估算：

$$借款偿还期＝借款偿还后开始出现盈余年份数－开始借款年份＋\frac{当年借款额}{当年可用于还款的资金额}$$

应当注意，该借款偿还期只是为估计利息备付率和偿债备付率指标所用，不应与利息备付率和偿债备付率指标并列。

涉及外资的项目，其国外借款部分的还本付息，应按已经明确的或预计可能的借款偿还条件（包括偿还方式及偿还期限）计算。

当借款偿还期满足贷款机构的要求期限时，可以认为建设项目是有清偿能力的。

可根据建设项目的实际需要编制借款还本付息计划表；借款还本付息计划表也可与财务分析辅助表"建设期利息估算表"合二为一。

【例 3 - 14】　某项目建设期 1 年，建设投资借款 400 万年，年利率 6％，借款在建设期年中支用，投产后本息一并在 5 年内等额偿还。问题：编制该项目还本付息计划表[8]。

解：（1）计算项目建设期贷款利息

每年应计利息＝（年初借款本利累计额＋本年借款额÷2）×年实际利率

第 1 年贷款 400 万元，应计利息＝（0＋400÷2）×6％＝12.00（万元）

（2）计算项目运营期每年应还等额本息和

项目运营期每年应还等额本息和＝（400＋12）×（A/P，6％，5）＝412×0.2374＝97.81（万元）

（3）计算项目运营期应还借款利息、本金、期初（末）借款额余额

第 2 年应还利息＝（400＋12）×6％＝24.72（万元）

第 2 年应还本金＝97.81－24.72＝73.09（万元）

第 2 年期末借款余额（或称第 3 年期初借款额余额）＝（400＋12）－73.09＝338.91（万元）

⋮

利用上述所计算的基础数据编制该项目的借款还本付息计划表，见表 3 - 11。

表 3 - 11 某拟建项目借款还本付息计划表 单位：万元

序 号	年数 / 项目	建设期 1	运营期 2	运营期 3	运营期 4	运营期 5	运营期 6
1	借款		412.00	338.91	261.43	179.31	92.26
1.1	期初借款余额						
1.2	当年借款	400					
1.3	当年应还本付息		97.81	97.81	97.81	97.81	97.81
1.3.1	其中：应还本金		73.09	77.48	82.12	87.05	92.26
1.3.2	其中：应还利息（6%）		24.72	20.33	15.69	10.76	5.54
1.4	期末借款余额	412.00	338.91	261.43	179.31	92.26	0.00

（2）资产负债表的编制。资产负债表综合反映项目计算期内各年末资产、负债和所有者权益的增减变化及对应关系，以考察项目资产、负债、所有者权益的结构是否合理，用以计算资产负债率等，进行清偿能力分析。表格格式如表 3 - 12 所示。

表 3 - 12 资 产 负 债 表 单位：万元

序 号	年数 / 项目	计算期 1	计算期 2	计算期 3	计算期 4	计算期 …	计算期 n
1	资产						
1.1	流动资产总额						
1.1.1	货币资金						
1.1.2	应收账款						
1.1.3	预付账款						
1.1.4	存货						
1.1.5	其他						
1.2	在建工程						
1.3	固定资产净值						
1.4	无形及其他资产净值						
2	负债及所有者权益（2.4＋2.5）						
2.1	流动负债总额						
2.1.1	短期借款						
2.1.2	应付账款						
2.1.3	预付账款						
2.1.4	其他						
2.2	建设投资借款						
2.3	流动资金借款						

续表

序 号	项 目 年 数	计 算 期					
		1	2	3	4	…	n
2.4	负债小计(2.1+2.2+2.3)						
2.5	所有者权益						
2.5.1	资本金						
2.5.2	资本公积金						
2.5.3	累计盈余公积金						
2.5.4	累计未分配利润						

计算指标:
资产负债率(%)

注 1. 对外商投资项目,第2.5.3项改为累计储备基金和企业发展基金。

2. 对既有法人项目,一般只针对法人编制,可按需要增加科目,此时表中资本金是指企业全部实收资本,包括原有和新增的实收资本。必要时,也可针对"有项目"范围编制。此时表中资本金仅指"有项目"范围的对应数值。

3. 货币资金包括现金和累计盈余资金。

3. 财务生存能力分析

在项目运营期间,确保从各项经济活动中得到足够的净现金流量是项目能够持续生存的条件。财务生存能力分析应在财务分析辅助表、利润与利润分配表的基础上编制财务计划现金流量表,通过考察建设项目计算期内的投资、融资和经营活动所产生的各项现金流入和现金流出,计算净现金流量和累计盈余资金,分析建设项目是否有足够的净现金流量维持正常运营,以实现财务可持续性。财务可持续性应首先体现在有足够大的经营活动净现金流量,其次各年累计盈余资金不应出现负值。若出现负值,应进行短期借款,同时分析该短期借款的年份长短和数额大小,进一步判断项目的财务生存能力。短期借款应体现在财务计划现金流量表中,其利息应计入财务费用。为维持项目正常运营,还应分析短期借款的可靠性。因此,财务生存能力分析也可以称为资金平衡分析。

财务生存能力分析应结合偿债能力分析;如果拟安排的还款期过短,会使还本付息负担过重,导致为维持资金平衡必须筹借的短期借款过多;故可通过调整还款期的方法,减轻各年还款负担。

通常因运营期前期的还本付息负担较重,为此应特别注重运营期前期的财务生存能力分析。

通过以下相互关联的两个方面可具体判断项目的财务生存能力:

(1)拥有足够的经营净现金流量是财务可持续的基本条件,特别是在运营初期。

一个项目具有较大的经营净现金流量,说明项目方案比较合理,实现自身资金平衡的可能性大,不会过分依赖短期融资来维持运营;反之,一个项目不能产生足够的经营净现金流量,或经营净现金流量为负值,说明维持项目正常运行会遇到财务上的困难,项目方案缺乏合理性,实现自身资金平衡的可能性小,有可能要靠短期融资来维持运营;或者是非经营项目本身无能力实现自身资金平衡,提示要靠政府补贴。

(2)各年累计盈余资金不出现负值是财务生存的必要条件。

在整个运营期间，允许个别年份的净现金流量出现负值，但不能容许任一年份的累计盈余资金出现负值。一旦出现负值时应适时进行短期融资，该短期融资应体现在财务计划现金流量表中，同时短期融资的利息也应纳入成本费用和其后的计算。较大的或较频繁的短期融资，有可能导致以后的累计盈余资金无法实现正值，致使项目难以持续运营。

财务计划现金流量表是项目财务生存能力分析的基本报表，其编制基础是财务分析辅助报表、利润与利润分配表。

【例 3-15】 某拟建工业生产项目的有关基础数据如下：

（1）项目建设期为 1 年，运营期为 6 年；项目建成当年投产。当地政府提供的扶持该产品生产的启动经费为 100 万元。

（2）建设投资 1000 万元，预计全部形成固定资产。固定资产使用年限为 10 年，采用平均年限法折旧，期末残值为 100 万元。投产当年又投入资本金 200 万元作为运营期的流动资金。

（3）正常年份营业收入为 800 万元，经营成本 300 万元产品营业税及附加税率为 6％，所得税率为 25％，行业基准收益率 10％，基准投资回收期 6 年。

（4）投产第 1 年仅达到设计生产能力的 80％，预计这一年的营业收入、经营成本和总成本均按正常年份的 80％计算。以后各年均达到设计生产能力。

（5）运营的第 3 年预计需更新新型自动控制设备购置投资 500 万元才能维持以后的正常运营需要。

问题：

（1）编制拟建项目投资现金流量表。

（2）计算项目的静态投资回收期。

（3）计算项目的财务净现值。

（4）计算项目的财务内部收益率。

（5）从财务角度分析拟建项目的可行性。

解：

问题（1）：

编制拟建项目投资现金流量表 3-13。

编制表 3-13 前需要计算以下数据：

1）计算固定资产折旧费：

$$固定资产折旧费 = (1000-100) \div 10 = 90（万元）$$

2）计算固定资产余值：

固定资产使用年限 10 年，运营期末只用了 6 年还有 4 年未折旧。所以，运营期末固定资产余值为：固定资产余值 = 年固定资产折旧费×4+残值 = 90×4+100 = 460（万元）

3）计算各年营业税及附加

第 2 年   年营业税及附加 = 640×6％ = 38.40（万元）

第 3 年，…，第 7 年   年营业税及附加 = 800×6％ = 48.00（万元）

4）计算调整所得税

项目投资现金流量表中调整所得税，是以息税前利润为基础，按以下公式计算：

$$调整所得税 = 息税前利润 × 所得税率$$

式中：息税前利润＝利润总额＋利息支出

或　息税前利润＝年营业收入－营业税及附加－息税前总成本（不含利息支出）

息税前总成本＝经营成本＋折旧费＋摊销费

第 2 年经营成本＝300×80％＝240(万元)

第 2 年息税前总成本＝经营成本＋折旧费＝240＋90＝330(万元)

第 2 年调整所得税＝(640－38.40－330)×25％＝67.90(万元)

第 3 年计其以后各年调整所得税＝(800－48－390)×25％＝90.50(万元)

表 3 - 13　　　　　　　　　　项目投资现金流量表　　　　　　　　　单位：万元

序号	年数 / 项目	建设期 1	运营期 2	3	4	5	6	7
1	现金流入	0	740	800	800	800	800	1460
1.1	营业收入	0	640	800	800	800	800	800
1.2	补贴收入		100					
1.3	回收固定资产余值							460
1.4	回收流动资金							200
2	现金流出	1000	546.30	438.50	938.50	438.50	438.50	438.50
2.1	建设投资	1000						
2.2	流动资金投资		200					
2.3	经营成本		240	300	300	300	300	300
2.4	营业税及附加		38.40	48.00	48.00	48.00	48.00	48.00
2.5	维持运营投资				500			
2.6	调整所得税		67.90	90.50	90.50	90.50	90.50	90.50
3	净现金流量	－1000	193.7	361.5	－138.5	361.5	361.5	1021.5
4	累计净现金流量	－1000	－806.3	－444.8	－583.3	－221.8	139.7	1161.2
5	折现系数 10％	0.9091	0.8264	0.7513	0.683	0.6209	0.5645	0.5132
6	折现后净现金流	－909.10	160.07	271.59	－94.60	224.46	204.07	524.23
7	累计折现后净现金流	－909.10	－749.03	－477.43	－572.03	－347.57	－143.50	380.73

问题（2）：

计算项目的静态投资回收期：

$$静态投资回收期＝(累计净现金流量出现正值年份－1)＋\frac{|出现正值年份上年累计净现金流量|}{出现正值年份当年净现金流量}$$

$$＝(6－1)＋\frac{|－221.8|}{361.5}＝5＋0.61＝5.61(年)$$

问题（3）：

项目财务净现值就是计算期末的累计折现后净现金流量 380.73 万元，见表 3-13。

问题（4）：

编制项目投资现金流量延长表，见表 3-14。

首先确定 $i_1 = 18\%$，以 i_1 作为设定的折现率，计算出各年的折现系数。利用现金流量延长表，计算出各年的折现净现金流量和累计折现净现金流量，从而得到财务净现值 $FNPV_1$，见表 3-14。再设定 $i_2 = 20\%$，以 i_2 作为设定的折现率，计算出各年的折现系数。同样，利用现金流量延长表，计算各年的折现净现金流量和累计折现净现金流量，从而得到财务净现值 $FNPV_2$，见表 3-14。

试算结果：$FNPV_1 > 0$，$FNPV_2 < 0$，且满足精度要求，可采用插值法计算出拟建项目的财务内部收益率 $FIRR$。由表 3-14 可知：

$i_1 = 18\%$ 时，$FNPV_1 = 52.75$

$i_2 = 20\%$ 时，$FNPV_2 = -4.94$

用插值法计算拟建项目的内部收益率 $FIRR$：

$$FIRR \approx i_1 + \frac{|FNPV_1| \cdot (i_2 - i_1)}{|FNPV_1| + |FNPV_2|} = 18\% + \frac{52.75 \times (20\% - 18\%)}{52.75 + |-4.94|} = 19.83\%$$

表 3-14　　　　　　　　　　　　**项目投资现金流量延长表**　　　　　　　　单位：万元

序号	年数 \ 项目	建设期 1	运营期 2	3	4	5	6	7
1	现金流入	0.00	740.00	800.00	800.00	800.00	800.00	1460
2	现金流出	1000	546.30	438.50	938.50	438.50	438.50	438.50
3	净现金流量	−1000.00	193.70	361.50	−138.50	361.50	361.50	1021.50
4	折现系数 18%	0.8475	0.7182	0.6086	0.5158	0.4371	0.3704	0.3139
5	折现后净现金流量	−847.50	139.12	220.01	−71.44	158.01	133.90	320.65
6	累计折现后净现金流	−847.5	−708.38	−488.38	−559.81	−401.80	−267.90	52.75
7	折现系数 20%	0.8333	0.6944	0.5787	0.4823	0.4019	0.3349	0.2791
8	折现后净现金流量	−833.30	134.51	209.20	−66.80	145.29	121.07	285.10
9	累计折现后净现金流	−833.3	−698.79	−489.59	−556.39	−411.11	−290.04	−4.94

问题（5）：

该拟建项目的静态投资回收期为 5.61 年，未超过基准投资回收期及计算期 6 年。财务净现值为 380.73 万元大于 0；财务内部收益率为 19.83%，大于行业基准收益率 10%；所以，从财务角度分析，可以认为该项目投资可行。

【例 3-16】 某拟建项目的有关基础数据如下：

(1) 该项目建设期为 3 年，生产期为 9 年。项目建设投资（包括工程费、其他费、预备费等）4300 万元，预计形成其他资产 450 万元，其余全部行程固定资产。

(2) 建设期第 1 年投入建设资金的 50%，第 2 年投入 30%，第 3 年投入 20%，其中每年投资的 40% 为自有资金，60% 由银行贷款。建设单位与银行约定：贷款年利率为 7%，建设期只计利息不还款；建设期借款从运营期开始的 6 年间，按照每年等额还本、利息照付的方法进行偿还。

(3) 生产期第 1 年投入流动资金 270 万元，为自由资金；第 2 年年初投入流动资金 230 万元，为银行借款，借款年利率为 3%，按单利法计算各年利息。流动资金在计算期末全部回收。

（4）固定资产折旧年限为 10 年，按平均年限法计算折旧，残值率为 5%。在生产期末回收固定资产残值；其他资金在生产期内平均摊销，不计残值。

（5）投产第 2 年，当地政府拨付 220 万元扶持企业进行技术开发。预计生产期各年的经营成本均为 2600 万元，营业收入在计算期第 4 年为 3200 万元，第 5～12 年均为 3720 万元。假定营业税金及附加的税率为 6%，所得税率为 25%，行业平均总投资收益率为 7.8%，行业净利润率参考值为 10%。

（6）按照董事会事先约定，生产期按照每年 15% 的比例提取应付各投资方股利，亏损年份不计取。

问题：

（1）计算项目计算期第 4 年初的累计借款。

（2）编制项目借款还本付息计划表。

（3）计算固定资产年折旧费，其他资产年摊销费。

（4）编制项目总成本费用估算表、利润与利润分配表。

（5）列式计算项目总投资收益率、资本金净利润率，并评价该项目是否可行。

解：

问题（1）：

第 1 年借款额 $= 4300 \times 50\% \times 60\% = 1290$（万元）

第 1 年应计利息 $= (1290 \div 2) \times 7\% = 45.15$（万元）

第 2 年期初借款余额 $= 1290 + 45.15 = 1335.15$（万元）

第 2 年应计利息 $= (1335.15 + 4300 \times 30\% \times 60\% \div 2) \times 7\% = 120.55$（万元）

第 3 年期初借款余额 $= 1335.15 + 4300 \times 30\% \times 60\% + 120.55 = 2229.70$（万元）

第 3 年应计利息 $= (2229.70 + 4300 \times 20\% \times 60\% \div 2) \times 7\% = 174.14$（万元）

建设期（3 年）贷款利息 $= 45.15 + 120.55 + 174.14 = 339.84$（万元）

第 4 年初的累计借款 $= 4300 \times 60\% + 339.84 = 2919.84$（万元）

问题（2）：

项目运营期开始的 6 年间等额还本，每年应还本金额 $= 2919.84 \div 6 = 486.64$（万元）

借款 1（即建设投资）第 4 年当年应计利息 $= 2919.84 \times 7\% = 204.38$（万元）

借款 1 第 4 年期末借款余额 $= 2919.84 - 486.64 = 2433.20$（万元）

借款 1 第 4 年当年应还本金 486.64 万元；偿还借款来源包括当年折旧 398.03 万元（见表 3 - 15）、当年摊销费 50 万元（见表 3 - 15），共计 448.03 万元（486.64 万元 － 448.03 万元 = 38.61 万元），尚有 38.61 万元的资金缺口，可通过临时借款（借款 3）的途径解决。第 5～9 年，每年均有 38.61 万元的资金缺口，需要动用当年未分配利润来弥补。

借款 3（临时借款）第 5 年当年应还利息 $= 38.61 \times 3\% = 1.16$（万元）

借款 2（流动资金借款）第 5～12 年，每年应还利息 $= 230 \times 3\% = 6.9$（万元）

利用所计算的基础数据编制该项目的借款还本付息计划表，见表 3 - 15。

表 3-15　　　　　　　　　　某拟建项目借款还本付息计划表　　　　　　　　单位：万元

序号	项目 \ 年数	建设期 1	建设期 2	建设期 3	运营期 4	运营期 5	运营期 6	运营期 7	运营期 8	运营期 9	运营期 10	运营期 11	运营期 12
1	借款 1												
1.1	期初借款余额	0.00	1335.15	2229.70	2919.84	2433.20	1946.56	1459.92	973.28	486.64			
1.2	当年借款	1290.00	774.00	516.00	0.00	0.00	0.00	0.00	0.00	0.00			
1.3	当年应计利息	45.15	120.55	174.14	204.38	170.32	136.26	102.19	68.13	34.06			
1.4	当年应还本金	0.00	0.00	0.00	486.64	486.64	486.64	486.64	486.64	486.64			
1.5	当年应还利息	0.00	0.00	0.00	204.38	170.32	136.26	102.19	68.13	34.06			
1.6	期末借款余额	1335.15	2229.70	2919.84	2433.20	1946.56	1459.92	973.28	486.64	0.00			
2	借款 2（流动资金借款）												
2.1	期初借款余额	0.00	0.00	0.00	0.00	0.00	230.00	230.00	230.00	230.00	230.00	230.00	230.00
2.2	当年借款	0.00	0.00	0.00	0.00	230.00	0.00	0.00	0.00	0.00	0.00	0.00	0.00
2.3	当年应还利息	0.00	0.00	0.00	0.00	6.90	6.90	6.90	6.90	6.90	6.90	6.90	6.90
2.4	当年应还本金	0.00	0.00	0.00	0.00	0.00	0.00	0.00	0.00	0.00	0.00	0.00	230.00
2.5	期末借款余额	0.00	0.00	0.00	0.00	230.00	230.00	230.00	230.00	230.00	230.00	230.00	0.00
3	借款 3（临时借款）												
3.1	期初借款余额	0.00	0.00	0.00	38.61								
3.2	当年借款	0.00	0.00	0.00	38.61	0.00							
3.3	当年应还利息	0.00	0.00	0.00	0.00	1.16							
3.4	当年应还本金	0.00	0.00	0.00	0.00	38.61							
3.5	期末借款余额	0.00	0.00	0.00	38.61	0.00							
4	借款合计												
4.1	期初借款余额（1.1+2.1+3.1）	0.00	1335.15	2229.70	2919.84	2471.81	2176.56	1689.92	1203.28	716.64	230.00	230.00	230.00
4.2	当年借款（1.2+2.2+3.2）	1290.00	774.00	516.00	38.61	230.00	0.00	0.00	0.00	0.00	0.00	0.00	0.00
4.3	当年应还本金（1.4+2.4+3.4）	0.00	0.00	0.00	486.64	525.25	486.64	486.64	486.64	486.64	0.00	0.00	230.00
4.4	当年应还利息（1.3+2.3+3.3）	0.00	0.00	0.00	204.38	178.38	143.16	109.09	75.03	40.96	6.90	6.90	6.90
4.5	期末借款余额	1335.15	2229.70	2919.84	2471.81	2176.56	1689.92	1203.28	716.64	230.00	230.00	230.00	0.00

问题（3）：

其他资产年摊销费＝450÷9＝50（万元）

固定资产年折旧费＝(4300＋339.84－450)×(1－5%)÷10＝398.03（万元）

问题（4）：

根据总成本费用的构成列出总成本费用估算表的费用名称见表 3-16。计算固定资产折旧费和其他资产摊销费,并将折旧费、摊销费、年经营成本和借款还本付息表中的相关数据填入总成本费用估算表3-16中,计算出各年的总成本费用。

表 3-16　　　　　　　　　　　　　　**项目总成本费用估算表**　　　　　　　　　　　　　单位:万元

序号	项目＼年数	4	5	6	7	8	9	10	11	12
1	经营成本	2600.00	2600.00	2600.00	2600.00	2600.00	2600.00	2600.00	2600.00	2600.00
2	折旧费	398.03	398.03	398.03	398.03	398.03	398.03	398.03	398.03	398.03
3	摊销费	50.00	50.00	50.00	50.00	50.00	50.00	50.00	50.00	50.00
4	利息支出	204.38	178.38	143.16	109.09	75.03	40.96	6.90	6.90	6.90
4.1	建设投资借款利息	204.38	171.48	136.26	102.19	68.13	34.06			
4.2	流动资金借款利息	0.00	6.90	6.90	6.90	6.90	6.90	6.90	6.90	6.90
5	总成本费用	3252.41	3226.41	3191.19	3157.12	3123.06	3088.99	3054.93	3054.93	3054.93

将总成本计入利润与利润分配表中,并计算该年的其他费用:利润总额、应纳所得税额、所得税、净利润、可供分配利润、法定盈余公积金、可供投资者分配利润、应付投资方股利、还款未分配利润以及下年度期初未分配利润等,均按利润与利润分配表中的公式逐一计算求得,见表3-17。其中:法定盈余公积金根据《中华人民共和国公司法》的规定,按当年税后利润的10%提取列入公司法定公积金;息税前利润＝经营收入－营业税及附加－总成本费用＋建设投资借款利息＋流动资金借款利息＋补贴收入。

第5年应还本金＝486.64＋38.61＝525.25(万元)

第5年还款未分配利润＝525.25－398.03－50.00＝77.22(万元)

第5年可供分配利润＝净利润－期初未弥补的亏损＋期初未分配利润

　　　　　　　　　　＝428.89－244.41＋0＝184.48(万元)

表 3-17　　　　　　　　　　　　　　**项目利润与利润分配表**　　　　　　　　　　　　　单位:万元

序号	项目＼年数	4	5	6	7	8	9	10	11	12
(1)	营业收入	3200.00	3720.00	3720.00	3720.00	3720.00	3720.00	3720.00	3720.00	3720.00
(2)	营业税金及附加(1)×6%	192.00	223.20	223.20	223.20	223.20	223.20	223.20	223.20	223.20
(3)	总成本费用	3252.41	3226.41	3191.19	3157.12	3123.06	3088.99	3054.93	3054.93	3054.93
(4)	补贴收入		220.00							
(5)	利润总额(1)－(2)－(3)＋(4)	－244.41	490.39	305.61	339.68	373.74	407.81	441.87	441.87	441.87
(6)	弥补以前年度亏损		244.41							
(7)	应纳税所得额(5)－(6)		245.98	305.61	339.68	373.74	407.81	441.87	441.87	441.87
(8)	所得税(7)×25%		61.50	76.40	84.92	93.44	101.95	110.47	110.47	110.47
(9)	净利润(5)－(8)	－244.41	428.90	229.21	254.76	280.31	305.86	331.40	331.40	331.40

续表

序号	项目 ＼ 年数	4	5	6	7	8	9	10	11	12
(10)	期初未分配利润(13)－(14)－(15.1)			43.13	173.40	303.67	433.94	564.22	733.11	876.66
(11)	可供分配利润(9)＋(10)－(6)		184.48	272.34	428.16	583.97	739.80	895.62	1064.51	1208.06
(12)	提取法定盈余公积金(9)×10％		42.89	22.92	25.48	28.03	30.59	33.14	33.14	33.14
(13)	可供投资者分配利润(11)－(12)		141.59	249.42	402.68	555.94	709.21	862.48	1031.37	1174.92
(14)	应付各投资方股利(13)×15％		21.24	37.41	60.40	83.39	106.38	129.37	154.71	176.24
(15)	未分配利润(13)－(14)		120.35	212.01	342.28	472.55	602.83	733.11	876.66	998.68
(15.1)	用于还款未分配利润		77.22	38.61	38.61	38.61	38.61			
(15.2)	剩余利润（转下年度期初未分配利润）		43.13	173.40	303.67	433.94	564.22	733.11	876.66	998.68
(16)	息税前利润	－40.03	668.77	448.77	448.77	448.77	448.77	448.77	448.77	448.77

问题（5）：

总投资收益率（ROI）$=\dfrac{EBIT}{TI}\times100\%=\dfrac{448.77}{4300+339.84+500}\times100\%=8.73\%$

资本金净利润（ROE）$=\dfrac{NP}{EC}\times100\%$

$$=\frac{(-244.41+428.89+229.21+254.76+280.30+305.86+331.40\times3)\div9}{(4300\times40\%+270)}\times100\%$$

$$=12.56\%$$

该项目总投资收益率 $ROI=8.73\%$，高于行业投资收益率 7.8%，项目资本金净利润 $ROE=12.56\%$，高于行业净利润率 10%，表明项目盈利能力均大于行业平均水平。因此，该项目是可行的。

四、国民经济评价（经济分析）

国民经济评价（经济分析）是在合理配置社会资源的前提下，从国家经济整体利益的角度出发，计算项目对国民经济的贡献，分析项目的经济效率、效果和对社会的影响，评价项目在宏观经济上的合理性。

建设项目经济评价内容的选择，应根据项目性质、项目目标、项目投资者、项目财务主体以及项目对经济与社会的影响程度等具体情况确定。对于费用效益计算比较简单，建设期和运营期比较短，不涉及进出口平衡等一般项目，如果财务评价的结论能够满足投资决策需要，可不进行国民经济评价；对于关系公共利益、国家安全和市场不能有效配置资源的经济和社会发展的项目，除应进行财务评价外，还应进行国民经济评价；对于特别重大的建设项目尚应辅以区域经济与宏观经济影响分析方法进行国民经济评价。

第四节　建设项目可行性研究

对建设项目进行合理选择，是对国家经济资源进行优化配置的最直接、最重要的手段。可行性研究是在建设项目的投资前期，对拟建项目进行全面、系统的技术经济分析和论证，从而对建设项目进行合理选择的一种重要方法。

一、可行性研究的概念

建设项目的可行性研究是在投资决策前，对与拟建项目有关的社会、经济、技术等各方面进行深入细致的调查研究，对各种可能采用的技术方案和建设方案进行认真的技术经济分析和比较论证，对项目建成后的经济效益进行科学的预测和评价；在此基础上，对拟建项目的技术先进性和适用性、经济合理性和有效性，以及建设必要性和可行性进行全面分析、系统论证、多方案比较和综合评价，由此得出该项目是否应该投资和如何投资等结论性意见，为项目投资决策提供可靠的科学依据。

一项好的可行性研究，应该向投资者推荐技术经济最优的方案，使投资者明确项目具有多大的财务获利能力，投资风险有多大，是否值得投资建设；可使主管部门领导明晓，从国家角度看该项目是否值得支持和批准；使银行和其他资金供给者明确，该项目能否按期或者提前偿还他们提供的资金。

二、可行性研究的作用

在建设项目的整个寿命周期中，前期工作具有决定性意义，起着极端重要的作用。而作为建设项目投资前期工作的核心和重点的可行性研究工作，一经批准，在整个项目周期中，就会发挥着极其重要的作用。

1. 作为建设项目投资决策的依据

可行性研究作为一种投资决策方法，从市场、技术、工程建设、经济及社会等多方面对建设项目进行全面综合的分析和论证，依其结论进行投资决策可大大提高投资决策的科学性。

2. 作为编制设计文件的依据

可行性研究报告一经审批通过，意味着该项目正式批准立项，可以进行初步设计。在可行性研究工作中，对项目选址、建设规模、主要生产流程、设备选型等方面都进行了比较详细的论证和研究，设计文件的编制应以可行性研究报告为依据。

3. 作为向银行贷款的依据

在可行性研究工作中，详细预测了项目的财务效益、经济效益及贷款偿还能力。世界银行等国际金融组织，均把可行性研究报告作为申请工程项目贷款的先决条件。我国的金融机构在审批建设项目贷款时，也都以可行性研究报告为依据，对建设项目进行全面、细致的分析评估，确认项目的偿还能力及风险水平后，才作出是否贷款的决策。

4. 作为建设单位与各协作单位签订合同和有关协议的依据

在可行性研究工作中，对建设规模、主要生产流程及设备选型等都进行了充分的论证。建设单位在与有关协作单位签订原材料、燃料、动力、工程建筑、设备采购等方面的协议时，应以批准的可行性研究报告为基础，保证预定建设目标的实现。

5. 作为环保部门、地方政府和规划部门审批项目的依据

建设项目开工前，需地方政府批拨土地，规划部门审查项目建设是否符合城市规划，环保部门审查项目对环境的影响。这些审查都以可行性研究报告中总图布置、环境及生态保护方案等方面的论证为依据。因此，可行性研究报告为建设项目申请建设执照提供了依据。

6. 作为施工组织、工程进度安排及竣工验收的依据

可行性研究报告对以上工作都有明确的要求，所以可行性研究又是检验施工进度及工程质量的依据。

7. 作为项目后评估的依据

建设项目后评估是在项目建成运营一段时间后，评价项目实际运营效果是否达到预期目标。建设项目的预期目标是在可行性研究报告中确定的，因此，后评估应以可行性研究报告为依据，评价项目目标实现程度。

三、可行性研究工作需要经历的阶段

工程项目建设的全过程一般分为3个主要时期：投资前时期、投资时期和经营时期。可行性研究工作主要在投资前时期进行。项目投资前时期的可行性研究工作需要经历投资机会研究、项目建议书、可行性研究、评估和决策等阶段。

（一）投资机会研究

投资机会研究又称投资机会论证。这一阶段的主要任务是提出建设项目投资方向建议，即在一个确定的地区和部门内，根据自然资源、市场需求、国家产业政策和国际贸易情况，通过调查、预测和分析研究，选择建设项目，寻找投资的有利机会。机会研究要解决两个方面的问题：一是社会是否需要；二是有没有可以开展项目的基本条件。

机会研究可分为地区、行业、部门、资源和项目的机会研究，即对某个指定的地区、行业部门鉴别各种投资机会；或是识别利用某种自然资源或工农业产品为基础的投资机会；在对这些机会研究作出最初鉴别之后，再进行项目的机会研究，即将项目的设想转变为概略的项目投资建议，进而从几个有投资机会的项目中迅速而经济地作出选择。然后，编制项目建议书，为初步选择投资项目提供依据。经批准后，列入项目建设前期工作计划，作为对投资项目的初步决策。

在机会研究过程中，为鉴别投资机会，需对下列各方面进行调查、预测和分析。

（1）自然资源情况。

（2）以地理位置、交通运输条件为基础分析各种投资机会。

（3）我国发展工业的政策，以及国外的成功经验。

（4）现有农业经济结构及其发展趋势，对于以农产品加工为基础的工业，还应考虑现有的农业格局。

（5）现有工业企业的潜力，如技术改造、改扩建和多种经营的可能性，生产要素的成本和可能性，以及合理经济规模的预测。

（6）其他厂家在类似情况下从事同一或类似工业活动的经验数据。

（7）关于人口增长、购买力增长，以及消费品需求的预测。

（8）产品进出口情况，取代进口能力及出口商品的国际竞争能力。

（9）拟建项目产品的更新换代、多样化方向延伸的机会及潜在问题。

这一阶段的工作比较粗略，一般是根据条件和背景相类似的工程项目来估算投资额和生产成本，初步分析建设投资效果，提供一个或一个以上可能进行建设的投资项目或投资方案。这个阶段所估算的投资额和生产成本的精确程度大约控制在±30%左右，大中型项目的机会研究所需时间大约在1～3月，所需费用约占投资总额的0.1%～1%。投资机会研究主要是利用现有资料及经验进行估计，如果投资机会研究的结果表明投资项目具有乐观的前景，若投资者对这个项目感兴趣，则可再进行下一步的可行性研究工作。

（二）项目建议书

项目建议书是项目建设单位向国家提出的要求建设某一建设项目的建议文件，是对建设项目的轮廓设想，是从拟建项目的必要性及大方面的可能性加以考虑。在客观上，建设项目要符合国民经济长远规划，符合部门、行业和地区规划的要求。项目建议书也是项目建设单位向审批机关上报的文件，主要是从宏观上论述项目设立的必要性和可能性，是立项的依据。项目建议书的主要内容一般应包括：

（1）建设项目提出的必要性和依据。

（2）建设规模、产品方案、生产方法或工艺原则。

（3）资源情况、建设条件。

（4）环保治理，人防抗震等要求。

（5）建设地点及占用土地的估算。

（6）投资估算和资金筹措设想。

（7）经济效果和社会效益的初步估计等。

项目建议书经审批机关批准后，才能进行以编制可行性研究报告为中心的各项工作。项目建议书是确定基本建设项目，编制可行性研究报告文件的主要依据。

项目建议书可由项目建设单位委托有资质等级的工程咨询机构或设计单位编制，报计划部门审批。其批复文件只作为建设单位编制项目可行性研究报告，规划部门办理项目选址意见书，土地部门办理建设用地预审意见书的依据，但不能做为办理建设用地规划许可证（建设工程规划许可证）及建设用地审批的依据。

建设单位在项目建议书批准之后，应当向建设项目批准机关的同级土地行政主管部门提出建设用地预申请。

受理预申请的土地行政主管部门应当依据土地利用总体规划、土地利用年度计划指标和国家土地管理政策，对建设项目用地的有关事项进行预审，并向建设用地单位出具建设项目用地预审报告。

建设用地单位提出用地预申请的主要内容包括：建设项目的前期论证情况，拟占用土地的区域位置、用地数量、地类、拟用地时间及年度土地利用计划、耕地开垦方案及经费落实情况等。

在城市规划区内的建设项目还必须持批准的项目建议书等文件向城市规划行政主管部门提出申请，由城市规划行政主管部门根据城市规划要求，办理建设项目选址意见书。

（三）可行性研究

在项目建议书被国家计划部门批准后，对于投资规模大、技术工艺又比较复杂的大中型骨干项目，需要先进行初步可行性研究。初步可行性研究也称为预可行性研究，是正式的详细可行性研究前的预备性研究阶段。经过投资机会研究认为可行的建设项目，值得继续研究，但又不能肯定是否值得进行详细可行性研究时，就要做初步可行性研究，进一步判断这个项目是否有生命力，是否有较高的经济效益。经过初步可行性研究，认为该项目具有一定的可行性，便可转入详细可行性研究阶段。否则，就终止该项目的前期研究工作。初步可行性研究作为投资项目机会研究与详细可行性研究的中间性或过渡性研究阶段，主要目的有：①确定是否进行详细可行性研究；②确定哪些关键问题需要进行辅助性专题研究。

初步可行性研究内容和结构与详细可行性研究基本相同，主要区别是所获资料的详尽程度不同、研究深度不同。对建设投资和生产成本的估算精度一般要求控制在 $\pm 20\%$ 左右，研究时间大约为 $4\sim 6$ 个月，所需费用占投资总额的 $0.25\%\sim 1.25\%$。

详细可行性研究又称技术经济可行性研究，简称"可行性研究"，是可行性研究的主要阶段，是在初步可行性研究的基础上，对初选项目进行全面细致的分析和论证，是建设项目投资决策的基础。其为项目决策提供技术、经济、社会、商业方面的评价依据，为项目的具体实施提供科学依据。这一阶段的主要目标有：

1）提出项目建设方案。

2）效益分析和最终方案选择。

3）确定项目投资的最终可行性和选择依据标准。

详细可行性研究是从技术、经济、环境等方面对项目进行综合和系统的分析，并进行多个备选方案的比较评价，最终为投资决策提供确切全面的依据和结论性意见。其研究的重点是实地调查，通过调查了解和掌握与投资项目有关的技术和经济状况，调查的重点是技术上的先进性和适用性、市场需求、市场机会等。研究的主要任务是：提出可行性研究报告，对项目进行全面的评价；为投资决策提供两个或几个可供选择的方案；为下一步工程设计和施工提供基础资料和依据。

这一阶段的内容比较详尽，所花费的时间和精力都比较大。而且本阶段还为下一步工程设计提供基础资料和决策依据。因此，在此阶段，建设投资和生产成本计算精度控制在 $\pm 10\%$ 以内；大型项目研究工作所花费的时间为 $8\sim 12$ 月，所需费用约占投资总额的 $0.2\%\sim 1\%$；中小型项目研究工作所花费的时间为 $4\sim 6$ 月，所需费用约占投资总额的 $1\%\sim 3\%$。

1. 可行性研究的内容

项目可行性研究是在对建设项目进行深入细致的技术经济论证的基础上做多方案的比较和优选，提出结论性意见和重大措施建议，为决策部门最终决策提供科学依据。因此，它的内容应能满足作为项目投资决策的基础和重要依据的要求。可行性研究的基本内容和研究深度应符合国家规定。一般工业建设项目的可行性研究应包含以下几个方面内容。

（1）总论。综述项目概况，包括项目的名称、主办单位、承担可行性研究的单位、项目提出的背景、投资的必要性和经济意义、投资环境、提出项目调查研究的主要依据、工作范围和要求、项目的历史发展概况、项目建议书及有关审批文件、可行性研究的主要结论概要和存在的问题与建议。

（2）产品的市场需求和拟建规模。主要内容包括：调查国内外市场近期需求状况，并对未来趋势进行预测，对国内现有工厂生产能力进行调查估计，进行产品销售预测、价格分析，判断产品的市场竞争能力及进入国际市场的前景，确定拟建项目的规模，对产品方案和发展方向进行技术经济论证比较。

（3）资源、原材料、燃料及公用设施情况。经过全国储量委员会正式批准的资源储量、品位、成分以及开采、利用条件的评述；所需原料、辅助材料、燃料的种类、数量、质量及其来源和供应的可能性；有毒、有害及危险品的种类、数量和储运条件；材料试验情况；所需动力（水、电、气等）公用设施的数量、供应条件、外部协作条件，以及签订协议和合同的情况。

（4）建厂条件和厂址选择。指出建厂地区的地理位置，与原材料产地和产品市场的距离；根据建设项目的生产技术要求，在指定的建设地区内，对建厂的地理位置、气象、水文、地质、地形条件、地震、洪水情况和社会经济现状进行调查研究，收集基础资料，了解交通运输、通信设施及水、电、气、热的现状和发展趋势；厂址面积、占地范围，厂区总体布置方案，建设条件、地价、拆迁及其他工程费用情况；对厂址选择进行多方案的技术经济分析和比选，提出选择意见。

（5）项目设计方案。在选定的建设地点内进行总图和交通运输的设计，进行多方案比较和选择；确定项目的构成范围，主要单项工程（车间）的组成，厂内外主体工程和公用辅助工程的方案比较论证；项目土建工程总量的估算，土建工程布置方案的选择，包括场地平整、主要建筑和构筑物与厂外工程的规划；采用技术和工艺方案的论证，包括技术来源、工艺路线和生产方法，主要设备选型方案和技术工艺的比较；引进技术、设备的必要性及其来源国别的选择比较；设备的国外分交或与外商合作制造方案设想；以及必要的工艺流程图。

（6）环境保护与劳动安全。对项目建设地区的环境状况进行调查，分析拟建项目"三废"（废气、废水、废渣）的种类、成分和数量，并预测其对环境的影响；提出治理方案的选择和回收利用情况，对环境影响进行评价；提出劳动保护、安全生产、城市规划、防震、防洪、防空、文物保护等要求以及采取相应的措施方案。

（7）企业组织、劳动定员和人员培训。全厂生产管理体制、机构的设置，对选择方案的论证；工程技术和管理人员的素质和数量的要求；劳动定员的配备方案；人员的培训规划和费用估算。

（8）项目施工计划和进度要求。根据勘察设计、设备制造、工程施工、安装、试生产所需时间与进度要求，选择项目实施方案和总进度，并用横道图和网络图来表述最佳实施方案。

（9）投资估算和资金筹措。投资估算包括项目总投资估算，主体工程及辅助、配套工程的估算，以及流动资金的估算；资金筹措应说明资金来源、筹措方式、各种资金来源所占的比例、资金成本及贷款的偿付方式。

（10）项目的经济评价。项目的经济评价包括财务评价和国民经济评价，并通过有关指标的计算，进行项目盈利能力、偿还能力等分析，得出经济评价结论。

（11）综合评价与结论、建议。运用各项数据，从技术、经济、社会、财务等各个方面综合论述项目的可行性，推荐一个或几个方案供决策参考，指出项目存在的问题以及结论性意见和改进建议。

可以看出，建设项目可行性研究报告的内容可概括为三大部分。首先是市场研究，包括产品的市场调查和预测研究，这是项目可行性研究的前提和基础，其主要任务是要解决项目的"必要性"问题；第二是技术研究，即技术方案和建设条件研究，这是项目可行性研究的技术基础，要解决项目在技术上的"可行性"问题；第三是效益研究，即经济效益的分析和评价，这是项目可行性研究的核心部分，主要解决项目在经济上的"合理性"问题。市场研究、技术研究和效益研究共同构成项目可行性研究的三大支柱。

2. 可行性研究报告的编制

（1）编制程序。根据我国现行的工程项目建设程序和国家颁布的《关于建设项目进行可行性研究试行管理办法》，可行性研究的工作程序如下：

1）建设单位提出项目建议书和初步可行性研究报告。各投资单位根据国家经济发展的长远规划、经济建设的方针任务和技术经济政策，结合资源情况、建设布局等条件，在广泛调查研究、收集资料、踏勘建设地点、初步分析投资效果的基础上，提出需要进行可行性研究的项目建议书和初步可行性研究报告。跨地区、跨行业的建设项目以及对国计民生有重大影响的大型项目，由有关部门和地区联合提出项目建议书和初步可行性研究报告。

2）项目业主、承办单位委托有资格的单位进行可行性研究。当项目建议书经国家计划部门、贷款部门审定批准后，该项目即可立项。项目业主或承办单位就可以签订合同的方式委托有资格的工程咨询公司（或设计单位）着手编制拟建项目可行性研究报告。双方签订的合同中，应规定研究工作的依据、研究范围和内容、前提条件、研究工作质量和进度安排、费用支付办法、协作方式及合同双方的责任和关于违约处理的方法等。

3）设计或咨询单位进行可行性研究工作，编制完整的可行性研究报告。设计单位与委托单位签订合同后，即可开展可行性研究工作。一般按以下6个步骤开展工作：①了解有关部门与委托单位对建设项目的意图，并组建工作小组，制定工作计划。②调查研究与收集资料。可行性研究小组在摸清了委托单位对项目建设的意图和要求后，即应组织收集和查阅与项目有关的自然环境、经济与社会等基础资料和文件资料，并拟订调研提纲，组织人员赴现场进行实地踏勘与抽样调查，收集整理所得的设计基础资料。必要时还必须进行专题调查研究。调查研究主要从市场调查和资源调查两方面着手。通过分析论证，研究项目建设的必要性。③方案设计和优选。根据项目建议书要求，结合市场和资源调查，在收集到一定的基础资料和基准数据的基础上，选择建设地点，确定生产工艺，建立几种可供选择的技术方案和建设方案，结合实际条件进行方案论证和比较，从中选出最优方案，研究论证项目在技术上的可行性。在方案设计和优选中，对重大问题或有争论的问题，要会同委托单位共同讨论确定。④经济分析和评价。项目经济分析人员根据调查资料和领导机关有关规定，选定与本项目有关的经济评价基础数据和定额指标参数，对选定的最佳建设总体方案进行详细的财务预测、财务效益分析、国民经济评价和社会效益评价。研究论证项目在经济上和社会上的盈利性与合理性，进一步提出资金筹集建议和制定项目实施总进度计划。⑤编写可行性研究报告。项目可行性研究各专业方案，经过技术经济论证和优化后，由各专业组分工编写，经项目负责人衔接协调，综合汇总，提出"可行性研究报告"初稿。⑥与委托单位交换意见。

（2）编制依据。

1）项目建议书（初步可行性研究报告）及其批复文件；

2）国家和地方的经济和社会发展规划，行业部门发展规划；

3）国家有关法律、法规和政策；

4）对于大中型骨干项目，必须具有国家批准的资源报告、国土开发整治规划、区域规划、江河流域规划、工业基地规划等有关文件；

5）有关机构发布的工程建设方面的标准、规范和定额；

6）合资、合作项目各方签订的协议书或意向书；

7）委托单位的委托合同；

8）经国家统一颁布的有关项目评价的基本参数和指标；

9）有关的基础数据。

（3）编制要求。

1）编制单位必须具备承担可行性研究的条件。可行性研究报告的质量取决于编制单位的资质和编写人员的素质。项目可行性研究报告的内容涉及面广，还有一定的深度要求。因此，编制单位必须具有经国家有关部门审批登记的资质等级证明，并且具有承担编制可行性研究报告的能力和经验。研究人员应具有所从事专业的中级以上专业职称，并具有相关的知识、技能和工作经历。

2）确保可行性研究报告的真实性和科学性。可行性研究报告是投资者进行项目最终决策的重要依据。其质量如何影响重大。为保证可行性研究报告的质量，应切实做好编制前的准备工作，占有大量的、准确的、可用的信息资料，进行科学的分析比选论证。报告编制单位和人员应坚持独立、客观、公正、科学、可靠的原则，实事求是，对提供的可行性研究报告质量负完全责任。

3）可行性研究的深度要规范化和标准化。不同行业和不同项目的可行性研究报告内容和深度可以各有侧重和区别，但其基本内容要完整、文件要齐全、结论要明确、数据要准确、论据要充分，能满足决策者确定方案的要求。"报告"选用主要设备的规格、参数应能满足预定货的要求；重大技术、经济方案应有两个以上方案的比选；主要的工程技术数据应能满足项目初步设计的要求。"报告"应附有评估、决策（审批）所必需的合同、协议、政府批件等。

4）可行性研究报告必须经签证和审批。可行性研究报告编制完成后，应由编制单位的行政、技术、经济方面的负责人签字，并对研究报告质量负责。另外，还需上报主管部门审批。

（四）评估和决策

评估和决策是由投资决策部门组织和授权有关咨询公司或有关专家，代表项目业主和出资人对建设项目可行性研究报告进行全面的审核和再评价。其主要任务是对拟建项目的可行性研究报告提出评价意见，最终决策该项目投资是否可行，确定最佳投资方案。项目评估与决策是在可行性研究报告基础上进行的，其内容包括：

1）全面审核可行性研究报告中反映的各项情况是否属实；

2）分析项目可行性研究报告中各项指标计算是否正确，包括各种参数、基础数据、定额费率的选择；

3）从企业、国家和社会等方面综合分析和判断工程项目的经济效益和社会效益；

4）分析判断项目可行性研究的可靠性、真实性和客观性，对项目作出最终的投资决策；

5）最后写出项目评估报告。

由于基础资料的占有程度、研究深度与可靠程度要求不同，可行性研究的各个工作阶段的研究性质、工作目标、工作要求、工作时间与费用各不相同。

（五）可行性研究报告的核准与备案

（1）对于企业不使用政府性资金投资建设的项目，不再实行审批制，区别不同情况实行核准制和备案制。其中，政府仅对重大项目和限制类项目从维护社会公共利益角度进行核准，其他项目无论规模大小，均改为备案制。《政府核准的投资项目目录》对于实行核准制的范围进行了明确界定。

（2）对于以投资补助、转贷或贷款贴息方式使用政府投资资金的企业投资项目，应在项目核准或备案后向政府有关部门提交资金申请报告；政府有关部门只对是否给予资金支持进行批复，不再对是否允许项目投资建设提出意见。以资本金注入方式使用政府投资资金的，实际上是政府、企业共同出资建设，项目单位应向政府有关部门报送项目建议书、可行性研究报告等。

（3）对于政府投资项目，继续实行审批制。其中采用直接投资和资本金注入方式的，审批程序上与传统的投资项目审批制度基本一致，继续审批项目建议书、可行性研究报告等。采用投资补助、转贷和贷款贴息方式的，不再审批项目建议书和可行性研究报告，只审批资金申请报告。

按规定需审批可行性研究报告的项目，依照"先评估、后决策"的原则，必须由审批部门委托有资质的工程咨询单位评估论证通过后再行审批。项目可行性研究报告的批复文件是编制初步设计的依据，是办理建设用地审批、环保、消防、人防、抗震等手续的依据。

在城市规划区内的建设项目，建设单位应持批准的可行性研究报告、建设用地预审报告等文件，申请定点，由城市规划行政主管部门核定其用地位置和界限，提供总体规划设计条件，核发建设用地规划许可证。

建设用地项目在可行性研究报告批准后，应持批准文件向同级土地行政主管部门提出用地申请，并附下列材料：

（1）建设单位资质证明。

（2）项目可行性研究报告批复和建设用地规划许可证等有关批准文件。

（3）土地行政主管部门出具的建设项目用地预审报告和年度土地利用计划指标等文件。

（4）建设项目总平面布置图。

（5）占用耕地的必须提出补充耕地的途径和方式。

（6）建设项目用地涉及环保、文物、地震、人防、绿化等方面的，应当由相关部门提供有关文件。

经可行性研究证明不可行的项目，经审定后即将项目取消。

思 考 题

1. 简述建设项目决策与工程造价的关系。

2. 简述建设项目决策阶段工程造价管理的主要内容。

3. 什么是建设项目可行研究？其作用是什么？

4. 什么是建设项目投资估算？其作用是什么？

5. 常用的建设项目投资估算方法有哪几种？每种方法的适用条件是什么？

6. 简述我国建设项目资本金制度。

7. 简要说明如何进行建设项目资金筹措。

8. 什么是财务评价（财务分析）？其主要内容是什么？

9. 什么是国民经济评价（经济分析）？

案 例 分 析

案例背景：

某拟建工业生产项目的有关基础数据如下：

（1）拟建项目建设期为2年，运营期为6年；建设投资2000万元，预计全部形成固定资产。

（2）项目资金来源为自有资金和贷款。建设期内，每年均衡投入自有资金和贷款各500万元，贷款年利率为6%。流动资金全部用项目资本金支付，金额为300万元，于投产当年投入。

（3）固定资产使用年限为8年，采用平均年限法折旧，残值为100万元。

（4）项目贷款在运营期的6年间，按每年等额还本、利息照付的方法偿还。

（5）项目投产第1年的营业收入和经营成本分别为700万元和250万元，第2年的营业收入和经营成本分别为900万元和300万元，以后各年的营业收入和经营成本分别为1000万元和320万元，不考虑项目维持运营投资、补贴收入。

（6）企业所得税率为25%，营业税及附加税率为6%。

问题：

（1）列式计算建设期贷款利息、固定资产折旧费和计算期第8年的固定资产余值。

（2）计算各年还本、付息额及总成本费用，并将数据填入表1和表2中。

（3）列式计算计算期第3年的所得税，从项目本金出资者的角度，列式计算计算期第8年的净现金流量，并将计算的有关数据填入表3中，编制项目资本金现金流量表。

计算结果保留两位小数。

表1 　　　　　　　　　　　　　　**借款还本付息计划表** 　　　　　　　　单位：万元

项目＼年数	计算期							
	1	2	3	4	5	6	7	8
期初借款余额								
当期还本付息								
其中：还本								
付息								
期末借款余额								

表2 　　　　　　　　　　　　　　**总成本费用估算表** 　　　　　　　　单位：万元

序号	项目＼年数	3	4	5	6	7	8
1	年经营成本						
2	年折旧费						
3	长期借款利息						
4	总成本费用						

表3 　　　　　　　　　　　　　　**项目资本金现金流量表** 　　　　　　　　单位：万元

序号	项目＼年数	合计	计算期							
			1	2	3	4	5	6	7	8
1	现金流入									
1.1	营业收入									
1.2	补贴收入									
1.3	回收固定资产余值									
1.4	回收流动资金									
2	现金流出									
2.1	项目资本金									
2.2	借款本金偿还									
2.3	借款利息支付									
2.4	经营成本									
2.5	营业税金及附加									
2.6	所得税									
2.7	维持运营投资									
3	净现金流量(1－2)									

第四章　设计阶段的工程造价管理

【学习指导】　通过本章学习，应掌握工程施工图预算及设计概算的编制方法；熟悉预算定额及概算定额的主要内容及使用方法；了解设计阶段的工程造价管理的主要内容、限额设计及设计方案的优选方法。

第一节　设计阶段的工程造价管理概述

一、设计阶段工程造价管理的重要意义

（1）提高资金利用效率。

（2）提高投资控制效率。

（3）使控制工作更主动。

（4）便于技术与经济相结合。

（5）在设计阶段控制工程造价效果最显著。

工程造价控制贯穿于项目建设全过程。而设计阶段的工程造价控制是整个工程造价控制的龙头。图4－1反映了各阶段影响工程项目投资的一般规律。

从图4－1中可以看出，初步设计阶段对投资的影响约为20%，技术设计阶段对投资的影响约为40%，施工图设计准备阶段对投资的影响约为25%。很显然，控制工程造价的关键是在设计阶段。在设计一开始就将控制投资的目标贯穿于设计工作中，可保证选择恰当的设计标准和合理的功能水平。

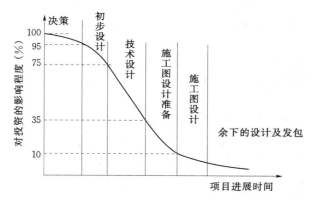

图4－1　建设过程各阶段对投资的影响

二、设计阶段项目工程造价管理的主要工作内容

设计阶段项目工程造价管理的主要工作内容根据委托合同约定可选择设计概算、施工图预算或进行概（预）算审查，工作目标是保证概（预）算编制依据的合法性、时效性、

适用性和概（预）算报告的完整性、准确性、全面性。可通过概（预）算对设计方案作出客观经济评价，同时还可根据委托人的要求和约定对设计提出可行的造价管理方法及优化建议。

三、设计阶段工程造价管理的阶段性工作成果文件

设计阶段工程造价管理的阶段性工作成果文件是指设计概算造价报告、施工图预算造价报告或其审查意见等。

第二节　设计方案的优选

一、设计方案的评价和比较

（一）设计方案评价原则

为了提高工程建设投资效果，从选择建设场地和工程总平面布置开始，直至建筑节点的设计，都应进行多方案比选，从中选取技术先进、经济合理的最佳设计方案，如图 4-2 所示。设计方案优选应遵循以下原则：

（1）设计方案必须要处理好技术先进性与经济合理性之间的关系。

（2）设计方案必须兼顾建设与使用，考虑项目全寿命费用项目功能水平。

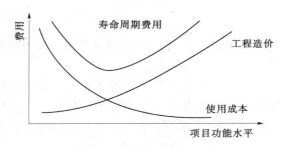

图 4-2　工程造价、使用成本与项目
功能水平之间的关系

（3）设计必须兼顾近期与远期的要求。

一项工程建成后，往往会在很长的时期内发挥作用。如果仅按照目前的要求设计工程，可能会出现以后由于项目功能水平无法满足需要而重新建造的情况。但是如果按照未来的需要设计工程，又会出现由于功能水平过高而造成资源闲置浪费的现象。所以，设计时要兼顾近期和远期的要求，选择项目合理的功能水平。同时也要根据远景发展需要，适当留有发展余地。

由于工程项目的使用领域不同，功能水平的要求也不同。因此，对建设项目设计方案进行评价所考虑的因素也不一样。下面分别介绍工业建设项目设计评价和民用建设项目设计评价。

（二）工业建设项目设计评价

工业建设项目设计是由总平面设计、工艺设计及建筑设计三部分组成，它们之间是相互关联和制约的。各部分设计方案侧重点不同，评价内容也略有差异。因此，分别对各部分设计方案进行技术经济分析与评价，是保证总设计方案经济合理的前提。

1. 总平面设计评价

总平面设计是指总图运输设计和总平面布置。主要包括的内容有：厂址方案、占地面积和土地利用情况；总图运输、主要建筑物和构筑物及公用设施的配置；外部运输、水、电、气及其他外部协作条件等。

（1）总平面设计对工程造价的影响因素。总平面设计是在按照批准的设计任务书选定

厂址后进行的，它是对厂区内的建筑物、构筑物、露天堆场、运输线路、管线、绿化及美化设施等做全面合理的配置，以便使整个项目形成布置紧凑、流程顺畅、经济合理、方便使用的格局。总平面设计是工业项目设计的一个重要组成部分，它的经济合理性对整个工业企业设计方案的合理性有极大的影响。

在总平面设计中影响工程造价的因素有：

1）占地面积。

2）功能分区。

3）运输方式的选择。

（2）总平面设计的基本要求。

针对以上总平面设计中影响造价的因素，总平面设计应满足以下基本要求：

1）总平面设计要注意节约用地，尽量少占农田。

2）总平面设计必须满足生产工艺过程的要求。

3）总平面设计要合理组织厂内外运输，选择方便经济的运输设施和合理的运输线路。

4）总平面布置应适应建设地点的气候、地形、工程水文地质等自然条件。

5）总平面设计必须符合城市规划的要求。

（3）工业项目总平面设计的评价指标。

1）有关面积的指标。

2）比率指标。包括反映土地利用率和绿化率的指标。

a. 建筑系数（建筑密度）。是指厂区内（一般指厂区围墙内）建筑物、构筑物和各种露天仓库及堆场、操作场地等的占地面积与整个厂区建设用地面积之比。它是反映总平面设计用地是否经济合理的指标，建筑系数大，表明布置紧凑，节约用地，又可缩短管线距离，降低工程造价。建筑系数的计算可用下式计算：

$$建筑系数 = \frac{建筑占地面积}{厂区占地面积} \tag{4-1}$$

b. 土地利用系数。是指厂区内建筑物、构筑物、露天仓库及堆场、操作场地道路、广场、排水设施及地上地下管线等所占面积与整个厂区建设用地面积之比，反映出总平面布置的经济合理性和土地利用效率。土地利用系数可用下式计算：

$$土地利用系数 = \frac{建筑占地面积 + 厂区道路占地面积 + 工程管网占地面积}{厂区占地面积} \tag{4-2}$$

c. 绿化系数。是指厂区内绿化面积与厂区占地面积之比。它综合反映了厂区的环境质量水平。

3）工程量指标。包括场地平整土石方量、地上及地下管线工程量、防洪设施工程量等。这些指标综合反映了总平面设计中功能分区的合理性及设计方案对地势地形的适应性。

4）功能指标。包括生产流程短捷、流畅、连续程度；场内运输便捷程度；安全生产满足程度等。

5）经济指标。包括每吨货物运输费用、经营费用等。

（4）总平面设计评价方法。总平面设计方案的评价方法很多，有价值工程理论、模糊数学理论、层次分析理论等不同的方法，操作比较复杂。常用的方法是多指标对比法。

2. 工艺设计评价

工艺设计部分要确定企业的技术水平。主要包括建设规模、标准和产品方案；工艺流程和主要设备的选型；主要原材料、能源供应；"三废"治理及环保措施，此外还包括生产组织及生产过程中的劳动定员情况等。

(1) 工艺设计过程中影响工程造价的因素。工艺设计是工程设计的核心，它是根据工业企业生产的特点、生产性质和功能来确定的。工艺设计一般包括生产设备的选择、工艺流程设计、工艺定额的制定和生产方法的确定。工艺设计标准高低，不仅直接影响工程建设投资的大小和建设进度，而且还决定着未来企业的产品质量、数量和经营费用。在工艺设计过程中影响工程造价的因素主要包括：

1) 选择合适的生产方法。

a. 生产方法是否合适首先表现在是否先进适用。

b. 生产方法的合理性还表现在是否符合所采用的原料路线。不同的工艺路线往往要求不同的原料路线。选择生产方法时，要考虑工艺路线对原料规格、型号、品质的要求，原料供应是否稳定可靠。

c. 所选择的生产方法应该符合清洁生产的要求。近年来，随着人们环保意识的增强，国家也加大了环境保护执法监督力度，如果所选生产方法不符合清洁生产要求，项目主管部门往往要求投资者追加环保设施投入，带来工程造价的提高。

2) 合理布置工艺流程。工艺流程设计是工艺设计的核心。合理的工艺流程应既能保证主要工序生产的稳定性，又能根据市场需要的变化，在产品生产的品种规格上保持一定的灵活性。工艺流程设计与厂内运输、工程管线布置联系密切。合理布置应保证主要生产工艺流程无交叉和逆行现象，并使生产线路尽可能短，从而节省占地，减少技术管线的工程量，节约造价。

3) 合理的设备选型。

(2) 工艺技术选择的原则。针对工艺设计过程中影响工程造价的因素，工艺技术选择应遵循以下原则：

1) 先进性。项目应尽可能采用先进技术和高新技术。衡量技术先进性的指标有：产品质量性能、产品使用寿命、单位产品物耗能耗、劳动生产率、装备现代化水平等。

2) 适用性。项目所采用的工艺技术应该与国内的资源条件、经济发展水平和管理水平相适应。具体体现在：①采用的工艺路线要与可能得到的原材料、能源、主要辅助材料或半成品相适应；②采用的技术与可能得到的设备相适应，包括国内和国外设备、主机和辅机；③采用的技术、设备与当地劳动力素质和管理水平相适应；④采用的技术与环境保护要求相适应，应尽可能采用环保型生产技术。

3) 可靠性。

4) 安全性。

5) 经济合理性。

(3) 设备选型与设计。在工艺设计中确定了生产工艺流程后，就要根据工厂生产规模和工艺过程的要求，选择设备型号和数量，并对一些标准和非标准设备进行设计。设备和工艺的选择是相互依存、紧密相连的。设备选择的重点因设计形式的不同而不同，应该选择能满足生产工艺要求、能达到生产能力的最适用的设备。

1）设备选型的基本要求。对主要设备方案选择时应满足以下基本要求：①主要设备方案应与拟选的建设规模和生产工艺相适应，满足投产后生产（或使用）的要求；②主要设备之间、主要设备与辅助设备之间的能力相互配套；③设备质量、性能成熟，以保证生产的稳定和产品质量；④设备选择应在保证质量性能的前提下，力求经济合理；⑤选用设备时，应符合国家和有关部门颁布的相关技术标准要求。

2）设备选型时应考虑的主要因素。设备选型的依据是企业对生产产品的工艺要求。设备选型重点要考虑设备的使用性能、经济性、可靠性和可维修性等。

a. 设备的使用性能。包括：设备要满足产品生产工艺的技术要求，设备的生产率，与其他系统的配套性、灵活性及其对环境的污染情况等。

b. 经济性。选择设备时，既要使设备的购置费用不高，又要使设备的维修费较为节省。任何设备都要消耗能量，但应使能源消耗较少，并能节省劳动力消耗。设备要有一定的自然寿命，即耐用性。

c. 设备的可靠性。是指机器设备的精度、准确度的保持性，机器零件的耐用性、执行功能的可靠程度，操作是否安全等。

d. 设备的可维修性。设备维修的难易程度用可维修性表示。一般说来，设计合理，结构比较简单，零部件组装合理，维修时零部件易拆易装，检查容易，零件的通用性、标准性及互换性好，那么可维修性就好。

3）设备选型方案评价。合理选择设备，可以使有限的投资发挥最大的技术经济效益。设备选型应该遵循生产上适用、技术上先进、经济上合理的原则，考虑生产率、工艺性、可靠性、可维修性、经济性、安全性、环境保护性等因素进行设备选型。设备选择方案评价的方法有工程经济相关理论、寿命周期成本评价法（LCC）、本量利分析法等。

（4）工艺技术方案的评价。对工艺技术方案进行比选的内容主要有：技术的先进程度、可靠程度，技术对产品质量性能的保证程度，技术对原料的适应程度，工艺流程的合理性，技术获得的难易程度，对环境的影响程度，技术转让费或专利费等技术经济指标。

对工艺技术方案进行比选的方法很多，主要有多指标评价法和投资效益评价法。

3. 建筑设计评价

（1）建筑设计影响工程造价的因素。建筑设计部分，应在兼顾施工过程的合理组织和施工条件的同时，重点考虑工程的平面立体设计和结构方案及工艺要求等因素。

1）平面形状。一般地说，建筑物平面形状越简单，它的单位面积造价就越低。

2）流通空间。建筑物平面布置的主要目标之一是，在满足建筑物使用要求和必需的美观要求的前提下，将流通空间减少到最小，这样可以相应地降低造价。

3）层高。在建筑面积不变的情况下，建筑层高增加会引起各项费用的增加：墙与隔墙及其有关粉刷、装饰费用的提高；供暖空间体积增加，导致热源及管道费增加；

卫生设备、上下水管道长度增加；楼梯间造价和电梯设备费用的增加；施工垂直运输量增加；如果由于层高增加而导致建筑物总高度增加很多，则还可能需要增加结构和基础造价。

单层厂房的高度主要取决于车间内的运输方式。选择正确的车间内部运输方式，对于降低厂房高度，降低造价具有重要意义。在可能的条件下，特别是当起重量较小时，应考虑采用悬挂式运输设备来代替桥式吊车；多层厂房的层高应综合考虑生产工艺、采光、通风及建筑经济的因素来进行选择，多层厂房的建筑层高还取决于能否容纳车间内的最大生产设备和满足运输的要求。

4）建筑物层数。毫无疑问，建筑工程总造价是随着建筑物的层数增加而提高的。但是当建筑层数增加时，单位建筑面积所分摊的土地费用及外部流通空间费用将有所降低，从而使建筑物单位面积造价发生变化。建筑物层数对造价的影响，因建筑类型、形式和结构不同而不同。如果增加一个楼层不影响建筑物的结构形式，单位建筑面积的造价可能会降低。但是当建筑物超过一定层数时，结构形式就要改变，单位造价通常会增加。建筑物越高，电梯及楼梯的造价有提高趋势，建筑物的维修费用也将增加，但是采暖费用有可能下降。

工业厂房层数的选择应该重点考虑生产性质和生产工艺的要求。对于需要跨度大和层度高，拥有重型生产设备和起重设备，生产时有较大振动及大量热和气散发的重型工业设备，采用单层厂房是经济合理的；而对于工艺过程紧凑，设备和产品重量不大，并要求恒温条件的各种轻型车间，可采用多层厂房，以充分利用土地，节约基础工程量，缩短交通线路和工程管线的长度，降低单方造价。同时还可以减少传热面，节约热能。

确定多层厂房的经济层数主要有两个因素：一是厂房展开面积的大小。展开面积越大，层数越可增加；二是厂房宽度和长度。宽度和长度越大，则经济层数越能增加，造价也随之相应降低。

5）柱网布置。柱网布置是确定柱子的行距（跨度）和间距（每行柱子中相邻两个柱子间的距离）的依据。柱网布置是否合理，对工程造价和厂房面积的利用效率都有较大的影响。由于科学技术的飞跃发展，生产设备和生产工艺都在不断地变化。为适应这种变化，厂房柱距和跨度应当适当扩大，以保证厂房有更大的灵活性，避免生产设备和工艺的改变受到柱网布置的限制。

6）建筑物的体积与面积。通常情况下，随着建筑物体积和面积的增加，工程总造价会提高。因此应尽量减少建筑物的体积与总面积。为此，对于工业建筑，在不影响生产能力的条件下，厂房、设备布置力求紧凑合理；要采用先进工艺和高效能的设备，节省厂房面积；要采用大跨度、大柱距的大厂房平面设计形式，提高平面利用系数。

7）建筑结构。建筑结构是指建筑工程中由基础、梁、板、柱、墙、屋架等构件所组成的起骨架作用的、能承受直接和间接"作用"的体系。建筑结构按所用材料可分为砌体结构、钢筋混凝土结构、钢结构和木结构等。

（2）建筑设计的要求。

（3）建筑设计评价指标。

1）单位面积造价。建筑物平面形状、层数、层高、柱网布置、建筑结构及建筑材料等因素都会影响单位面积造价。因此，单位面积造价是一个综合性很强的指标。

2）建筑物周长与建筑面积比。主要使用单位建筑面积所占的外墙长度指标 $K_周$，$K_周$ 越低，设计越经济，$K_周$ 按圆形、正方形、矩形、T形、L形的次序依次增大。该指标主要用于评价建筑物平面形状是否经济。该指标越低，平面形状越经济。

3）厂房展开面积。主要用于确定多层厂房的经济层数，展开面积越大，经济层数越可增加。

4）厂房有效面积与建筑面积比。该指标主要用于评价柱网布置是否合理。合理的柱网布置可以提高厂房有效使用面积。

5）工程全寿命成本。工程全寿命成本包括工程造价及工程建成后的使用成本，这是一个评价建筑物功能水平是否合理的综合性指标。一般来讲，功能水平低，工程造价低，但是使用成本高；功能水平高，工程造价高，但是使用成本低。工程全寿命成本最低时，功能水平最合理。

（三）民用建设项目设计评价

民用建设项目设计是根据建筑物的使用功能要求，确定建筑标准、结构形式、建筑物空间与平面布置以及建筑群体的配置等。民用建筑设计包括住宅设计、公共建筑设计以及住宅小区设计。住宅建筑是民用建筑中最大量、最主要的建筑形式。因此，本书主要介绍住宅建筑设计方案评价。

1. 住宅小区建设规划

（1）住宅小区规划中影响工程造价的主要因素。

1）占地面积。

2）建筑群体的布置形式。

（2）在住宅小区规划设计中节约用地的主要措施。

1）压缩建筑的间距。

2）提高住宅层数或高低层搭配。

3）适当增加房屋长度。

4）提高公共建筑的层数。

5）合理布置道路。

（3）居住小区设计方案评价指标。

居住小区设计方案评价指标见式（4-3）～式（4-9）。

$$建筑毛密度 = \frac{居住和公共建筑基底面积}{居住小区占地总面积} \times 100\% \qquad (4-3)$$

$$居住建筑净密度 = \frac{居住建筑基底面积}{居住建筑占地面积} \times 100\% \qquad (4-4)$$

$$居住面积密度 = \frac{居住面积}{居住建筑占地面积} (m^2/hm^2) \qquad (4-5)$$

$$居住建筑面积密度 = \frac{居住建筑面积}{居住建筑占地面积} (m^2/hm^2) \qquad (4-6)$$

$$人口毛密度 = \frac{居住人数}{居住小区占地总面积}（人/hm^2） \quad (4-7)$$

$$人口净密度 = \frac{居住人数}{居住建筑占地面积}（人/hm^2） \quad (4-8)$$

$$绿化比率 = \frac{居住小区绿化面积}{居住小区占地总面积} \times 100\% \quad (4-9)$$

其中，需要注意区别的是居住建筑净密度和居住面积密度。

1）居住建筑净密度是衡量用地经济性和保证居住区必要卫生条件的主要技术经济指标。其数值的大小与建筑层数、房屋间距、层高、房屋排列方式等因素有关。适当提高建筑密度，可节省用地，但应保证日照、通风、防火、交通安全的基本需要。

2）居住面积密度是反映建筑布置、平面设计与用地之间关系的重要指标。影响居住面积密度的主要因素是房屋的层数，增加层数其数值就增大，有利于节约土地和管线费用。

2. 民用住宅建筑设计评价

（1）民用住宅建筑设计影响工程造价的因素。

1）建筑物平面形状和周长系数。与工业项目建筑设计类似，如按使用指标，虽然圆形建筑 $K_周$ 最小，但由于施工复杂，施工费用较矩形建筑增加 $20\% \sim 30\%$，故其墙体工程量的减少不能使建筑工程造价降低，而且使用面积有效利用率不高，用户使用不便。因此，一般都建造矩形和正方形住宅，既有利于施工，又能降低造价和使用方便。在矩形住宅建筑中，又以长：宽＝2：1为佳。一般住宅单元以 $3 \sim 4$ 个住宅单元、房屋长度 $60 \sim 80m$ 较为经济。

在满足住宅功能和质量前提下，适当加大住宅宽度。这是由于宽度加大，墙体面积系数相应减少，有利于降低造价。

2）住宅的层高和净高。住宅的层高和净高，直接影响工程造价。根据不同性质的工程综合测算住宅层高每降低 $10cm$，可降低造价 $1.2\% \sim 1.5\%$。层高降低还可提高住宅区的建筑密度，节约土地成本及市政设施费。但是，层高设计中还需考虑采光与通风问题，层高过低不利于采光及通风，民用住宅的层高一般不宜超过 $2.8m$。

3）住宅的层数与工程造价的关系。民用建筑按层数划分为低层住宅（$1 \sim 3$ 层）、多层住宅（$4 \sim 6$ 层）、中层住宅（$7 \sim 9$ 层）和高层住宅（10层以上）。在民用建筑中，多层住宅具有降低造价和使用费用以及节约用地的优点。表 4-1 分析了砖混结构的多层住宅单方造价与层数之间的关系。

表 4-1　　　　砖混结构多层住宅层数与造价的关系

住宅层数	一	二	三	四	五	六
单方造价系数（%）	138.05	116.95	108.38	103.51	101.68	100
边际造价系数（%）		-21.1	-8.57	-4.87	-1.83	-1.68

由表 4-1 可知，随着住宅层数的增加，单方造价系数在逐渐降低，即层数越多越经济。

4）住宅单元组成、户型和住户面积。据统计三居室住宅的设计比两居室的设计降低1.5%左右的工程造价。四居室的设计又比三居室的设计降低3.5%的工程造价。

衡量单元组成、户型设计的指标是结构面积系数（住宅结构面积与建筑面积之比），系数越小设计方案越经济。因为，结构面积小，有效面积就增加。结构面积系数除与房屋结构有关外，还与房屋外形及其长度和宽度有关，同时也与房间平均面积大小和户型组成有关。房屋平均面积越大，内墙、隔墙在建筑面积所占比重就越小。

5）住宅建筑结构的选择。随着我国工业化水平的提高，住宅工业化建筑体系的结构形式多种多样，考虑工程造价时应根据实际情况，因地制宜、就地取材，采用适合本地区经济合理的结构形式。

（2）民用住宅建筑设计的基本原则。民用建筑设计要坚持"适用、经济、美观"的原则。

1）平面布置合理，长度和宽度比例适当。

2）合理确定户型和住户面积。

3）合理确定层数与层高。

4）合理选择结构方案。

（3）民用建筑设计的评价指标。

1）平面指标。该指标用来衡量平面布置的紧凑性、合理性。

$$平面系数\ K=\frac{居住面积}{建筑面积}\times100\% \tag{4-10}$$

$$平面系数\ K_1=\frac{居住面积}{有效面积}\times100\% \tag{4-11}$$

$$平面系数\ K_2=\frac{辅助面积}{有效面积}\times100\% \tag{4-12}$$

$$平面系数\ K_3=\frac{结构面积}{建筑面积}\times100\% \tag{4-13}$$

其中，有效面积指建筑平面中可供使用的面积；居住面积＝有效面积－辅助面积；结构面积指建筑平面中结构所占的面积；有效面积＋结构面积＝建筑面积。对于民用建筑，应尽量减少结构面积比例，增加有效面积。

2）建筑周长指标。该指标是墙长与建筑面积之比。居住建筑进深加大，则单元周长缩小，可节约用地，减少墙体，降低造价。

$$单元周长指标=\frac{单元周长}{单元建筑面积}\ (m/m^2) \tag{4-14}$$

$$建筑周长指标=\frac{建筑周长}{建筑占地面积}\ (m/m^2) \tag{4-15}$$

3）建筑体积指标。该指标是建筑体积与建筑面积之比，是衡量层高的指标。

$$建筑体积指标=\frac{建筑体积}{建筑面积}\ (m^3/m^2) \tag{4-16}$$

4）面积定额指标。该指标用于控制设计面积。

$$户均建筑面积 = \frac{建筑总面积}{总户数} \qquad (4-17)$$

$$户均使用面积 = \frac{使用总面积}{总户数} \qquad (4-18)$$

$$户均面宽指标 = \frac{建筑物总长度}{总户数} \qquad (4-19)$$

5）户型比。该指标指不同居室数的户数占总户数的比例，是评价户型结构是否合理的指标。

二、设计方案优选的方法

1. 多指标评分法

根据建设项目不同的使用目的和功能要求，首先对需要进行分析评价的设计方案设定若干个技术经济评价指标，对这些评价指标，按照其在建设项目中的重要程度，分配指标权重，并根据相应的评价标准，邀请有关专家对各设计方案的评价指标的满足程度打分，最后计算各设计方案的综合得分，由此选择综合得分最高的设计方案为最优方案。多指标评分法见式（4-20）。

$$S = \sum_{i=1}^{n} S_i W_i \qquad (4-20)$$

【例 4-1】　某住宅项目有 A、B、C、D 4 个设计方案，各设计方案从适用、安全、美观、技术和经济 5 个方面进行考察，具体评价指标、权重和评分值见表 4-2。运用多指标评分法，选择最优设计方案。

表 4-2　　　　　　　　　各设计方案评价指标得分表

	评价指标	权重	A	B	C	D
适用	平面布置	0.1	9	10	8	10
	采光通风	0.07	9	9	10	9
	层高层数	0.05	7	8	9	9
安全	牢固耐用	0.08	9	10	10	10
	"三防"设施	0.05	8	9	9	7
美观	建筑造型	0.13	7	9	8	6
	室外装修	0.07	6	8	7	5
	室内装修	0.05	8	9	6	7
技术	环境设计	0.1	4	6	5	5
	技术参数	0.05	8	9	7	8
	便于施工	0.05	9	7	8	8
	易于设计	0.05	8	8	9	7
经济	单方造价	0.15	10	9	8	9

解：运用多指标法，分别计算 A、B、C、D 4 个设计方案的综合得分，见表 4-3。设计方案 B 的综合得分最高，故方案 B 为最优设计方案。

表 4-3　　　　　　　　　**A、B、C、D 4 个设计方案的综合得分表**

评价指标		权重	A	B	C	D
适用	平面布置	0.1	9×0.1	10×0.1	8×0.1	10×0.1
	采光通风	0.07	9×0.07	9×0.07	10×0.07	9×0.07
	层高层数	0.05	7×0.05	8×0.05	9×0.05	9×0.05
安全	牢固耐用	0.08	9×0.08	10×0.08	10×0.08	10×0.08
	"三防"设施	0.05	8×0.05	9×0.05	9×0.05	7×0.05
美观	建筑造型	0.13	7×0.13	9×0.13	8×0.13	6×0.13
	室外装修	0.07	6×0.07	8×0.07	7×0.07	5×0.07
	室内装修	0.05	8×0.05	9×0.05	6×0.05	7×0.05
技术	环境设计	0.1	4×0.1	6×0.1	5×0.1	5×0.1
	技术参数	0.05	8×0.05	9×0.05	7×0.05	8×0.05
	便于施工	0.05	9×0.05	7×0.05	8×0.05	8×0.05
	易于设计	0.05	8×0.05	8×0.05	9×0.05	7×0.05
经济	单方造价	0.15	10×0.15	9×0.15	8×0.15	9×0.15
综合得分		1	7.88	8.61	7.93	7.71

2. 计算费用法

计算费用法又叫最小费用法，是将一次性投资和经常性的经营成本统一为一种性质的费用，从而评价设计方案的优劣。最小费用法是在诸多设计方案的功能相同的条件下，项目在整个寿命周期内计算费用最低者为最佳方案，是评价设计方案优劣的常用方法之一。

年计算费用公式为：

$$C_{年} = KE + V \tag{4-21}$$

总计算费用公式为：

$$C_{总} = K + Vt \tag{4-22}$$

【例 4-2】　某工程项目有 3 个设计方案，3 个设计方案的投资总额和年生产成本见表 4-4。投资回收期 $t=5$ 年，投资效果系数 $E=0.2$，采用计算费用法，优选出最佳设计方案。

表 4-4　　　　　　　**设计方案的投资总额和年生产成本表**　　　　　　　单位：万元

设计方案	投资总额 K	年生产成本 V
方案 1	2000	2400
方案 2	2200	2300
方案 3	2800	2100

解：方案 1：$C_{年} = K_1 E + V_1 = 2000 \times 0.2 + 2400 = 2800$（万元）

$C_{总} = K_1 + V_1 t = 2200 + 2400 \times 5 = 14000$（万元）

方案 2：$C_{年} = K_2 E + V_2 = 2000 \times 0.2 + 2300 = 2740$（万元）

$C_总 = K_2 + V_2 t = 2200 + 2300 \times 5 = 13700$（万元）

方案 3：$C_年 = K_3 E + V_3 = 2800 \times 0.2 + 2100 = 2660$（万元）

$C_总 = K_3 + V_3 t = 2800 + 2100 \times 5 = 13300$（万元）

方案 3 计算的年费用和总费用均为最低，故方案 3 为最佳设计方案。

3. 动态评价法

动态评价法是在考虑资金时间价值的情况下，对多个设计方案进行优选。

【例 4-3】　某公司欲开发某种新产品，为此需设计一条新的生产线。现有 A、B、C 3 个设计方案，各设计方案预计的初始投资、每年年末的销售收入和生产费用见表 4-5，各设计方案的寿命期均为 6 年，6 年后的残值为零。当基准收益率为 8% 时，选择最佳设计方案。

表 4-5　　　　　　　　　　　A、B、C 3 个设计方案的现金流量　　　　　　　　　单位：万元

设计方案	初始投资	年销售收入	年生产费用
A	2000	1200	500
B	3000	1600	650
C	4000	1600	450

解：$NPV(8\%) A = 2000 + (1200 - 500)(P/A, 8\%, 6) = 1236.16$（万元）

$NPV(8\%) B = 3000 + (1600 - 650)(P/A, 8\%, 6) = 1391.95$（万元）

$NPV(8\%) C = 4000 + (1600 - 450)(P/A, 8\%, 6) = 1316.57$（万元）

B 方案净现值最大，故 B 方案为最佳设计方案。

【例 4-4】　某企业为制作一台非标准设备，特邀请甲、乙、丙 3 家设计单位进行方案设计，3 家设计单位提供的方案设计均达到有关规定的要求。预计 3 种设计方案制作的设备使用后各年产生的效益和生产产品成本基本相同。生产该产品所需的费用全部为自有资金，设备制作在一年内就可完成，有关资料见表 4-6。当基准收益率为 8% 时，选择最佳设计方案。

表 4-6　　　　　　　　　　甲、乙、丙 3 种设计方案有关资料

名称	使用寿命（a）	初始投资（万元）	维修间隔期（a）	每次维修费（万元）
甲方案	10	1000	2	30
乙方案	6	680	1	20
丙方案	5	750	1	15

解：$PC(8\%)$ 甲 $= 1000 + 30(P/F, 8\%, 2) + 30(P/F, 8\%, 4) + 30(P/F, 8\%, 6) + 30(P/F, 8\%, 8) = 1082.86$（万元）

$AC(8\%)$ 甲 $= 1082.86(A/P, 8\%, 10) = 161.38$（万元）

$PC(8\%)$ 乙 $= 680 + 20(P/A, 8\%, 5) = 759.85$（万元）

$AC(8\%)$ 乙 $= 759.86(A/P, 8\%, 6) = 164.37$（万元）

$PC(8\%)$ 丙 $= 750 + 15(P/A, 8\%, 4) = 799.68$（万元）

$AC(8\%)$ 丙 $= 799.68(A/P, 8\%, 5) = 200.27$（万元）

甲方案的费用年值最小，故甲方案为最佳设计方案。

4. 价值工程法

（1）在设计阶段实施价值工程的意义。

1）可以使建筑产品的功能更合理。价值工程的核心就是功能分析。

2）可以有效地控制工程造价。价值工程需要对研究对象的功能与成本之间关系进行系统分析。

3）可以节约社会资源。价值工程着眼于寿命周期成本，即研究对象在其寿命期内所发生的全部费用。

（2）价值工程在新建项目设计方案优选中的应用。

步骤：

1）功能分析。价值工程的核心就是功能分析。

2）功能评价。功能评价主要是比较各项功能的重要程度，用 0~1 评分法、0~4 评分法、环比评分法等方法，计算各项功能的功能评价系数，作为该功能的重要度权数。

3）方案创新。根据功能分析的结果，提出各种实现功能的方案。

4）方案评价。对第 3）步方案创新提出的各种方案对各项功能的满足程度打分，然后以功能评价系数作为权数计算各方案的功能评价得分。最后再计算各方案的价值系数，以价值系数最大者为最优。

【例 4-5】　某厂有 3 层混砖结构住宅 14 幢。随着企业的不断发展，职工人数逐年增加，职工住房条件日趋紧张。为改善职工居住条件，该厂决定在原有住宅区内新建住宅。

解：（1）新建住宅功能分析。为了使住宅扩建工程达到投资少、效益高的目的。价值工程小组工作人员认真分析了住宅扩建工程的功能，认为增加住房户数（F_1）、改善居住条件（F_2）、增加使用面积（F_3）、利用原有土地（F_4）、保护原有林木（F_5）等 5 项功能作为主要功能。

（2）功能评价。经价值工程小组集体讨论，认为增加住房户数最重要，其次改善居住条件与增加使用面积同等重要，利用原有土地与保护原有林木同样不太重要。即 $F_1 > F_2 = F_3 > F_4 = F_5$，利用 0~4 评分法，各项功能的评价系数见表 4-7。

0~4 评分法：

很重要的功能因素得 4 分，另一很不重要的功能因素得 0 分；

较重要的功能因素得 3 分，另一较不重要的功能因素得 1 分；

同样重要或基本同样重要时，则两个功能因素各得 2 分。

表 4-7　　　　　　　　　　　　0~4 评 分 法

功能	F_1	F_2	F_3	F_4	F_5	得分	功能评价系数
F_1	×	3	3	4	4	14	0.35
F_2	1	×	2	3	3	9	0.225
F_3	1	2	×	3	3	9	0.225

续表

功能	F_1	F_2	F_3	F_4	F_5	得分	功能评价系数
F_4	0	1	1	$\times$	2	4	0.1
F_5	0	1	1	2	$\times$	4	0.1
合计						40	1.00

（3）方案创新。在对该住宅功能评价的基础上，为确定住宅扩建工程设计方案，价值工程人员走访了住宅原设计施工负责人，调查了解住宅的居住情况和建筑物自然状况，认真审核住宅楼的原设计图纸和施工记录，最后认定原住宅地基条件较好，地下水位深且地耐力大；原建筑虽经多年使用，但各承重构件尤其原基础十分牢固，具有承受更大荷载的潜力。价值工程人员经过严密计算分析和征求各方面意见，提出两个不同的设计方案：

方案甲：在对原住宅楼实施大修理的基础上加层。工程内容包括：屋顶地面翻修。内墙粉刷、外墙抹灰。增加厨房、厕所（333m²）。改造给排水工程。增建两层住房（605m²）。工程需投资 50 万元，工期 4 个月，施工期间住户需全部迁出。工程完工后，可增加住户 18 户，原有绿化林木 50% 被破坏。

方案乙：拆除旧住宅，建设新住宅。工程内容包括：拆除原有住宅两栋，可新建一栋，新建住宅每栋 60 套，每套 80m²，工程需投资 100 万元，工期 8 个月，施工期间住户需全部迁出。工程完工后，可增加住户 18 户，原有绿化林木全部被破坏。

（4）方案评价。利用加权评分法对甲乙两个方案进行综合评价，结果见表 4-8。各方案价值系数计算结果如表 4-9 所示。

表 4-8　　　　　　　　　　各方案的功能评价

项目功能	重要度权数	方案甲		方案乙	
		功能得分	加权得分	功能得分	加权得分
F_1	0.35	10	3.5	10	3.5
F_2	0.225	7	1.575	10	2.25
F_3	0.225	9	2.025	9	2.025
F_4	0.1	10	1	6	0.6
F_5	0.1	5	0.5	1	0.1
方案加权得分和		8.6		8.475	
方案功能评价系数		0.5037		0.4963	

表 4-9　　　　　　　　　　各方案价值系数计算

方案名称	功能评价系数	成本费用（万元）	成本指数	价值系数
修理加层	0.5037	50	0.333	1.513
拆旧建新	0.4963	100	0.667	0.744
合计	1.000	150	1.000	

经计算可知，修理加层方案价值系数较大，据此选定方案甲为最优方案。

第三节　限　额　设　计

一、限额设计的概念

所谓限额设计就是按照设计任务书批准的投资估算额进行初步设计，按照初步设计概算造价限额进行施工图设计，按施工图预算造价对施工图设计的各个专业设计文件作出决策。

所以限额设计实际上是建设项目投资控制系统中的一个重要环节，或称为一项关键措施。在整个设计过程中，设计人员与经济管理人员密切配合，做到技术与经济的统一。

二、限额设计的全过程

限额设计的全过程是一个目标分解与计划、目标实施、目标实施检查、信息反馈的控制循环过程。流程如图4-3所示

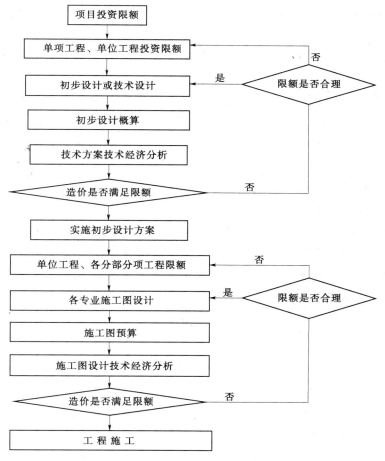

图4-3　限额设计流程图

三、限额设计和横向控制和纵向控制

按照限额设计过程从前往后依次进行控制，称为纵向控制。

对设计单位及其内部各专业、科室及设计人员进行考核，实施奖惩，进而保证设计质

量的一种控制方法，称为横向控制。

第四节　设　计　概　算

一、概算定额

（一）概算定额的概念

概算定额是指在预算定额基础上，确定完成合格的单位扩大分项工程或单位扩大结构构件所需消耗的人工、材料和机械台班的数量标准，又称为扩大结构定额。

概算定额的编制一般分三阶段进行，即准备阶段、编制初稿阶段和审查定稿阶段。

（二）概算定额与预算定额的比较，见表4-10

表4-10　　　　　　　　　　　概算定额与预算定额的比较

项目		概算定额	预算定额
相同之处		主要内容一致：包括人工、材料和机械台班使用量定额3个基本部分；表达的主要方式一致：以建（构）筑物各个结构部分和分部分项工程为单位表示；编制方法基本一致	
不同之处	项目划分和综合程度不同	单位扩大分项工程或扩大结构构件	单位分项工程或结构构件
	用途不同	用于设计概算	用于施工图预算

（三）概算定额的编制原则和编制依据

概算定额应该贯彻社会平均水平和简明适用的原则。

二、工程单价

（一）工程单价的含义

工程单价（也称为定额单价），是指单位假定建筑安装产品的不完全价格，通常是指建筑安装工程的预算单价和概算单价。在确立社会主义市场经济体制之后，为了适应改革开放形势发展的需要，与国际接轨，出现了建筑安装产品的综合单价，也可称为全费用单价，这种单价不仅含有人工、材料、机械台班三项直接工程费，而且包括间接费、利润和税金等内容。

（二）工程单价的种类，如图4-4所示

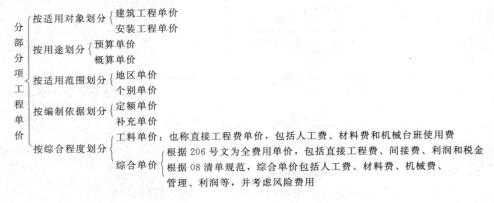

图4-4　工程单价的种类

（三）工程单价的编制方法

（1）分部分项工程直接工程费单价（基价）。

（2）分部分项工程全费用单价。

$$分部分项工程全费用单价＝分部分项工程直接工程费单价（基价）$$
$$\times（1＋间接费率）\times（1＋利润率）\times（1＋税率）$$

$$(4-23)$$

三、设计概算的基本概念

（一）设计概算的含义

建设项目设计概算是初步设计文件的重要组成部分，它是在投资估算的控制下由设计单位根据初步设计或扩大初步设计的图纸及说明，利用国家或地区颁发的概算指标、概算定额或综合指标预算定额、设备材料预算价格等资料，按照设计要求，概略地计算建筑物或构筑物造价的文件。其特点是编制工作相对简略，无需达到施工图预算的准确程度。采用两阶段设计的建设项目，初步设计阶段必须编制设计概算；采用三阶段设计的建设项目，扩大初步设计阶段必须编制修正概算。

（二）设计概算的作用

（1）设计概算是编制建设项目投资计划，确定和控制建设项目投资的依据。

（2）设计概算是签订建设工程合同和贷款合同的依据。

（3）设计概算是控制施工图设计和施工图预算的依据。

（4）设计概算是衡量设计方案技术经济合理性和选择最佳设计方案的依据。

（5）设计概算是考核建设项目投资效果的依据。

（三）设计概算的内容

设计概算可分单位工程概算、单项工程综合概算和建设项目总概算三级。各级概算之间的相互关系如图 4-5 所示。

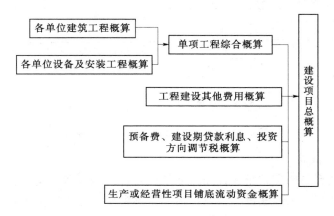

图 4-5 设计概算的三级概算关系

1. 单位工程概算

单位工程是指具有单独设计文件、能够独立组织施工的工程，是单项工程的组成部分。单位工程概算是确定各单位工程建设费用的文件，是编制单项工程综合概算的依据，是单项工程综合概算的组成部分。单位工程概算按其工程性质分为建筑工程概算和设备及安装工程概算两大类。建筑工程概算包括土建工程概算，给排水、采暖工程概算，通风、空调工程概算，电气照明工程概算，用电工程概算，特殊构筑物工程概算等；设备及安装工程概算包括机械设备及安装工程概算，电气设备及安装工程概算，热力设备及安装工程概算，工具、器具及生产家具购置费概算等。

2. 单项工程概算

单项工程是指在一个建设项目中，具有独立的设计文件，建成后可以独立发挥生产能力或工程效益的项目。它是建设项目的组成部分，如生产车间、办公楼、食堂、图书馆、学生宿舍、住宅楼、一个配水厂等。单项工程是一个复杂的综合体，是具有独立存在意义的一个完整工程，如输水工程、净水厂工程、配水工程等。单项工程概算是确定一个单项工程所需建设费用的文件，它是由单项工程中各单位工程概算汇总编制而成的，是建设项目总概算的组成部分。

单项工程综合概算的组成内容如图 4-6 所示。

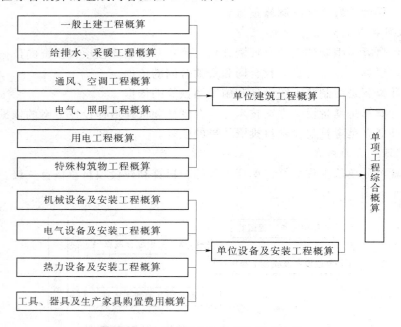

图 4-6 单项工程综合概算的组成内容

3. 建设项目总概算

建设项目总概算是确定整个建设项目从筹建到竣工验收所需全部费用的文件，它是由各单项工程综合概算、工程建设其他费用概算、预备费、建设期贷款利息和固定资产投资方向调节税概算汇总编制而成的，如图 4-7 所示。

若干个单位工程概算汇总后成为单项工程概算，若干个单项工程概算和工程建设其他费用、预备费、建设期利息等概算文件汇总成为建设项目总概算。单项工程概算和建设项目总概算仅是一种归纳、汇总性文件，因此，最基本的计算文件是单位工程概算书。建设项目若为一个独立单项工程，则建设项目总概算书与单项工程综合概算书可合并编制。

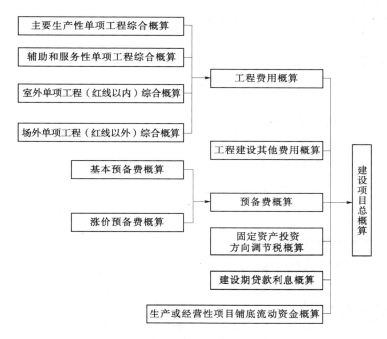

图 4-7 建设项目总概算的组成内容

四、设计概算的编制原则和依据

（一）设计概算的编制原则

（1）严格执行国家的建设方针和经济政策的原则。设计概算是一项重要的技术经济工作，要严格按照党和国家的方针、政策办事，坚决执行勤俭节约的方针，严格执行规定的设计标准。

（2）要完整、准确地反映设计内容的原则。编制设计概算时，要认真了解设计意图，根据设计文件、图纸准确计算工程量，避免重算和漏算。设计修改后，要及时修正概算。

（3）要坚持结合拟建工程的实际，反映工程所在地当时价格水平的原则。为提高设计概算的准确性，要实事求是地对工程所在地的建设条件、可能影响造价的各种因素进行认真的调查研究，在此基础上正确使用定额、指标、费率和价格等各项编制依据，按照现行工程造价的构成，根据有关部门发布的价格信息及价格调整指数，考虑建设期的价格变化因素，使概算尽可能地反映设计内容、施工条件和实际价格。

（二）设计概算的编制依据

（1）国家、行业和地方政府有关建设和造价管理的法律、法规、规定。

（2）批准的建设项目的设计任务书（或批准的可行性研究文件）和主管部门的有关规定。

（3）初步设计项目一览表。

（4）能满足编制设计概算的各专业设计图纸、文字说明和主要设备表。

（5）正常的施工组织设计。

（6）当地和主管部门的现行建筑工程和专业安装工程的概算定额（或预算定额、综合预算定额）、单位估价表、材料及构配件预算价格、工程费用定额和有关费用规定的文件等资料。

（7）现行的有关设备原价及运杂费率。

（8）现行的有关其他费用定额、指标和价格。

（9）资金筹措方式。

（10）建设场地的自然条件和施工条件。

（11）类似工程的概、预算及技术经济指标。

（12）建设单位提供的有关工程造价的其他资料。

（13）有关合同、协议等其他资料。

五、设计概算的编制方法

建设项目设计概算的编制，一般首先编制单位工程的设计概算，然后再逐级汇总，形成单项工程综合概算及建设项目总概算。因此，下面分别介绍单位工程设计概算、单项工程综合概算和建设项目总概算的编制方法。

（一）单位工程概算的编制方法

1. 单位工程概算的内容

单位工程概算书是计算一个独立建筑物或构筑物（即单项工程）中每个专业工程所需工程费用的文件，分为以下两类：建筑工程概算书和设备及安装工程概算书。单位工程概算文件应包括：建筑（安装）工程直接工程费计算表，建筑（安装）工程人工、材料，机械台班价差表，建筑（安装）工程费用构成表。

2. 单位建筑工程概算的编制方法与实例

（1）概算定额法。概算定额法又叫扩大单价法或扩大结构定额法。它是采用概算定额编制建筑工程概算的方法。是根据初步设计图纸资料和概算定额的项目划分计算出工程量，然后套用概算定额单价（基价），计算汇总后，再计取有关费用，便可得出单位工程概算造价。

概算定额法要求初步设计达到一定深度，建筑结构比较明确，能按照初步设计的平面、立面、剖面图纸计算出楼地面、墙身、门窗和屋面等分部工程（或扩大结构件）项目的工程量时，才可采用。

【例 4-6】　某市拟建一座 7560m² 教学楼，请按给出的扩大单价和工程量表 4-11 编制出该教学楼土建工程设计概算造价和平方米造价。按有关规定标准计算得到措施费为438000 元，各项费率分别为：间接费费率为 5%，利润率为 7%，综合税率为 3.413%（以直接费为计算基础）。

表 4-11　　　　　　　　　　某教学楼土建工程量和扩大单价

分部工程名称	单位	工程量	扩大单价（元）
基础工程	10m³	160	2500
混凝土及钢筋混凝土	10m³	150	6800
砌筑工程	10m³	280	3300
地面工程	100m³	40	1100

分部工程名称	单位	工程量	扩大单价（元）
楼面工程	100m²	90	1800
卷材屋面	100m²	40	4500
门窗工程	100m²	35	5600
脚手架	100m²	180	600

解： 根据已知条件和表 4-11 数据及扩大单价，求得该教学楼土建工程概算造价见表 4-12。

表 4-12   **某教学楼土建工程概算造价计算表**

序号	分部工程或费用名称	单位	工程量	单价（元）	合价（元）
1	基础工程	10m³	160	2500	400000
2	混凝土及钢筋混凝土	100m³	150	6800	1020000
3	砌筑工程	10m³	280	3300	24000
4	地面工程	100m³	40	1100	44000
5	楼面工程	100m²	90	1800	162000
6	卷材屋面	100m²	40	4500	180000
7	门窗工程	100m²	35	5600	196000
8	脚手架	100m²	180	600	108000
A	直接费工程小计	以上 8 项之和			3034000
B	措施费				438000
C	直接费小计				3472000
D	间接费	$C \times 5\%$			173600
E	利润	$(C+D) \times 7\%$			55192
F	税金	$(C+D+E) \times 3.413\%$			33134
	概算造价	$C+D+E+F$			4033926
	平方米造价	4033926/7560			533.6

（2）概算指标法。概算指标法是采用直接工程费指标。概算指标法是用拟建的厂房、住宅的建筑面积（或体积）乘以技术条件相同或基本相同工程的概算指标，得出直接工程费，然后按规定计算出措施费、间接费、利润和税金等，编制出单位工程概算的方法。

当初步设计深度不够，不能准确地计算出工程量，而工程设计技术比较成熟而又有类似工程概算可以利用时，可采用概算指标法。

由于拟建工程（设计对象）往往与类似工程的概算指标的技术条件不尽相同，而且概算指标编制年份的设备、材料、人工等价格与拟建工程当时当地的价格也不会一样，因此，必须对其进行调整。其调整方法是：

$$\begin{matrix}\text{设备、人工、材料} \\ \text{机械修正概算费用}\end{matrix} = \begin{matrix}\text{原概算指标的设备、} \\ \text{人工、材料机械费用}\end{matrix} + \Sigma\left(\begin{matrix}\text{换入设备、人工} \\ \text{材料、机械消耗量}\end{matrix} \times \begin{matrix}\text{拟建地区} \\ \text{相应单价}\end{matrix}\right)$$

$$-\Sigma\left(\begin{array}{c}\text{换出设备、人工、}\\ \text{材料机械消耗量}\end{array}\times\begin{array}{c}\text{原概算指标设备}\\ \text{人工、材料机械单价}\end{array}\right)\qquad(4-24)$$

1）设计对象的结构特征与概算指标有局部差异时的调整。

结构变化修正概算指标

$$（元/m^2）=J+Q_1P_1-Q_2P_2\qquad(4-25)$$

式中　J——原概算指标；

　　　Q_1——换入新结构的数量；

　　　Q_2——换出旧结构的数量；

　　　P_1——换入新结构的单价；

　　　P_2——换出旧结构的单价。

或

$$\begin{array}{c}\text{结构变化修正概算指标的}\\ \text{人工、材料、机械消耗量}\end{array}=\begin{array}{c}\text{原概算指标的人工、}\\ \text{材料、机械消耗量}\end{array}+\begin{array}{c}\text{换入结构}\\ \text{件工程量}\end{array}\times\begin{array}{c}\text{相应定额人工、}\\ \text{材料、机械消耗量}\end{array}$$
$$-\begin{array}{c}\text{换出结构}\\ \text{件工程量}\end{array}\times\begin{array}{c}\text{相应定额人工、}\\ \text{材料、机械消耗量}\end{array}\qquad(4-26)$$

以上两种方法，前者是直接修正结构件指标单价，后者是修正结构件指标人工、材料、机械台班消耗量。

2）设备、人工、材料、机械台班费用的调整。

【例 4-7】　假设新建单身宿舍一座，其建筑面积为 3500m²，按概算指标和地区材料预算价格等算出单位造价为 738 元/m²。其中，一般土建工程 640 元/m²，采暖工程 32 元/m²，给排水工程 36 元/m²，照明工程 30 元/m²。但新建单身宿舍设计资料与概算指标相比较，其结构构件有部分变更。设计资料表明，外墙为 1.5 砖外墙，而概算指标中外墙为 1 砖墙。根据当地土建工程预算定额，外墙带形毛石基础的预算单价为 147.87 元/m³，1 砖外墙的预算单价为 177.10 元/m³，1.5 砖外墙的预算单价为 178.08 元/m³；概算指标中每 100m² 中含外墙带形毛石基础为 18m³，1 砖外墙为 46.5m³。新建工程设计资料表明，每 100m² 中含外墙带形毛石基础为 196m³，1.5 砖外墙为 61.2m³。请计算调整后的概算单价和新建宿舍的概算造价。

解：土建工程中对结构构件的变更和单价调整，见表 4-13。

表 4-13　　　　　　　　　　　结构变化引起的单价调整

序号	结构名称	单位	数量（每 100m² 含量）	单价（元）	合价（元）
	土建工程单位面积造价				640
	换出部分				
1	外墙带形毛石基础	m³	18	147.87	2661.66
2	1 砖外墙	m³	46.5	177.10	8235.15
	合计	元			10896.81
	换入部分				
3	外墙带形毛石基础	m³	19.6	147.87	
	1.5 砖外墙	m³	61.2	178.08	10898.5
4	合计	元			13796.75

单位造价修正系数：$640-10996.81/100+13796.75/100\approx669$（元）。

其余的单价指标都不变，因此经调整后的概算造价为 $669+32+36+30=767$（元/m²）。

新建宿舍的概算造价 $=767\times3500=2684500$（元）。

（3）类似工程预算法。类似工程预算法是利用技术条件与设计对象相类似的已完工程或在建工程的工程造价资料来编制拟建工程设计概算的方法。

类似工程预算法在拟建工程初步设计与已完工程或在建工程的设计相类似而又没有可用的概算指标时采用，但必须对建筑结构差异和价差进行调整。建筑结构差异的调整方法与概算指标法的调整方法相同。类似工程造价的价差调整常用的两种方法是：

1）类似工程造价资料有具体的人工、材料、机械台班的用量时，可按类似工程预算造价资料中的主要材料用量、工日数量、机械台班用量乘以拟建工程所在地的主要材料预算价格、人工单价、机械台班单价，计算出直接工程费，再乘以当地的综合费率，即可得出所需的造价指标。

2）类似工程造价资料只有人工、材料、机械台班费用和措施费、间接费时，可按下面公式调整：

$$D=AK \tag{4-27}$$
$$K=a\%K_1+b\%K_2+c\%K_3+d\%K_4+e\%K_5 \tag{4-28}$$

式中
D——拟建工程单方概算造价，元；

A——类似工程单方预算造价，元；

K——综合调整系数，%；

$a\%$、$b\%$、$c\%$、$d\%$、$e\%$——类似工程预算的人工费、材料费、机械台班费、措施费、间接费占预算造价的比重，如：$a\%=$ 类似工程人工费（或工资标准）/类似工程预算造价 $\times100\%$，$b\%$、$c\%$、$d\%$、$e\%$ 类同；

K_1、K_2、K_3、K_4、K_5——拟建工程地区与类似工程预算造价在人工费、材料费、机械台班费、措施费和间接费之间的差异系数，如：$K_1=$ 拟建工程概算的人工费（或工资标准）/类似工程预算人工费（或地区工资标准），K_2、K_3、K_4、K_5 类同。

【例 4-8】 新建一幢教学大楼，建筑面积为 3200m²，根据下列类似工程施工图预算的有关数据，试用类似工程预算编制概算。已知数据如下：

（1）类似工程的建筑面积为 2800m²，预算成本 926800 元。

（2）类似工程各种费用占预算成本的权重是：人工费 8%、材料费 61%、机械费 10%、措施费 8%、间接费 9%、其他费 6%。

（3）拟建工程地区与类似工程地区造价之间的差异系数为 $K_1=1.03$、$K_2=1.04$、$K_3=0.98$、$K_4=1.00$、$K_5=0.96$、$K_6=0.90$。

（4）利税率 10%。

（5）求拟建工程的概算造价。

解：（1）综合调整系数为：

$K=8\%\times1.03+61\%\times1.04+10\%\times0.98+6\%\times1.00+9\%\times0.96+6\%\times0.9=1.0152$

（2）类似工程预算单方成本为：$926800/2800=331$（元/m^2）。

（3）拟建教学楼工程单方概算成本为：$331\times1.0152\approx336.03$（元/m^2）。

（4）拟建教学楼工程单方概算造价为：$336.03\times(1+10\%)\approx369.63$（元/m^2）。

（5）拟建教学楼工程的概算造价为：$369.63\times3200=1182816$（元）。

3. 设备及安装单位工程概算的编制方法

设备及安装工程概算包括设备购置费用概算和设备安装工程费用概算两大部分。

（1）设备购置费概算。设备购置费是根据初步设计的设备清单计算出设备原价，并汇总求出设备总原价，然后按有关规定的设备运杂费率乘以设备总原价，两项相加即为设备购置费概算。

有关设备原价、运杂费和设备购置费的概算可参见相关章节的计算方法。

（2）设备安装工程费概算的编制方法。设备安装工程费概算的编制方法应根据初步设计深度和要求所明确的程度而采用。其主要编制方法有：

1）预算单价法。当初步设计较深，有详细的设备清单时，可直接按安装工程预算定额单价编制安装工程概算，概算编制程序基本同于安装工程施工图预算。该法具有计算比较具体，精确性较高之优点。

2）扩大单价法。当初步设计深度不够，设备清单不完备，只有主体设备或仅有成套设备重量时，可采用主体设备、成套设备的综合扩大安装单价来编制概算。

上述两种方法的具体操作与建筑工程概算相类似。

3）设备价值百分比法又叫安装设备百分比法。当初步设计深度不够，只有设备出厂价而无详细规格、重量时，安装费可按占设备费的百分比计算。其百分比值（即安装费率）由相关管理部门制定或由设计单位根据已完类似工程确定。该法常用于价格波动不大的定型产品和通用设备产品。数学表达式为：

$$设备安装费＝设备原价\times安装费率(\%) \qquad (4-29)$$

4）综合吨位指标法。当初步设计提供的设备清单有规格和设备重量时，可采用综合吨位指标编制概算，其综合吨位指标由相关主管部门或由设计院根据已完类似工程资料确定。该法常用于设备价格波动较大的非标准设备和引进设备的安装工程概算。数学表达式为：

$$设备安装费＝设备吨重\times每吨设备安装费指标(元/t) \qquad (4-30)$$

（二）单项工程综合概算的编制方法与实例

1. 单项工程综合概算的含义

单项工程综合概算是确定单项工程建设费用的综合性文件，它是由该单项工程各专业单位工程概算汇总而成的，是建设项目总概算的组成部分。

2. 单项工程综合概算的内容

单项工程综合概算文件一般包括编制说明（不编制总概算时列入）、综合概算表（含其所附的单位工程概算表和建筑材料表）两大部分。当建设项目只有一个单项工程时，此时综合概算文件（实为总概算）除包括上述两大部分外，还应包括工程建设其他费用、建设期贷款利息、预备费和固定资产投资方向调节税的概算。

（三）建设项目总概算的编制方法

1. 总概算的含义

建设项目总概算是设计文件的重要组成部分，是确定整个建设项目从筹建到竣工交付使用所预计花费的全部费用的文件。它是由各单项工程综合概算、工程建设其他费用、建设期贷款利息、预备费、固定资产投资方向调节税和经营性项目的铺底流动资金概算所组成，按照主管部门规定的统一表格进行编制而成的。

2. 总概算的内容

设计总概算文件一般应包括：编制说明、总概算表、各单项工程综合概算书、工程建设其他费用概算表、主要建筑安装材料汇总表。独立装订成册的总概算文件宜加封面、签署页（扉页）和目录。

（1）编制说明。编制说明的内容与单项工程综合概算文件相同。

（2）总概算表。

（3）工程建设其他费用概算表。

（4）主要建筑安装材料汇总表。

第五节 施工图预算的编制

一、预算定额

（一）预算定额的概念

预算定额是指在合理的施工组织设计、正常施工条件下，生产一个规定计量单位合格结构件、分项工程所需的人工、材料和机械台班的社会平均消耗量标准。

（二）预算定额的用途和作用

（1）预算定额是编制施工图预算、确定建筑安装工程造价的基础。

（2）预算定额是编制施工组织设计的依据。

（3）预算定额是工程结算的依据。

（4）预算定额是施工单位进行经济活动分析的依据。

（5）预算定额是编制概算定额的基础。

（6）预算定额是合理编制招标控制价、投标报价的基础。

（三）预算定额的编制原则、依据和步骤

1. 预算定额的编制原则

（1）按社会平均水平确定预算定额的原则。预算定额的平均水平，是在正常的施工条件下，合理的施工组织和工艺条件、平均劳动熟练程度和劳动强度下，完成单位分项工程基本构造要素所需要的劳动时间。

（2）简明适用的原则。

（3）坚持统一性和差别性相结合原则。

2. 预算定额的编制依据

3. 预算定额的编制程序及要求

预算定额的编制，大致可以分为准备工作、收集资料、编制定额、报批和修改定稿五个阶段。各阶段工作相互有交叉，有些工作还有多次反复。其中，预算定额编制阶段的主要工作如下：

（1）确定编制细则。

（2）确定定额的项目划分和工程量计算规则。

（3）定额人工、材料、机械台班耗用量的计算、复核和测算。

（四）预算定额消耗量的编制方法

确定预算定额人工、材料、机械台班消耗指标时，必须先按施工定额的分项逐项计算出消耗指标，然后，再按预算定额的项目加以综合。但是，这种综合不是简单的合并和相加，而需要在综合过程中增加两种定额之间的适当的水平差。预算定额的水平，首先取决于这些消耗量的合理确定。

人工、材料和机械台班消耗量指标，应根据定额编制原则和要求，采用理论与实际相结合、图纸计算与施工现场测算相结合、编制人员与现场工作人员相结合等方法进行计算和确定，使定额既符合政策要求，又与客观情况一致，便于贯彻执行。

1. 预算定额中人工工日消耗量的计算

人工的工日数可以有两种确定方法：一种是以劳动定额为基础确定；另一种是以现场观察测定资料为基础计算，主要用于遇到劳动定额缺项时，采用现场工作日写实等测时方法确定和计算定额的人工耗用量。预算定额中人工工日消耗量是指在正常施工条件下，生产单位合格产品所必需消耗的人工工日数量，是由分项工程所综合的各个工序劳动定额包括的基本用工、其他用工两部分组成的。

（1）基本用工。基本用工指完成一定计量单位的分项工程或结构构件的各项工作过程的施工任务所必需消耗的技术工种用工。按技术工种相应劳动定额工时定额计算，以不同工种列出定额工日。

人工工日消耗量：人工工日消耗量＝基本用工＋其他用工

说明：　　　　　　　（基本用工＝$\sum$（综合取定的工程量×劳动定额）　　　　　（4-31）

（2）其他用工。其他用工是辅助基本用工消耗的工日，包括超运距用工、辅助用工和人工幅度差用工。

$$其他用工＝超运距用工＋辅助用工＋人工幅度差 \qquad (4-32)$$

$$超运距＝预算定额取定运距－劳动定额已包括的运距 \qquad (4-33)$$

$$超运距用工＝\sum（超运距材料数量×时间定额） \qquad (4-34)$$

$$辅助用工＝\sum（材料加工数量×相应的加工劳动定额） \qquad (4-35)$$

$$人工幅度差＝（基本用工＋辅助用工＋超运距用工）×人工幅度差系数 \qquad (4-36)$$

人工幅度差即预算定额与劳动定额的差额，主要是指在劳动定额中未包括而在正常施工情况下不可避免但又很难准确计量的用工和各种工时损失。内容包括：各工种间的工序搭接及交叉作业相互配合或影响所发生的停歇用工；班组操作地点转移用工；施工机械在单位工程之间转移所造成的停工；临时水电线路移动所造成的停工；质量检查和隐蔽工程验收工作的影响及施工中不可避免的其他零星用工等。

人工幅度差系数一般为10%～15%。在预算定额中，人工幅度差的用工量列入其他用工量中。

2. 预算定额中材料消耗量的计算

材料消耗量计算方法主要有：

（1）凡有标准规格的材料，按规范要求计算定额计量单位的耗用量，如砖、防水卷材、块料面层等。

（2）凡设计图纸标注尺寸及下料要求的按设计图纸尺寸计算材料净用量，如门窗制作用材料、方、板料等。

（3）换算法。各种胶结、涂料等材料的配合比用料，可以根据要求条件换算，得出材料用量。

（4）测定法。包括实验室试验法和现场观察法。

材料损耗量，指在正常条件下不可避免的材料损耗、现场内材料运输及施工操作过程中的损耗等。

材料消耗量：   材料消耗量＝材料净用量＋损耗量   （4-37）

或   材料消耗量＝材料净用量×（1＋损耗率）   （4-38）

3. 预算定额中机械台班消耗量的计算

预算定额中的机械台班消耗量是指在正常施工条件下，生产单位合格产品（分部分项工程或结构构件）必需消耗的某种型号施工机械的台班数量。

（1）根据施工定额确定机械台班消耗量的计算。这种方法是指用施工定额中机械台班产量加机械幅度差计算预算定额的机械台班消耗量。

机械台班幅度差是指在施工定额中所规定的范围内没有包括，而在实际施工中又不可避免产生的影响机械或使机械停歇的时间。其内容包括：

1）施工机械转移工作面及配套机械相互影响损失的时间。

2）在正常施工条件下，机械在施工中不可避免的工序间歇。

3）工程开工或收尾时工作量不饱满所损失的时间。

4）检查工程质量影响机械操作的时间。

5）临时停机、停电影响机械操作的时间。

6）机械维修引起的停歇时间。

大型机械幅度差系数为：土方机械25%，打桩机械33%，吊装机械30%。砂浆、混凝土搅拌机由于按小组配用，以小组产量计算机械台班产量，不另增加机械幅度差。其他分部工程中如钢筋加工、木材、水磨石等各项专用机械的幅度差为10%。

机械台班消耗量：

预算定额机械耗用台班＝施工定额机械耗用台班×（1＋机械幅度差系数） （4-39）

【例4-9】 已知某挖土机挖土，一次正常循环工作时间是40s，每次循环平均挖土量0.3m³，机械正常利用系数为0.8，机械幅度差为25%。求该机械挖土方1000m³的预算定额机械耗用台班量。

解：机械纯工作1h循环次数＝3600/40＝90（次/台时）

机械纯工作1h正常生产率＝90×0.3＝27（m³）

施工机械台班产量定额＝27×8×0.8＝172.8（m³/台班）

施工机械台班时间定额＝1/172.8≈0.00579（台班/m³）

预算定额机械耗用台班量＝0.00579×(1＋25％)≈0.00723（台班/m³）

挖土方1000m³的预算定额机械耗用台班量＝1000×0.00723＝7.23（台班）

（2）以现场测定资料为基础确定机械台班消耗量。如遇到施工定额缺项者，则需要依据单据时间完成的产量测定。

二、施工图预算的基本概念

（一）施工图预算的含义

施工图预算是在施工图设计完成后工程开工前，根据已批准的施工图纸、现行的预算定额、费用定额和地区人工、材料、设备与机械台班等资源价格，在施工方案或施工组织设计已大致确定的前提下，按照规定的计算程序计算直接工程费、措施费，并计取间接费、利润、税金等费用，确定单位工程造价的技术经济文件。

按以上施工图预算的概念，只要是按照工程施工图以及计价所需的各种依据，在工程实施前所计算的工程价格，均可以称为施工图预算价格。该施工图预算价格既可以是按照政府统一规定的预算单价、取费标准、计价程序计算而得到的属于计划或预期性质的施工图预算价格，也可以是通过招标投标法定程序后施工企业根据自身的实力即企业定额、资源市场单价以及市场供求及竞争状况计算得到的反映市场性质的施工图预算价格。

（二）施工图预算编制的两种模式

1. 传统定额计价模式

2. 工程量清单计价模式

工程量清单计价模式是招标人按照国家统一的工程量清单计价规范中的工程量计算规则提供工程量清单和技术说明，由投标人依据企业自身的条件和市场价格对工程量清单自主报价的工程造价计价模式。

工程量清单计价模式是国际通行的计价方法，为了使我国工程造价管理与国际接轨逐步向市场化过渡，我国于2003年7月1日开始实施国家标准《建设工程工程量清单计价规范》（GB 50500—2003），并于2008年12月1日进行了修订。

（三）施工图预算的作用

施工图预算作为建设工程建设程序中一个重要的技术经济文件，在工程建设实施过程中具有十分重要的作用，可以归纳为以下几个方面。

1. 施工图预算对投资方的作用

（1）施工图预算是控制造价及资金合理使用的依据。施工图预算确定的预算造价是工程的计划成本，投资方按施工图预算造价筹集建设资金，并控制资金的合理使用。

（2）施工图预算是确定工程招标控制价的依据。在设置招标控制价的情况下，建筑安装工程的招标控制价可按照施工图预算来确定。招标控制价通常是在施工图预算的基础上考虑工程的特殊施工措施、工程质量要求、目标工期、招标工程范围以及自然条件等因素进行编制的。

（3）施工图预算是拨付工程款及办理工程结算的依据。

2. 施工图预算对施工企业的作用

（1）施工图预算是建筑施工企业投标时"报价"的参考依据。在激烈的建筑市场竞争中，建筑施工企业需要根据施工图预算造价，结合企业的投标策略，确定投标报价。

(2) 施工图预算是建筑工程预算包干的依据和签订施工合同的主要内容。在采用总价合同的情况下，施工单位通过与建设单位的协商，可在施工图预算的基础上，考虑设计或施工变更后可能发生的费用与其他风险因素，增加一定系数作为工程造价一次性包干。同样，施工单位与建设单位签订施工合同时，其中的工程价款的相关条款也必须以施工图预算为依据。

(3) 施工图预算是施工企业安排调配施工力量，组织材料供应的依据。施工单位各职能部门可根据施工图预算编制劳动力供应计划和材料供应计划，并由此做好施工前的准备工作。

(4) 施工图预算是施工企业控制工程成本的依据。根据施工图预算确定的中标价格是施工企业收取工程款的依据，企业只有合理利用各项资源，采取先进技术和管理方法，将成本控制在施工图预算价格以内，企业才会获得良好的经济效益。

(5) 施工图预算是进行"两算"对比的依据。施工企业可以通过施工图预算和施工预算的对比分析，找出差距，采取必要的措施。

3. 施工图预算对其他方面的作用

(1) 对于工程咨询单位来说，可以客观、准确地为委托方做出施工图预算，以强化投资方对工程造价的控制，有利于节省投资，提高建设项目的投资效益。

(2) 对于工程造价管理部门来说，施工图预算是其监督检查执行定额标准、合理确定工程造价、测算造价指数及审定工程招标控制价的重要依据。

(四) 施工图预算的内容

施工图预算有单位工程预算、单项工程预算和建设项目总预算。单位工程预算是根据施工图设计文件、现行预算定额、单位估价表、费用定额以及人工、材料、设备、机械台班等预算价格资料，以一定方法，编制单位工程的施工图预算；然后汇总所有各单位工程施工图预算，成为单项工程施工图预算；再汇总所有单项工程施工图预算，形成最终的建设项目建筑安装工程的总预算。

(五) 施工图预算的编制依据

(1) 国家、行业和地方政府有关工程建设和造价管理的法律、法规和规定。

(2) 经过批准和会审的施工图设计文件和有关标准图集。

(3) 工程地质勘察资料。

(4) 企业定额、现行建筑工程和安装工程预算定额和费用定额、单位估价表、有关费用规定等文件。

(5) 材料与构配件市场价格、价格指数。

(6) 施工组织设计或施工方案。

(7) 经批准的拟建项目的概算文件。

(8) 现行的有关设备原价及运杂费率。

(9) 建设场地中的自然条件和施工条件。

(10) 工程承包合同、招标文件。

三、施工图预算的编制方法

(一) 工料单价法

工料单价法是指分部分项工程的单价为直接工程费单价，以分部分项工程量乘以对应分部分项工程单价后的合计为单位直接工程费，直接工程费汇总后另加措施费、间接费、利润、税金生成施工图预算造价。按照分部分项工程单价产生的方法不同，工料单价法又可以分为预算单价法和实物法。

1. 预算单价法

预算单价法就是采用地区统一单位估价表中的各分项工程工料预算单价（基价）乘以相应的各分项工程的工程量，求和后得到包括人工费、材料费和施工机械使用费在内的单位工程直接工程费，措施费、间接费、利润和税金可根据统一规定的费率乘以相应的计费基数得到，将上述费用汇总后得到该单位工程的施工图预算造价。

预算单价法编制施工图预算的基本步骤如下：

（1）编制前的准备工作。

（2）熟悉图纸和预算定额以及单位估价表。

（3）了解施工组织设计和施工现场情况。

（4）划分工程项目和计算工程量。

（5）套单价（计算定额基价）。

（6）工料分析。工料分析即按分项工程项目，依据定额或单位估价表，计算人工和各种材料的实物耗量，并将主要材料汇总成表。

（7）计算主材费（未计价材料费）。

（8）按费用定额取费。

（9）计算汇总工程造价。

2. 实物法

用实物法编制单位工程施工图预算，就是根据施工图计算的各分项工程量分别乘以地区定额中人工、材料、施工机械台班的定额消耗量，分类汇总得出该单位工程所需的全部人工、材料、施工机械台班消耗数量，然后再乘以当时当地人工工日单价、各种材料单价、施工机械台班单价，求出相应的人工费、材料费、机械使用费，再加上措施费，就可以求出该工程的直接费。间接费、利润及税金等费用计取方法与预算单价法相同。

$$单位工程直接工程费＝人工费＋材料费＋机械费 \qquad (4-40)$$

式中　人工费＝综合工日消耗量×综合工日单价；

材料费＝$\sum$（各种材料消耗量×相应材料单价）；

机械费＝$\sum$（各种机械消耗量×相应机械台班单价）；

实物法的优点是能比较及时地将反映各种材料、人工、机械的当时当地市场单价计入预算价格。不需调价，反映了当时当地的工程价格水平。

实物法编制施工图预算的基本步骤如下：

（1）编制前的准备工作。具体工作内容同预算单价法相应步骤的内容。但此时要全面收集各种人工、材料、机械台班的当时当地的市场价格，应包括不同品种、规格的材料预算单价；不同工种、等级的人工工日单价；不同种类、型号的施工机械台班单价等。要求获得的各种价格应全面、真实、可靠。

（2）熟悉图纸和预算定额。本步骤的内容同预算单价法相应步骤。

（3）了解施工组织设计和施工现场情况。本步骤的内容同预算单价法相应步骤。

（4）划分工程项目和计算工程量。本步骤的内容同预算单价法相应步骤。

（5）套用定额消耗量，计算人工、材料、机械台班消耗量。根据地区定额中人工、材料、施工机械台班的定额消耗量，乘以各分项工程的工程量，分别计算出各分项工程所需的各类人工工日数量、各类材料消耗数量和各类施工机械台班数量。

（6）计算并汇总单位工程的人工费、材料费和施工机械台班费。

计算公式为：

$$单位工程直接工程费 = \sum（工程量 \times 定额人工消耗量 \times 市场工日单价）$$
$$+ \sum（工程量 \times 定额材料消耗量 \times 市场材料单价）$$
$$+ \sum（工程量 \times 定额机械台班消耗量 \times 市场机械台班单价）$$

$$(4-41)$$

（7）计算其他费用，汇总工程造价。对于措施费、间接费、利润和税金等费用的计算，可以采用与预算单价法相似的计算程序，只是有关费率是根据当时当地建设市场的供求情况确定。将上述直接费、间接费、利润和税金等汇总即为单位工程预算造价。

3. 预算单价法与实物法的异同

预算单价法与实物法首尾部分的步骤是相同的，所不同的主要是中间的三个步骤，即：

（1）采用实物法计算工程量后，套用相应人工、材料、施工机械台班预算定额消耗量。建设部1995年颁发的《全国统一建筑工程基础定额》（土建部分，是一部量价分离定额）和现行全国统一安装定额、专业统一和地区统一的计价定额的实物消耗量，是以国家或地方或行业技术规范、质量标准制定的，它反映一定时期施工工艺水平的分项工程计价所需的人工、材料、施工机械消耗量的标准。这些消耗量标准，如建材产品、标准、设计、施工技术及其相关规范和工艺水平等方面没有大的变化，是相对稳定的，因此，它是合理确定和有效控制造价的依据，同时，工程造价主管部门按照定额管理要求，根据技术发展变化也会对定额消耗量标准进行适时地补充修改。

（2）求出各分项工程人工、材料、施工机械台班消耗数量并汇总成单位工程所需各类人工工日、材料和施工机械台班的消耗量。各分项工程人工、材料、机械台班消耗数量是由分项工程的工程量分别乘以预算定额单位人工消耗量、预算定额单位材料消耗量和预算定额单位机械台班消耗量而得出的，然后汇总便可得出单位工程各类人工、材料和机械台班总的消耗量。

（3）用当时当地的各类人工工日、材料和施工机械台班的实际单价分别乘以相应的人工工日、材料和施工机械台班总的消耗量，并汇总后得出单位工程的人工费、材料费和机械使用费。

在市场经济条件下，人工、材料和机械台班等施工资源的单价是随市场而变化的，且它们是影响工程造价最活跃、最主要的因素。用实物量法编制施工图预算，能把"量""价"分开，计算出量后，不再去套用静态的定额基价，而是套用相应预算定额人工、材料、机械台班的定额单位消耗量，分别汇总得到人工、材料和机械台班的实物量，用这些实物量去乘以该地区当时的人工工日、材料、施工机械台班的实际单价，这样能比较真实地反映工程产品的实际价格水平，工程造价的准确性高。虽然有计算过程较单价法繁琐的问题，但采用相关计价软件进行计算可以得到解决。因此，实物量法是与市场经济体制相适应的预算编制方法。

（二）综合单价法

综合单价法是指分项工程单价综合了直接工程费及以外的多项费用，按照单价综合的内容不同，综合单价法可分为全费用综合单价和清单综合单价。

1. 全费用综合单价

全费用综合单价，即单价中综合了分项工程人工费、材料费、机械费、管理费、利润、规费以及有关文件规定的调价、税金以及一定范围的风险等全部费用。以各分项工程量乘以全费用单价的合价汇总后，再加上措施项目的完全价格，就生成了单位工程施工图造价。公式如下：

$$\text{建筑安装工程预算造价} = \left(\sum \text{分项工程量} \times \begin{array}{c} \text{分项工程} \\ \text{全费用单价} \end{array} \right) + \begin{array}{c} \text{措施项目} \\ \text{完全价格} \end{array} \qquad (4-42)$$

2. 清单综合单价

分部分项工程清单综合单价中综合了人工费、材料费、施工机械使用费，企业管理费、利润，并考虑了一定范围的风险费用，但并未包括措施费、规费和税金，因此它是一种不完全单价。各分部分项工程量乘以该综合单价的合价汇总后，再加上措施项目费、规费和税金后，就是单位工程的造价。公式如下：

$$\text{建筑安装工程预算造价} = \left(\sum \text{分项工程量} \times \begin{array}{c} \text{分项工程} \\ \text{不完全单价} \end{array} \right) + \begin{array}{c} \text{措施项目} \\ \text{不完全价格} \end{array} + \text{规费} + \text{税金}$$

$$(4-43)$$

四、施工图预算的编制实例

（一）工程概况

（1）工程图纸（略）。

（2）设计说明（略）。

（二）工程量计算

根据《清单规范》和《基础定额》，本例工程项目划分及工程量计算在表格中完成见表 4-14。

表 4-14　　　　　　　　　　　分部分项工程量计算表

序号	项目编码	项目名称	计　算　式	单位	工程量
1	010101001001	平整场地	清单量：$S_\text{场} = S_\text{建} = 73.73$（m²） 施工量：$73.73 - 41.16 \times 2 + 16 = 172.05$（m²）	m²	73.73
2	010101003001	挖基础土方	挖深：$H = 1.7 - 0.15 = 1.55$（m） 基底宽：$B = 1.2$（m） 内墙基底净长：$L_\text{基} = 13.8 - 0.6 \times 6 = 10.2$（m） 内外墙沟槽挖土清单量： $V_\text{挖} = (L_\text{中} + L_\text{槽}) \times B \times H = (40.2 + 10.2) \times 1.2 \times 1.55 = 90.72$（m³） 施工量：（三类土、$k = 0.33$　$C = 0.3\text{m}$） $V_\text{挖} = (L_\text{中} + L_\text{槽}) \times (B + 2C + kH) \times H = (40.2 + 10.2) \times (1.2 + 2 \times 0.3 + 0.33 \times 1.55) \times 1.55 = 180.57$（m³）	m³	90.72

序号	项目编码	项目名称	计 算 式	单位	工程量
3	010103001001	室内土方回填	室内净面积：$S=73.73-(40.2+13.08)\times0.24=60.94$（$m^2$） 回填土厚：$H=0.15-0.115=0.035$（m） $V_填=S\times H=60.94\times0.035=2.13$（$m^3$）	m^3	2.13
4	010103001002	基础土方回填	清单量：$V_填=V_挖-V_埋=90.72-[(40.2+13.08)\times0.36+(40.2+10.2)\times1.2\times0.35+(40.2+13.08)\times(0.24-0.15)\times0.24]=49.22$（$m^3$） 施工量：$V_填=V_挖-V_埋=180.57-41.50$（埋入物）$=139.07$（$m^3$） 余土：$180.57-(2.13+139.07)\times1.15=18.19$（$m^3$）	m^3	49.22
		以下略			

(三) 工程量清单编制

1. 分部分项工程量清单

根据《清单规范》有关规定及本工程的做法要求，编制本例工程分部分项工程量清单见表 4-15。

表 4-15　　　　　　　　　　　　分部分项工程量清单

序号	项目编码	项目名称	项目特征	计量单位	工程数量
1	0101011001	平整场地	平整场地，三类土	m^2	73.73
2	0101013001	挖基础土方	三类土，人工开挖，现场堆放，挖深 1.55m	m^3	90.72
3	0101031001	室内土方回填土	夯填	m^3	2.13
4	0101031002	基础土方回填土	夯填，余土双轮车运至场外 500m	m^3	49.22
5	0103011001	直形砖基础	M5.0 水泥砂浆砌砖基础，基础高 1.2m	m^3	18.23
6	0103021001	一砖厚实心砖墙	M2.5 混合砂浆砌一砖内外墙及女儿墙	m^3	30.65
7	0104011001	现浇混凝土带形基础	C20 现浇混凝土带形基础，碎石 40，P. S42.5	m^3	21.17
		以下略			

2. 措施项目清单

根据《清单规范》的有关规定及本工程的做法要求，编制本例工程措施项目清单见表 4-16。

表 4-16　　　　　　　　　　　　措 施 项 目 清 单

序号	项目名称
1	安全文明施工费
2	临时设施
3	混凝土模板及支架
4	脚手架
5	垂直运输机械

3. 工程量清单计价

参照工程量清单计价方法，本例工程应编制的计价文件如下：

附件：计价表格

（1）封面。

某街道办事处办公用房工程

预 算 总 价

建设单位：　　　　某街道办事处　　　　

工程名称：　　　　办公用房工程　　　　

预算总价（小写）：　　　68272.4 元　　　

（大写）：　　陆万捌仟贰佰柒拾贰元肆角整　　

编制人：　　　　　　　　　　　［执业（从业）印章］

审校人：　　　　　　　　　　　［执业（从业）印章］

审定人：　　　　　　　　　　　［执业（从业）印章］

法定代表人或其授权人：　　　　　　　　　（签字盖章）

编制时间：　　　年　　　月　　　日

（2）单位工程费汇总表。

单 位 工 程 费 汇 总 表

工程名称：某街道办事处办公用房　　　　　　　　　　　第×页、共×页

序号	汇总内容	金额（万元）	其中：暂估价（万元）
1	分部分项工程费	5.33	
1.1	其中：人工费	1.4	
1.2	其中：机械费	0.42	
2	措施项目费	0.88	
2.1	安全文明施工费	0.34	
3	其他项目费	0	
3.1	其中：暂列金额		
3.2	其中：专业工程暂估价		
3.3	其中：计日工		
3.4	其中：总承包服务费		
4	规费	0.38	
5	税金	0.24	
6	工程造价	6.83	

（3）分部分项工程量清单计价表。

分部分项工程量清单计价表

工程名称：某街道办事处办公用房

序号	细目编码	细目名称	计量单位	工程数量	金额（元）	
					综合单价	合价
1	10101001001	平整场地	m²	73.73	2.47	182.11
2	10101003001	挖基础土方	m³	90.72	38.69	3509.96
3	10103001001	室内土方回填	m³	2.13	8.97	19.11
4	10103001002	基础土方回填	m³	49.22	57.22	2816.37
5	10301001001	直形砖基础	m³	18.23	169.02	3081.23
6	10302001001	1砖厚实心直形墙	m³	30.65	185.09	5673.01
7	10401001001	现浇混凝土带形基础	m³	21.17	235.88	4993.58
		以下略				

（4）措施项目清单计价表。

措施项目清单计价表

工程名称：某街道办事处办公用房

序号	项目名称	金额（元）
1	安全文明施工	3408.69
2	混凝土、钢筋混凝土模板及支架	4233.62
3	脚手架	678
4	垂直运输机械	445.29
	合计	8765.59

（5）规费、税金项目清单与计价表。

规费、税金项目清单与计价表

工程名称：某街道办事处办公用房

序号	项目名称	计算基础	费率（%）	金额（元）
1	规费			3765.29
1.1	工程排污费			0
1.2	社会保障及住房公积金	13984.36	26	3635.93
1.3	危险作业意外伤害保险	55912.05＋8765.59＋0.00	0.2	129.36
2	税金	分部分项工程费＋措施项目费＋其他项目费＋规费	3.44	2354.44
	合计			

（6）主要材料价格表。

主 要 材 料 价 格 表

工程名称：某街道办事处办公用房　　　　　　　　　　　　　　　　第　页、共　页

序号	材料编码	材料名称	单位	数量	单价	合价
1	b011500005	钢筋 φ10 以内	t	0.634	3840	2434.56
2	b011500006	钢筋 φ10 以外	t	0.431	3760	1620.56
3	b070100010	水泥 P.S32.5（抹灰用）	t	1.853	245	453.99
4	b070100071	矿渣硅酸盐水泥 P.S42.5（混凝土用）	t	9.851	334	3290.23
5	b070100072	矿渣硅酸盐水泥 P.S32.5	t	0.672	245	164.64
6	b070100072	矿渣硅酸盐水泥 P.S32.5（混凝土用）	t	1.602	245	392.49
		以下略				

（7）主要技术经济指标分析。

主要技术经济指标分析

序号	项目名称	计算方法	计算式	技术经济指标
1	单方造价	总造价/建筑面积	68272.4/73.73	925.98 元/m²
2	钢筋平方米消耗量	钢筋总量/建筑面积	1065/73.73	14.44kg/m²
3	水泥平方米消耗量	水泥总量/建筑面积	20856/73.73	282.87kg/m²
4	黏土砖平方米消耗量	黏土砖总量/建筑面积	25797/73.73	349.88 块/m²
5	砂平方米消耗量	总量/建筑面积	56.113/73.73	0.761m³/m²
6	碎石平方米消耗量	总量/建筑面积	38.044/73.73	0.516m³/m²
7	木材平方米消耗量	总量/建筑面积	0.761/73.73	0.010m³/m²
8	玻璃平方米消耗量	总量/建筑面积	25.578/73.73	0.347m²/m²

思 考 题

1. 说明工程设计阶段影响工程造价的因素。
2. 简述工程设计方案评价内容与方法。
3. 简述限额设计的含义、过程、要点。
4. 说明设计概算的含义及内容。
5. 简述施工图预算的含义及编制方法。

案 例 分 析

【案例分析题 1】

案例背景：某汽车制造厂选择厂址，对 3 个申报城市 A、B、C 的地理位置、自然条件、交通运输、经济环境等方面进行考察，综合专家评审意见，提出厂址选择的评价指标有：辅助工业的配套能力、当地的劳动力文化素质和技术水平、当地经济发展水平、交通

运输条件、自然条件。经专家评审确定以上各指标的权重，并对该 3 个城市各项指标进行打分，其具体数值见表 1。

表 1　　　　　　　　　　　各选址方案评价指标得分表

X	Y	选址方案得分		
		A 市	B 市	C 市
配套能力	0.3	85	70	90
劳动力资源	0.2	85	70	95
经济水平	0.2	80	90	85
交通运输条件	0.2	90	90	80
自然条件	0.1	90	85	80
Z				

问题：

(1) 表 1 中的 X、Y、Z 分别代表的栏目名称是什么？

(2) 试作出厂址选择决策。

【案例分析题 2】

案例背景：某房地产公司对某公寓项目的开发征集到若干设计方案，经筛选后对其中较为出色的 4 个设计方案作进一步的技术经济评价。有关专家决定从这 5 个方面（分别以 $F_1 \sim F_5$ 表示）对不同方案的功能进行评价，并对各功能的重要性达成以下共识：F_2 和 F_3 同样重要，F_4 和 F_5 同样重要，F_1 相对于 F_4 很重要，F_1 相对于 F_2 较重要；此后，专家对该 4 个方案的功能满足程度分别打分，其结果见表 2。

据造价工程师估算，A、B、C、D 4 个方案的单方造价分别为 1420 元/m²、1230 元/m²、1150 元/m²、1360 元/m²。

表 2　　　　　　　　　　　各方案综合评价计算表

功能	方案功能得分			
	A	B	C	D
F_1	9	10	9	8
F_2	10	10	8	9
F_3	9	9	10	9
F_4	8	8	8	7
F_5	9	7	9	6

问题：

(1) 计算各功能的权重。

(2) 用价值指数法选择最佳设计方案。

【案例分析题 3】

案例背景：某医科大学拟建一栋综合试验楼，该楼一层为加速器室，2～5 层为工作室。建筑面积 1360m²。根据扩大初步设计计算出该综合试验楼各扩大分项工程的工程量以及当地概算定额的扩大单价见表 3。

表 3　　　　　　　　　　　加速器室工程量及扩大单价表

定额号	扩大分项工程名称	单位	工程量	扩大单价
3-1	实心砖基础（含土方工程）	10m³	1.960	1614.16
3-27	多孔砖外墙（含外墙面勾缝、内墙面中等石灰砂浆及乳胶漆）	100m²	2.184	4035.03
3-29	多孔砖内墙（含内墙面中等石灰砂浆及乳胶漆）	100m²	2.292	4885.22
4-21	无筋混凝土带基（含土方工程）	m³	206.024	559.24
4-24	混凝土满堂基础	m³	169.470	542.74
4-26	混凝土设备基础	m³	1.580	382.70
4-33	现浇混凝土矩形梁	m³	37.860	952.51
4-38	现浇混凝土墙（含内墙面石灰砂浆及乳胶漆）	m³	470.120	670.74
4-40	现浇混凝土有梁板	m³	134.820	786.86
4-44	现浇整体楼梯	10m²	4.440	1310.26
5-42	铝合金地弹门（含运输、安装）	100m²	0.097	35581.23
5-45	铝合金推拉窗（含运输、安装）	100m²	0.336	29175.64
7-23	双面夹板门（含运输、安装、油漆）	100m²	0.331	17095.15
8-81	全瓷防滑砖地面（含垫层、踢脚线）	100m²	2.720	9920.94
8-82	全瓷防滑砖楼面（含踢脚线）	100m²	10.880	8935.81
8-83	全瓷防滑砖楼梯（含防滑条、踢脚线）	100m²	0.444	10064.39
9-23	珍珠岩找坡保温层	10m³	2.720	3634.34
9-70	二毡三油一砂防水层	100m²	2.720	5428.80
	脚手架工程	m²	1360.000	19.11

根据当地现行定额规定的工程类别划分原则，该工程属三类工程。三类工程各项费用的现行费率分别为：现场经费率 5.63%，其他直接费率 4.10%，间接费率 4.39%，利润率 4%，税率 3.51%，零星工程费为概算定额直接费的 5%，不考虑材料价差。

问题：

（1）试根据表 3 给定的工程量和扩大单价表，编制该工程的土建单位工程概算表，计算该工程土建单位工程的直接工程费；根据所给三类工程的费用定额，计算各项费用，编制土建单位工程概算书。

（2）若同类工程的各专业单位工程造价占单项工程造价的比例，见表 4。试计算该工程的综合概算造价，编制单项工程综合概算书。

表 4　　　　　　　　　　各专业单位工程造价占单项工程造价的比例

专业名称	土建	采暖	通风空调	电气照明	给排水	设备购置	设备安装	工器具
占比例（%）	40	1.5	13.5	2.5	1	38	3	0.5

第五章　招投标过程的工程造价管理

【学习指导】　通过本章的学习，要求掌握建设项目招标投标的程序和相关文件的组成、建设工程招标项目工程量清单与招标控制价的编制、投标报价的编制、合同价款的确定方法、工程施工合同的组成内容和有关主要事项；熟悉工程评标的程序和方法、投标决策和投标报价策略、建设工程合同的有关知识；了解建设工程计价的不同模式、建设工程施工合同示范文本的格式及其相关组成内容。

第一节　建设项目招投标概述

一、建设项目招标投标的概念、意义

（一）建设项目招标投标的概念

招标投标制是在市场经济体制下进行建设项目、货物买卖、财产租赁和中介服务等经济活动的一种竞争性交易形式。通过引入竞争机制以求达成交易协议和（或者）订立相关交易合同，以确定相关当事人彼此间的权利和应承担的义务，该活动同时兼有经济活动和民事法律行为两重性质，其虽为市场经济体制下的一种经济活动，但仍属于民事活动的范畴。

建设项目招标是指招标人依法提出招标项目及其相应的条件和要求，通过发布招标公告或者发出投标邀请书吸引潜在投标人参加投标的法律行为。

建设项目投标是指投标人响应招标文件的要求，参加投标竞争的法律行为。

招标人是指提出招标项目、组织招标的法人或者其他组织。

投标人是指响应招标、参加投标竞争的法人或者其他组织。

潜在投标人是指知悉招标人公布的招标项目的有关条件和要求，有可能愿意参加投标竞争的供应商或承包商。

（二）建设项目招标投标的意义

（1）实施建设项目招标投标，可确保建设领域中建设项目交易的公平、公正、公开。

（2）实施建设项目招标投标，可杜绝行业垄断和地方保护，达到优胜劣汰，促进建筑行业回归理性管理，迫使建设领域从业单位有压力感和紧迫感。

（3）实施建设项目招标投标，可促使相关从业单位不断加大技改力度、加大技改投入、提高管理水平，从而提高其产品或者提供服务的质量和水平，提高从业单位在国内和国际市场的竞争力，最终确保相关从业单位能够逐步、健康地发展壮大，以实现较好的经济效益和社会效益。

（4）实施建设项目招标投标，可利于我国在建设领域运用科学、规范化的管理制度和合理可行的管理运作程序，可很好地避免私下交易与暗箱操作现象在建设项目招标投标过

程中出现。

（5）实施建设项目招标投标，可优选出优秀的从业单位来从事相应的建设活动。这样一方面可以提供优质的服务，以最终确保建设项目的工程质量、工程进度和建设项目的施工安全；另一方面可以大大地降低建设项目的工程造价，节约建设项目的建设投资，以避免国有资产的大量流失。

（6）实施建设项目招标投标，可有利于我国在建设领域及早地与国际接轨。在现行的市场经济体制下，有利于尽快提升我国建设领域相关从业单位在国际建设领域的竞争地位、竞争优势和竞争实力，为我国建设领域的相关从业单位能够参与国际建设领域相关活动的竞争打下坚实的基础。

（7）实施建设项目招标投标，可很好地保护国家利益、社会公共利益和招标投标活动当事人的合法权益，提高经济效益，保证项目质量。

（8）实施建设项目招标投标，可很好地完善社会主义市场经济体制。招标投标立法的根本目的，是维护市场平等竞争秩序，完善社会主义市场经济体制，确保建筑市场平稳、健康、有序的发展。

（9）实施建设项目招标投标，可使招标方通过对各投标竞争者的报价和其他条件进行综合比较，从中选择报价低、技术力量强、质量保障体系可靠、具有良好信誉的承包商作为中标者，与之签订承包合同，以利于保证工程质量、缩短建设工期、降低工程造价、提高投资效益。

总之，实施建设项目招标投标活动的最终目的是在建设领域中引入竞争机制，通过竞争择优选择建设项目的勘察、设计、监理、施工、材料设备供应等从业单位，以保证建设项目的安全、缩短建设项目的建设周期、提高建设项目的建设质量、降低建设项目工程造价以节约建设投资、达到较好的经济效益和社会效益。

（三）建设项目招标投标活动应遵循的原则

（1）"公开"原则。公开就是要求建设项目招标投标活动应具有较高的透明度，实行招标信息公开、招标程序公开（发布招标公告或者投标邀请函）、开标公开、评标条件公开、中标结果公开。在开标、评标和定标的过程中，应公正、科学、合理、合法，真正做到使每一个投标人对建设项目的平等、有序竞争。

（2）"公平"原则。公平就是要求给予所有投标人平等的机会，使其享有同等的权利并履行相应的义务，不歧视任何一方。招标投标活动属于民事法律行为，活动中各民事主体是平等的。招标投标活动中应排除一切不正当的竞争行为，各民事主体均不能采用违法或其他不正当的方式干扰正常的竞争，也不得将一方的意志强加给另一方，严禁出现地方保护和行业垄断现象。

（3）"公正"原则。公正就是要求开标、评标、定标时应严格按招标文件中规定的统一的标准对待所有的投标人。按照相关法律的规定，建设项目招标活动应在已建立的建设项目交易中心中公开进行。招标人不得以不合理的条件限制或者排斥潜在投标人，不得对潜在投标人实行歧视性待遇。

（4）"诚实信用"原则，也称"诚信"原则。诚实信用原则是一切民事活动都应遵循的原则，是市场经济的前提，是行使民事权利和履行民事义务的基础。诚实是指行为的真实性和合法性，不人为地隐瞒或者歪曲事实的真相而欺骗他人；信用是指遵守承诺，履行合约，切实履行好自己应负的民事义务，不得因见利忘义、弄虚作假而损害他人、国家、集体及社会公众的利益。

（四）建设项目招标投标活动的项目范围和规模标准

1. 建设领域必须实施招标的建设项目范围

我国是以公有制为基础的社会主义国家，建设资金主要来源于国有资金，必须发挥最佳经济效益。通过立法，把使用国有资金进行的建设项目纳入强制招标的范围，明确必须进行招标的建设项目的具体范围和规模标准，规范建设项目的招标投标活动，切实保护国有资产，避免国有资产的流失。

强制招标是指法律规定某些类型的采购项目，凡是达到一定数额的，必须通过招标进行，否则采购单位要承担法律责任。

（1）《中华人民共和国招标投标法》第三条规定：在中华人民共和国境内进行下列工程建设项目包括项目的勘察、设计、施工、监理以及与工程建设有关的重要设备、材料等的采购，必须进行招标。①大型基础设施、公用事业等关系社会公共利益、公众安全的项目；②全部或者部分使用国有资金投资或者国家融资的项目；③使用国际组织或者外国政府贷款、援助资金的项目。

（2）《中华人民共和国招标投标法》第四条规定：任何单位和个人不得将依法必须进行招标的项目化整为零或者以其他任何方式规避招标。

2. 建设领域必须实施招标的建设项目规模标准

《工程建设项目招标范围和规模标准规定》规定的上述各类工程建设项目，包括工程建设项目的勘察、设计、施工、监理以及与工程建设有关的重要设备、材料等的采购，达到下列标准之一的，必须对工程建设项目的相关内容进行招标：

（1）施工单项合同估算价在 200 万元人民币以上的。

（2）重要设备、材料等货物的采购，单项合同估算价在 100 万元人民币以上的。

（3）建设项目的勘察、设计、监理等服务的采购，单项合同估算价在 50 万元人民币以上的。

（4）单项合同估算价低于第（1）、（2）、（3）项规定的标准，但项目总投资额在 3000 万元人民币以上的。

3. 建设领域可以不进行招标的工程建设项目

《工程建设项目施工招标投标办法》中的第 12 条规定，在建设领域中工程建设项目有下列情形之一的，依法可以不进行工程建设项目的施工招标：

（1）涉及国家安全、国家机密或者抢险救灾而不适宜招标的。

（2）属于利用扶贫资金实行以工代赈需要使用农民工的。

（3）施工主要技术采用特定的专利或者专有技术的。

（4）施工企业自建自用的工程，且该施工企业资质等级符合工程要求的。

（5）在建工程追加的附属小型工程或者主体加层工程，原中标人仍具有承包能力的。

（6）工程建设项目中停建或者缓建后恢复建设的单位工程，其承包人未发生变更的。

（7）法律、行政法规规定的其他情形。

（五）建设项目招标投标活动的监管

工程建设项目的招标投标活动涉及到建设领域的各地、各行、各业及其相关的建设行政主管部门，为了避免各个地区、各个行业之间出现地方保护和行业垄断现象，避免建设市场混乱无序、无从管理，国家明确指定了一个对全国工程建设项目招标投标活动进行统一归口管理的建设行政主管部门，即住房与城乡建设部，它是全国最高的工程建设项目招标投标管理机构。这样有利于维护建筑市场的统一性、竞争有序性和开放性，可以确保建筑市场的健康、平稳发展。

在住房与城乡建设部的统一监管下，在全国范围内实施省、市、县三级建设行政主管部门对所辖行政区域内的工程建设项目的招标投标活动实行分级管理。其具体管理事务由各级建设行政主管部门所下属的各级建设项目招标投标办事机构（建设工程项目招标投标管理办公室）予以负责。

各级建设项目招标投标办事机构的具体职责为：

（1）审查招标单位的资质、招标项目的条件、招标申请书和招标文件。

（2）审查招标项目的招标控制价。

（3）监督开标、评标和定标。

（4）调解工程建设项目招标投标过程中的有关纠纷。

（5）处罚违反有关招标投标规定的行为，否决违反招标投标有关规定的定标结果。

（6）监管承发包合同的签订和履行。

二、建设项目招标

（一）建设项目招标应具备的条件

（1）招标人已经依法成立。

（2）招标项目按照国家有关规定需要履行项目审批手续的，应当先履行审批手续，并获得批准（建设项目已经立项、初步设计和设计概算的审批已经批准）。

（3）招标人应当有进行招标项目的相应资金或者资金来源已经落实，并应当在招标文件中如实载明。

（4）已获得建设用地的使用许可证。

（5）有满足招标需要的施工图和相关的技术资料。

（6）建设资金已到位，主要材料、设备来源已经落实。

（7）招标人已将建设项目的招标范围、招标方式和招标组织形式等向建设工程招标投标管理机构办理了核准手续，并已获得核准。

（8）其他法律、法规要求具备的条件。

（二）建设项目招标的方式

按照《中华人民共和国建筑法》与《中华人民共和国招标投标法》的规定，在我国境内进行的工程建设项目招标的合法方式只有公开招标与邀请招标两种方式。

1. 公开招标（无限竞争招标）

公开招标（无限竞争招标）：是指招标人以招标公告的方式邀请不特定的法人或者其他组织投标。按照《工程建设项目施工招标投标办法》的有关规定，下列工程建设项目的施工招标应当采用公开招标：

（1）国务院发展计划部门确定的国家重点建设项目。

（2）省、自治区、直辖市人民政府确定的地方重点建设项目。

（3）全部使用国有资金投资或者国有资金投资占控股或者主导地位的工程建设项目。

招标人采用公开招标方式的，应当发布招标公告。依法必须进行招标的建设项目的招标公告，应当通过国家指定的报刊、信息网络或者其他媒介发布。

2. 邀请招标（有限竞争招标）

邀请招标（有限竞争招标）：是指招标人以投标邀请书的方式邀请特定的法人或者其他组织投标。按照《工程建设项目施工招标投标办法》的有关规定，对于应当公开招标的工程建设施工招标项目，有下列情形之一的，经批准可以进行邀请招标：

（1）项目技术复杂或者有特殊要求，只有少量几家潜在投标人可供选择的。

（2）受自然地域环境限制的。

（3）涉及国家安全、国家秘密或者抢险救灾，适宜招标但不宜公开招标的。

（4）拟公开招标的费用与项目的价值相比不值得的。

（5）法律、法规规定不宜公开招标的。

招标人采用邀请招标方式的，应当向 3 个以上具备承担招标项目的能力、资信良好的特定的法人或者其他组织发出投标邀请书。

（三）建设项目施工招标的程序

1. 招标人（建设单位）成立招标工作机构

（1）招标人（建设单位）对建设工程项目实施自行招标。招标人（建设单位）具有编制招标文件和组织评标能力的，可以自行办理招标事宜，任何单位和个人不得强制其委托招标代理机构办理招标事宜。依法必须进行招标的项目，招标人自行办理招标事宜的，应当到当地的有关建设行政监督部门进行备案。

招标人（建设单位）成立招标工作机构应当具备一定的条件，具体要求如下：

1）招标人（建设单位）必须是具有项目法人资格或依法成立的其他组织；

2）有与招标项目规模或复杂程度相适应的工程技术、概预算、财务和工程管理等方面专业技术力量；

3）有从事同类工程建设项目招标的经验；

4）设有专门的招标机构或者拥有 3 名以上专职招标业务人员；

5）熟悉和掌握招标投标法及其他相关的法律、法规知识。

（2）招标人（建设单位）对建设工程项目实施委托招标。招标人（建设单位）不具备上述相应的条件，必须委托具有相应资质等级的招标代理机构代理建设项目的施工招标事宜。招标人有权自行选择招标代理机构，委托其办理招标事宜。任何单位和个人不得以任何方式为招标人指定招标代理机构。

招标代理机构应当具备下列条件：

1）有从事招标代理业务的营业场所和相应资金；

2）有能够编制招标文件和组织评标的相应专业力量；

3）有符合《中华人民共和国招标投标法》规定条件、可以作为评标委员会成员人选的技术、经济等方面的专家库。

2. 确定工程建设项目的招标内容、招标范围和招标方式

工程建设项目的招标内容和范围可以是整个建设过程各个阶段的全部工作内容，也可以是建设过程中的某一个阶段的工程建设内容，或者是建设过程中某一个阶段的某一项具体专业建设项目。工程建设项目的招标内容、招标范围和招标方式应由招标人根据国家相关法律、法规的规定和工程建设项目的专业要求、管理要求等具体情况给以合理的确定。

3. 向建设工程招标投标管理机构提出招标申请书并进行工程建设项目的招标备案

当工程建设项目符合招标条件后，招标人可向当地的建设工程招标投标管理机构提出工程建设项目的招标申请。

工程建设项目招标申请书的内容应包括：招标工程具备的条件、招标人的法人资格证明和委托授权书、工程建设项目的招标内容和招标范围、拟采用的招标方式、招标公告或者招标邀请书和投标单位或者招标代理机构的具体情况介绍等。

4. 发布招标公告或者发出投标邀请书

(1) 工程建设项目施工招标采用公开招标方式进行招标时，应发布招标公告。

招标公告应包括如下内容：

1) 招标人和招标工程项目的名称；

2) 招标工程项目简介（建设项目的工程内容、工程规模、建设资金来源等）；

3) 招标工程项目的实施地点和工期；

4) 建设工程项目的施工承包方式；

5) 投标人的投标资格要求；

6) 获取投标资格预审文件的时间及地点；

7) 获取招标文件的地点、时间和应缴纳的费用；

8) 提供投标资格预审文件的方式及截止日期；

9) 预计发出投标资格预审合格通知书的时间。

(2) 工程建设项目施工招标采用邀请招标方式进行招标的，招标人应向预先选定的承包商发出投标邀请书。

投标邀请书应包括如下内容：

1) 招标人和招标工程项目的名称；

2) 招标工程项目简介（建设项目的工程内容、工程规模、建设资金来源等）；

3) 招标工程项目的实施地点和工期；

4) 建设工程施工承包方式；

5) 投标人的投标资格要求；

6) 领取招标文件的地点、时间和应缴纳的费用。

5. 编制工程建设项目的招标文件、工程量清单和招标控制价，并上报建设工程招标投标管理机构进行审定和备案

(1) 编制工程建设项目招标文件。招标文件是招标、评标及签订工程建设项目施工承包合同的纲领性文件。招标文件编制完成后应报送建设工程招标投标管理机构进行备案，并按其意见进行修改。

工程建设项目施工招标的招标文件应包括如下内容：

1）投标邀请函；

2）投标须知；

3）合同主要条款及合同格式；

4）工程技术要求及技术规范；

5）投标文件的编制格式及要求；

6）采用工程量清单计价方法招标的，应提供工程建设项目工程量清单及相关的报价表；

7）工程建设项目的施工图纸及技术要求；

8）评标标准和评标办法；

9）采用工程量清单计价方法招标的，应提供工程建设项目施工招标控制价；

10）投标辅助材料。

招标人应当在招标文件中规定实质性要求和条件，并以醒目的方式加以表明。

（2）投标须知。投标须知是指导投标人正式履行投标手续的文件，其目的在于避免造成废标，使招标工作取得圆满成功。

工程建设项目施工招标的招标文件中投标须知通常包括如下内容：

1）承发包双方业务往来中收发信函的规定；

2）设计单位的名称及投标人与之发生业务联系的方式；

3）解释招标文件的单位、联系人等方面的说明；

4）填写投标文件（标书）的规定和投标、开标的时间、地点等；

5）评标、定标的方法及要求；

6）投标人提供的担保方式；

7）投标人对招标文件有关内容提出建议的方式和方法；

8）招标人拒绝投标的权利；

9）投标人对招标文件及工程有关内容保密的义务等。

（3）工程建设项目的工程量清单和招标控制价。采用工程量清单计价方法招标的工程建设项目，招标人在编制招标文件的过程中，应根据招标文件中规定的招标内容与招标范围、工程建设项目的施工图与技术资料、工程建设项目的施工现场情况、《建设工程工程量清单计价规范》（GB 50500—2008）的要求和格式等相关资料编制工程建设项目的工程量清单，并根据《建设工程工程量清单计价规范》的要求和格式、招标文件中编制好的工程量清单、当地通用的政府定额、当地的市场价格或者工程造价管理机构公布的市场价格信息等资料编制该工程建设项目的招标控制价。

6．投标资格预审

采用公开招标的工程项目，招标人对报名参加投标的投标人进行投标资格审查，并将资格审查结果通知各个投标人。

资格审查是指在投标前招标人对愿意参加投标的投标人进行财务情况、技术力量、管理水平和社会信誉等方面的审查，以确保投标人具有承担施工任务的能力和可靠的信誉。投标人投标资格预审表主要包括如下内容：

(1) 企业的注册证明和技术等级；

(2) 主要施工经历；

(3) 质量保证措施；

(4) 技术力量方面简况；

(5) 施工机械设备简况；

(6) 正在施工的承建项目；

(7) 企业资金或财务状况；

(8) 企业的商业信誉；

(9) 准备在该招标工程项目上使用的施工机械设备；

(10) 准备在该招标工程项目上采用的施工方法、施工方案和施工进度安排等。

7. 向合格的投标人分发或者出售招标文件、设计图纸和相应的技术资料

在投标资格审查结束后，招标人应及时地将投标资格审查结果通知到所有投标人。已经通过投标资格审查的投标人应在招标公告或者投标邀请书中规定的时间和地点领取或者购买招标文件。

8. 组织所有投标人勘察建设工程的施工现场，并召开招标答疑会

招标人发出招标文件后，需要在招标文件中规定的时间组织所有投标人进行建设项目施工现场的勘察，以便于投标人了解工程施工现场的条件和环境状况。期间由招标人组织召开招标答疑会，对招标与投标过程中投标人提出的有关问题进行答疑，澄清招标文件中的模糊内容、进行工程建设项目的技术交底。

通常，投标人在此期间提出的问题应由招标人给以书面答复，并以备忘录的形式（招标答疑记录）发给所有投标人。招标答疑记录是招标文件的重要组成部分，是对招标文件的完善、解释和补充，投标人在投标过程中必须正确对待，切不可忽视。

9. 接受投标文件

招标文件中要明确规定投标人投送投标文件的地点和期限。投标人应在招标文件中规定的投标文件投送截止时间之前投送到规定地点。投标人送达投标文件时，招标人应检查投标文件的密封情况和送达的时间是否符合要求，合格者发给回执，否则拒收。采用"两阶段招标法"招标的工程项目，投标人应将技术标和商务标分开封存，其中技术标中不能出现投标人的名称、有关标记及其他任何方面的暗记，否则拒收。

三、建设项目施工投标

（一）投标人的资格要求

投标人在进行投标时应当具备下列条件：

(1) 有与招标文件要求相适应的人力、物力和财力；

(2) 有与招标文件要求的资质证书和相应的工作经验与业绩证明；

(3) 有法律、法规规定的其他条件。

（二）投标保证金

1. 投标保证金的概念

投标保证金是为了防止投标人不审慎投标而由招标人在招标文件中设定的一种担保方式。投标保证金的种类有现金、银行出具的银行保函、保兑支票、银行汇票或者现金

支票。

在工程建设项目的招标投标过程中，招标人为了约束投标人的投标行为，保护招标人的合法权益，维持招标投标活动的正常秩序，避免因投标人的一些不当行为而导致招标人招标活动的失败，招标人在招标文件中要求投标人投标时应缴纳一定数额的投标保证金。

在工程建设项目招标投标过程中，发生下列情形之一时，招标人有权没收投标人的投标保证金：

（1）投标人在投标有效期内撤回其投标文件；

（2）投标人中标后未能在规定的期限内提交履约保证金；

（3）投标人中标后未能在规定的期限内与招标人签署工程承包合同。

2. 投标保证金的数额和有效期限

（1）投标保证金的种类和数额。《工程建设项目施工招标投标办法》中规定：招标人应在招标文件中要求投标人提交投标保证金。投标保证金一般不超过投标总价的 2%，且最高不得超过 80 万元人民币。

（2）投标保证金的有效期限。投标保证金有效期应当超出投标有效期 30 天。

投标人应当按照招标文件要求的方式和金额，将投标保证金随同投标文件提交给招标人。投标人不按照招标文件要求提交投标保证金的，其投标文件将被拒收，并作废标处理。

（三）联合体投标

1. 联合体投标的概念

联合体投标是指由两个或者两个以上法人或者其他社会组织根据其间的约定协议自愿结成一个联合体，以一个投标人的身份共同参入投标竞争的一种法律行为。

联合体投标的特点：

（1）联合体由两个或者两个以上法人或者其他社会组织组成；

（2）联合体中的各方在投标前，必须事先通过协商而约定一个共同的投标协议，以明确联合体中各方彼此间的权利和应承担的义务，用以约束联合体各方的彼此行为；

（3）联合体投标只能以一个投标人的身份进行投标竞争；

（4）招标人与中标后的联合体只签订一个工程承包合同，而不是与联合体中的各个成员单位分别签订合同。

2. 联合体投标的资质要求与责任

（1）联合体投标的资质要求。

1）联合体各方均应当具备承担招标项目的相应能力；

2）国家有关规定或者招标文件对投标人资格条件有规定的，联合体各方均应当具备规定的相应资格条件；

3）由同一专业的单位组成的联合体，按照资质等级较低的单位确定投标联合体的资质等级。

（2）联合体各方的连带责任。联合体各方应当签订共同投标协议，明确约定各方拟承担的工作和责任，并将共同投标协议连同投标文件一并提交招标人。联合体中标后，联合体各方应当共同与招标人签订一份工程承包合同，并就中标项目向招标人承担连带责任。

招标人不得强制投标人组成联合体共同投标,不得限制投标人之间的竞争。

（四）建设项目施工投标的程序

1. 招标项目的可行性、可靠性研究与投标决策

在工程建设项目的招标投标过程中,投标人的总体目标为通过努力使自己在激烈的竞争中能一举中标,并使中标项目能有较大的利润空间。为此,要求投标人应对招标项目进行可行性和可靠性研究,并最终决策是否对招标项目进行投标。

投标人应根据招标公告或者投标邀请函的相内容,对招标人和招标项目进行调研,具体调研的内容为:

（1）弄清招标项目的真实性;

（2）调研招标项目业主的项目合法性、项目资金的来源情况、招标项目业主的背景及其运行情况、社会信誉情况等,以避免投标人盲目投标,从而大大地降低投标人的投标风险。

2. 报名参加投标、组建投标工作机构

（1）投标人报名参加投标。投标人经过决策决定参加招标项目的投标后,应进行投标报名,并根据相关法律、法规的规定及招标公告或者投标邀请书中的有关要求向招标人提供相关资料,以说明投标人的合法性、介绍投标人的情况。

（2）投标人组建投标工作机构。投标人为了确保在投标竞争中取胜,投标人应精心挑选精干且投标经验丰富的相关人员组建投标工作机构,由其具体负责整个投标过程中所有事务。

当然在投标过程中,投标人也可将投标任务委托给相应的招标代理机构,由招标代理机构代理投标人对招标项目进行投标。

3. 填写资格预审表

投标人应按照招标人提供的资格预审表中的内容认真填写,填写的过程中应确保填写内容的真实性和准确性,并应有一定的针对性,以保证投标人能顺利通过资格预审。

4. 领取招标文件

投标人应按招标公告或者投标邀请书中规定的时间和地点向招标人投送投标资格预审表。招标人在对各个投标人的投标资格进行审查后,应在规定的时间内向各个投标人发送投标资格预审合格通知书或者投标资格预审不合格通知书。投标资格预审合格的投标人在收到投标资格预审合格通知书后,应在招标公告或者投标邀请书中规定的时间和地点从招标人处领取或者购买招标文件,并按招标公告或者投标邀请书中规定的数额向招标人缴纳投标保证金。

5. 研究招标文件

招标文件是投标人进行投标和编制投标文件、投标报价的主要依据,也是投标人中标后与招标人签订工程施工承包合同的纲领性文件。所以投标人在领取招标文件后应认真研究。

（1）了解、熟悉招标文件中的有关内容,如投标人须知、招标工程的条件、工程施工范围、工程量、计划工期、工程质量标准及要求、招标控制价、合同的主要条款内容、招标人提出的实质性内容及要求等,以便投标人尽早了解投标过程中存在的投标风险,以利

于投标人针对性地采取相应的投标策略。

（2）结合工程施工图和工程的施工现场情况对招标文件中的工程量清单、招标控制价进行复核，其中应重点复核工程量清单中项目的划分、项目的组成及项目的工程量。

1）通过复核必须弄清招标项目的划分与组成是否准确合理，工程量清单中的项目有无漏项或者多项情况，标记清楚漏项或者多项项目的复核结果；

2）通过复核必须弄清工程量清单中各个招标项目的工程量是否准确无误，有无项目的工程量多计或者少计情况，标记清楚工程量多计或者少计项目的复核结果。

（3）对招标文件中模糊不清或者投标人把握不准的内容，投标人应做好记录，以便于在招标人组织的招标答疑会上能够给以澄清，或者通过招标文件中规定方式由招标人解答疑点。

6．调查投标环境

（1）对招标项目进行调查分析。首先调查招标项目的自身情况：招标项目的合法性、建设资金的到位情况、招标项目前期准备工作的进行情况、招标项目是否具备工程施工的条件和要求、业主对招标项目建设工期要求的紧迫程度、招标项目的质量等级要求及相应的控制标准等。此外对招标项目的现场和周围环境进行调查分析：招标项目具体施工的难易程度、当地的自然条件对招标项目施工和工程承包合同履行的影响、招标项目现场地质情况对工程施工和工程承包合同履行的影响、招标项目现场周围环境对工程施工和工程承包合同履行的影响以及招标项目现场的交通、通信、供水、供电情况等。

（2）对招标项目所在地的市场情况进行调查。调查当地的建筑材料、有关设备、日常生活用品等供应情况及市场价格水平；调查当地的劳动力市场行情；调查当地的政策环境、社会治安情况等是否有利于招标项目的施工等。

（3）分析投标人自身因素。弄清投标人自己企业目前的自身实力和发展、生存状况，如企业的管理水平、企业的技术和设备实力、企业的财务状况及流动资金情况、企业的在建施工项目的饱和程度、企业的社会信誉和知名度情况、企业的竞争力情况等。

7．参加招标人组织的招标答疑会（标前会议）、勘察招标工程的施工现场

投标人在获取招标文件后，应据招标文件中规定的时间和地点按时参加招标人组织的招标答疑会，并对工程的施工现场进行勘察。

（1）在招标答疑会上，所有投标人均可就招标文件中模糊不清或者投标人把握不准的有关内容，提请招标人给以解释、澄清或者说明。

在招标答疑会上需招标人解释、澄清或者说明的有关内容有：

1）对招标项目的招标内容、招标范围模糊不清或者投标人把握不准的问题；

2）招标文件中工程施工图与技术规范之间相互矛盾的问题；

3）对招标文件中主要合同条款模糊不清或者投标人把握不准的问题；

4）对招标文件中招标人所提出的实质性要求和条件模糊不清或者投标人把握不准的问题；

5）其他与招标投标有关而投标人把握不住的问题等。

招标人应对各个投标人提出的有关问题予以解释、澄清或者说明，对所有提出问题的答复应形成书面文件，并发给每一个投标人，以作为招标文件的补充和完善。

（2）投标人应认真仔细地勘察施工现场，与招标文件、工程施工图和技术资料进行对照，结合现场的施工条件、生活条件和工程专业要求等对现场进行调研分析，以确定合理可行的施工方案和确定相应的技术措施。

8. 编制施工组织设计、确定施工方案、制定施工进度计划

投标人在进行招标项目的投标报价前，必须先根据招标内容、招标范围、工程施工图、相关技术资料、计划工期、工程量清单中的有关项目工程量、招标工程施工现场的实际情况等资料编制一个合理可行、用以指导和控制招标项目施工的施工组织设计（施工规划），其中应明确招标项目施工过程中必需的施工技术、组织措施和具体的施工方案。

（1）施工方案与施工组织设计是进行招标项目施工控制与管理的基础和依据，是确保招标项目施工的安全、顺利进行并按时、保质保量完成的前提。它作为投标文件中重要的技术资料，可反映出投标人的管理水平、技术实力、机械设备力量等影响投标人投标竞争力的关键因素。施工方案与施工组织设计是招标人在评标过程中必须考虑的重要因素之一。

（2）施工方案与施工组织设计是投标人进行投标报价的前提条件和依据。投标报价与施工方案与施工组织设计有着密切的关系，由于不同的施工方案与施工组织设计有着不同的工程施工预算成本，也就决定了招标项目的投标报价不同。

9. 确定投标策略

投标人在投标时确定投标策略的宗旨在于投标过程中如何确保中标，通过规避投标风险用最小的代价获得最大的经济效益。

10. 编制投标文件

（1）投标文件的组成。投标文件通常分为：商务文件、技术文件和价格文件三部分。

1）商务文件是指用以证明投标人履行了合法手续及招标人了解投标人商业资信、合法性的文件。一般包括投标保函、投标人的授权书及证明文件、联合体投标人提供的联合协议、投标人所代表的公司的资信证明等，如有分包商，还应出具分包商的资信文件供招标人审查；

2）技术文件包括建设工程项目的全部施工组织设计内容，是评价投标人的技术实力、机械设备的装备水平和施工经验的重要依据。技术复杂的项目对技术文件的编写内容及格式均有详细要求，投标人应当认真按照规定填写；

3）价格文件是投标文件的核心，全部价格文件必须完全按照招标文件的规定格式和要求编制，不允许有任何改动，如有漏填，则视为其已经包含在其他价格报价中。

（2）投标文件应包括的内容。

1）投标文件的综合说明；

2）根据招标文件中规定的格式和要求及其工程量清单进行投标报价，编制投标报价单；

3）施工方案；

4）保证工程质量、进度、施工安全的主要技术组织措施；

5）计划开工、竣工日期、工程总进度计划；

6）对招标文件中合同主要条款的确认；

7）对招标文件中的实质性要求和条件做出的响应；

8）填写投标标函。

（3）编制投标文件的基本要求和注意事项。

1）投标人必须严格地按照招标文件中规定的格式和要求进行投标文件的编制。否则，投标人的投标文件在开标后就可以被宣布为废标。

2）投标文件必须是投标人对招标人的招标文件中的实质性要求和条件做出的响应。投标人必须严格按照招标文件填报，不得对招标文件进行修改，不得遗漏或者回避招标文件中的问题，更不能提出任何附带条件。否则，投标人的投标文件在开标后就可以被宣布为废标。

3）投标文件要求字迹正规、清楚，纸张统一；投送的投标文件如有因填写有误而修改的，投标人必须在修改处签字。

11．投送投标文件

（1）投标人应当在招标文件要求提交投标文件的截止时间前，将投标文件送达到招标文件中规定的地点。

（2）投标文件的签收保存。招标人收到投标文件以后应当签收、保存，不得开启。为了保护投标人的合法权益，招标人必须履行完备的签收、登记和备案手续。签收人要记录投标文件递交的日期和地点以及密封状况，签收人签名后应将所有递交的投标文件放置在保密安全的地方，任何人不得开启投标文件。

（3）在招标文件要求提交投标文件的截止时间后送达的投标文件，招标人应当拒收。

12．参加开标会、中标与授标

投标人必须按照招标文件中规定的时间和地点按时参加开标会，如果投标人不参加开标会，其投标文件应定为废标。经评标委员会评审后，最终由招标人或者由评标委员会直接确定中标人，由招标人与中标人签订工程承包合同。

第二节　施工项目招投标阶段的工程造价计价模式

一、工程量清单计价模式

工程量清单计价是一种国际上通行的建设工程造价计价方式，是在建设工程招标投标中招标人按照《建设工程工程量清单计价规范》（GB 50500—2008）（以下简称《计价规范》）中规定的工程量计算规则和工程施工图等资料提供工程数量，编制招标项目的工程量清单，由投标人依据提供的工程量清单自主报价，并经评审后低价中标的工程造价计价方式。工程建设领域采用工程量清单计价模式，按照"政府宏观调控、企业自主报价、市场形成价格、加强市场监管"的要求，由投标人根据本企业自身的管理水平和技术实力，结合建设工程项目的实际情况，根据市场价格和市场规律自主确定建设工程项目的投标报价，通过竞争而承揽工程项目。

在工程建设领域的招标投标中，实行工程量清单计价模式，由招标人编制工程量清单和招标控制价，由投标人根据工程量清单自主报价，由招标人与中标人协商约定合同价款及建设工程竣工结算等事宜，以便于合理地确定建设工程造价。工程量清单计价应用于招标控制价的编制、投标报价、合同价款约定、工程计量与价款支付、索赔与现场签证、工程价款调整、工程竣工结算办理及工程造价计价争议处理等工程建设的各个环节，但在应用过程中必须执行《计价规范》中的有关规定。

（一）工程量清单的编制

在建设工程项目施工招标的过程中，招标人必须按照《计价规范》中规定的计量与计价原则编制工程施工招标项目的工程量清单与招标控制价。它们为招标文件的重要组成部分，是投标人对工程施工项目进行投标报价并编制投标文件的依据，是评标过程中进行招标项目评标的依据。其中工程量清单也是建设工程施工承包合同的重要组成要件，是建设工程施工合同当事人在施工过程中进行工程进度计量与进度款支付、工程变更、现场施工签证、工程施工索赔、施工工程竣工结算的重要依据。

1. 工程量清单的概念及作用

（1）工程量清单的定义。工程量清单是指建设工程的分部分项工程项目、措施项目、其他项目、规费项目和税金项目的名称和相应数量等的明细清单。

（2）工程量清单的组成内容。工程量清单应由封面、总说明、分部分项工程量清单、措施项目清单、其他项目清单、规费项目清单、税金项目清单七部分组成。

（3）工程量清单的作用。

1）工程量清单是招标文件的重要组成部分；

2）工程量清单是建设工程施工承包合同的重要组成要件；

3）工程量清单是招标人编制招标控制价和投标人进行投标报价并编制投标文件的依据；

4）工程量清单是建设工程施工合同当事人进行工程计量、工程进度款支付、现场签证、合同价款调整、工程索赔和办理工程竣工结算的依据。

2. 工程量清单的编制

（1）工程量清单的编制人。工程量清单可由具有编制能力的招标人进行编制，也可委托具有相应资质等级的工程造价咨询人进行编制。

（2）编制工程量清单应依据。

1）《计价规范》；

2）国家或省级、行业建设主管部门颁发的计价依据和办法；

3）建设工程设计文件；

4）与建设工程项目有关的标准、规范、技术资料；

5）招标文件及其补充通知、答疑纪要；

6）施工现场情况、工程特点及常规施工方案；

7）其他相关资料。

（3）工程量清单总说明的填写格式。工程量清单总说明应按下列内容填写：

1）工程概况：建设规模、工程特征、计划工期、施工现场实际情况、自然地理条件、环境保护要求等；

2）工程招标和分包范围；

3）工程量清单编制依据；

4）工程质量、材料、施工等的特殊要求；

5）其他需要说明的问题。

（4）分部分项工程量清单的编制。分部分项工程项目是指根据《计价规范》附录规定的项目编码、项目名称、项目特征、计量单位和工程量计算规则进行编制的建设工程施工项目中的具体施工实体工程项目。分部分项工程项目的划分是按一个"综合实体"考虑的，一般由多个分项工程组成。

分部分项工程量清单包括五个构成要件，即项目编码、项目名称、项目特征、计量单位和工程量，这五个要件在分部分项工程量清单的组成中缺一不可。

分部分项工程量清单的五个构成要件的编制依据为：分部分项工程量清单应根据《计价规范》中附录规定的项目编码、项目名称、项目特征、计量单位和工程量计算规则进行编制。

1）分部分项工程量清单项目编码的表示方法。分部分项工程量清单的项目编码是指分部分项工程量清单项目名称的数字标识。

分部分项工程量清单的项目编码，应采用12位阿拉伯数字表示。1～9位应按附录的规定设置，10～12位应根据拟建工程的工程量清单项目名称设置，同一招标工程的项目编码不得有重码。

一至九位为统一编码，其中，一、二位为附录顺序码，三、四位为专业工程顺序码，五、六位为分部工程顺序码，七、八、九位为分项工程项目名称顺序码，十至十二位为清单项目名称顺序码。

2）分部分项工程量清单项目名称的确定。分部分项工程量清单的项目名称应按《计价规范》中附录的项目名称结合拟建工程的实际情况加以确定。

3）分部分项工程量清单项目特征的描述。工程量清单的项目特征是指构成分部分项工程量清单项目、措施项目自身价值的本质特征。即对构成工程实体的分部分项工程量清单项目和非实体的措施清单项目，反映其自身价值的特征进行的描述。

4）分部分项工程量清单计量单位的确定。分部分项工程量清单的计量单位应按《计价规范》附录中规定的计量单位确定。

5）分部分项工程量清单工程量的计算。分部分项工程量清单所列工程量应按《计价规范》附录规定的工程量计算规则进行计算。计算过程中应注意以下几点：①以"t"为计量单位的应保留小数点后三位，第四位小数四舍五入；②以"m³"、"m²"、"m"、"kg"为计量单位的应保留小数点后两位，第三位小数四舍五入；③以"项"、"个"等为计量单位的应取整数。

（5）措施项目清单的编制。措施项目是指为完成工程项目施工，发生于该工程施工准备和施工过程中的技术、生活、安全、环境保护等方面的非工程实体项目。

建设工程施工过程中采用的措施项目按其适用范围可分为通用措施项目和各专业工程专用措施项目两种。通用措施项目是指各专业工程的措施项目清单中均可列的措施项目，具体内容详见《计价规范》。各专业工程专用措施项目按《计价规范》附录中各专业工程中的措施项目并根据工程实际进行选择列项。

措施项目清单的编制原则：

1) 措施项目清单应将通用措施项目与专业专用措施项目分列；

2) 措施项目清单应根据拟建工程的实际情况进行列项；

3) 通用措施项目中将环境保护、文明施工、安全施工、临时设施合并定义为安全文明施工；当出现《计价规范》未列的措施项目时，可根据工程实际情况进行补充；

4) 措施项目中可以计算工程量的措施项目清单宜采用分部分项工程量清单的编制方式进行编制，列出措施项目的项目编码、项目名称、项目特征、计量单位和工程量；不能计算工程量的措施项目清单，措施项目应以"项"为计量单位。

（6）其他项目清单的编制。

1) 其他项目清单的组成：①暂列金额；②暂估价，包括材料暂估单价、专业工程暂估价；③计日工；④总承包服务费。

2) 几个相关项目的概念。

a. 暂列金额是指招标人在工程量清单中暂定并包括在合同价款中的一笔款项。用于施工合同签订时尚未确定或者不可预见的所需材料、设备、服务的采购，施工中可能发生的工程变更、合同约定调整因素出现时的工程价款调整以及发生的索赔、现场签证确认等的费用。

b. 暂估价是指招标人在工程量清单中提供的用于支付必然发生但暂时不能确定价格的材料的单价以及专业工程的金额。

c. 计日工是指在施工过程中，承包人完成发包人提出的施工图纸以外的零星项目或工作，应按合同中约定的计日工综合单价进行计价。

d. 总承包服务费是指总承包人为配合协调发包人进行专业工程分包、对发包人自行采购的设备、材料等进行管理、服务以及对专业分包工程进行施工现场管理、竣工资料汇总整理等服务所需的费用。

3) 编制其他项目清单时应注意的问题。

a. 设立暂列金额是为了保证合同结算价格不出现超过合同价格的情况。暂列金额应包括在合同价之内，但并不直接属承包人所有，而是由发包人暂定并掌握使用的一笔款项。合同价款中的暂列金额是否属于承包人应得金额取决于具体的合同约定。只有按照合同约定程序实际发生后，暂列金额才能成为承包人的应得金额，纳入合同结算价款中。扣除实际发生金额后的暂列金额余额仍属于招标人所有。

b. 暂估价是在招标阶段预见肯定要发生，只是因为标准不明确或者需要由专业承包人完成，暂时又无法确定其具体价格时采用的一种暂定价格形式。

c. 计日工的内容应包括完成该项作业的人工、材料、施工机械台班等。计日工的单价由投标人通过投标报价确定；计日工的数量按承包人完成发包人发出的计日工指令的数量确定。

d. 总承包服务费是为了解决招标人在法律、法规允许的条件下进行专业工程发包以及自行采购供应材料、设备时，要求总承包人对发包的专业工程提供协调和配合服务；对供应的材料、设备提供收、发和保管服务以及对施工现场进行统一管理；对竣工资料进行统一汇总整理等发生并向总承包人支付的费用。招标人应当预计该项费用并按投标人的投标报价向投标人支付该项费用。

（7）规费项目清单的编制。规费是指根据省级政府或省级有关权力部门规定必须缴纳的，应计入建筑安装工程造价的费用。

1）规费项目清单应包括的内容。①工程排污费；②工程定额测定费；③社会保障费，包括养老保险费、失业保险费、医疗保险费；④住房公积金；⑤危险作业意外伤害保险。

2）编制规费项目清单的几点说明：①规费由施工企业根据省级政府或省级有关权力部门的规定进行缴纳，但在工程建设项目施工中的计取标准和办法由国家及省级建设行政主管部门依据省级政府或省级有关权力部门的相关规定制定；②规费作为政府和有关权力部门规定必须缴纳的费用，政府和有关权力部门可根据形势发展的需要，对规费项目进行调整。

（8）税金项目清单的编制。

1）税金项目清单的组成：①营业税；②城市维护建设税；③教育费附加。

2）编制税金项目清单的几点说明：①税金是依据国家税法的规定应计入建筑安装工程造价内，并由承包人负责缴纳；②如国家税法发生变化或地方政府及税务部门依据职权对税种进行了调整，应对税金项目清单进行相应调整。

（二）工程量清单计价

1. 工程量清单计价的主要特点

（1）《计价规范》起主导作用。工程量清单计价由国家颁布的《计价规范》来规范计价活动，《计价规范》具有权威性和强制性。在建设工程项目从招标到竣工结算的整个建设过程中，建设工程项目的计量与计价必须严格地按照《计价规范》中的强制性条文、条款执行。

（2）规则统一、价格放开。规则统一是指工程量清单实行统一的项目编码、统一的项目名称、统一的计量单位、统一的工程量计算规则，做到了四个统一。

价格放开是指工程量清单计价中的综合单价由企业自主确定。

（3）以综合单价法确定建设工程的相关费用。综合单价不仅包括了人工费、材料费、机械台班费，还包括管理费和企业的利润，它是计算工程相关费用的重要依据。

（4）计价方法与国际通行作法接轨。工程量清单计价采用综合单价法的计价特点，与FIDIC合同条款所要求的单价合同的情况相吻合，能较好地与国际通行的计价方法接轨。

（5）工程量统一，消耗量可变。根据"控制量、放开价、竞争费"的原则，在工程量清单计价中，招标单位提供的工程量是统一的，但各投标单位投标报价中的消耗量是由投标单位根据各自企业定额的消耗量水平确定，投标单位若无自己的企业定额也可选用其他定额。由于定额不同，其消耗量水平就不同，所以工程量清单计价过程中其消耗量是可变的。

2. 建设工程造价费用项目组成

当采用工程量清单计价确定建设工程造价时，建设工程造价的费用包括分部分项工程费、措施项目费、其他项目费、规费和税金。其中各项费用的具体组成费用详见图5-1。

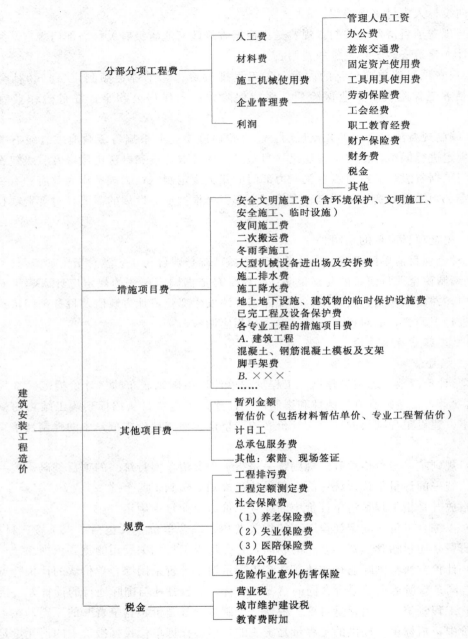

图 5-1 工程量清单计价的建筑安装工程造价组成示意图

3. 建设工程造价中各项费用的计价方法

（1）分部分项工程费的计价方法。

1）分部分项工程费采用综合单价法进行计价。

2）综合单价的定义。综合单价是指完成一个规定计量单位的分部分项工程量清单项目或措施清单项目所需的人工费、材料费、施工机械使用费和企业管理费与利润，以及一定范围内的风险费用。即综合单价是指除规费和税金以外的全部费用。

（2）措施项目清单的计价方法。

1）措施项目费的计价可以划分为两种方法。

①可以计算工程量的措施项目，采用综合单价法进行计价。②除上述情况以外的措施项目可采用以"项"为单位的方式进行计价。有的非实体性措施项目费用的发生和金额的大小与实际完成的实体工程量的多少关系不大，采用计费基数乘以相关费率的方法可行计价。

2）措施项目清单计价时应注意的几个问题：①采用分部分项工程量清单方式计价的措施项目的综合单价未包括规费和税金；②以"项"为计量单位进行计价的措施项目的价格也未包括规费和税金，即除规费和税金以外的其他相关发生费用均包括在相应的措施项目价格中；③措施项目清单中的安全文明施工费应按照国家或省级、行业建设主管部门的规定进行计价，招标人不得要求投标人对该项费用进行优惠，投标人也不得将该项费用参与市场竞争。

3）其他项目费的计价方法。在编制招标控制价、投标报价、竣工结算时，计算其他项目费的要求是不一样的。因此，应分别针对工程实施过程中不同阶段计价的特点，确定其他项目费的计价原则。

4）规费和税金的计价原则。规费和税金是工程造价的组成部分，其费用内容和计取标准都不是发、承包人能自主确定的，更不是由市场竞争决定的，而是由国家或省级、行业建设行政主管部门依据国家税法和有关法律、法规以及省级政府或省级有关权力部门的规定确定。为此在进行工程造价计价时，规费和税金应按国家或省级、行业建设行政主管部门的有关规定计算，并不得作为竞争性费用。

4. 采用工程量清单计价时的风险控制

采用工程量清单计价的工程，应在招标文件或合同中明确风险内容及其范围（幅度），不得采用无限风险、所有风险或类似语句规定风险内容及其范围（幅度）。

工程风险是指一项工程在设计、施工、设备调试以及移交运行等项目周期全过程可能发生的风险。它具有客观性、损失性、不确定性三大特性。

工程施工招标发包是工程建设的一种交易方式。在工程建设施工发包过程中应体现交易的公平性，实行风险共担和合理分摊原则，从而维护建设市场的正常秩序。

工程建设的发、承包双方对工程施工阶段的风险宜采用如下分摊原则：

（1）市场风险由发、承包双方共担和合理分摊。对于由市场价格波动导致的价格风险，发、承包双方应当在招标文件中或在合同中对风险的范围和幅度予以明确约定，进行合理分摊。根据工程特点和工期要求，承包人可承担5%以内的材料价格风险，10%的施工机械使用费的风险。

（2）政策性风险承包方不承担。由于法律、法规、规章或有关政策的出台而导致工程税金、规费、人工费用发生变化的风险，应由省级行业建设行政主管部门或其授权的工程造价管理机构根据相应变化情况发布政策性调整，承包人应按照有关调整规定对相关费用进行调整。

（3）技术、管理与经营风险由承包方完全承担。对于承包人根据自身技术水平、管理、经营状况能够自主控制的风险，如承包人的管理费、利润的风险，承包人应结合市场情况，根据企业自身实际合理确定、自主报价，该部分风险由承包人全部承担。

（三）招标控制价的编制

1. 招标控制价的概念、作用、管理及相关规定

（1）招标控制价的定义。招标控制价是指招标人根据国家或省级、行业建设主管部门颁发的有关计价依据和办法，按设计施工图纸计算的，对招标工程限定的最高工程造价。

（2）招标控制价的作用。

1）招标控制价不同于标底，招标人应在招标文件中公布招标控制价，无需保密。这样有利于体现招标的公开、公平、公正性，给投标人以准确的投标报价信息；

2）招标人编制的招标控制价，作为招标人能够接受的最高交易价格；

3）招标控制价可以作为投标人投标报价及评标委员会评标时参考或者依据；

4）招标控制价有利于客观、合理地评审投标报价和避免哄抬标价，造成国有资产流失。要求在招标文件中将其公布，并规定投标人的报价如超过公布的最高限价，其投标将作为废标处理。

（3）招标控制价的管理及相关规定。

1）国有资金投资的工程建设项目应实行工程量清单招标，并应编制招标控制价；

2）招标人应在招标文件中如实公布招标控制价，不得对所编制的招标控制价进行上浮或下调；

3）招标人在招标文件中公布招标控制价时，应公布招标控制价各组成部分的详细内容，不得只公布招标控制价总价；

4）招标人应将招标控制价及有关资料报送工程所在地的工程造价管理机构备查；

5）在工程招标发包时，当编制的招标控制价超过批准的概算，招标人应当将其报原概算审批部门重新审核；

6）在国有资金投资工程的招投标活动中，投标人的投标报价不能超过招标控制价，否则，其投标将被拒绝；

7）投标人经复核认为招标人公布的招标控制价未按照《计价规范》的规定进行编制的，应在开标前 5 天向招投标监督机构或（和）工程造价管理机构投诉。

招投标监督机构应会同工程造价管理机构对投诉进行处理，发现确有错误的，应责成招标人修改。

2. 招标控制价的编制人

招标控制价应由招标人负责编制；当招标人不具备编制招标控制价的能力时，则应委托具有相应工程造价咨询资质的工程造价咨询人编制。

工程造价咨询人不得同时接受招标人和投标人对同一工程的招标控制价和投标报价的编制。

3. 招标控制价的编制依据

（1）《计价规范》。

（2）国家或省级、行业建设主管部门颁发的计价定额和计价办法。

（3）建设工程设计文件及相关资料。

（4）招标文件中的工程量清单及有关要求。

（5）与建设项目相关的标准、规范、技术资料。

（6）工程造价管理机构发布的工程造价信息，工程造价信息没有发布的参照市场价。

（7）其他的相关资料。

4. 分部分项工程费的计价原则

分部分项工程费应根据招标文件中的分部分项工程量清单项目的特征描述及有关要求，按招标控制价编制依据的有关规定确定综合单价，用分部分项工程量清单中工程量乘以对应项目的综合单价进行计算。

编制招标控制价时应注意的问题：

（1）综合单价应当包括招标文件中招标人要求投标人所承担的风险内容及其范围（幅度）产生的风险费用。

（2）招标文件提供了暂估单价的材料，应按招标文件确定的暂估单价计入综合单价。

（3）招标控制价的计价标准：应是《计价规范》，国家或省、自治区、直辖市建设行政主管部门或行业建设主管部门颁布的计价定额和计价办法。

（4）招标人编制招标控制价时采用的价格信息：应是工程造价管理机构通过工程造价信息发布的；工程造价信息未发布材料单价的材料，其材料价格应通过市场调查确定。

（5）采用的分部分项工程量应是招标文件中工程量清单提供的工程量。

5. 措施项目费的计价原则

（1）措施项目应按招标文件中措施项目清单所列内容清单并分别予以计算。

（2）措施项目费按招标控制价的编制依据进行计价。

（3）措施项目采用分部分项工程综合单价形式进行计价的工程量，应按措施项目清单中的工程量，按招标控制价编制依据的相关规定确定综合单价予以计价；以"项"为单位的方式计价的措施项目，按招标控制价编制依据的相关规定进行计价，其费用为包括除规费、税金以外的全部费用。

（4）措施项目费中的安全文明施工费应当按照国家或省级、行业建设主管部门的规定标准计价。

6. 其他项目费的计价原则

（1）暂列金额由招标人根据工程特点，按有关计价规定进行估算，可按分部分项工程费的 10%～15% 作为参考。

（2）材料暂估单价应按工程造价管理机构发布的工程造价信息中的材料单价确定，工程造价信息未发布的材料单价，其单价可参考市场价格进行估算。专业工程暂估价应分不同的专业，按有关计价规定进行估算。

（3）计日工包括计日工人工、材料和施工机械。在编制招标控制价时，对计日工中的人工单价和施工机械台班单价应按省级、行业建设主管部门或其授权的工程造价管理机构公布的单价计算；材料应按工程造价管理机构发布的工程造价信息中的材料单价计算，工程造价信息未发布材料单价的材料，其价格应按市场调查确定的单价计算。

（4）编制招标控制价时，总承包服务费应根据招标文件列出的内容和要求据省级或行业建设主管部门的相关规定进行计算。

《计价规范》中规定总承包服务费的计费标准为：

1）招标人仅要求对分包的专业工程进行总承包管理和协调时，按分包的专业工程估算造价的1.5%计算；

2）招标人要求对分包的专业工程进行总承包管理和协调，并同时要求提供配合服务时，根据招标文件列出的配合服务内容和提出的要求，按分包的专业工程估算造价的3%～5%计算；

3）招标人自行供应材料的，按招标人供应材料价值的1%计算。

7. 规费和税金的计价要求

规费和税金应按国家或省级、行业建设主管部门规定的相关内容和标准予以计算。

8. 招标控制价计价单的填写格式及要求

（1）招标控制价总说明包括的内容。

1）工程概况：建设规模、工程特征、计划工期、合同工期、实际工期、施工现场及变化情况、施工组织设计的特点、自然地理条件、环境保护要求等。

2）编制与计价依据等。

3）采用的施工组织设计。

4）采用的材料价格来源。

5）综合单价中风险因素、风险范围（幅度）。

6）其他有关内容的说明等。

（2）分部分项工程量清单与计价表的填写要求。编制招标控制价时，分部分项工程量清单与计价表中的"综合单价"、"合价"以及"其中：暂估价"按《计价规范》的规定填写。

（3）工程量清单综合单价分析表的填写要求。编制招标控制价，表中应填写使用的省级或行业建设主管部门发布的计价定额名称。

（4）措施项目清单表的填写要求。编制招标控制价时，计费基础、费率应按省级或行业建设主管部门的规定计取。

（5）其他项目清单表的填写要求。编制招标控制价，应按有关计价规定估算"计日工"和"总承包服务费"。如工程量清单中未列"暂列金额"和"专业工程暂估价"，应按有关规定编列。

1）"计日工"的估算。编制招标控制价时，人工、材料、机械台班单价由招标人按有关计价规定填写并计算合价。

2）"总承包服务费"的估算。编制招标控制价时，招标人按有关计价规定计价。

（6）规费、税金项目清单与计价表的填写要求。本表按建设部、财政部印发的《建筑安装工程费用项目组成》（建标〔2003〕206号）列举的规费项目列项，在施工实践中，有的规费项目，如工程排污费，并非每个工程所在地都要征收，实践中可作为按实计算的费用处理。

（四）企业定额

1. 企业定额的概念

企业定额是施工企业根据本企业具有的管理水平、拥有的施工技术力量和施工机械装备水平而编制的，是指完成一个规定计量单位的质量合格工程项目产品所必需的人工、材料、施工机械台班等的消耗数量标准，是施工企业内部进行施工管理的标准，是施工企业进行投标报价的重要依据。

2. 企业定额的特点

（1）企业定额由施工企业自行编制，只能在本企业内部使用。

（2）企业定额由三部分组成：劳动定额、材料消耗定额和施工机械台班使用定额。

（3）企业定额反映的是施工企业内部的管理水平、技术实力、企业工人的技术水平和操作熟练程度、企业施工机械装备水平及其管理、维护水平；反映了企业在施工过程中的人工、材料和机械台班的消耗量标准。

（4）企业定额是以施工项目的工作过程为编制对象，其中的人工、材料和机械台班的消耗量标准较低，其定额水平比较高，属于"平均先进"水平。在各类定额中，企业定额的定额水平最高。

（5）在建设工程施工项目的招标投标过程中，投标人按照自己的企业定额进行投标报价，可大大提高投标人投标报价的竞争力，使其中标的可能性加大。

（6）为鼓励企业很好地参入建设工程施工项目的竞争，并通过竞争促使施工企业不断地提高其管理水平、加大技术引进和资金投入的力度、提高企业的知名度和其竞争实力，国家鼓励有能力的施工企业都能编制自己的企业定额，用自己的企业定额进行投标报价。

（7）企业定额的编制和应用，有利于规范发、承包双方的行为。

（8）企业定额的编制和应用能够满足工程量清单计价的要求。

3. 企业定额的作用

（1）企业定额是建设工程项目施工企业编制工程施工项目施工预算的依据。

（2）企业定额是建设工程项目施工企业编制工程施工项目管理实施规划的依据。

（3）企业定额是建设工程项目施工企业编制工程施工项目施工组织设计的依据。

（4）企业定额是建设工程项目施工企业内部进行经济核算的依据。

（5）企业定额是建设工程项目施工企业内部实行按劳分配的依据。

（6）企业定额是建设工程项目施工企业向施工队或者施工班组下达施工任务的依据。

（7）企业定额是建设工程项目施工企业对施工队或者施工班组以及施工工人进行考核、评比的依据。

（8）企业定额是建设工程项目施工企业内部实行计件工资和超额奖励的计算依据。

（9）企业定额是建设工程项目施工企业在施工过程中限额领料和对节约材料人员进行奖励的计算依据。

（10）企业定额是建设工程项目施工企业进行企业管理和工程施工项目管理的依据。

（11）企业定额是建设工程项目施工企业进行工程施工项目投标和编制工程施工项目投标报价的依据。

（12）企业定额是建设工程项目施工企业对建设工程施工项目进行成本核算的依据。

（13）企业定额是编制消耗量定额和单位估价表的依据。

4. 企业定额的编制

企业定额在工程施工企业内部使用，它有利于提高施工企业的劳动生产率；有利于降低施工用材料的消耗，节约材料；有利于加强企业管理；有利于降低建设工程的施工成本，提高企业的经济效益。

由于建设工程施工项目的施工内容多且复杂，为了准确反映建设工程施工项目在施工过程中人工、材料和机械台班的消耗量标准，企业定额应按工程项目施工的工作过程即建设工程的最基本组成单位（分项工程）进行编制，其定额水平采用"平均先进"水平标准。在确定企业定额的内容和表现形式时，应便于应用，且满足建设工程施工项目管理过程中的各种需要。企业定额的组成内容多且需要的数据量大，其编制工作繁重且周期较长，这对施工企业来说难度相当大，要求企业应在长期的建设工程项目的施工过程中不断地收集和积累与企业定额有关的资料和相关数据。在收集和积累好第一手资料后，便可应用科学的方法和手段进行定额项目的划分与排序、定额项目的归类与汇总、定额各个项目中人工、材料和机械台班的消耗量标准的准确计算、最终对企业定额进行编制。

（1）企业定额的编制原则。

1）施工企业在编制自己的企业定额时，应当根据自己企业的技术实力、施工机械设备装备情况、管理水平，以国家或者省、自治区、直辖市发布的预算定额、消耗量定额或者三大基础定额作为参考和指导，测定计算完成单位工程量的分项工程所必需的人工、材料和机械台班的消耗量标准或者人工费、材料费和机械台班费的费用标准，应合理、准确地反映自己企业的劳动生产力水平。

2）为了适应国家推行的工程量清单计价方法，企业定额可以采用基础定额的形式，按照国家统一的工程量计算规则和统一的计量单位编制自己的企业定额。

3）在确定人工、材料和机械台班的消耗量标准后，应根据选定的市场价格确定人工单价、有关材料的单价和施工机械台班单价，以此可计算确定企业定额中的各个分项工程的基价（基价即为各个分项工程中人工费、材料费和机械台班费的总和）；确定工程施工的间接成本（管理费）、利润、其他项目费用的计费原则，并预测有关风险，最终编制确定企业定额中各个分项工程的综合单价。

（2）企业定额的编制方法。企业定额编制过程中的关键工作是确定各个分项工程的人工、材料和机械台班的消耗量标准，计算各个分项工程的基价和综合单价。

1）各个分项工程的人工消耗量的确定。根据企业的管理水平、技术实力、施工工人的技术和操作熟练程度，拟定正常的工程施工作业条件，分别测定和计算完成单位工程量拟定分项工程所需的基本用工和其他用工的数量，确定完成单位工程量拟定分项工程项目所需的定额时间。

2）各个分项工程的材料消耗量的确定。通过对企业的历史积累数据进行统计分析、理论计算、实验试验、实地考察等方法计算确定材料（包括周转性材料）的净用量和损耗量，从而确定完成单位工程量拟定分项工程所需材料的定额用量，即材料的定额消耗量。

3）各个分项工程的施工机械台班消耗量的确定。根据企业的管理水平、技术实力、企业的施工机械设备的装备情况，拟定施工机械设备的正常施工条件，通过测试确定相关机械设备的净工作效率和利用系数，最终确定完成单位工程量拟定分项工程所需的定额施工机械台班消耗量。

5. 企业定额的组成内容及其应用

(1) 企业定额的组成内容。企业定额一般由文字说明、定额项目表和附录三部分组成。

1) 企业定额的文字说明。定额的文字说明包括企业定额的总说明、分册说明、分章与分节说明：①企业定额的总说明主要说明定额的编制依据、适用范围、定额用途、工程施工的质量要求、有关综合性工作内容、有关规定和说明；②分册、分章与分节说明主要说明定额中本册、章、节的工作内容、工作过程、施工方法、定额的有关规定和说明、工程量的计算规则。

2) 企业定额的定额项目表。定额项目表主要包括定额项目的工作内容、工作过程、分项工程名称、定额单位、定额表（人工、材料和机械台班的消耗量标准）、附注。

a. 工作内容与工作过程说明完成企业定额中的该分项工程应包括的施工操作内容。

b. 定额表由定额编号、定额子项目的名称以及人工、材料和机械台班的消耗量标准或者相应的定额基价组成。

c. 附注一般列在定额表的下面，主要是根据施工内容和施工条件的变化，规定该定额表中的人工、材料和机械台班的消耗量标准或者定额基价的调整要求与方法，一般采用乘以系数或者增减人工、材料和机械台班消耗量或者定额基价的方法进行计算。附注是对企业定额中定额表的补充。

3) 附录。附录在企业定额各个分册的后面，一般包括有关名称的解析、相关图示、相关施工做法及有关的参考资料。

(2) 企业定额的应用。要正确、准确和熟练地使用企业定额，要求使用者事先应熟悉定额的总说明、分册、分章与分节说明和附注等有关的文字说明内容，以便了解企业定额的有关规定和要求。此外应熟悉定额中工程量计算规则、施工方法、定额项目的工作过程和工作内容、有关定额进行调整的规定和要求等。

企业定额的应用一般包括两种情况，即企业定额项目的直接套用和换算套用。

1) 企业定额项目的直接套用。当实际工程施工项目的设计要求、施工方法、施工条件、工作过程、工作内容与企业定额表中的内容和规定完全一致时，可以直接套用定额项目中的人工、材料和机械台班的消耗量标准或者定额基价，用以确定实际工程施工项目的人工、材料和机械台班的消耗量或者施工工程造价。

2) 企业定额的换算套用。当实际工程施工项目的设计要求、施工方法、施工条件、工作过程、工作内容与企业定额表中的内容和规定不完全一致时，可以换算套用定额项目中的人工、材料和机械台班的消耗量标准或者定额的基价，即先对企业定额中的套用项目的人工、材料和机械台班的消耗量标准或者定额的基价根据企业定额的有关要求和规定进行换算调整，用换算调整后的人工、材料和机械台班的消耗量标准或者定额的基价确定实际工程施工项目的人工、材料和机械台班的消耗量或者施工工程的造价。

(五) 投标报价的编制

1. 投标报价的概念及其相关规定

(1) 投标报价的概念。

1) 建设工程造价是指建设项目从筹建到竣工验收交付使用的整个建设过程中所花费

的全部费用。它包括建筑安装工程造价、设备工器具费用、建设工程其他费用组成。

2）投标价是指投标人投标时报出的工程造价。

3）工程量清单报价是指投标人根据招标文件中的工程量清单和其他要求、工程施工图纸和有关技术资料、施工现场情况以及拟定的施工组织设计与施工方案，并结合自身的施工技术、装备和管理水平，根据投标人的企业定额和市场价格或者市场价格信息，预测一定的风险，依据国家或省级、行业建设主管部门颁发的计价办法自主编制投标工程的投标报价。

（2）对投标报价的有关规定。

1）投标报价是投标人希望达成工程承包交易的期望价格，原则上它不能高于招标人设定的招标控制价。

2）投标报价的编制必须严格执行《计价规范》中的强制性条文。

3）投标人的投标报价不得低于建设工程的施工成本。

4）投标人应按招标人提供的工程量清单填报价格。填写的项目编码、项目名称、项目特征、计量单位、工程量必须与招标人提供的一致。

5）投标总价应当与分部分项工程费、措施项目费、其他项目费和规费、税金的合计金额一致。

（3）投标人投标报价时应注意的几个问题。

1）在《计价规范》中，将"分部分项工程量清单"与"分部分项工程量清单计价表"两表合一为"分部分项工程量清单与计价表"，为避免出现差错，投标人最好按招标人提供的分部分项工程量清单与计价表直接填写价格。

2）实行工程量清单招标，投标人的投标总价应当与组成工程量清单的分部分项工程费、措施项目费、其他项目费和规费、税金的合计金额相一致，即投标人在进行工程量清单招标工程的投标报价时，不能进行投标总价优惠（或降价、让利），投标人对投标报价的任何优惠（或降价、让利）均应反映在相应清单项目的综合单价中。

2. 投标报价的编制人

投标报价由投标人自主确定，但不得低于成本。如果投标人不具有编制投标报价的能力，可由投标人委托具有相应资质的工程造价咨询人代为编制。

3. 投标报价的编制依据

（1）《计价规范》。

（2）国家或省级、行业建设主管部门颁发的计价办法。

（3）企业定额或者国家或省级、行业建设主管部门颁发的计价定额。

（4）招标文件、工程量清单及其补充通知、答疑纪要。

（5）建设工程设计文件及相关资料。

（6）施工现场情况、工程特点及拟定的投标施工组织设计或施工方案。

（7）与建设项目相关的标准、规范等技术资料。

（8）市场价格信息或工程造价管理机构发布的工程造价信息。

（9）其他的相关资料。

4.投标报价时分部分项工程费的计价原则

(1)分部分项工程费应依据《计价规范》综合单价的组成内容，按招标文件中分部分项工程量清单项目的特征描述确定综合单价计算。

(2)综合单价中应考虑招标文件中要求投标人承担的风险费用。

(3)招标文件中提供了暂估单价的材料，按暂估的单价计入综合单价。

(4)确定分部分项工程量清单项目综合单价的最重要依据之一是该清单项目的特征描述，投标人投标报价时应依据招标文件中分部分项工程量清单项目的特征描述确定清单项目的综合单价。

(5)在招投标过程中，当出现招标文件中分部分项工程量清单特征描述与设计图纸不符时，投标人应以分部分项工程量清单的项目特征描述为准，确定投标报价的综合单价。当施工中施工图纸或设计变更与工程量清单项目特征描述不一致时，发、承包双方应按实际施工的项目特征，依据合同约定重新确定综合单价。

(6)招标文件中要求投标人承担的风险费用，投标人应考虑进入综合单价。在施工过程中，当出现的风险内容及其范围（幅度）在招标文件规定的范围（幅度）内时，综合单价不得变动，工程价款不作调整。

5.投标报价时措施项目费的计价原则

(1)投标人可根据工程实际情况结合施工组织设计，对招标人所列的措施项目进行增补。

(2)由于各投标人拥有的施工装备、技术水平和采用的施工方法有所差异，招标人提出的措施项目清单是根据一般情况确定的，没有考虑不同投标人的"个性"。投标人投标时应根据自身编制的投标施工组织设计（或施工方案）确定措施项目，并对招标人提供的措施项目进行调整。投标人根据投标施工组织设计（或施工方案）调整和确定的措施项目应通过评标委员会的评审。

(3)措施项目的内容应依据招标人提供的措施项目清单和投标人投标时拟定的施工组织设计或施工方案。

(4)措施项目费的计价方式应根据招标文件的规定，可以计算工程量的措施清单项目采用综合单价方式报价，其余的措施清单项目采用以"项"为计量单位的方式报价。

(5)措施项目费由投标人自主确定，但其中安全文明施工费应按国家或省级、行业建设主管部门的规定确定。

6.投标报价时其他项目费的计价原则

(1)暂列金额应按招标人在其他项目清单中列出的金额填写，不得变动或者改动。

(2)材料暂估价应按招标人在其他项目清单中列出的暂估单价计入综合单价；专业工程暂估价应按招标人在其他项目清单中列出的金额填写。

(3)计日工按招标人在其他项目清单中列出的项目和估算的数量，自主确定综合单价并计算计日工费用。

(4)总承包服务费应依据招标人在招标文件中列出的分包专业工程内容和供应材料、设备情况，按照招标人提出的协调、配合与服务要求和施工现场管理需要自主确定。

7. 投标报价时规费和税金的计价原则

规费和税金的计取标准是依据有关法律、法规和政策规定制定的，具有强制性。为此，投标人在投标报价时必须按照国家或省级、行业建设主管部门的有关规定计算规费和税金。

8. 投标报价单的填写格式及要求

（1）投标报价计价单总说明包括的内容。

1）工程概况：建设规模、工程特征、计划工期、合同工期、实际工期、施工现场及变化情况、施工组织设计的特点、自然地理条件、环境保护要求等。

2）编制与计价依据等。

3）采用的施工组织设计。

4）综合单价中包含的风险因素、风险范围（幅度）。

5）措施项目的依据。

6）其他有关内容的说明等。

（2）投标报价汇总表的填写要求。由于编制招标控制价和投标价包含的内容相同，只是对价格的处理不同，招标控制价和投标报价汇总表使用同一表格。

投标报价汇总表与投标函中投标报价金额应当一致。就投标文件的各个组成部分而言，投标函是最重要的文件，其他组成部分都是投标函的支持性文件，投标函是必须经过投标人签字画押，并且在开标会上必须当众宣读的文件。如果投标报价汇总表的投标总价与投标函填报的投标总价不一致，应当以投标函中填写的大写金额为准。

（3）分部分项工程量清单与计价表的填写要求。编制投标报价时，投标人对表中的"项目编码"、"项目名称"、"项目特征"、"计量单位"、"工程量"均不应作改动。"综合单价"、"合价"自主决定填写，对其中的"暂估价"栏，投标人应将招标文件中提供了暂估材料单价的暂估价进入综合单价，并应计算出暂估单价的材料在"综合单价"及其"合价"中的具体数额，因此，为更详细反应暂估价情况，也可在表中增设一栏"综合单价"其中的"暂估价"。

（4）工程量清单综合单价分析表的填写要求。工程量清单综合单价分析表是评标委员会评审和判别综合单价组成和价格完整性、合理性的主要基础，对因工程变更调整综合单价也是必不可少的基础价格数据来源。采用经评审的最低投标价法评标时，该分析表的重要性更加突出。

该分析表集中反映了构成每一个清单项目综合单价的各个价格要素的价格及主要"工、料、机"消耗量。投标人在投标报价时，需要对每一个清单项目进行组价，为了使组价工作具有可追溯性（回复评标质疑时尤其需要），需要表明每一个数据的来源。该分析表一般随投标文件一同提交，作为竞标价的工程量清单的组成部分。以便中标后，作为合同文件的附属文件。投标人须知中需要就该分析表提交的方式作出规定，该规定需要考虑是否有必要对该分析表的合同地位给予定义。

编制投标报价，工程量清单综合单价分析表中可填写使用的省级或行业建设主管部门发布的计价定额，如不使用，不填写。

（5）措施项目清单表的填写要求。编制投标报价时，除"安全文明施工费"必须按

《计价规范》的强制性规定，按省级、行业建设主管部门的规定计取外，其他措施项目均可根据投标施工组织设计自主报价。

（6）其他项目清单表的填写要求。编制投标报价，应按招标文件工程量清单提供的"暂列金额"和"专业工程暂估价"填写金额，不得变动。"计日工"、"总承包服务费"自主确定报价。

1）本表要求招标人能将暂列金额与拟用项目列出明细，但如确实不能详列也可只列暂定金额总额，投标人应将上述暂列金额计入投标总价中。

2）材料暂估单价表。暂估价是在招标阶段预见肯定要发生，只是因为标准不明确或者需要由专业承包人完成，暂时无法确定具体价格。暂估价数量和拟用项目应当在本表备注栏给予补充说明。

招标人应针对每一类暂估价给出相应的拟用项目，即按照材料设备的名称分别给出，这样的材料设备暂估价能够纳入到清单项目的综合单价中。

3）专业工程暂估价应在表内填写工程名称、工程内容、暂估金额，投标人应将上述金额计入投标总价中。

4）"计日工"的估算。编制投标报价时，人工、材料、机械台班单价由投标人自主确定，按已给暂估数量计算合价计入投标总价中。

5）"总承包服务费"的估算。编制投标报价时，由投标人根据工程量清单中的总承包服务内容，自主决定报价。

9. 几点说明

（1）投标人应按招标文件的要求，附工程量清单综合单价分析表。

（2）投标人在投标报价中，应对招标人提供的工程量清单与计价表中所列的项目均应填写单价和合价。否则，将被视为此项费用已包含在其他项目的单价和合价中，施工过程中此项费用得不到支付，在竣工结算时，此项费用将不被承认。

（六）投标报价决策与报价策略

1. 投标报价策略和投标决策的概念、内容和意义

（1）投标策略和投标决策的定义。

1）投标策略是指承包人（投标人）在投标竞争中的指导思想与系统工作部署及其参入投标竞争的方式和手段。投标策略作为承包人（投标人）投标取胜的方式、手段和艺术，贯穿于投标竞争的始终。

2）投标决策是指承包人（投标人）选择和确定投标项目并制定投标行动方案的过程。投标策略贯穿于投标决策之中，投标决策包含对投标策略的选择确定。

（2）投标策略的意义。针对竞争激烈的工程建设市场，制定正确的投标策略尤为重要。主要表现在以下三个方面：

1）投标策略是获胜的依据。正确的投标策略，能够扬长避短，以己之长胜人之短，从而在竞争中立于不败之地。

2）投标策略是实现经营目标的保证。正确的投标策略，能够保证承包人（投标人）实现发展战略，提高市场占有率，达到规模经营。

3）投标策略是获取利润的前提。通过采取正确的投标策略，可使承包人（投标人）

合理地确定一个既能中标又能获得较大利润的投标报价，从而真正的达到双赢的目的。

（3）投标决策的内容。在建设工程施工项目的投标过程中，影响投标决策的因素很多，但要求承包人必须及时、迅速、果断。投标决策大致包括如下内容：

1）选择对招标项目投标如否。应考虑当前的经营状况和长远的经营目标，其次应明确参加投标的目的，而后分析中标可能性的影响因素。

2）合理确定投标项目报价策略。

a. 第一种报价策略为生存型：投标人的投标报价以克服生存危机为目的。承包人（投标人）投标应以生存为重，投标的目的就是必须中标，在不盈利甚至赔本的情况下也要夺标，以确定企业能维持生存、渡过难关。

b. 第二种报价策略为竞争型：投标人的投标报价以竞争为手段，以开拓市场、低盈利为目标，在精确计算建设工程施工成本的基础上，充分预测和估计投标竞争对手的投标目的和投标报价目标，确定自己有竞争力的投标报价，最终使自己以有竞争力的报价达到中标的目的。

c. 第三种报价策略为盈利型：投标人的投标报价应充分发挥自身优势，以实现最佳盈利为目的。

2. 投标报价分析与决策

（1）投标信息的取得与分析。建设工程施工项目的招标与投标是工程建设市场的一种商品交易行为，将使承包人（投标人）承担很大的风险。为了规避投标风险，要求投标人在决定投标并进行投标报价之前，应及时地收集、整理并分析、研究相关的投标信息。

1）分析、研究取得招标信息途径的准确性与可靠、可信度。

2）收集并分析、研究招标项目的有关信息。如发包人的基本情况、工程建设资金的到位情况、工程施工项目的合法性、工程施工项目的施工环境与技术难易程度、投标竞争形势、投标人当前的运营情况等。

（2）投标报价分析。

1）投标报价的静态分析：①分析报价中各项费用的所占比重，以便于最终的调整；②从宏观方面分析报价结构的合理性。即明确报价中各项费用之间的比例关系；③探讨工期与报价之间的关系；④分析综合单价和人工消耗量、材料消耗量、管理费费率、利润率之间关系的合理性；⑤对明显不合理的报价构成部分进行微观方面分析与检查；⑥将有关报价方案提交报价决策人或者决策小组研讨。

2）投标报价的动态分析。考虑各种风险因素，预测报价的变化幅度，调整报价以规避风险。

（3）投标报价决策。

1）投标报价决策的依据。投标报价决策的依据应以投标人对招标项目的事先报价计算结果和有关报价的相应分析指标为基础，预测和估计投标竞争对手的投标目的和投标报价目标，结合投标人预测的可能存在的投标风险，合理确定投标报价。

2）投标报价差异的原因。投标人投标报价之间的差异产生的原因有：投标人追逐利润的高低有差异；投标人各自拥有的竞争优势有差异；投标人所选择的招标项目的施工方案和施工方法有差异；投标人投标报价时所计取的管理费用有差异。投标人应很好地分析和甄别上述问题，以便于能够确定一个令自己满意又有竞争力的投标报价。

3）在风险和利润之间作出决策。投标人在投标报价时，应很好地分析风险与利润之间的关系。在工程建设领域，风险与利润之间往往成正比，风险高的项目其利润较高，而风险低的项目则利润很低。投标人进行建设工程施工项目投标的目的是既要中标，也要有较高的利润空间，这就要求投标人处理好风险与利润之间的关系，在自己风险承受能力的范围内合理确定投标项目的利润期望值，确定一个期望利润的合理空间，这样投标人的投标报价即具有较大的竞争力，在保证投标人中标的前提下又可降低其投标风险，以使其最终获得较满意的收益。

4）低报价是中标的重要因素，但不是唯一的因素。低报价可以很好地吸引招标人的眼球，使投标人中标的可能性加大。但低报价并不是中标的唯一因素，投标人如要采用低报价赢得中标的投标报价方法，投标人在投标报价时应特别注意以下几点：

a．我国的相关法律、法规对建设工程施工招标项目的投标报价及招标项目的评标都作出了比较明确的要求和规定。为了确保我国建筑行业的健康发展，避免产生恶性竞争，在建设工程施工招标项目的评标过程中，我国目前采用的是合理低价（即要求投标人的投标报价不得低于工程施工项目的成本价）中标的评标方法，而不是国际上通行的以最低价中标的评标方法。评标时评标委员会如发现投标人的投标报价低于工程施工项目的成本价，则可宣布其投标为废标。所以要求投标人在确定投标报价时应确保自己的报价不低于建设工程施工项目的成本价。

b．在建设工程项目的施工过程中，将有很多不可预测的施工风险，这就加大了投标人的投标风险。如果投标人在投标过程中没有预测到某些风险，报价时仍采用低报价进行投标，投标人一旦中标，这将给投标人带来很大的风险，有可能使投标人在工程项目的施工过程中出现亏损甚至巨额亏损，从而大大损伤投标人的元气。为此，要求投标人在充分、全面地预测可能发生的各种风险后，做到心中有数、有的放矢，方可采用低报价投标并争取中标的投标报价方法。

c．投标人低报价投标，即使投标人中标，投标人将来获得的利润也是比较低的，这将影响投标人的总体收益，对投标人以后的发展是不利的。所以投标人在确定投标报价前，必须很好地分析自己企业的现有经营和运营状况、企业的财务运行情况、企业的工程施工项目保有量情况、企业生存状况等，根据自己企业的现状合理确定报价方法。

3．投标报价的策略与技巧

投标报价技巧是指在投标报价中采用什么样的手法使发包人可以接受，而中标后又能获得更大的利润。投标人在进行投标时，主要应在先进合理的施工技术方案、科学有效的管理方法和合理低价的投标报价上下功夫，以争取中标。当然也可采取其他一些辅助的手法或者手段来帮助中标，以期达到预期的目的。

投标人在进行投标报价时可采用以下几种投标报价策略与技巧：

（1）不平衡报价法。不平衡报价法是指一个工程施工项目的投标报价，在投标报价总价基本确定以后，如何调整内部各个项目的报价单价，以期既不提高总价，不影响中标，又能在结算时得到更加理想的经济效益的一种投标报价方法。常见的几种可采用不平衡报价法的情况有：

1）能够早日结账的项目可以提高报价，以利于资金的周转，后期工程项目的报价单价可适当降低。

2）经过对招标文件中工程量清单的工程量数量的核算，预计今后工程量会增加的项目，投标报价的单价可以适当提高，以便于结算时可以多获利；对预计工程量可能会减少的项目，可适当降低报价单价，以减少工程结算的损失。

3）工程施工图纸不明确、不完整，可能引起施工图纸的设计变更，变更后将引起工程量增加的项目的报价单价可以适当报的高些，不明确的项目报价单价可报的低些，这样有利于在施工过程中通过索赔以获得较高的收益。

4）对于招标文件中的暂定工程项目，由于其具体实施情况及其将来的承包情况均不明朗，投标人在进行投标报价时可将其报价单价报的低一些，以免抬高自己的投标报价总价而影响自己中标等。

投标人在确定投标报价的过程中，如采用不平衡报价法应注意以下几点：①降低报价单价的项目有可能给投标中标人带来一定的风险，由于在工程施工项目的施工过程中有很多不可预测、不可操控的可变因素，风险一旦出现将给中标人造成很大的风险或者损失，投标人在进行单价调整时应慎重；②投标人在对相关项目的单价进行调整时，应注意调整幅度的合理性和可行性，不宜调整幅度过大。否则如果投标报价中相关项目的单价与实际情况相差较大且很明显，这将影响投标人的诚信，评标时评标委员会可以宣布投标人的投标为废标，这对投标人来说就得不偿失了。

（2）多方案报价法。有时招标文件中规定，可以提一个建议方案；或者对于一些招标文件，如果发现工程范围不是很明确，合同条款不清楚或者很不公正、公平，或者技术规范要求过于苛刻时，则要在充分估计风险的基础上，按多方案报价法处理。即先按原招标文件要求报一个报价，然后再提出如果某一条款作某些变动，报价可以降低的额度，以降低总价，从而吸引招标人。

（3）以许诺优惠条件争取中标法。投标人通过在投标文件中附带优惠条件争取中标是一种切实可行的投标方法。由于在进行评标的过程中，评标委员会除对投标人的投标报价和具体的施工技术方案的合理可行性与优越性进行评定外，还要对投标人投标文件中的工期、质量等级、企业的社会信誉、合同价款的支付情况等进行评定，综合评定后最终确定中标人。为此，投标人在编制投标文件时，可在投标文件中附带优惠条件，以吸引招标人和评标委员会的注意，有利于投标人最终可以中标。投标人附带的优惠条件有：如果投标人中标，则投标人可在投标文件中明确工期的基础上再提前多少天使中标项目竣工；或者如果投标人中标，则投标人可在招标文件中规定质量等级的基础上提高建设工程施工项目的竣工验收质量等级；或者如果投标人中标，则投标人可对建设工程施工项目的保修范围或者保修时间在国家相关法律、法规规定的基础上给以优惠，如扩大建设工程施工项目的保修范围或者延长相关保修项目的保修时间等。

二、其他计价模式

（一）定额计价模式

1. 定额计价模式的概念与特点

定额计价模式是承发包双方依据建设工程施工项目施工图纸、相关技术资料和国家规定的工程量计算规则计算工程施工项目的工程量，并按照国家或者省、自治区、直辖市建设行政主管部门颁布的消耗量定额或者预算定额或者单位估价表、费用定额及按市场价格确定的工、料、机的单价来计算确定工程造价、编制招标标底或者进行投标报价的一种工程造价计价方法。

按定额计价模式确定建设工程项目在不同阶段的造价有：投资估算、设计概算、施工图预算、施工预算、竣工结算。

2. 定额计价模式与工程量清单计价模式的区别

（1）两种计价模式的计算内容不同。

定额计价模式则要求投标人自己按照承发包双方约定采用的相关政府定额规定的工程量计算规则计算工程施工项目的相关工程量，并按自己计算的工程量对工程施工项目进行报价或者确定其造价。

工程量清单计价模式是由招标人按《计价规范》附录中规定的工程量计算规则计算工程施工项目的相关工程量，并提供工程量清单；投标人则必须按照招标人提供的工程量清单进行报价，而无需自己计算工程量。

（2）两种计价模式的计算依据不同。

定额计价模式是由投标人依据国家或者省、自治区、直辖市建设行政主管部门颁布的消耗量定额或者预算定额或者单位估价表、费用定额及确定的工、料、机的单价来计算工程造价或者进行投标报价。

工程量清单计价模式是按照《计价规范》的有关规定和要求来计算工程造价或者进行投标报价。在计算工程造价或者进行投标报价时，对定额的选用没有统一的规定，投标人可自己决定选用的定额，工、料、机单价的确定则由市场价格决定，对企业的管理费和利润的计取也由投标人自己决定。真正体现了"统一量、市场价、竞争费"的宗旨，由市场决定工程造价。

（3）两种计价模式计算的费用项目不同。

定额计价模式将建设工程施工项目的造价划分为：直接费（直接工程费、措施费）、间接费（企业管理费、规费）、利润、税金。

工程量清单计价模式将建设工程施工项目的造价划分为：分部分项工程费、措施项目费、其他项目费、规费、税金。

（4）两种计价模式确定的实体工程项目包括的内容不同。

定额计价模式中的实体工程项目为分项工程，而分项工程一般按施工工序即工作过程进行划分和设置，其包含的施工内容较为单一，有其相应的工程量计算规则。

工程量清单计价模式中的实体工程项目为分部分项工程，分部分项工程的划分是按一个"综合实体"考虑的，一般包括多个分项工程的内容。

下面以天棚吊顶为例来加以说明：工程量清单计价模式中天棚吊顶为一个分部分项工程，该项目中包括吊顶龙骨、吊顶基层、吊顶面层、吊顶压线、吊顶嵌缝、吊顶中木材及木材制品刷防火涂料、吊顶的基层处理、吊顶刷涂料8个分项工程的内容。工程量清单中的数量为分部分项工程的工程量，其工程量必须按《计价规范》附录中规定的计算规则进行计算。

（5）两种计价模式计算相关费用的方法不同。定额计价模式在确定工程施工项目中实体工程项目的费用时，应按照国家或者省、自治区、直辖市建设行政主管部门颁布的消耗量定额或者预算定额或者单位估价表中的定额基价计算工程施工项目的定额直接费，并按照市场价格对定额直接费进行调整即可确定实体工程项目的费用；在计算工程施工项目中非实体工程项目费用、管理费、利润、规费和税金等费用时，应按照国家或者省、自治区、直辖市建设行政主管部门颁布的费用定额中规定的费率和计算方法计算确定。

工程量清单计价模式在确定工程施工项目中实体工程项目和可计算工程量的非实体工程项目的费用时，应按确定的综合单价计算有关费用；对于其他费用则应按照招标文件中有关清单的列项项目根据国家或者省、自治区、直辖市建设行政主管部门颁布的费用定额中规定的费率和计算方法计算确定。

（6）两种计价模式对招标标底的处理方式不同。

在工程施工项目的招标投标过程中如采用定额计价模式进行招标，招标人应设有标底，招标标底由招标人或者由招标人委托的工程造价咨询人进行编制，招标标底必须保密；评标时依据招标标底对投标文件中的投标报价进行评定，对中标价基本上采取不得高于标底3％，不得低于标底的3％、5％等限制性措施评标定价。由于招标标底的保密出现问题，极易导致投标人哄抬标价，造成国有资产流失，也使招标投标活动丧失了公平、公正、公开、合理，违反了国家法律、法规的相关规定。

在工程施工项目的招标投标过程中如采用工程量清单计价模式进行招标，招标人应编制招标控制价。招标控制价为对所有投标人公开的、招标人对招标工程限定的最高工程造价，不同于招标标底，无需保密。招标人应在招标文件中如实公布招标控制价，不得对所编制的招标控制价进行上浮或下调。在投标人进行投标报价和评标委员会进行评标的过程中招标控制价只起到参考和控制的作用，并不是投标报价与评标的依据和标准。

3. 定额计价模式的计价依据

（1）国家或者省、自治区、直辖市建设行政主管部门颁布的消耗量定额、预算定额或者单位估价表。

（2）国家或省级、行业建设主管部门颁发的费用定额及计价办法。

（3）建设工程施工项目的经过图纸会审后的施工图纸及其相关技术资料。

（4）施工现场情况、工程特点及拟定的工程施工项目施工组织设计或施工方案。

（5）与建设项目相关的标准、规范等技术资料。

（6）市场价格信息或工程造价管理机构发布的工程造价信息。

（7）预算工作手册和建材五金手册。

（8）地区人工工资、材料和机械台班的预算价格。

（9）工程承包合同文件。

（10）其他的相关资料。

4. 定额计价模式的计价程序

《建筑工程施工发包与承包计价管理办法》（建设部令第107号）规定，施工图预算、招标标底、投标报价由成本、利润和税金构成。其编制可以采用工料单价法和综合单价法两种计价方法。工料单价法是传统的定额计价模式下的施工图预算编制方法，而综合单价法是适应市场经济条件的工程量清单计价模式下的施工图预算编制方法。工料单价法的内容详见本书第四章第五节。

定额计价模式的计价程序如图5-2所示。

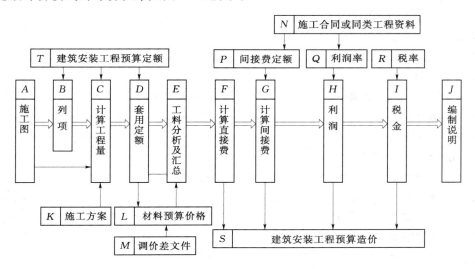

图5-2 定额计价模式的计价程序示意图

注 1. "⇒"箭头表示的是定额计价程序的主线路。

2. 计价依据的代号有：A、T、K、L、M、N、P、Q、R。

3. 计价内容的代号有：B、C、D、E、F、G、H、I、S、J。

（二）市场价模式

在建设工程施工项目承发包的过程中，由于有的建设工程施工项目施工周期短、工程规模较小、工程施工内容单一且便于操作和控制、工程施工项目的价格组成简单且易于报价、工程施工项目的价格比较透明与公开等，所以对于上述工程施工项目的承发包，承发包双方可以根据市场价格对工程施工项目进行协商，达成一致意见后双方便可就工程施工项目签订建设工程施工承包合同，这种报价方法即属于市场价计价模式。此种计价模式简单、易行且便于操作，但此种报价方法对承发包双方均存在一定的风险，这就要求承包方在施工技术、项目管理和工程造价编制等方面应有较丰富的阅历和经验，也要求承发包双方应紧跟市场步伐并及时了解市场行情，报价时尽量规避预测到的相关风险。用市场价计价模式报价并承包工程施工项目时，其工程施工承包合同可为单价合同也可为总价合同，具体情况有承发包双方协商决定。

1. 市场价计价模式的计价依据

（1）国家或者省、自治区、直辖市建设行政主管部门颁布的消耗量定额、预算定额或者单位估价表。

（2）国家或省级、行业建设主管部门颁发的费用定额及计价办法。

（3）建设工程施工项目的经过图纸会审后的施工图纸及其相关技术资料。

（4）施工现场情况、工程特点及拟定的工程施工项目施工组织设计或施工方案。

（5）与建设项目相关的标准、规范等技术资料。

（6）市场价格信息或工程造价管理机构发布的工程造价信息。

（7）预算工作手册和建材五金手册。

（8）工程承包合同文件。

（9）以往工程施工项目的施工技术、项目管理与工程造价编制等方面的经验。

（10）总结和积累的有关工程施工项目报价方面的相关资料和信息。

（11）其他的相关资料。

2. 市场价计价模式的报价程序及注意问题

市场价计价模式的费用组成、计价方法与计价程序完全同定额计价模式，有关内容详见定额计价部分内容。但在进行工程施工项目的报价时，两种计价模式之间又存在一定的差异，望读者区别对待。

（1）市场价计价模式与定额计价模式的区别。

1）在工程施工项目报价过程中，两种计价模式的报价形式不同。

在工程施工项目报价过程中，定额计价模式必须按相应定额及其要求编制工程施工项目报价单，以明确工程施工项目的费用组成及各种费用的计费方法和计费程序，报价单要求具体、详细和完整，以便于评标工作的进行或者以利于承发包双方易于确定工程施工项目的合同价款。在报价单中，各种费用的组成及计算相当繁琐、麻烦，不易于快速地了解并弄清工程报价情况。

市场价计价模式只需承包方用工程施工项目的单价或者总价编制报价单提交即可，无需具体的计费方法和计费程序。在报价单中，工程项目报价的费用组成简单、直观、明了，易于快速地了解并弄清工程报价情况。

2）在工程施工项目报价过程中，两种计价模式的报价依据不同。

在工程施工项目报价过程中，定额计价模式要求承包方必须按照指定的国家或者省、自治区、直辖市建设行政主管部门颁布的消耗量定额、预算定额或者单位估价表及相关的费用定额和计价方法编制工程施工项目的报价，这样便于评标或者易于工程造价的控制。在报价过程中，承包方应按照市场价对定额单价进行调整，最终确定工程报价。

市场价计价模式则要求承包方根据工程具体情况自主报价，报价的依据由承包方自行掌握。在报价过程中，承包方则完全按照市场价格对工程项目进行报价。

3）在工程施工项目报价过程中，两种计价模式的风险大小不同。

在工程施工项目报价过程中，定额计价模式是承包方按相应定额及其要求、工程施工图纸好、工程施工现场情况及其编制的工程施工组织设计编制工程施工项目报价单，有明确的工程施工项目费用组成及费用的计费方法和计费程序，在报价计费的过程中承包方可预测可能发生的风险情况并将风险因素及影响考虑到相关的报价费用中，承包方就可规避风险，这样承包方承担的风险就比较小。

市场价计价模式是承包方根据市场行情和自己以往的经验自主报价，报价的过程中可能没有对报价相关费用的具体组成进行认真的斟酌，对工程施工项目施工过程中可能面临的风险考虑较小或者没有很好地预测，使其报价具有一定的盲目性，这样的报价将使承包方面临较大的风险，所以承包方如采用市场价计价模式对工程施工项目进行报价，报价时一定要慎重，不可随意处置。

(2) 市场价计价模式的报价程序及注意问题。

1) 市场价计价模式的报价程序。

a. 承包方应先弄清楚工程施工项目的施工图纸和工程的施工现场情况，确定合理的施工方案，预测工程施工过程中可能遇到的风险。

b. 承包方进行市场调查，弄清楚有关单价的市场行情。

c. 按照上述结果，结合自己以往经验先编制工程施工项目的预计造价。在编制造价的过程中，可按照国家或者省、自治区、直辖市建设行政主管部门颁布的消耗量定额、预算定额或者单位估价表及相关的费用定额和计价方法编制工程施工项目的预计造价。如有自己的企业定额，最好按照企业定额进行编制。

d. 分析风险因素及其影响情况，对预计造价进行调整。

e. 根据市场行情、竞争的形势、发包方的要求、工程的施工难易程度等情况，对各项费用中的人工、材料、机械台班单价及管理费与利润的费率进行调整，确定最终报价的单价或者总价。

f. 按要求填写报价单并提交。

2) 市场价计价模式报价时应注意的问题。

a. 按市场价计价模式报价，承包方报价的内容往往是项目的单价或者是工程施工项目的总价。报价时承包方必须弄清楚各项费用的具体费用组成，并按照有关定额和具体的计价方法计算工程施工项目的预计造价。这样可使承包方在最终确定报价时，做到心里有数、有的放矢，以避免工程施工项目报价出现漏报或者少报的情况。

b. 按市场价计价模式报价，承包方在进行报价时必须预测相关风险的影响。以使承包方在工程施工项目的具体实施过程中，有一定规避风险的能力。

第三节 工 程 评 标

工程评标是建设项目招标投标活动的最后一个环节，也是决定建设项目招标活动是否成功的一个最为重要的环节。为了确保建设项目招标活动的顺利、成功，选取符合要求的中标人，工程评标活动必须严格按照《中华人民共和国招标投标法》中规定的原则与程序以及招标文件中明确的评标方法进行。在建设项目的招标过程中，工程评标活动的程序可以分为开标、评标和定标三步。

一、开标

（一）开标的时间和地点

1. 开标的时间

开标应当在招标文件确定的提交投标文件截止时间的同一时间公开进行，是指提交投标文件截止之时（如某年某月某日几时几分），即是开标之时（也是某年某月某日几时几分）。这样规定，是为了防止投标截止时间之后与开标之前仍有一段时间间隔。如有时间间隔，可给不端行为造成可乘之机（如在指定开标时间之前泄露投标文件中的内容），即使供应商或承包商等到开标之前最后一刻才提交投标文件，也同样存在这种风险。

2. 开标地点

开标地点应当为招标文件中预先确定的地点。开标地点应与招标文件中规定的地点相一致，是为了防止投标人因不知投送投标文件地点的变更而不能按要求准时提交投标文件，并避免因此而损害投标人的合法权益。

（二）开标主持人和参加人

1. 开标主持人

开标由招标人主持。如果招标项目由招标人委托招标代理机构代理招标的，则由招标代理人主持。主持人应按照招标文件中规定的程序负责开标的全过程。

2. 开标参加人员

为了保证开标的公正性，招标人应邀请所有的投标人、评标委员会成员、监察部门工作人员、工程建设项目招标投标管理机构的工作人员、工程造价管理机构的工作人员等代表出席开标。这样投标人就可以直面了解开标是否依法进行，也可以使投标人了解其他投标人的投标情况，做到知己知彼，大体衡量一下自己中标的可能性，这对招标人的中标决定也将起到一定的监督作用。有些招标项目，招标人还可以委托公证部门的公证人员对整个开标过程依法进行公证。

招标人的开标会必须依法接受建设行政主管部门及其所属的工程建设招标投标管理机构予以监督、管理。

（三）开标程序与唱标内容

1. 开标程序

（1）开标时，由所有投标人或者其推选的代表检查投标文件的密封性、完整性，并予以签字确认。有的招标项目也可以由招标人委托的公证机构进行检查并予以公证。

（2）由招标人当众宣读唱标顺序安排原则、唱标顺序、唱标内容、评标原则、评标办法等。

（3）由招标人依据招标文件的规定和要求检查投标人应提交的有关证件、相关资料、投标担保等。

（4）经确认无误后，由招标人指派的工作人员当众拆封所有投标文件，并根据招标文件的规定和要求检查所有投标文件的完整性、文件的签署等内容。

2. 唱标

当众启封经投标人确认无误后的投标书，并依次宣读各个投标人名称、投标报价、工期、质量标准、主要材料的用量与单价、对招标文件中合同主要条款的确认情况、对招标文件中招标人提出的实质性要求的回应情况、优惠条件以及招标人认为有必要的相关内容。

招标人在招标文件要求提交投标文件的截止时间前收到的所有投标文件，开标时都应当当众予以拆封、宣读。

开标后，任何人不得再更改标书的报价和其他相关内容。

（四）开标记录

开标过程中招标人应将开标的整个过程记录在案，并存档备查。开标记录一般应记载下列事项，并由主持人和其他参加人员签字确认：

（1）有案号的，注明其案号。

（2）招标项目的名称、招标内容、招标范围摘要。

（3）投标人的名称。

（4）投标报价。

（5）开标日期。

（6）其他必要的事项。

（五）无效投标文件的规定

开标时，投标人的投标文件属于下列情况之一的，招标人应在公证人员的监督下，当场宣布其为无效投标文件（即为废标），不得进入评标环节。

（1）投标文件未按照招标文件的要求予以密封。

（2）商务标投标文件无单位和法定代表人或者法定代表人委托的代理人的印鉴。

（3）投标文件未按招标文件规定的格式和要求进行填写，关键内容不全或者字迹模糊、辨认不清。

（4）投标文件逾期送达或者未送达招标文件指定地点。

（5）投标人未参加开标会议。

二、评标

工程评标是由招标人组织的由有关技术、经济、法律方面的专家参加的评标机构，对各投标人的标书的有效性、标书所提出的技术方案的科学性、合理性、可行性，技术力量的状况和质量保证措施的有效性等作出技术评审，对工程报价及各项费用构成的合理性作出经济评审，在此基础上作出评标报告，提出中标人候选人的名单，供招标人从中选择中标人。

（一）评标的原则、标准和保密性

1. 评标的原则

建设工程招标项目的评标活动必须做到公平、公正、公开，以保证投标人平等竞争。为此应遵循以下原则：

（1）评标活动必须做到公平竞争、公正竞争、公开竞争、择优选择、科学合理、客观全面，以保证每个投标人的合法权益。

（2）评标应当按照招标文件规定的标准和程序对标书进行客观、公正的评价、比较，任何人不得更改或违反规定的评标标准和程序。

（3）工程建设项目招标的评标活动宜按照价格标准和非价格标准对投标文件进行总体评估和比较，即"综合评标法"，确定投标的最低评标价或最佳的投标。此种评标方法依据的投标价格不是最低报价，而是合理低价。

2. 评标的标准

评标是对投标文件的评审和比较。招标文件中已对评标的标准和方法进行了详细的规定，列明了价格因素和价格因素之外的评标因素及其量化计算方法。为此，评标的标准通常包括价格标准和价格标准以外的其他有关标准（又称"非价格标准"）两种情况。

（1）价格标准是用价格（工程报价）的因素对投标文件进行客观、公正的评价、比较，按照招标文件中规定的标准和要求最终确定中标人。

（2）非价格标准应尽可能客观和定量化，并按货币额表示，或规定相对的权重（即"系数"或"得分"）。在工程建设招标项目的评标过程中，非价格标准主要有工期、质量、施工人员和管理人员的素质、以往的经验等。

3. 评标的保密性及不受外界干预性

（1）招标人应当采取必要的措施，保证评标在严格保密的情况下进行。评标在封闭状态下进行，评标委员会成员不得与外界有任何接触，有关检查、评审和授标的建议等情况，均不得向投标人或与该程序无关的人员透露。

（2）评标活动是招标人及其评标委员会的独立活动，不应受到外界的干预和影响。任何单位和个人不得非法干预、影响评标的过程和结果。

（二）评标委员会的组建

（1）评标委员会是由招标人或者招标代理机构的相关人员和有关专家组成。

（2）为了避免评委在投票决定中标候选人或中标人时，出现相反意见票数相等的情况，评标委员会一般由5～9人（单数）组成，其中评标专家人数不得少于评标委员会成员人数的2/3，其余1/3成员由招标人担任。

（3）由于评标是一种复杂的专业活动，非专业人员根本无法对投标文件进行评审和比较，同时为了保证评标的公正性和权威性，评标委员会中的专家应由技术、经济、法律等方面的专家组成。在专家成员中，技术专家主要负责对投标中的技术部分进行评审；经济专家主要负责对投标中的报价等经济部分进行评审；而法律专家则主要负责对投标中的商务和法律事务进行评审。在专家成员中，技术专家主要负责对投标中的技术部分进行评审；经济专家主要负责对投标中的报价等经济部分进行评审；而法律专家则主要负责对投标中的商务和法律事务进行评审。

为了防止招标人在选定评标专家时的主观随意性，招标人应从国务院或省级人民政府有关部门提供的专家名册或者招标代理机构的专家库中，随机抽出并确定评标专家。

（4）评标委员会成员的名单，在中标结果确定前，属于应当保密的内容，不得泄露。

（三）评标方法

评标的方法是指评标委员会运用招标文件中规定的评标标准和方法评审、比较所有投标文件中技术文件、投标报价文件和商务文件的具体方法。工程建设招标项目的评标方法可以采用综合评估法、经评审的最低投标价法或者法律、法规允许的其他评标方法。

投标文件中的技术文件、投标报价文件合称为技术标，其中的商务文件称为商务标。对于一般的工程项目可将其投标文件中的技术标（技术文件、投标报价文件）和商务标（商务文件）同时一起进行评审、比较，此评标法叫一阶段评标法；对于大型的或者技术复杂的工程项目，则通常采用将投标文件中的技术标与商务标分别进行评定的方法，此评标法叫两阶段评标法。

1. 经评审的最低投标价法

经评审的最低投标价法（合理最低投标价法）是指经评审投标人的投标文件能够满足招标文件规定的实质性条件和要求，且经评审其投标报价为最低，最终评标委员会可推选该投标人为中标候选人或者直接确定为中标人的评标方法。

最低投标价格中标，就是投标报价最低的中标，但前提条件是该投标符合招标文件的实质性要求。如果投标不符合招标文件的要求而被招标人所拒绝，即使投标价格再低，投标人也不可能中标。但采用这种方法选择中标人时，要求投标人的投标报价不得低于投标人自己的个别成本。

采用经评审的最低投标价法进行评标应注意的问题：

（1）投标文件必须符合招标文件中规定的的实质性条件和要求。投标文件应满足招标文件中规定的工程质量、工程进度即工期等要求，施工方案合理可行，有针对性地保证工程的质量与工期的实质性要求。为此，采用经评审的最低投标价法进行评标时，必须先对投标文件进行符合性评审和对投标文件的技术标进行评审。

（2）投标文件经评审其投标价格为最低。经评审的最低投标价法评标是在投标文件已满足招标文件规定的实质性条件和有关要求的前提下对投标文件中的投标报价单独进行的评审，以最终确定符合要求的最低投标报价的投标。

（3）投标报价不得低于成本。采用经评审的最低投标价法进行评标选择中标人时，其投标报价虽然为最低，但是要求不得低于成本。该成本为投标人自己的个别成本，而不是社会平均成本。由于投标人本身的技术实力和管理水平等方面的原因，其个别成本有可能低于社会平均成本。投标人以低于社会平均成本但不低于其个别成本的价格投标，是应该受到保护和鼓励的，这样可确保投标人中标后有一定的利润空间，有利于投标人很好的控制工程质量、确保工程进度。因此，投标人投标价格低于自己个别成本的，不得中标。

（4）根据招标文件中规定的评标价格调整方法对投标文件中的投标报价和投标文件中的商务标进行必要的价格调整。采用经评审的最低投标价法进行评标时，评标委员会应根据招标文件中规定的评标价格调整方法对所有投标人的投标文件中的投标报价和投标文件中的商务标进行必要的价格调整。评标时考虑的修正因素有优惠条件对投标报价的修正、工期提前的效益对投标报价的修正等。评标时投标报价的具体修正因素及投标报价的相应调整方法均应在招标文件中给以明确的规定。

（5）招标人可以约定判断投标人的最低投标报价是否低于其个别成本的标准，并在招标文件中给以明确。如果调整后的投标报价高于投标人的实际投标报价，两者间的差额不能为投标人在投标报价中记取的利润消化或者克服，且投标人对评标委员会质疑的回复不能使评标委员会的相关成员信服，评标委员会有权据此判定该投标人的投标报价低于其个别成本。

当招标人招标较复杂的项目，或者招标人在招标过程中主要考虑的因素不是投标人的投标报价而是投标人的技术实力和管理水平，此时最低投标价中标的原则就难以适用，而必须采用综合评价方法，以评选出最佳的投标方案。

2. 综合评估法

综合评估法是在工程建设招标项目的评标过程中，评标委员会根据招标文件中事先拟定好的评标原则、评价指标和评标办法，对筛选出来的具有实质性响应招标文件中有关规定的所有投标文件进行综合评价与比较，最后从中确定中标人的一种评标方法。

综合评价是指按照价格标准和非价格标准对投标文件进行总体评价和比较。采用综合评标法时，应将价格以外的有关因素折成货币或给予相应的加权计算，以确定最低评标价（也称估值最低的投标）或最佳的投标。被评为最低评标价或最佳的投标，即可认定为该投标获得最佳综合评价。

（1）招标文件中设置的评价指标通常包括如下内容：

1）投标人的投标报价；

2）施工方案或者施工组织设计；

3）工程进度或者工程工期；

4）工程的质量标准与质量的保证措施；

5）投标人的施工业绩、内部的财务状况、流动资金情况、社会信誉、已完施工工程的质量及其获奖情况等。

（2）综合评估法的具体评标方法。工程建设招标项目评标的综合评估法根据其具体分析方法的不同可分为定性综合评价法（最低评标价法）与定量综合评价法（打分法）两种。

1）定性综合评价法（最低评标价法）是指评标委员会根据评标标准确定每一投标不同方面的货币数额，将这些数额与投标价格放在一起进行比较，估值后价格（即"评标价"）最低且合理的投标可作为中选投标。

2）定量综合评价法（打分法）是指评标委员会先根据评标标准确定每一投标文件中不同方面指标的权重，而后由每一位评标成员独立的对筛选出来的符合有关规定的所有投标文件分别进行打分（对每一项指标均采用百分制进行打分），用每一项的得分乘以其对应的权重即可得出每一项指标的实际得分，将每一个投标文件中的各项指标实际得分相加之和即可得出每一个投标文件的总得分，最终评标委员会可比较分析统计出来的每一个投标文件的打分结果，确定得分最高的投标为最佳的投标，可将其作为中选投标。

3．法律、法规允许的其他评标方法

在法律、法规允许的范围内，招标人也可根据招标项目的具体情况和特点采用其他的评标方法，但具体的评标方法必须在招标文件中给以明确。

（四）评标程序

开标后即进入评标阶段，对所有投标人的投标文件进行评价。此评价过程通常可分为：投标文件的符合性鉴定、技术评估、商务评估、投标文件的澄清、投标文件的评价与比较、编制评标报告等几个步骤。

1．投标文件的符合性鉴定

投标文件的符合性鉴定是检查投标文件是否实质上响应了招标文件中的规定和要求，即响应了招标文件中的所有条款和条件规定，无显著性的差异或者保留。投标文件的符合性鉴定应包括下列内容：

（1）投标文件的有效性鉴定。

1）投标人或者联合体投标中的所有成员是否通过了投标资格预审、是否获得投标资格。

2）投标文件中是否提交了投标人法人的资格证书及其授权委托书；对于联合体投标，是否提交了合格的联合体投标协议书及投标授权委托书。

3）投标保证的格式、内容、金额、有效期、开具单位是否符合招标文件的规定和要求。

4）投标文件是否按照有关法律、法规的规定及招标文件中的有关规定、要求进行了有效的签署等。

（2）投标文件的完整性鉴定。

投标文件是否按照招标文件的规定和要求提交了全部的相关文件与资料，如施工进度计划、施工方案、施工人员的劳动力调配计划、施工机械与设备的调配计划、相关的保证措施、投标报价的相关内容与表格汇总等。

（3）投标文件与招标文件的一致性鉴定。

1）招标文件中要求投标人填写的表格等空白栏目是否按照规定和要求全部填写；

2）对招标文件中的全部条款、数据或者有关说明是否有相应的修改、保留和附加条件。

投标文件的符合性鉴定是整个评标工作的第一步。经过鉴定后，对于实质上不响应招标文件规定和要求的投标文件可宣布为废标，拒绝投标人进行投标。当然也不允许投标人通过修正或者撤销其不符合要求的差异或者保留，使之成为具有响应性的投标。

（4）通过对投标文件的符合性鉴定，宣布投标文件为废标、拒绝投标人投标的情况。

1）投标文件未按照招标文件的要求予以密封；

2）商务标投标文件无单位和法定代表人或者法定代表人委托的代理人的印鉴；

3）投标文件未按招标文件规定的格式和要求进行填写，关键内容不全或者字迹模糊、辨认不清；

4）投标文件逾期送达或者未送达招标文件指定地点；

5）投标人未参加开标会议；

6）投标人的名称或者组织结构与投标资格预审时不一致；

7）投标人递交两份或者多份投标内容不同的投标文件，招标文件规定提交备选投标方案的除外；

8）投标人未按照招标文件的规定和要求提供投标保函或者投标保证金的；

9）组成联合体投标的，其投标文件中未附联合体各方共同投标协议的。

2. 技术评估

评标委员会对投标文件的技术评估是确认、比较投标人完成招标项目的技术实力、管理能力，及其施工方案与相关措施的合理性与可靠性。

评标委员会对投标文件的技术评估主要包括下列内容：

（1）评估招标项目的施工方案的合理性与可靠性；

（2）评估招标项目的施工进度计划合理性、可靠性及其可行性；

（3）评估招标项目的工程质量保证措施、安全施工保证措施和环境保护的保证措施等措施的合理性与可行性；

（4）评估招标项目的材料与相关设备供应的技术性能是否符合设计的技术要求和招标文件的规定及要求；

（5）评估招标项目分包商的技术实力和其工程施工经验是否可以满足招标项目的要求；

（6）对投标文件中按照招标文件的规定和要求提交的建议方案进行技术评审。

3. 商务评估

商务评估是从工程成本、财务和经济分析等方面对投标文件中的投标报价进行评审。评审投标报价的准确性、合理性、经济效益及其相应风险等，比较授标给不同投标人所将产生的不同后果。这一评估在整个评标工作中特别重要，它决定了招标人的招标风险，为此评标委员会对此评估都特别重视。

评标委员会进行商务评估时应评估的主要内容有：

（1）评审投标文件中所有投标报价数据的正确性、合理性和准确性；

（2）分析投标文件中投标报价相关费用构成的合理性，并与招标文件中的招标控制价进行比较分析；

（3）对建议方案进行商务评估。

4. 投标文件的澄清、说明与补正

《中华人民共和国招标投标法》第三十九条规定：评标委员会可以要求投标人对投标文件中含义不明确的内容作必要的澄清或者说明，但是澄清或者说明不得超出投标文件的范围或者改变投标文件的实质性内容。

提交投标截止时间以后，投标文件不得被补充、修改，但对于投标文件中存在的不超出投标文件的范围或者不改变投标文件的实质性内容的问题，投标人可以进行澄清、说明与补正，这样有利于评标委员会对投标文件的审查、评审和比较。

（1）投标文件的澄清、说明与补正应注意以下问题。

1）在评标过程中，若发现投标文件的内容有含义不明确、不一致或明显打字（书写）错误或纯属计算上错误的情形，评标委员会则应通知投标人作出澄清或说明，以确认其正确的内容。对于明显打字（书写）错误或纯属计算上的错误，评标委员会应允许投标人补正。

2）评标委员会提出澄清的要求和投标人的答复均应采取书面的形式。投标人的答复必须经法定代表人或授权代理人签字，作为投标文件的组成部分。

3）如果需要澄清的投标文件较多，则可以召开澄清会，在澄清会上由评标委员会分别单独对投标人进行质询，先以口头形式询问并解答，随后在规定的时间内投标人以书面形式予以确认，做出正式书面答复。

4）用数字表示的数额与用文字表示的数额不一致时，以文字数额为准。

5）单价与工程量的乘积和投标总价之间不一致时，以单价为准；如果单价有明显的小数点错位，应以总价为准，并修改单价。

6）对不同文字文本投标文件的解析发生异议时，以中文文本为准。

（2）投标人的澄清、说明和补正应避免下列行为。

1）投标人的澄清、说明和补正超出投标文件的范围。如投标文件没有规定的内容，澄清的时候加以补充；投标文件规定的是某一特定条件作为某一承诺的前提，但解释为另一条件等。

2）投标人的澄清、说明和补正改变或谋求、提议改变投标文件中的实质性内容。投标人的澄清、说明和补正时改变实质性内容［改变投标文件中的报价、技术规格（参数）、主要合同条款等内容］是为了使不符合要求的投标成为符合要求的投标，或者使竞争力较差的投标变成竞争力较强的投标。

5. 投标文件的评价与比较

投标文件的评价与比较是在工程建设招标项目的评标过程中，评标委员会根据招标文件中事先拟定好的评标原则、评价指标和评标办法，对筛选出来的具有实质性响应招标文件中有关规定的所有投标文件进行综合评价与比较，最后从中确定中标人的一个评标过程。

（五）评标报告及其编制

1. 评标报告

评标报告是评标委员会评标结束后提交给招标人的一份重要文件。在评标报告中，评标委员会不仅要推荐中标候选人，而且要说明这种推荐的具体理由。评标报告作为招标人定标的重要依据

评标委员会完成评标后，应当向招标人提出书面评标报告，并抄送工程建设招标投标管理机构予以存档备案。

评标委员会在评标报告中应推荐出合格的中标候选人或者受招标人的委托而直接确定投标的中标人。评标报告由评标委员会全体成员签字。对评标结论持有异议的评标委员会成员可以书面阐述其不同的意见和理由，连同评标报告一并提交招标人。如果评标委员会成员拒绝在评标报告上签字且不书面阐述其不同的意见和理由的，视为其同意评标结论。

2. 评标报告的编制

评标报告的编制一般应包括以下内容：

（1）招标情况简介：工程招标的内容、招标的范围、招标的过程等。

（2）开标情况简介：开标的时间、地点、参加开标会议的单位和相关参加人员、开标的程序、唱标的内容等。

（3）评标情况简介：评标委员会组成人员、评标的方法、内容和评标依据。

（4）对投标人的技术方案评价，技术、经济风险分析。

（5）对投标人技术力量、设施条件评价。

（6）对满足评标标准的投标人的投标进行排序。

（7）需进一步协商的问题及协商应达到的要求。

3. 推选中标候选人

评标委员会经过综合评审后，按照《中华人民共和国招标投标法》和招标文件的相关规定与要求应推荐1～3名中标候选人，并表明其排列顺序。

评标委员会推荐的中标人候选人的投标应当符合下列条件之一：

（1）能够最大限度地满足招标文件中规定的各项综合评价标准。

（2）能够满足招标文件的实质性要求，并且经评审的投标价格最低；但是投标价格低于成本的除外。

三、定标

（一）定标并确定中标人

中标人是指依法通过投标竞争、最终获得投标成功而竞得投标项目的投标人。

定标也叫决标，是招标人根据评标委员会评议的结果（评标委员会提供的评标报告），

依法按照评标报告中的排序确定中标人的法定活动。当然，招标人也可以委托评标委员会直接确定中标人。

定标过程中必须遵循平等竞争、择优选定的原则，按照规定的程序，从评标委员会推荐的中标候选人中择优选定中标人，并与其签订工程承包合同。实行经评审的最低投标价法进行评标时，投标文件能够满足招标文件中规定的各项实质性条件和要求且其投标报价为最低的投标人为中标人；实行综合评估法进行评标时，经评标委员会综合评审后得票最多或者得分最高的投标人为中标人。

招标人确定中标人时应注意的几个问题：

（1）招标人应严格按照《中华人民共和国招标投标法》的有关规定，合法确定中标人。

（2）评标委员会提出书面评标报告后，招标人应在 15 个工作日内确定中标人，但最迟应当在投标有效期结束日 30 工作日前确定。《工程建设项目施工招标投标办法》中规定，自开标至定标的期限（投标有效期）为：小型工程不超过 10 天，中、大型工程不超过 30 天。

（3）招标人应当接受评标委员会推荐的中标候选人，不得在评标委员会推荐的中标候选人之外确定中标人。

（4）依法必须进行中标的项目，招标人应确定评标报告中排序第一的中标候选人为中标人。评标报告中排序第一的中标候选人放弃中标，或者因不可抗力提出不能履行合同，或者按照招标文件规定应当提交履约保证金而在规定的期限内未能提交的，招标人可以确定评标报告中排序第二的中标候选人为中标人，以此类推。

（5）在确定中标人前，招标人不得与投标人就投标价格、投标方案等实质性内容进行谈判。

（6）招标人可以委托评标委员会直接确定中标人。

（二）中标通知书的发出及其法律效力

在确定中标人后招标人应于 15 天内向有关行政监督部门（当地的工程建设招标投标管理机构）提交招标投标情况的书面报告，并予以备案。招标投标管理机构收到书面报告 5 日内（此时间为招标活动的公示时间）未通知招标人在招标投标活动中有违法行为的，招标人可以向中标的投标人发出中标通知书和向未中标的投标人发出未中标通知书。招标人与中标人签订工程承包合同后的 5 个工作日内，招标人应向未中标的投标人退还投标保证金，如果招标人要求未中标的投标人退还招标文件、工程施工图及其相关技术资料的，未中标的投标人应当予以退还。

1. 中标通知书的性质

中标通知书是招标人向中标的投标人发出的告知其中标的书面通知文件，是招标人对投标人要约的承诺。

2. 中标通知书的法律效力

（1）中标通知书发出时，即发生承诺生效、合同成立的法律效力。

（2）中标通知书发出后对招标人和中标人同时具有法律效力。

（3）中标人确定后，招标人应当向中标人发出中标通知书，并同时将中标结果通知所有未中标的投标人。

（4）招标人不得向中标人提出压低报价、增加工程量、缩短工期、提高工程质量标准或者其他违背中标人意愿的要求，并以此作为发出中标通知书和签订建设工程承包合同的条件。

（5）中标通知书发出后即发生法律效力，招标人不得改变中标结果，中标人不得放弃中标项目，否则均应当依法承担相应法律责任。招标人改变中标结果，变更中标人，是一种单方面撕毁合同的行为；投标人放弃中标项目是一种不履行合同的行为。两种行为都属于违约行为，均应当承担违约责任。

（三）签订工程承包合同

《中华人民共和国招标投标法》第四十六条规定：招标人和中标人应当自中标通知书发出之日起三十日内，按照招标文件和中标人的投标文件订立书面合同。

（1）招标人和中标人不得再行订立背离合同实质性内容的其他协议。

（2）招标文件要求中标人提交履约保证金的，中标人应当提交。

1. 签订建设工程承包合同

按照《中华人民共和国合同法》的要求和规定，招标人与中标人必须签订书面的工程承包合同，这样合同方可合法有效。

（1）书面合同签订时合同生效。《中华人民共和国合同法》第44条规定：依法成立的合同，自成立时生效。法律、行政法规规定应当办理批准、登记等手续生效的，依照其规定。采购合同的生效，国际上通常有三种规定：①招标人向中标人发出中标通知书时开始生效，即自合同成立时合同生效；②中标人在符合其投标的书面采购合同上签字时合同生效，即签订书面合同时合同生效；③采购合同报请行政当局批准时生效。我国招标投标法对采购合同的生效问题，采取的是第二种规定，即中标人在符合其投标的书面采购合同上签字时合同生效，即签订书面合同时合同生效。

（2）进一步明确合同当事人的权利与义务。签订工程承包书面合同，一方面可以弥补中标通知书过于简单的缺陷，另一方面可以将招标文件和投标文件中规定的有关实质性内容（包括对招标文件和投标文件所作的澄清、修改等内容）进一步明晰化和条理化，并以合同形式统一固定下来，有利于明确双方的权利和义务关系，以保证合同的很好履行。

招标人与中标人双方签订的工程承包书面合同，仅仅是将招标文件和投标文件的规定、条件和条款以书面合同的形式固定下来，招标文件和投标文件是该合同的依据。因此，订立工程承包书面合同，招标人不得要求投标人承担招标文件以外的任务或修改投标文件的实质性内容，更不能背离合同实质性内容另外签订协议（常说的招标人与中标人之间签订了黑、白两份合同）；因该合同（协议）违背了招标投标的原旨，该合同（协议）应为无效。中标人应当按照合同约定履行义务，完成中标项目。中标人不得向他人转让中标项目，也不得将中标项目肢解后分别向他人转让。

中标人按照合同约定或者经招标人同意，可以将中标项目的部分非主体、非关键性工作（相关的专业工程项目）分包给专业承包人完成。接受分包的承包人应当具备相应的资格条件，并不得再次分包。中标人应当就分包项目向招标人负责，与接受分包的承包人就分包项目承担连带责任。

2. 提交履约保证金

招标人可以在招标文件中要求中标人提交一定金额的履约保证金，用以督促中标人很好的履行合同，这是招标人的一项权利。

履约保证金应按照招标人在招标文件中的规定，或者根据招标人在评标后作出的决定，以适当的格式和金额（可采用现金、支票、履约担保书或银行保函的形式）提供。一般情况下，履约保证金在中标人履行合同后应予以返还。但在工程合同中，招标人可将一部分履约保证金延期至工程完工后，即直到工程最后验收为止。在货物或服务采购合同中，招标人也可将一部分履约保证金延期至安装或调试之后。

如果中标人拒绝提交履约保证金，可视为中标人放弃中标项目，中标人应当承担违约责任。此时招标人可以从仍然有效的其余投标中按照评标报告中中标候选人的排序选择排序最前的投标人为中选的投标人（中标人），但招标人也有权拒绝其余的所有投标，并重新组织招标。

3. 履约保证金的性质

（1）履约保证金既不同于定金，也不同于预付款，更不同于保证。根据《中华人民共和国合同法》第115条的规定，给付定金的一方不履行约定的债务的，无权要求返还定金；收受定金的一方不履行约定的债务的，应当双倍返还定金。由于《中华人民共和国合同法》中没有规定接受履约保证金的招标人不履行合同时是否应当双倍返还履约保证，所以我们不能将其视同为定金。

（2）履约保证金不同于预付款。预付款是合同的一方当事人在合同履行前提前支付合同约定价款，以帮助义务人能更好地履行合同，属于履行的一部分。预付款不遵循定金罚则，即预付款交付后当事人不履行合同的，不发生丧失或双倍返还的问题。而履约保证金则发生不予返还的问题。

（3）履约保证金不同于保证。保证是第三人与债权人约定，当债务人不履行债务时，由第三人履行债务的担保方式，属于人的担保。

（4）履约保证金采取银行保函的形式时与银行担保不同。银行担保是银行以自己的财产或信用为他人债务提供的一种担保形式，也是一种保证，是一种新的人的担保。

履约保证金的银行保函，只是银行保证在中标人不履行合同时，从其开户账户上支付相应的保证金额，银行保函实质上是中标人自己的担保，并非作为第三人的银行的保证。

总之，履约保证金属于一种特殊的督促中标人履行债务的措施，而与债的法定担保方式有所不同。

（四）编制招标项目招标投标情况书面报告

《中华人民共和国招标投标法》第四十七条规定依法必须进行招标的项目，招标人应当自确定中标人之日起十五日内，向有关行政监督部门（工程建设招标投标管理机构）提交招标投标情况的书面报告。

《工程建设项目施工招标投标办法》中规定招标项目招标投标情况书面报告应包括如下内容：

（1）工程建设项目的招标内容与招标范围；

（2）招标方式和发布招标公告的媒介；

（3）招标文件中投标人须知、技术条款、评标标准和方法、合同主要条款等内容；

（4）评标委员会的组成和评标报告；

（5）中标结果。

第四节　工程合同价款的确定与施工合同的签订

一、建设工程合同概述

（一）建设工程建设合同的概念、特征及约束力

1. 建设工程合同的概念

建设工程合同是发包方（甲方）与承包方（乙方）为完成合同中所指定的建设工程项目而明确的双方彼此之间权利与义务关系的协议。按照合同的约定，承包方应按规定完成约定的建设工程项目，发包方应按规定支付工程价款。建设工程合同是《中华人民共和国合同法》中的一种记名合同，属于《中华人民共和国合同法》的调整范围，受中华人民共和国法律的约束。

2. 建设工程合同的特征

（1）建设工程合同合同标的的特殊性。合同标的：是合同当事人权利义务共同指向的对象。双方当事人必须在合同中明确合同的标的。建设工程合同标的是指对建设工程提供的服务项目，包括建设工程的勘察、设计、施工等任务。

（2）建设工程合同合同主体的特殊性。建设工程合同的客体是工程项目，建设工程合同的主体是发包人和承包人。由于建设工程的特殊性，所以法律对建设工程合同的主体提出了较高的要求和规定，法律规定只有经过国家相关主管部门审查备案、在工商部门注册登记并领取营业执照、具有独立法人资格且具有相应资质等级的建设工程主体才具有签约承包的民事权利能力和民事行为能力。任何个人和其他单位均不得承包建设工程项目，这是对建设工程合同主体的特殊要求。

（3）建设工程合同合同形式的特殊性。由于建设工程标的的特殊性，建设工程合同中合同当事人之间的权利和义务关系相当复杂，为了确保建设工程合同内容的严谨周密、保证建设工程合同中合同当事人之间权利与义务的平衡合理、保证建设工程合同的公平与公正，我国法律规定：建设工程合同必须采用书面合同形式签订，不得口头约定建设工程合同及其相关内容，否则合同当事人之间约定的合同属于无效合同，此类合同不受法律的保护。

（4）建设工程合同合同监督管理的特殊性。由于建设工程合同的特殊性，为了确保建设工程合同签订的合法性与有效性并保证建设工程合同履行的严肃性、时效性和可靠性，在建设工程合同的签订与履行过程中均应接受国家的监督管理。在签订建设工程合同前，建设行政主管部门应对建设工程承发包双方进行资质等级的审查；建设工程合同签订后，必须报送当地的建设行政主管部门进行审查、备案，以避免建设工程合同出现阴阳（或者称黑白）合同；建设工程合同在履行的过程中，也应接受有关部门的监督、检查；建设工程的贷款、合同价款的支付、建设工程的竣工结算等活动应接受银行和相关审计部门的监督与控制。

3. 建设工程合同的约束力

建设工程合同一旦成立，就对合同当事人具有法律约束力。《中华人民共和国合同法》规定：依法成立的合同，对当事人具有法律约束力。当事人应当按照约定履行自己的义务，不得擅自变更或者解除合同；依法成立的合同，受法律保护。建设工程合同在签订前，合同当事人可就合同中的有关权利与义务按照自己的意愿进行协商谈判，以平等、合理的形式约定彼此之间的权利与义务。而当合同当事人经协商一致达成协议后，合同当事人就应严格地履行合同，严格地按合同约定履行好各自的义务，否则未按合同约定履行义务的一方就属于违约，应按合同的约定或者法律的相关规定承担相应的违约责任。

（二）建设工程合同的类型特征与选择

1. 按照承包建设工程工作内容的不同划分

建设工程合同可分为建设工程勘察合同、建设工程设计合同和建设工程施工合同三种。

2. 按照工程承发包的关系不同划分

建设工程合同可分为：总承包合同、分包合同、联合承包合同三种。

（1）总承包合同。建设工程的总承包，又称为"交钥匙承包"。建设工程任务的总承包，是指发包人将建设工程的勘察、设计、施工等工程建设的全部任务一并发包给一个具备相应的总承包资质条件的承包人，由该承包人负责工程的全部建设工作，直至工程竣工，向发包人交付经验收合格符合发包人要求的建设工程的发承包方式。这一承包方式有利于充分发挥那些在工程建设方面具有较强的技术力量、丰富的经验和组织管理能力的大承包商的专业优势，综合协调工程建设中的各种关系，强化对工程建设的统一指挥和组织管理，保证工程质量和进度，提高投资效益。此类承包是《中华人民共和国建筑法》所提倡的一种建设工程承包方式。

发包方与承包方之间就建设工程项目的全部工作内容签订的承包合同称为总承包合同。在签订总承包合同后，总承包方应直接就总承包建设工程的全过程对发包方负责，负责总承包建设工程的运作与管理工作。

（2）分包合同。建设工程的分包是指工程总承包人或者勘察、设计、施工承包人承包建设工程后，将其承包的某一部分工程或某几部分工程，再发包给其他承包人（分包方），与其签订总承包合同下的分包合同。总承包人或者勘察、设计、施工承包人在分包合同中即成为分包合同的发包人。

总承包人或者勘察、设计、施工承包人分包建设工程时应当符合以下条件：

1）总承包人或者勘察、设计、施工承包人只能将不影响建设工程主体安全的相对专业部分的工程分包给具有相应资质条件的分包人；

2）为防止总承包人或者勘察、设计、施工承包人擅自将应当由自己完成的工程分包出去或者将工程分包给发包人所不信任的第三人，分包的工程必须经过发包人的同意或者在总承包合同中给以约定。

总承包方与分包方之间就具体分包的建设工程项目签订的建设工程承包合同称为分包合同。总承包方与分包方签订分包合同后，总承包方应对分包方进行技术指导并对其建设行为进行监督管理，总承包方与分包方就分包的建设工程项目对发包方承担连带责任。

（3）联合承包合同。联合共同承包是指由两个以上的单位共同组成非法人的承包联合体，以该联合体的名义承包某项建筑工程的承包形式。当参加联合承包的具有相同专业的各单位资质等级不同时，为防止出现越级承包或者资质挂靠的问题，联合体只能按资质等级较低的单位的许可业务范围承揽工程。

在联合承包形式中，由参加联合的各承包单位共同组成的联合体作为一个单一的承包主体，与发包方就承包的建设工程项目签订的建设工程承包合同，称为联合承包合同。联合承包合同签订后，联合承包各方组成的承包联合体承担履行合同义务的全部责任，共同对发包方负责。在联合体内部，则由参加联合体的各方以协议约定各自在联合承包中的权利、义务，包括联合体的管理方式及共同管理机构的产生办法、各方负责承担的工程任务的范围、利益分享与风险分担的办法等。在联合共同承包中，参加联合承包的各方应就承包合同的履行向发包方承担连带责任。

连带责任是指在同一债权债务关系的两个以上的债务人中，任何一个债务人都负有向债权人履行全部债务的义务；债权人可以向其中任何一个或多个债务人请求履行债务，可以请求部分履行，也可以请求全部履行；负有连带责任的债务人不得以债务人之间对债务分担比例有约定而拒绝履行部分或全部债务。连带债务人中一人或多人履行了全部债务后，其他连带债务人对债权人的履行义务即行解除。而对连带债务人内部关系而言，清偿债务超过按照债务人之间的协议约定应由自己承担的份额的债务人，有权要求其他连带债务人偿还他们各自应当承担的份额。

3. 按照工程合同价款的计价方式划分

（1）总价合同。总价合同是指总价包干或总价不变合同，即承包方根据发包方提供的工程量清单以及承包方根据施工图纸估算的工程量，结合工程特点及自身企业的状况报总价，经过双方的协商谈判确定合同总价，最终按照合同总价对建设工程项目进行结算，合同价款不因相关因素的变化和工程量的增减而改变，此类合同属于总价合同。它适用于规模不大、工序相对成熟、工期较短、施工图纸完备的工程施工项目。

总价合同中合同价款的确定方法：根据施工图纸、技术规范运用定额计价的方法确定和根据发包方提供的工程量清单运用工程量清单计价的方法确定两种。在总价合同中，工程量清单中的工程量不具备合同约束力（量不可调），工程量以合同图纸的标示内容为准，工程量以外的其他内容一般均赋予合同约束力，以方便合同变更的计量和计价。

（2）单价合同。单价合同是指承包方按照建设工程合同报价单中填报的相关项目的单价，以实际完成的工程量乘以报价单中的单价计算工程竣工结算价款的合同。承包方报价单中所报单价为综合单价。

实行工程量清单计价的工程，宜采用单价合同方式。即合同约定的工程价款中所包含的工程量清单项目综合单价在约定条件内是固定的，不予调整，工程量允许调整。工程量清单项目综合单价在约定的条件外，允许调整。但调整方式、方法应在合同中约定。

单价合同大多用于建设周期长、技术复杂、实施过程中不可预见的风险因素较多的大型复杂工程项目。建设工程项目实施过程中不可预见的风险由发包方与承包方共同承担，从而可规避承包方在建设工程项目实施过程中因工程量的改变或者物价变化等因素影响所应承担的风险。

（3）成本加酬金合同。成本加酬金合同是指发包方向承包方支付建设工程项目的实际成本，并在此基础上附加事先约定比率的酬金作为工程竣工结算价款的合同。在合同当事人签订合同时，不能明确具体的合同价款，只能明确应付酬金的具体比率及其计算方法。

此类合同中，承包方的合同价款是按建设工程项目的实际成本进行结算的，承包方不承担任何风险，所有风险全由发包方承担。

4. 按照工程合同价款的支付方式划分

（1）固定价合同。固定价合同是指合同总价或者合同单价在合同约定的风险范围内不可调整的合同。固定价合同分为固定总价合同和固定单价合同两种。

固定总价合同是指承发包双方在合同中约定的合同总价是一个固定值的合同。此时合同总价即为结算价。在合同履行的过程中，如果发包方没有变更原来的发包内容，承包方在圆满完成承包任务后，不论期间承包方的施工成本是多少，均按合同总价对承包项目进行竣工结算。

固定单价合同是指承发包双方在合同中约定的合同单价是一个固定值的合同。此时合同单价即为相应工程项目计算结算价的计价依据。在合同履行的过程中，如果发包方没有变更原来的发包内容，承包方在圆满完成承包任务后，不论期间承包方受到了何种因素的影响（不可抗力因素除外），均按项目的合同单价乘以实际完成项目的工程量对承包项目进行竣工结算。

（2）可调价合同。可调价合同是指合同总价或者合同单价在合同实施期内，根据合同约定的办法进行调整的合同。可调价合同分为调值总价合同和调值单价合同两种。此类合同是在固定价合同的基础上，先在合同中明确合同总价或者合同单价，而后约定合同履行过程中因相关因素的影响而调整合同价款的条款，以明确因相关因素影响而调整合同价款的原则、依据和方法。工程竣工结算时，按照调整后的合同价款计算工程竣工结算价款。

（三）建设工程合同签订的原则

1. 建设工程合同的平等性原则

合同当事人的法律地位平等，一方不得将自己的意志强加给另一方。当事人享有民事权利和承担民事义务的资格是平等的。只有在平等的基础上才有可能经过协商，达成意思表达一致的协议。

2. 建设工程合同的自愿性原则

合同当事人依法享有自愿订立合同的权利，任何人和单位不得非法干预。在法律允许的范围内合同当事人享有按自己的意愿明确订立或者不订立合同、选择合同的形式、决定合同的内容、变更和解除合同、为自己设定权利和义务的自由，任何机关、组织和个人均不得非法干预。

3. 建设工程合同的公平性原则

合同当事人应当遵循公平原则确定各方的权利和义务。当事人各方应正当行使合同权利和履行合同义务。

4. 建设工程合同的诚实信用原则

合同当事人行使权利、履行义务应当遵循诚实信用原则。在订立合同、履行合同的过程中，合同当事人只有遵循诚实信用的原则，合同当事人才能不滥用权利、不规避法律和合同所规定的义务，才能合理、合法地确立各自的权利和设立各自的义务，才能很好地履行各自应当承担的义务、维护各自的合法权益、确保合同的顺利履行，才能维护正常的市场经济秩序。

5. 建设工程合同的合法性原则

当事人订立合同，履行合同，应当遵守法律、行政法规，尊重社会公德，不得扰乱社会经济秩序，损害社会公共利益。

6. 订立建设工程合同时应注意的几个问题

（1）建设工程合同应当采用书面形式。

（2）国家重大建设工程合同，应当按照国家规定的程序和国家批准的投资计划、可行性研究报告等文件订立。

（3）发包人可以与总承包人订立建设工程合同，也可以分别与勘察人、设计人、施工人订立勘察、设计、施工承包合同。发包人不得将应当由一个承包人完成的建设工程肢解成若干部分发包给几个承包人。

（4）总承包人或者勘察、设计、施工承包人经发包人同意，可以将自己承包的部分工作交由第三人完成。第三人就其完成的工作成果与总承包人或者勘察、设计、施工承包人向发包人承担连带责任。承包人不得将其承包的全部建设工程转包给第三人或者将其承包的全部建设工程肢解以后以分包的名义分别转包给第三人。

（5）禁止承包人将工程分包给不具备相应资质条件的单位。禁止分包单位将其承包的工程再分包。建设工程主体结构的施工必须由承包人自行完成。

（四）建设工程合同签订的程序

根据我国相关法律的规定，对于必须经过招标投标活动发包的建设工程项目，其建设工程合同的签订应经过要约邀请、要约和承诺三个阶段。

1. 要约邀请

要约邀请是合同当事人的一方邀请不特定或者特定的另一方向自己发出要约的意思表示。在现实生活中，寄送的价目表、拍卖公告、招标公告、招股说明书、商业广告等均属于要约邀请。

在建设工程合同的签订过程中，招标人（发包人）发布的招标公告或者发出的投标邀请书属于要约邀请，以此邀请投标人（承包人）参加投标活动。

2. 要约

要约是合同当事人的一方向另一方提出合同条件，希望和另一方当事人订立合同的意思表示。提出要约的一方为要约人，接受要约的一方为受要约人。

要约生效应具备的条件：

（1）要约必须表明要约人具有与他人订立合同的愿望。

（2）要约的内容必须具体确定。

（3）要约经受要约人承诺，要约人即受要约的约束。

在建设工程合同的签订过程中，投标人（承包人）向招标人（发包人）投送投标文件的投标行为即为要约行为。投标人（承包人）通过向招标人（发包人）投送投标文件，力争在招标活动中中标，并力争最终能与招标人（发包人）就投标的建设工程项目签订建设工程合同。

3. 承诺

承诺是受要约人同意要约人要约的意思表示。

（1）承诺生效应符合的条件：

1）承诺必须由受要约人向要约人作出；

2）承诺的内容应当与要约的内容相一致；

3）受要约人应当在承诺期限内作出承诺。

（2）承诺期限有两种规定方式：

1）在要约中作出规定；

2）要约中未作出规定的，应以合理期限计算。

在建设工程合同的签订过程中，招标人（发包人）向中标的投标人（承包人）发出的中标通知书即是招标人（发包人）对中标的投标人（承包人）的投标要约所作出的承诺。

（五）建设工程合同的履行

合同的履行是指合同生效后，当事人双方按照合同约定的标的、数量、质量、价款、履行期限、履行地点和履行方式等，完成各自应承担的全部义务的行为。如果当事人只完成了合同规定的部分义务，称为合同的部分履行或不完全履行；如果合同的义务全部没有完成，称为合同未履行或不履行合同。当事人订立合同不是目的，只有履行合同，才能确保合同当事人的合法权益不受侵害。

1. 建设工程合同的实际履行原则

建设工程合同签订以后，合同当事人必须严格地按照合同中规定的标的履行合同。建设工程合同中的标的即为建设工程的建设行为，合同当事人应按合同中规定的建设行为的内容和范围进行履行。作为承包方应按合同的约定按时、保质、保量地完成建设工程项目，并按要求交付给发包方；而发包方则应按合同的约定为承包方提供相应的协助、支付工程预付款、对工程进行竣工验收并接受建设工程、及时结算工程价款。

2. 建设工程合同的全面履行原则

建设工程合同的全面履行是指合同当事人（承包方或者发包方）必须按照合同约定的标的、数量、质量、价款或者报酬、履行期限、地点和方式等内容全面地完成各自应当履行的义务，这样才能实现合同当事人（承包方或者发包方）所追求的法律后果，其预期目的才能得以实现。

为了确保合同生效后，能够顺利履行，合同当事人应对合同内容作出明确具体的约定。如果合同当事人所订立的合同，对有关内容规定不明确或没有约定，为了确保交易的完成与效率，允许合同当事人协议补充。如果当事人不能达成协议的，按照合同有关条款或者交易习惯确定。

二、工程合同价款的确定

工程合同价款是指发、承包双方在施工合同中约定的工程造价。

工程投标价是指投标人投标时报出的工程造价。

工程合同价款的约定是指建设工程施工合同的主要内容，工程合同价款的约定从合同签订起，就应将其纳入工程计价规范的内容，保证工程价款结算的依法进行。

（一）工程合同价款约定的原则

根据有关法律条款的规定，招标工程合同价款的约定应满足以下几方面的要求：

1. 约定的依据

招标人向中标的投标人发出的中标通知书。

2. 约定的时限

自招标人发出中标通知书之日起 30 天内。

3. 约定的内容

招标文件和中标人的投标文件。实行招标的工程，合同约定不得违背招投标文件中关于工期、造价、质量等方面的实质性内容。对于招标文件与中标人的投标文件不一致的地方，以投标文件为准。

4. 合同的形式

建设工程施工合同必须签订书面合同。

5. 实行工程量清单计价的工程，宜采用单价合同

（1）工程量清单计价的适用性不受合同形式的影响。

（2）工程量清单计价是以工程量清单作为投标人投标报价和合同协议书签订时确定合同价格的唯一载体，在合同协议书签订时，经标价的工程量清单的全部或者绝大部分内容被赋予合同约束力。

（3）合同约定的工程价款中所包含的工程量清单项目综合单价在约定条件内是固定的，不予调整，工程量允许调整。工程量清单项目综合单价在约定的条件外，允许调整。但调整方式、方法应在合同中约定。

（4）单价合同和总价合同均可以采用工程量清单计价，区别仅在于工程量清单中所填写的工程量的合同约束力。

6. 工程合同价款的约定

实行招标的工程合同价款应在中标通知书发出之日起 30 天内，由发、承包双方依据招标文件和中标人的投标文件在书面合同中约定。

不实行招标的工程合同价款，在发、承包双方认可的工程价款基础上，由发、承包双方在合同中约定。

7. 发、承包双方应在合同条款中对下列事项进行约定

（1）预付工程款的数额、支付时间及抵扣方式。

（2）工程计量与支付工程进度款的方式、数额及时间。

（3）工程价款的调整因素、方法、程序、支付及时间。

（4）索赔与现场签证的程序、金额确认与支付时间。

（5）发生工程价款争议的解决方法及时间。

（6）承担风险的内容、范围以及超出约定内容、范围的调整办法。

（7）工程竣工价款结算编制与核对、支付及时间。

（8）工程质量保证（保修）金的数额、预扣方式及时间。

（9）与履行合同、支付价款有关的其他事项等。

8. 招标人与投标人签订不符合法律规定合同将面临的法律后果

（1）招标人与中标人不按照招标文件和中标人的投标文件订立合同的，或者招标人、中标人订立背离合同实质性内容的协议的，责令改正；可以处中标项目金额 5‰以上 10‰以下的罚款。

（2）当事人就同一建设工程另行订立的建设工程施工合同与经过备案的中标合同实质性内容不一致的，应当以备案的中标合同作为结算工程价款的根据。

（二）工程合同价款的确定

工程合同价款的组成内容包括合同价款、追加合同价款和相关费用三部分。

在约定合同价款时，合同价款的确定应包括以下两方面内容：

（1）确定计价方法。在建设工程施工合同中应明确合同价款的确定依据是按施工图预算计价还是按工程量清单计价。

（2）确定签订合同价款的方式。在建设工程施工合同中应明确签订合同的类型：合同采用固定价合同还是可调价合同；合同采用单价合同还是总价合同。

（三）建设工程施工合同中工程合同价款应约定的内容

发、承包双方在签订建设工程施工承包合同时，应在合同条款中对下列事项进行约定；合同中没有约定或约定不明的，由双方协商确定；协商不能达成一致的，按《计价规范》的相关规定执行。

1. 工程预付款的约定

工程预付款是发包人为解决承包人在施工准备阶段资金周转问题提供的协助。

（1）在合同中应约定工程预付款的具体数额：工程预付款可以是具体数额，也可以是相应的额度。

（2）在合同中应约定工程预付款支付的时间：应明确工程预付款支付的具体时间。

（3）在合同中应约定工程预付款抵扣的方式：工程预付款应在工程进度款中按比例抵扣，应明确具体的抵扣比例。

（4）在合同中应约定相应的违约责任：如不按合同约定支付工程预付款的利息计算方法和相应的违约责任等。

2. 工程计量与进度款支付的约定

（1）在合同中约定工程计量的时间和方式：工程计量可按月进行计量也可按工程形象部位（目标）的划分分段进行计量，工程进度款支付周期与工程计量周期应保持一致。

（2）在合同中约定工程进度款的支付时间：约定工程建设项目计量后工程进度款的具体支付时间。

（3）在合同中约定工程进度款的支付数额：约定工程建设项目计量后工程进度款的具体支付数额。

（4）在合同中约定相关的违约责任：约定不按合同约定支付工程进度款时发包方应负担的利率和相应的违约责任等。

3. 工程价款调整的约定

（1）在合同中约定工程价款的调整因素：如工程变更后综合单价的调整、工程主材价格上涨超过投标报价时的 3%、工程造价管理机构发布的人工费调整等。

（2）在合同中约定工程价款的调整方法：如结算时一次调整、材料采购时报发包人调整等。

（3）在合同中约定工程价款的调整程序：承包人提交调整报告交发包人，由发包人现场代表审核签字等。

（4）在合同中约定工程价款的支付时间：如与工程进度款支付同时进行等。

4. 在合同中约定索赔与现场签证的相关事宜

（1）在合同中约定索赔与现场签证的程序：索赔与现场签证一般由承包人提出、发包人现场代表或授权的监理工程师核对。

（2）在合同中约定索赔提出的时间。

（3）在合同中约定索赔与现场签证核对的时间。

（4）在合同中约定索赔价款的支付时间：索赔价款原则上与工程进度款同期支付。

5. 工程价款争议解决方法的约定

解决价款争议的办法有协商、调解、仲裁、诉讼四种方法。如在合同中约定调解应标明具体的调解机关名称；如在合同中约定仲裁，应标明具体的仲裁机关名称，以免仲裁条款无效；如在合同中约定诉讼应标明提起诉讼的人民法院名称等。

6. 合同当事人承担风险的约定

（1）在合同中约定合同当事人承担风险的内容、范围。

（2）在合同中约定物价变化的调整幅度：物价变化的调整幅度是指有关工程建设材料价格涨幅超过投标报价的幅度。

7. 工程竣工结算时间的约定

（1）在合同中约定承包人提交建设工程竣工结算书的时间。

（2）在合同中约定发包人或其委托的工程造价咨询企业对承包人提交的建设工程竣工结算书进行核对的时间，及在核对完毕后，发包人支付结算价款的具体时间等。

8. 工程质量保修金的约定

（1）在合同中约定工程质量保修金的具体数额。

（2）在合同中约定工程质量保修金的支付方式。

（3）在合同中约定工程质量保修金的归还时间。

9. 其他事项

需要说明的是，合同中涉及工程价款的事项较多，能够详细约定的事项应尽可能具体地约定，约定的用词应尽可能唯一，当约定的用词有几种解释，最好对用词进行定义，尽量避免因理解上的歧义造成合同纠纷。

三、建设工程施工承包合同的签订

（一）建设工程施工合同文件的组成内容

1. 招标文件

招标文件包括工程说明（概况）、投标须知、合同的主要条款、工程量清单、招标人提出实质性规定和要求。这些均是工程施工合同的重要组成内容。

2. 招标人召开招标答疑会时的答疑记录

招标答疑记录是招标人对招标文件的解析、补充和完善，是招标文件的重要组成部分，也应属于工程施工合同的组成内容。

3. 投标文件

投标文件包括投标人的投标报价、投标人的有效期承诺、投标人的优惠条件、工程施工的施工组织设计、投标人对招标文件中主要合同条款的确认等内容。

4. 建设工程施工图纸及其相关的技术资料

它是承包方进行工程施工和招标人编制工程量清单的重要依据，也是建设工程后期的变更、施工现场签证和建设工程施工竣工结算的依据。

5. 工程技术规范与工程量清单计价规范

工程技术规范是评定建设工程施工质量等级的标准和依据；工程量清单计价规范是编制工程量清单、确定招标控制价、投标人进行投标报价的依据，也是工程后期对设计变更进行现场签证时确定工程量的依据。

6. 合同条件

合同条件即合同文件中的通用条款，是合同文件的重要组成部分。其中明确了合同当事人（发包方与承包方）彼此之间的权利与义务、工程施工现场管理程序、工程施工索赔的处理程序、工程施工过程中突发事件的处理程序等内容。

7. 合同协议书

合同协议书是发包方与承包方针对招标项目通过协商一致而达成的协议、约定的内容的体现。它包括工程施工的承包内容与范围、工程施工的合同工期、工程施工的合同价款、工程合同价款的支付程序和方法、工程施工质量保修期、履约保证、工程施工结算价款的结算期与结算程序、违约责任及违约后的解决方式、合同的签订地点与签订时间。

8. 中标通知书

中标通知书将招标人与投标人的关系提升为发包方与承包方的关系。它经过招标人和投标人签字确认后，在工程施工合同签订前起工程施工承包协议的作用。

9. 从招标工作开始到结束招标人与投标人之间一切往来的书面材料

它们大都涉及对招标文件的解析、补充和完善，是合同文件的组成部分。

（二）建设工程施工合同包括的内容

1. 建设工程施工合同中的工程承包范围

建设工程施工合同中的工程承包范围是指施工的界区，是承包方进行施工的工作范围。工程承包范围是施工合同的必备条款。

2. 建设工程施工合同中的施工工期

建设工程施工合同中的施工工期是指承包方完成施工任务的期限。为了保证工程质量，合同双方当事人应当在施工合同中确定合理的建设工程施工工期。

3. 建设工程施工合同中的中间交工工程

建设工程施工合同中的中间交工工程是指施工过程中的阶段性工程。为了保证工程各阶段的交接，顺利完成工程建设，合同当事人应当明确中间交工工程的开工和交工时间。

4. 建设工程施工合同中的工程质量

建设工程施工合同中的工程质量是指工程的等级要求、质量标准，是施工合同中的核心内容。工程质量往往通过设计图纸和施工说明书、施工技术标准加以确定。工程质量条款是明确承包方施工要求,确定承包方责任的依据,是施工合同的必备条款。工程质量必须符合国家有关建设工程安全标准的要求,发包方不得以任何理由,要求施工人在施工中违反法律、行政法规以及建设工程质量、安全标准,降低工程质量。

5. 建设工程施工合同中的合同价款(工程造价)

建设工程施工合同中的合同价款(工程造价)是指施工建设该工程所需的费用,包括材料费、施工成本等费用。合同当事人根据工程质量要求,根据工程的概预算,合理地确定工程造价。

6. 建设工程施工合同中的技术资料

建设工程施工合同中的技术资料主要是指勘察、设计文件以及其他承包方据以施工所必需的基础资料。技术资料的交付是否及时往往影响到施工进度,因此合同当事人应当在施工合同中明确技术资料的交付时间。

7. 建设工程施工合同中的材料和设备供应责任

建设工程施工合同中的材料和设备供应责任是指由哪一方合同当事人提供工程建设所必需的原材料以及设备。在实践中,可由发包方负责提供,也可以由承包方负责采购。材料和设备的供应责任应当由合同双方当事人在合同中作出明确约定。如果在合同中约定由承包方负责采购建筑材料、构配件和设备的,承包方履行采购任务,既是承包方应当履行的义务,也是承包方应当享有的权利。发包方有权对承包方提供的材料和设备进行检验,发现材料不合格的,有权要求承包方调换或者补齐。但是发包方不得利用自己有利的合同地位,指定承包方购入由其指定的建筑材料、构配件或设备,包括不得要求承包方必须向其指定的生产厂家或供应商购买建筑材料、构配件或设备。

8. 建设工程施工合同中的价款支付

建设工程施工合同中的价款支付是指工程价款的拨付;结算是指工程竣工验收后,计算工程的实际造价以及与已拨付工程款之间的差额。价款支付和结算条款是承包方请求发包方支付工程价款和报酬的依据。承包方负责建筑、安装等施工工作,发包方应提供工程进度所需款项,保证施工顺利进行。为此要求合同当事人在签订建设工程施工承包合同时,必须在合同中明确约定工程施工合同价款的支付方式和支付比例以及工程竣工结算价款的结算程序和结算时间,以使发包方能够按照合同约定及时支付承包方施工过程中所必须的价款,确保建设工程的施工能顺利进行。

9. 建设工程施工合同中的竣工验收

建设工程施工合同中的竣工验收是工程交付使用前的必经程序,也是发包方支付建设工程竣工结算价款的前提。建设工程竣工后,发包方应当根据施工图纸及说明书、国家颁发的施工验收规范等及时进行验收。具体的竣工验收程序应由合同当事人在合同中给以约定。

10. 建设工程施工合同中的保修范围

建设工程的具体保修范围和具体的质量保证期应由合同当事人在合同中约定,合同当事人应在建设工程竣工验收前签订建设工程质量保修书,以明确合同当事人在建设工程质量保证期内的权利与义务,这也是建设工程施工竣工验收的必备条件。

11. 建设工程施工合同的违约责任

（1）发包方违约：发包方不按时支付工程预付款；发包方不按合同约定支付工程款，导致施工无法进行；发包方无正当理由不支付工程竣工结算价款；发包方不履行合同义务或不按合同约定履行义务的其他情况。

发包方承担的违约责任：赔偿因其违约给承包方造成的经济损失，顺延延误的工期。合同双方当事人可在专用条款内约定发包方赔偿承包人损失的计算方法或者发包方应当支付违约金的数额和计算方法。

（2）承包方违约：因承包方原因不能按照协议书约定的竣工日期或工程师同意顺延的工期竣工；因承包方原因工程质量达不到协议书约定的质量标准；承包方不履行合同义务或不按合同约定履行义务的其他情况。

承包方承担的违约责任：赔偿因其违约给发包方造成的损失。合同双方当事人可在专用条款内约定承包方赔偿发包方损失的计算方法或者承包方应当支付违约金的数额和计算方法。

一方违约后，另一方要求违约方继续履行合同时，违约方承担上述违约责任后仍应继续履行合同。

12. 建设工程施工合同中争议的解决方式

发包方与承包方在履行合同时发生争议，可以和解或者要求有关主管部门调解。合同当事人不愿和解、调解或者和解、调解不成的，合同当事人双方可以在专用条款内约定以下一种方式解决争议：

（1）合同当事人双方达成仲裁协议，向约定的仲裁委员会申请仲裁。

（2）向有管辖权的人民法院起诉。

发生争议后，除非出现下列情况的，双方都应继续履行合同，保持施工连续，保护好已完工程：

（1）单方违约导致合同确已无法履行，双方协议停止施工。

（2）调解要求停止施工，且为合同当事人双方接受。

（3）仲裁机构要求停止施工。

（4）法院要求停止施工。

13. 建设工程施工合同中的双方相互协作条款

建设工程施工合同中的双方相互协作条款一般包括合同双方当事人在施工前的准备工作，承包方应及时向发包方提出开工通知书、施工进度报告书、对发包方的监督检查提供必要的协助等。合同双方当事人的协作是施工过程的重要组成部分，是工程顺利施工的重要保证。

思　考　题

1. 建设工程项目招标的含义及其原则是什么？
2. 建设单位自行组织建设工程项目招标的条件是什么？
3. 招标文件的作用及其内容是什么？

4. 投标文件的作用及其内容是什么？

5. 投标联合体的含义是什么？联合体的资格与责任各有哪些规定？

6. 评标委员会提交的评标报告应包括哪些内容？

7. 中标通知书具有哪些范例效力？

8. 编制招标项目工程量清单的依据是什么？

9. 投标报价的依据是什么？

10. 招标控制价的编制原则是什么？它在评标过程中有哪些作用？

11. 建设工程项目承发包合同有哪些类型？

12. 签订建设工程施工合同应遵循哪些原则？

13. 建设工程施工合同的构成要件有哪些？

14. 建设工程施工合同中的承包方应享有的权利和应承担的义务各有哪些？

案　例　分　析

【案例分析题 1】

背景材料：

某施工单位（乙方）与建设单位（甲方）签订了工程的施工合同。由于该工程的特殊性，工程量事先无法准确确定，但工程性质清楚。按照工程施工合同文件的规定，乙方必须严格按照施工图与合同文件规定的内容及技术要求进行施工，工程量由监理工程师负责计量。

根据该工程的合同特点，工程师提出了工程计量程序，其要点为：①乙方对已完成的分项工程在 5 天内向监理工程师提交已完工程的工程量报告；②监理工程师接到报告后 14 天内按设计图纸核实已完工程的工程量，并在计量前 48h 通知乙方，乙方为计量提供便利条件并派人参加；③乙方得到通知后不参加计量，计量结果有效，并作为工程价款支付的依据；④监理工程师收到乙方报告 14 天未计量完毕，从第 15 天起，乙方报告中开列的工程量及被认为已被确认，应将其作为工程价款支付的依据；⑤监理工程师不按约定时间通知乙方，使乙方未能参加对已完工程的计量，计量结果无效。

本月工程施工工程中，有三件事项等监理工程师进行处理：①在工程施工工程中，当进行到施工图所规定的处理边缘时，乙方在取得在场工程师同意的情况下，为了确保工程质量，将工程的施工范围适当扩大，并且经确认需增加成本一万元。施工完成后，乙方将扩大范围内的施工工程量向监理工程师提出计量支付要求。②土方开挖时遇到工程地质勘探没有探到的孤石，排除孤石拖延了 2 天时间，增加了施工成本 5000 元（有现场监理工程师的签证），乙方现向监理工程师提出了上述工期和费用补偿要求。③工程在施工工程中遇到了五天季节性的大雨，从而耽误了工程工期，造成了窝工，乙方现向监理工程师提出工期和窝工损失补偿请求。

问题：

（1）该工程适宜采用何种类型的合同计价方式？为什么？

（2）上述监理工程师提出的已完工程的计量程序有何不妥之处？请一一指出。

（3）监理工程师在对该工程进行计量时，计量方法主要采取何种方法？

（4）上述三件处理事项，监理工程师均应如何处理？

（5）本月按计量程序确认的已完工程进度款为 100 万元，通常情况下，本月应支付的工程款为多少？

【案例分析题 2】

背景材料：

某大型工程项目由政府投资建设，业主委托某招标代理公司代理施工招标，招标代理公司签确定该项目采用公开招标方式招标，招标公告在当地政府规定的招标信息网上发布。招标文件中规定：投标担保可采用投标保证金或者投标保函方式担保。评标方法采用经评审的最低投标价法。投标有效期为 60 天。

业主对招标代理公司提出以下要求：为了避免潜在的投标人过多，项目招标公告只在本市日报上发布，且采用邀请招标方式招标。

项目施工招标信息发布以后，共有 12 家潜在的投标人报名参加投标。业主认为报名参加投标的投标人太多，为减少评标的工作量，要求招标代理公司仅对报名的潜在投标人的资质条件、业绩进行资格审查。

开标后发现：

（1）A 投标人的投标报价为 8000 万元，为最低投标价，经评审后推荐其为中标候选人；

（2）B 投标人在开标后又提交了一份补充说明，提出可以降价 5%；

（3）C 投标人提交的银行投标保函有效期为 70 天；

（4）D 投标人投标文件的投标函盖有企业及企业法人的印章，但没有加盖项目负责人的印章；

（5）E 投标人与其他投标人组成了联合体投标，附有各方资质证书，但没有联合体共同投标协议书；

（6）F 投标人的投标报价最高，故 F 投标人在开标后第二天撤回了其投标文件。

经过标书的评审，A 投标人被确定为中标候选人。发出中标通知书后，招标人与 A 投标人进行合同谈判，希望 A 投标人能再压缩工期、降低费用。经谈判后双方达成一致：不压缩工期，但降价 3%。

问题：

（1）业主对招标代理公司提出的要求是否正确？说明理由。

（2）分析 A、B、C、D、E 投标人的投标文件是否有效？说明理由。

（3）F 投标人的投标文件是否有效？对其撤回投标文件的行为应如何处理？

（4）该项目施工合同应该如何签订？合同价格应是多少？

第六章　施工阶段的工程造价管理

【学习指导】　本章论述了工程施工阶段工程造价的计划、分解、计量和结算，相对于决策阶段的投资估算和设计阶段的投资概算以及招投标阶段的施工图预算，施工阶段工程结算金额则更为具体。由于施工阶段工程从图纸变成实际的工程实体，建设工程大部分投资在这阶段投入，因此建设工程施工阶段工程造价的控制显得尤为重要。通过本章的学习应做到：掌握工程变更和合同价款的调整方法；熟悉工程索赔的概念及分类；掌握工程索赔的处理原则和计算；熟悉工程价款的支付和结算方法；熟悉项目资金计划的编制；掌握投资偏差分析的方法及纠正措施。

第一节　资金使用计划的编制

为了控制施工阶段的造价，首先必须编制资金使用计划，合理地确定工程造价控制目标值，包括工程造价的总目标值、分目标值、明细目标值。没有明确的造价控制目标，就无法将工程实际支出额与之进行比较，就不能找出偏差，就会使控制措施缺乏针对性。

一、按项目划分编制资金使用计划

建设项目是由若干单项工程构成的，而每个单项工程包括多个单位工程，每个单位工程又由若干分部工程构成，按照"组合性计价"的划分原则，可划分到分项工程或再细一些。按项目划分对资金使用进行合理分配，首先需要对工程项目进行合理划分，然后按工程划分对照工程预算进行同口径归集计算，如图 6-1 所示。

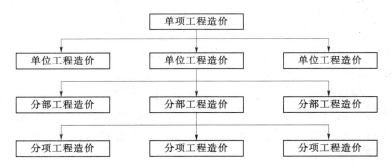

图 6-1　按项目分解工程造价

（一）按项目划分编制资金使用计划的步骤

1. 划分工程项目

项目划分的粗细程度根据实际需要而定，既要考虑实际预算项目的组成，也要结合施工形象进度部位的界定。

2. 确定项目编码

为了使支出预算与以后的造价控制相对应，必须事先统一确定造价的编码系统。编码指工程细目码，必须具有科学性、层次性。项目编码要适应根据设计概算或设计预算、合同价编制资金计划的不同要求，尤其考虑好施工形象进度部位的界定。

3. 确定分项预算

分项工程的支出预算是分项工程的综合单价与工程量的乘积。在确定分项预算时，应进一步核实工程量，以准确确定该工程分项的支出预算。

4. 编制资金计划表

资金使用计划表的栏目与一般的预算表式基本致，包括：①分项工程编码；②工程内容；③计量单位；④工程数量；⑤计划综合单价；⑥计划资金需要量（④×⑤）；⑦备注。其中，计划综合单价应当是包括全部费用的单价。有些开办费性质的费用和措施性费用应当合理分摊到相关分项工程中，或者将该项费用定义为一项工作，以简化资金计划的编制。

编制资金使用计划时，要在主要分项工程中安排适当的不可预见费。

（二）项目划分应考虑的因素

在项目管理理论中，项目划分形成工作结构分解（Work Breakdown System，WBS）。工作结构分解是将项目按系统规则和要求分解成相互独立、相互影响、相互联系的项目单元，作为计划、实施、检查和评估等一系列项目管理工作的对象。项目划分应考虑实现如下目标：

（1）能够利用网络计划技术，将项目单元作为网络分析的工序，可以建立进度动态控制系统，对项目工期进行精确的计划和有效的跟踪对比、动态控制。

（2）能够与投标报价的项目单位相衔接，同时利用投资偏差分析技术，即赢得值（Earned Value，EV）工具，实现对进度和造价的综合控制。

（3）能够与工程质量验收的基本单元相衔接。工程项目质量的优劣，取决于各个施工工序、工种的管理水平和操作质量，将具有类似工序、工种的施工任务划分为一个项目单元，可以实现对工程质量的分级、分段和系统管理。

（4）项目单元是合同管理中落实承发包双方责权利的具体对象，可作为合同包的组成要素，逐级构成工程项目合同管理系统。

（5）明确每个项目单元的责任者，建立项目组织和相应的责任体系，进行绩效考核。

（6）在明确每个项目单元的责任者、项目控制目标和资源分配的基础上，对项目单元、各项资源进行统一编码，以利于项目管理全方位、全过程的信息集成，并能够借助技术实现标准化、规范化的工程项目管理。

无论分部分项工程如何划分，都要求工程管理中进度、质量和造价这三大目标确定与控制活动得以连贯，为三大目标控制的协调一致提供基础性工作平台。

（三）按项目构成分解与按造价构成分解相结合

从工程项目总体造价控制角度，既要将总造价目标分解到各单项工程和单位工程，也要按照造价构成分解为建筑工程费、安装工程费、设备购置费以及工程建设其他费，将按项目构成分解与按造价构成分解的造价结合起来，横向按造价构成分解，纵向按项目构成分解，或相反。

这种分解方法有助于检查各分部分项工程造价构成是否完整，有无重复计算或漏算；同时还有助于检查各项具体费用支出的对象是否明确或落实，并且可以从数字上校核分解的结果有无错误。

二、按时间进度编制资金使用计划

工程项目的投资是分阶段分期支出的。资金应用是否合理与资金时间安排有密切关系，为了有效使用资金、筹措资金，尽可能减少资金占用和利息支付，有必要将总造价目标按使用时间进行分解，确定按进度的分目标值，编制按时间进度的资金使用计划。

（一）时间资金计划的编制方法

将按项目构成分解的造价与按时间进程分解的造价结合起来，纵向按项目构成分解，横向按时间进程分解，可以将造价控制与进度控制结合在一起。通常是利用控制项目进度的网络图或施工进度计划表进一步扩充而得，要求对进度计划中的每一个项目既要确定花费的时间，也要确定完成该项目所需的预算造价。也就是说，在编制进度计划时，应在充分考虑进度控制对项目划分要求的同时，还要考虑确定费用支出计划对项目划分的要求，要做到二者兼顾。

将工程项目分解为既能方便地表示时间，又能方便地表示费用支出计划的工作是不容易的。通常如果项目分解程度对时间控制合适的话，则对费用支出计划可能分解过细，以至于不可能对每项工作确定费用支出计划。反之亦然。

（二）资金使用计划图的绘制

按时间进度编制的资金使用计划，可以绘制成矩形的分布图，也可以绘制成曲线的累计图（S形曲线）。资金使用计划图绘制步骤如下：

（1）确定工程进度计划，编制横道图；

（2）计算每个分项工程单位时间完成的预算费用。假定每个分项工程都是匀速施工的，计算公式为：

$$单位时间完成的预算费用 = \frac{分项工程造价}{分项工程持续时间} \qquad (6-1)$$

（3）计算各时间段内全部分项工程完成的预算费用（当期累计），据此可以绘制矩形的分布图（直方图）。

（4）累计各时间段的预算费用（逐期累计），据此可以绘制曲线的累计图，即时间资金曲线（S形曲线）。

三、资金使用计划编制实例

【例6-1】　某商业大厦工程通过公开招标方式择优选定施工总承包单位。桩基与围护工程、专项设备与安装工程、弱电系统工程等另行招标确定承包单位。

解：由施工总承包合同文件查得，有关单位工程的价款为（外装饰、桩基与围护工程、专项设备与安装工程、弱电系统工程以及其他附属工程等略）：

土建工程（主体部分）6370.44万元；装饰工程（内装饰部分）3916.93万元；给排水工程197.50万元；电气工程752.74万元；通风工程501.36万元。

该工程的开工日期为2009年1月1日。因篇幅原因，现选取开工后前13个月作为本例的分析时段。分析时段范围内的施工进度计划见表6-1。由表6-1可见，在13个月的施工时段内共安排了19个分项工程的施工，其中，维护墙与内隔墙（15）、墙地面抹灰（16）、轻钢龙骨吊顶与隔墙（17）以及水电卫主干管安装（19）在其后的施工过程才能完成，其余项目均安排施工完毕。

经对有关合同价计算书的分解计算，分析时段内实施的分部分项工程的价款见表6-2（表④项中，共有4个分项工程有2个数字，后1个数字是该分项工程全部作业天数，前1个数字是在分析时段内的作业时间）。

对该工程在分析时段内实施的施工项目编制资金使用计划的具体过程详述如下：

（1）选择时间单位。资金使用计划一般按月为单位编制。但根据进度计划安排的实际情况，首先取每10天（1旬）为一个时间段进行基础性分析。各分项工程的作业时间见表6-2之⑤项。

（2）计算各分项工程单位时间资金需要量。各分项工程每旬的资金需要量按照匀速施工的假设进行计算，计算结果列于表6-2之⑥项。计算方法为：⑥＝③－⑤。

（3）计算各单位时间内的资金需要量。首先按旬为时间单位累计当旬资金需要量，然后按月进行合计。

2009年1月：

上旬：分项（1）31.77（万元）

中旬：[分项（2）] 117.59＋[分项（8）] 0.07＝117.66（万元）

下旬：[分项（2）] 117.59＋[分项（8）] 0.07＋[分项（3）] 4.65/2＝119.99（万元）

合计：31.77（上旬）＋117.66（中旬）＋119.99（下旬）＝269.42（万元）

表6-1　　　　　　　　　　商业大厦主体施工阶段的进度计划

序号	工程名称	2009年1月			2009年2月			2009年3月			2009年4月			2009年5月			2009年6月			2009年7月			2009年8月			2009年9月			2009年10月			2009年11月			2009年12月			2010年1月		
		上	中	下	上	中	下	上	中	下	上	中	下	上	中	下	上	中	下	上	中	下	上	中	下	上	中	下	上	中	下	上	中	下	上	中	下	上	中	下
1	井点降水	10																																						
2	基坑支撑与土方				30																																			
3	桩顶剔凿与垫层混凝土					15																																		
4	底板混凝土							20																																
5	换撑										10																													
6	立塔吊										10																													
7	地下1~2层											40																												
8	基坑抽水						100																																	
9	外墙防水											15																												
10	回填土											10																												
11	地上1~5层（裙房）														70																									

续表

序号	工程名称	2009年1月	2009年2月	2009年3月	2009年4月	2009年5月	2009年6月	2009年7月	2009年8月	2009年9月	2009年10月	2009年11月	2009年12月	2010年1月
		上中下	上中下	上中下	上中下	上中下	上中下	上中下	上中下	上中下	上中下	上中下	上中下	上中下
12	设备层（6层）							15						
13	地上7~28层								170					
14	机房、水箱间													15
15	维护墙与内隔墙										150			
16	墙地面抹灰												200	
17	轻钢龙骨吊顶与隔墙													160
18	水电安装预埋管留洞				45				200					
19	水电卫主干管安装												175	

表 6-2　　　　　　　　分部分项工程价款汇总表

序号	分项工程名称	价款（万元）	作业时间		每旬计划完成价款（万元）
			天数	旬数	
①	②	③	④	⑤	⑥
一	土建工程	6044.80			
1	井点降水	31.77	10	1	31.77
2	基坑支撑与土方	352.77	30	3	117.59
3	桩顶剔凿与垫层混凝土	6.97	15	1.5	4.65
4	底板混凝土	415.74	20	2	207.87
5	换撑	0.44	10	1	0.44
6	立塔吊	0.95	10	1	0.95
7	地下1~2层	558.38	40	4	139.60
8	基坑抽水	0.69	100	10	0.07
9	外墙防水	23.72	15	1.5	15.81
10	回填土	44.44	10	1	44.44
11	地上1~5层（裙房）	1341.43	70	7	191.63
12	设备层（6层）	104.27	15	1.5	69.51
13	地上7~28层	2780.20	170		
13.1	其中：7~10层	510.44	35	3.5	145.84
13.2	11~15层	638.05	45	4.5	141.79
13.3	16~28层	1631.71	90	9	181.30
14	机房、水箱间	39.50	15	1.5	26.33
15	维护墙与内隔墙（部分）	203.97	130/150	13	15.69

续表

序号	分项工程名称	价款(万元)	作业时间		每旬计划完成价款(万元)
			天数	旬数	
①	②	③	④	⑤	⑥
16	墙地面抹灰（部分）	139.56	60/200	6	23.26
二	装饰工程	13.90			
17	轻钢龙骨吊顶与隔墙（部分）	13.90	5/160	0.5	27.80
三	安装工程	64.83			
18	预埋管与留洞	2.90	245		
18.1	其中：地下部分	0.60	45	4.5	0.13
18.2	地上部分	2.30	200	20	0.12
19	水电卫主干管安装（部分）	61.93	55/175	5.5	11.26

2009 年 2 月：

上旬：(2) 117.59＋(3)4.65＋(8)0.07＝122.31 （万元）

中旬：(4) 207.87＋(8)0.07＝207.94 （万元）

下旬：(4) 207.87＋(8)0.07＝207.94 （万元）

合计：122.31＋207.94＋207.94＝538.19 （万元）

其他各月（旬）资金需要量同样计算，略。

(4) 编制按项目划分的资金计划，见表 6-3。

(5) 编制按时间划分的资金计划，采用表格形式的见表 6-4，采用分布直方图形式的如图 6-2 所示，采用累计曲线图形式的如图 6-3 所示。

表 6-3　　　　　　　　按项目划分的资金使用计划　　　　　　单位：万元

序号	工程名称	2009 年 1 月			2009 年 2 月			2009 年 3 月			2009 年 4 月			2009 年 5 月			2009 年 6 月			2009 年 7 月			2009 年 8 月			2009 年 9 月			2009 年 10 月			2009 年 11 月			2009 年 12 月			2010 年 1 月		
		上	中	下	上	中	下	上	中	下	上	中	下	上	中	下	上	中	下	上	中	下	上	中	下	上	中	下	上	中	下	上	中	下	上	中	下	上	中	下
1	井点降水	21.77 / 21.77																																						
2	基坑支撑与土方			117.59 / 352.77																																				
3	桩顶剔凿与垫层混凝土				4.65 / 6.97																																			
4	底板混凝土					207.82 / 415.74																																		
5	换撑						0.44 / 0.44																																	
6	立塔吊						0.95 / 0.95																																	
7	地下 1～2 层							139.60 / 558.38																																
8	基坑抽水			0.07 / 0.69																																				

续表

序号	工程名称	2009 年 1 月			2009 年 2 月			2009 年 3 月			2009 年 4 月			2009 年 5 月			2009 年 6 月			2009 年 7 月			2009 年 8 月			2009 年 9 月			2009 年 10 月			2009 年 11 月			2009 年 12 月			2010 年 1 月		
		上	中	下	上	中	下	上	中	下	上	中	下	上	中	下	上	中	下	上	中	下	上	中	下	上	中	下	上	中	下	上	中	下	上	中	下	上	中	下
9	外墙防水										*15.81* / *23.72*																													
10	回填土										*44.44* / *44.44*																													
11	地上 1~5 层（裙房）													*191.63* / *1341.43*																										
12	设备层（6 层）																			*69.51* / *104.27*																				
13	地上 7~28 层																						*145.84* / *510.44*			*141.79* / *638.05*						*181.30* / *1631.71*								
14	机房、水箱间																																		*26.33* / *39.50*					
15	维护墙与内隔墙																												*15.69* / *203.97*											
16	墙地面抹灰																															*23.26* / *139.56*								
17	轻钢龙骨吊顶与隔墙																																		*27.80* / *13.90*					
18	水电安装预埋管留洞										*0.13* / *0.60*						*0.12* / *2.30*																							
19	水电卫主干管安装																															*11.26* / *61.93*								

表 6-4　　　　　　　　　　　按时间划分的资金使用计划　　　　　　　单位：万元

时间（年.月）	2009.1	2009.2	2009.3	2009.4	2009.5	2009.6	2009.7	2009.8	2009.9	2009.10	2009.11	2009.12	2010.1
金额	269	538	281	348	575	575	369	438	441	532	591	689	476
累计	269	807	1088	1436	2011	2586	2955	3393	3834	4366	4957	5646	6122

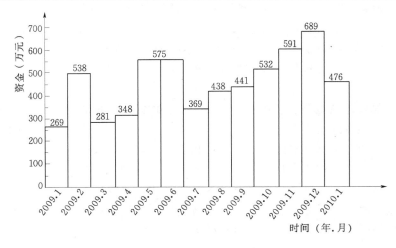

图 6-2　按时间划分的资金使用计划

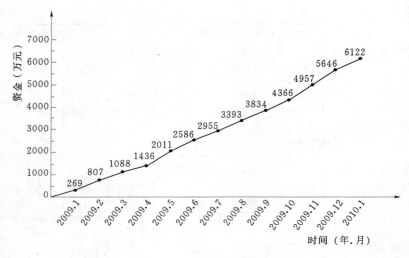

图 6-3 资金时间曲线

第二节 施工预算的编制

一、概述

（一）建设工程施工预算的概念和作用

1. 施工预算的概念

施工预算，是指在建设工程施工前，在工程合同价的控制下，施工企业内部根据施工图计算的分项工程量、施工定额，结合施工组织设计等资料，通过工料分析，计算和确定完成一个单位工程或其分部分项工程所需的人工、材料、机械台班消耗量及其相应费用的经济文件。施工预算一般以单位工程为编制对象。

2. 施工预算的作用

（1）施工预算是施工计划部门安排施工作业计划和组织施工的依据。施工预算确定施工中所需的人力、物力的供应量；进行劳动力、运输机械和施工机械的平衡；计算材料、构件的需要量，进行施工备料和及时组织材料；计算实物工作量和安排施工进度，并做出最佳安排。

（2）施工预算是施工单位签发施工任务单和限额领料单的依据。施工任务单上的工程计量单位、产量定额和计件单位，均需取自施工预算或施工定额。

（3）施工预算是施工企业进行经济活动分析，贯彻经济核算，对比和加强工程成本管理的基础。施工预算既反映设计图纸的要求，也考虑在现有条件下可能采取的节约人工、材料和降低成本的各项具体措施。执行施工预算，不仅可以起到控制成本、降低费用的作用，同时也为贯彻经济核算、加强工程成本管理奠定基础。

（4）施工预算是企业经营部门进行"两算"对比，研究经营决策，推行各种形式经济责任制的依据。通过对比分析，进一步落实各项增产节约的措施，以促使企业加快技术进步。施工预算是开展造价分析和经济对比的依据。

（5）施工预算是班组推行全优综合奖励制度的依据。因为施工预算中规定完成的每一个分项工程所需要的人工、材料、机械台班使用量，都是按施工定额计算的，所以在完成每一个分项工程时，其超额和节约部分就成为班组计算奖励的依据之一。

（二）施工预算的内容构成

施工预算的内容，原则上应包括工程量、材料、人工和机械四项指标。一般以单位工程为对象，按分部工程计算。施工预算由编制说明及表格两大部分组成。

1. 编制说明

编制说明是以简练的文字，说明施工预算的编制依据、对施工图纸的审查意见、现场勘察的主要资料、存在的问题及处理办法等，主要包括以下内容。

（1）编制依据：采用的图纸名称和编号、采用的施工定额、采用的施工组织设计或施工方案。

（2）工程概况：工程性质、范围、建设地点及施工期限。

（3）对设计图纸的建议及现场勘察的主要资料。

（4）施工技术措施：土方调配方案、机械化施工部署、新技术或代用材料的采用、质量及安全技术等。

（5）施工关键部位的技术处理方法，施工中降低成本的措施。

（6）遗留项目或暂估项目的说明。

（7）工程中存在及尚需解决的其他问题。

2. 表格

为了减少重复计算，便于组织施工，编制施工预算常用表格来计算和整理。土建工程一般主要有以下表格。

（1）工程量计算表：可根据投标报价的工程量计算表格来进行计算。

（2）施工预算的工料分析表：是施工预算中的基本表格，其编制方法与投标报价中施工图预算工料分析相似，即将各项的工程量乘以施工定额重点工料用量。施工预算要求分部、分层、分段进行工料分析，并按分部汇总成表。

（3）人工汇总表：即将工料分析表中的各工种人工数字，分工种、按分部分列汇总成表。

（4）材料汇总表：即将工料分析表中的各种材料数字，分现场和外加工厂用料，按分部分列汇总成表。

（5）机械汇总表：即将工料分析表中的各种施工机具数字，分名称、按分部分列汇总成表。

（6）预制钢筋混凝土构件汇总表：包括预制钢筋混凝土构件加工一览表、预制钢筋混凝土构件钢筋明细表、预制钢筋混凝土构件预埋铁件明细表。

（7）金属构件汇总表：包括金属加工汇总表、金属结构构件加工材料明细表。

（8）门窗加工汇总表：包括门窗加工一览表、门窗五金明细表。

（9）两算对比表：即将投标报价中的施工图预算与施工预算中的人工、材料、机械三项费用进行对比。

（三）施工预算与投标报价中施工图预算的区别

1. 用途及编制方法不同

施工预算用于施工企业内部核算，主要计算工料用量和直接费；而施工图预算却要确定整个单位工程造价。施工预算必须在施工图预算价值的控制下进行编制。

2. 使用定额不同

施工预算的编制依据是施工定额，施工图预算使用的是预算定额，两种定额的项目划分不同。即使是同一定额项目，在两种定额中各自的工、料、机械台班耗用数量都有一定的差别。

3. 工程项目粗细程度不同

施工预算比施工图预算的项目多、划分细，具体表现如下。

(1) 施工预算的工程量计算要分层、分段、分工程项目计算，其项目要比施工图预算多。如砌砖基础，预算定额仅列了一项；而施工定额根据不同深度及砖基础墙的厚度，共划分了六个项目。

(2) 施工定额的项目综合性小于预算定额。如现浇钢筋混凝土工程，预算定额每个项目中都包括了模板、钢筋、混凝土三个项目，而施工定额中模板、钢筋、混凝土则分别列项计算。

4. 计算范围不同

施工预算一般只计算工程所需工料的数量，有条件的地区可计算工程的直接费，而施工图预算要计算整个工程的直接工程费、现场经费、间接费、利润及税金等各项费用。

5. 所考虑的施工组织及施工方法不同

施工预算所考虑的施工组织及施工方法要比施工图预算细得多。如吊装机械，施工预算要考虑的是采用塔吊还是卷扬机或别的机械，而施工图预算对一般民用建筑是按塔式起重机考虑的，即使是用卷扬机作吊装机械也按塔吊计算。

6. 计量单位不同

施工预算与施工图预算的工程量计量单位也不完全一致。如门窗安装施工预算分门窗框、门窗扇安装两个项目，门窗框安装以樘为单位计算，门窗扇安装以扇为单位计算工程量，但施工图预算门窗安装包括门窗框及扇以平方米计算。

二、施工预算的编制

(一) 施工预算的编制依据

(1) 施工图纸及其说明书。编制施工预算需要具备全套施工图和有关的标准图集。施工图纸和说明书必须经过建设单位、设计单位和施工单位共同会审，并要有会审记录，未经会审的图纸不宜采用，以免因与实际施工不相符而返工。

(2) 施工组织设计或施工方案。经批准的施工组织设计或施工方案所确定的施工方法、施工顺序、技术组织措施和现场平面布置等，可供施工预算具体计算时采用。

(3) 现行的施工定额或劳动定额、材料消耗定额和机械台班使用定额。各省、自治区、直辖市或地区，一般都编制颁发有《建筑工程施工定额》。若没有编制或原编制的施工定额现已过时废止使用，则可依据国家颁布的《建筑安装工程统一劳动定额》，以及各地区编制的《材料消耗定额》和《机械台班使用定额》编制施工预算。

(4) 施工图预算书。由于投标报价（施工图预算）中的许多工程量数据可供编制施工预算时利用，因而依据施工图预算可减少施工预算的编制工作量，提高编制效率。

(5) 建筑材料手册和预算手册。根据建筑材料手册和预算手册进行材料长度、面积、体积、重量之间的换算、工程量的计算等。

（6）人工工资标准及工程实际勘察与测量资料。

（二）施工预算的编制方法

施工预算的编制方法分为实物法和实物金额法两种。

1. 实物法

实物法就是根据施工图纸和说明书，以及施工组织设计，按照施工定额或劳动定额的规定计算工程量，再分析并汇总人工和材料的数量。这是目前编制施工预算大多采用的方法。应用这些数量可向施工班组签发任务书和限额领料单，进行班组核算，并与施工图预算的人工、材料和机械台班数量对比，分析超支或节约的原因，进而改进和加强企业管理。

2. 实物金额法

实物金额法编制施工预算又分为以下两种：一种是根据实物法编制出人工、材料数量，再分别乘以相应的单价，求得人工费和材料费；另一种是根据施工定额的规定，计算出各分项工程量，套用其相应施工定额的单价，得出合价，再将各分项工程的合价相加，求得单位工程直接费。这种方法与施工图预算单价法的编制方法基本相同。所求得的实物量用于签发施工任务单和限额领料单，而其人工费、材料费、机械台班费可用于进行"两算"对比，以利于企业进行经济核算，提高经济效益。

（三）施工预算的编制程序及步骤

1. 施工预算的编制步骤

施工预算的编制步骤与施工图预算的编制步骤基本相同，所不同的是施工预算比施工图预算的项目划分更细，以适合施工方法的需要，有利于安排施工进度计划和编制统计报表。施工预算的编制，可按下述步骤进行。

（1）熟悉基础资料。在编制施工预算前，要认真阅读经会审和交底的全套施工图纸、说明书及有关标准图集，掌握施工定额内容范围，了解经批准的施工组织设计或施工方案，为正确、顺利地编制施工预算奠定基础。

（2）计算工程量。要合理划分分部、分项工程项目，一般可按施工定额项目划分，并依照施工定额手册的项目顺序排列。有时为签发施工任务单方便，也可按施工方案确定的施工顺序或流水施工的分层分段排列。此外，为便于进行"两算"对比，也可按照施工图预算的项目顺序排列。为加快施工预算的编制速度，在计算工程量过程中，凡能利用的施工图预算的工程量数据可直接利用。工程量计算完毕核对无误后，根据施工定额内容和计量单位的要求，按分部、分项工程的顺序或分层分段，逐项整理汇总。各类构件、钢筋、门窗、五金等也整理列成表格。

（3）分析和汇总工、料、机消耗量。按所在地区或企业内部自行编制的施工定额进行套用，以分项工程的工程量乘以相应项目的人工、材料和机械台班消耗量定额，得到该项目的人工、材料和机械台班消耗量。将各分部工程（或分层分段）中同类的各种人工、材料和机械台班消耗量相加，得出每一分部工程（或分层分段）的各种人工、材料和机械台班的总消耗量，再进一步将各分部工程的人工、材料和机械总消耗量汇总，并制成表格。

（4）"两算"对比。将施工图预算与施工预算中的分部工程人工、材料、机械台班消耗量或价值列出，并一一对比，算出节约差或超支额，以便反映经济效果，考核施工预算是否达到降低工程成本之目的。否则，应重新研究施工方法和技术组织措施，修正施工方案，防止亏本。

（5）编写编制说明。

2.施工预算编制步骤

施工预算编制步骤如图6-4所示。

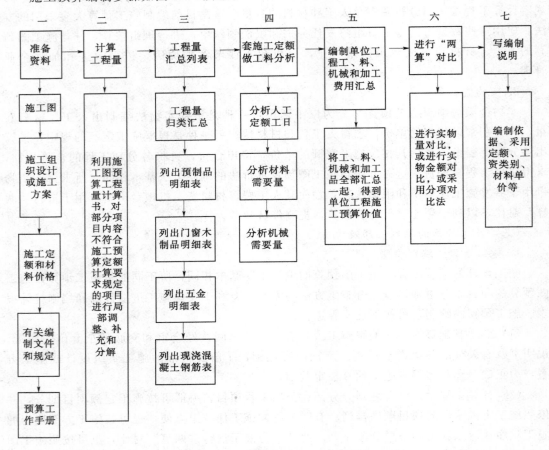

图6-4 施工预算编制步骤流程图

三、"两算"对比

（一）"两算"对比的概念

"两算"对比是指施工预算与施工图预算的对比。这里的施工图预算指的是施工单位编制的投标报价。施工图预算确定的是工程预算成本，施工预算确定的是工程计划成本，它们是从不同角度计算的工程成本。

"两算"对比是建筑企业运用经济活动分析来加强经营管理的一种重要手段。通过"两算"对比分析，可以了解施工图预算的正确与否，发现问题，及时纠正；通过"两算"对比，可以对该单位工程给施工企业带来的经济效益进行预测，使施工企业做到心中有数，事先控制不合理的开支，以免造成亏损；通过"两算"对比分析，可以预先找出节约或超支的原因，研究其解决措施，防止亏本。

（二）"两算"对比的方法

"两算"对比的方法一般采用实物量对比法或实物金额对比法。

1. 实物量对比法

实物量是指分项工程所消耗的人工、材料和机械台班消耗的实物数量。对比是将"两算"中相同项目所需的人工、材料和机械台班消耗量进行比较，或者以分部工程或单位工程为对象。将"两算"的人工、材料汇总数量相比较。因"两算"各自的定额项目划分工作内容不一致，为使两者有可比性，常常需经过项目合并、换算之后才能进行对比。由于预算定额项目的综合性较施工定额项目大，故一般是合并施工预算项目的实物量，使其与预算定额项目相对应，然后再进行对比（见表6-5）。

表 6-5　　　　　　　　　　　砖基础"两算"对比表

工程名称

项目名称	数量（m³）		人工材料机械			
			人工（工日）	砂浆（m³）	砖（块）	机械（台班）
1砖基础	6	施工预算	5.61	1.42	3132	0.29
		施工图预算	7.82	1.49	3148	0.18
1.5砖基础	4	施工预算	3.61	0.97	2072	0.20
		施工图预算	5.04	1.02	2082	0.12
合计	10	施工预算	9.22	2.39	5204	0.49
		施工图预算	12.86	2.51	5230	0.30
		"两算"对比额	+3.64	+0.12	+26	-0.19
		"两算"对比（±%）	+28.30	+4.78	+0.50	-63.33

审核　　计算年　　月　　日

2. 实物金额对比法

实物金额是指分项工程所消耗的人工、材料和机械台班的金额费用。由于施工预算只能反映完成项目所消耗的实物量，并不反映其价值，为使施工预算与施工图预算进行金额对比，就需要将施工预算中的人工、材料和机械台班的数量，乘以各自的单价，汇总成人工费、材料费和机械台班使用费，然后与施工图预算的人工费、材料费和机械台班使用费相比较（见表6-6）。

表 6-6　　　　　　　　　　　两　算　对　比　表

工程名称

序号	项目	单位	施工图预算			施工预算			数量差			金额差		
			数量	单价（元）	合价（元）	数量	单价（元）	合价（元）	节约	超支	%	节约	超支	%
一	直接费				10096.68			9451.86					644.82	6.39
	其中：													
	折合一级工	工日	617.45		971.92	560.70		882.58	56.75		9.19	89.34		9.19

续表

序号	项目	单位	施工图预算			施工预算			数量差			金额差		
			数量	单价(元)	合价(元)	数量	单价(元)	合价(元)	节约	超支	%	节约	超支	%
	材料	元			8590.12			8057.54				532.58		6.2
	机械	元			534.64			511.74				22.9		4.28
二	分部													
1	土方工程				228.55			210.29				18.26		7.99
2	砖石工程				2735.36			2605.10				130.26		4.76
3	钢筋混凝土				2239.52			2126.84				112.68		5.03
	⋮													
三	单项													
1	板方材	m³	2.132	154	328.33	2.09	154	321.86	0.042		1.97	6.47		1.97
2	Φ10mm 以外钢筋	t	1.075	595	639.63	1.044	595	621.18	0.031		2.88	18.45		2.88

3. "两算"对比的一般说明

（1）人工数量。一般施工预算工日数应低于施工图预算工日数的 10％～15％，因为两者的基础不一样。比如，考虑到在正常施工组织的情况下，工序搭接及土建与水电安装之间的交叉配合所需停歇时间，工程质量检查与隐蔽工程验收而影响的时间和施工中不可避免的少量零星用工等因素，施工图预算定额有 10％人工幅度差。计算公式如下：

$$人工费节约或超支额＝施工图预算人工费－施工预算人工费 \qquad (6-2)$$

$$计划人工费降率＝（施工图预算人工费－施工预算人工费）/施工图预算人工费×100\%$$
$$(6-3)$$

计算结果为正值时，表示计划人工费节约；当结果为负值时，表示计划人工费超支。

（2）材料消耗。材料消耗方面，一般施工预算应低于施工图预算消耗量。由于定额水平不一致，有的项目会出现施工预算消耗量大于施工图预算消耗量的情况，这时，要调查分析，根据实际情况调整施工预算用量后再予对比。材料费的节约或超支额及计划材料费降低率按下式计算。

$$材料费节约或超支额＝施工图预算材料费－施工预算材料费 \qquad (6-4)$$

$$计划材料费降率＝（施工图预算材料费－施工预算材料费）/施工图预算材料费×100\%$$
$$(6-5)$$

（3）机械台班数量及机械费。由于施工预算是根据施工组织设计或施工方案规定的实际进场施工机械种类、型号、数量和工期编制计算机械台班，而施工图预算定额的机械台班是根据需要和合理配备来综合考虑的，多以金额表示，因此一般以"两算"的机械费相对比，且只能核算搅拌机、卷扬机、塔吊、汽车吊和履带吊等大中型机械台班费是否超过施工图预算机械费。如果机械费大量超支，没有特殊情况，应改变施工采用的机械方案，尽量做到不亏本而略有盈余。

（4）脚手架工程。脚手架工程无法按实物量进行"两算"对比，只能用金额对比。因为施工预算是根据施工组织设计或施工方案规定的搭设脚手架内容编制、计算其工程量和费用的；而施工图预算定额是综合考虑，按建筑面积计算脚手架的摊销费用的。

第三节　工 程 施 工 计 量

一、工程计量的重要性

（一）计量是控制工程造价的关键环节

工程计量是指根据设计文件及承包合同中关于工程量计算的规定，项目管理机构对承包商申报的已完成工程的工程量进行的核验。合同条件中明确规定工程量表中开列的工程量是该工程的估算工程量，不能作为承包商应予完成的实际和确切的工程量。因为工程量表中的工程量是在编制招标文件时，在图纸和规范的基础上估算的工作量，不能作为结算工程价款的依据，而必须通过项目管理机构对已完成的工程进行计量。经过项目管理机构计量所确定的数量是向承包商支付任何款项的凭证。

（二）计量是约束承包商履行合同义务的手段

计量不仅是控制项目投资费用支出的关键环节，同时也是约束承包商履行合同义务、强化承包商合同意识的手段。FIDIC 合同条件规定，业主对承包商的付款，是以工程师批准的付款证书为凭据的，工程师对计量支付有充分的批准权和否决权。对于不合格的工作和工程，工程师可以拒绝计量。同时，工程师通过按时计量，可以及时掌握承包商工作的进展情况和工程进度。当工程师发现工程进度严重偏离计划目标时，可要求承包商及时分析原因、采取措施、加快进度。因此，在施工过程中，项目管理机构可以通过计量支付手段，控制工程按合同进行。

二、工程计量的程序

（一）施工合同（示范文本）约定的程序

按照施工合同（示范文本）规定，工程计量的一般程序是：承包人应按专用条款约定的时间，向工程师提交已完工程量的报告，工程师接到报告后 7 天内按设计图纸核实已完工程量，并在计量前 24 小时通知承包人，承包人为计量提供便利条件并派人参加。承包人收到通知后不参加计量，计量结果有效，作为工程价款支付的依据。工程师收到承包人报告后 7 天内未进行计量，从第 8 天起，承包人报告中开列的工程量即视为已被确认，作为工程价款支付的依据。工程师不按约定时间通知承包人，使承包人不能参加计量，计量结果无效。对承包人超出设计图纸范围和因承包人原因造成返工的工程量，工程师不予计量。

（二）建设工程管理规范规定的程序

（1）承包单位统计经造价管理者质量验收合格的工程量，按施工合同的约定填报工程量清单和工程款支付申请表。

（2）造价管理者进行现场计量，按施工合同的约定审核工程量清单和工程款支付申请表，并报总管理者审定。

（3）造价总管理者签署工程款支付证书，并报建设单位。

（三）FIDIC 施工合同约定的工程计量程序

按照 FIDIC 施工合同约定，当工程师要求测量工程的任何部分时，应向承包商代表发出合理通知，承包商代表应：

（1）及时亲自或另派合格代表，协助工程师进行测量。

（2）提供工程师要求的任何具体材料。

如果承包商未能到场或派代表到场，工程师（或其代表）所作测量应作为准确测量，予以认可。

除合同另有规定外，凡需根据记录进行测量的任何永久工程，此类记录应由工程师准备。承包商应根据或被提出要求时，到场与工程师对记录进行检查和协商，达成一致后应在记录上签字。如果承包商未到场，应认为该记录准确，予以认可。如果承包商检查后不同意该记录，应向工程师发出通知，说明认为该记录不准确的部分。工程师收到通知后，应审查该记录，进行确认或更改。如果承包商在被要求检查记录 14 天内，没有发出此类通知，该记录应作为准确记录，予以认可。

三、工程计量的依据

计量依据一般有质量合格证书，工程量清单计价规范，技术规范中的"计量支付"条款和设计图纸。也就是说，计量时必须以这些资料为依据。

（一）质量合格证书

对于承包商已完成的工程，并不是全部进行计量，而只是质量达到合同标准的已完成的工程才予以计量。所以工程计量必须与质量管理紧密配合，经过专业工程师检验，工程质量达到合同规定的标准后，由专业工程师签署报验申请表（质量合格证书），只有质量合格的工程才予以计量。所以说质量管理是计量管理的基础，计量又是质量管理的保障，通过计量支付，强化承包商的质量意识。

（二）工程量清单计价规范和技术规范

工程量清单计价规范和技术规范是确定计量方法的依据，因为工程量清单计价规范和技术规范的"计量支付"条款规定了清单中每一项工程的计量方法，同时还规定了按规定的计量方法确定的单价所包括的工作内容和范围。

例如某高速公路技术规范计量支付条款规定：所有道路工程、隧道工程和桥梁工程中的路面工程按各种结构类型及各层不同厚度分别汇总，并且以图纸所示或工程师指示为依据，根据工程师验收的实际完成数量，以平方米为单位分别计量。计量方法是根据路面中心线的长度乘以图纸所表明的平均宽度，再加上单独测量的岔道、加宽路面、喇叭口和道路交叉处的面积，以平方米为单位计量。除工程师书面批准外，凡超过图纸所规定的任何宽度、长度、面积或体积均不予计量。

（三）设计图纸

单价合同以实际完成的工程量进行结算，凡是被工程师计量的工程数量，并不一定是承包商实际施工的数量。计量的几何尺寸要以设计图纸为依据，工程师对承包商超出设计图纸要求增加的工程量和自身原因造成返工的工程量，不予计量。例如：在京津塘高速公路施工管理中，灌注桩的计量支付条款中规定按照设计图纸以米计量，其单价包括所有材料及施工的各项费用，根据这个规定，如果承包商做了 35m 的灌注桩，而桩的设计长度为 30m，则只计量 30m，主业按 30m 付款。承包商多做了 5m 灌注桩所消耗的钢筋及混凝土材料，业主不予补偿。

四、工程计量的方法

1. 均摊法

所谓均摊法，就是对清单中某些项目的合同价款，按合同工期平均计量。例如：为造价管理者提供宿舍，保养测量设备，保养气象记录设备，维护工地清洁和整洁等。这些项目都有一个共同的特点，即每月均有发生，所以可以采用均摊法进行计量支付。例如：保养气象记录设备，每月发生的费用是相同的，如果本项合同款额为 2000 元，合同工期为 20 个月，则每月计量、支付的款额为 2000 元/20 月＝100 元/月。

2. 凭据法

所谓凭据法，就是按照承包商提供的凭据进行计量支付。例如：建筑工程险保险费、第三方责任险保险费、履约保证金等项目，一般按凭据法进行计量支付。

3. 估价法

所谓估价法，就是按合同文件的规定，根据工程师估算的已完成的工程价值支付。比如为工程师提供办公设施和生活设施，为工程师提供用车，为工程师提供测量设备、天气记录设备、通信设备等项目。这类清单项目往往要购买几种仪器设备，当承包商对于某一项清单项目中规定购买的仪器设备不能一次性购进时，则需采用估价法进行计量支付。其计量过程如下：

（1）按照市场的物价情况，对清单中规定购置的仪器设备分别进行估价。

（2）按下式计量支付金额：

$$F = A \frac{B}{D} \tag{6-6}$$

式中　F——计算支付的金额；

A——清单所列该项的合同金额；

B——该项实际完成的金额（按估算价格计算）；

D——该项全部仪器设备的总估算价格。

1）该项实际完成金额 B 必须按估算各种设备的价格计算，它与承包商购进的价格无关。

2）估算的总价与合同工程量清单的款额无关。

当然，估价的款额与最终支付的款额无关，最终支付的款额总是合同清单中的款额。

4. 断面法

断面法主要用于取土坑或填筑路堤土方的计量。对于填筑土方工程，一般规定计量的体积为原地面线与设计断面所构成的体积。采用这种方法计量，在开工前承包商需测绘出原地形的断面，并需经工程师检查，作为计量的依据。

5. 图纸法

在工程量清单中，许多项目采取按照设计图纸所示的尺寸进行计量。例如：混凝土构筑物的体积，钻孔桩的桩长等。

6. 分解计量法

所谓分解计量法，就是将一个项目，根据工序或部位分解为若干子项。对完成的各子项进行计量支付。这种计量方法主要是为了解决一些包干项目或较大的工程项目的支付时间过长，影响承包商的资金流动等问题。

第四节　工程变更及其价款的确定

一、工程变更的含义与内容

工程变更指在施工过程中，按照施工合同约定的程序对部分或全部工程在材料、工艺、功能、构造、尺寸、技术指标、工程数量及施工方法等方面做出的改变。发包人、承包人、设计单位、监理工程师各方均有权提出工程变更。

工程变更具有广泛的含义。全部合同文件的任何部分的改变，不论是形式的、质量的或数量的变化，都称之为工程变更。除设计图纸变更外，合同条件、技术规范、施工顺序与时间的变化亦属于工程变更。

工程变更通常都会涉及到费用和施工进度的变化，变更工程部分往往要重新确定单价，需要调整合同价款；承包人也经常利用变更的契机进行索赔。

二、工程变更的控制原则

（1）工程变更无论是发包人、承包人还是监理工程师提出，无论变更是何内容，变更指令均需由发包人代表通过监理工程师发出，并确定工程变更价格和条件。

（2）工程变更，要建立严格的审批制度。要先算账，后变更，把费用问题一起提出来；然后考虑是否批准，切实把造价控制在合理的范围以内。

（3）对设计修改（包括发包人、承包人、监理工程师的修改意见）应通过现场设计单位代表，请设计单位研究确定后提出修改通知，并须经发包人代表会签后，由监理工程师签发交承包人施工。

（4）对工地洽商的有关设计变更经取得发包人代表、监理工程师同意签字后，向设计单位办理洽商。对必要的变更洽商，应及时与承包人算清应增减的款项，避免超过合同约定的时限，也有利于掌握造价变化情况。

（5）发包人代表有权通过监理工程师向承包人发布指令，要求对工程的项目、数量或质量工艺进行变更，对原标书的有关部分进行修改，而承包人必须照办。对"新增工程"，承包人也必须按指令组织施工，工期与单价协商确定。

（6）工程变更指令，除非在特别紧急的情况下，应由发包人代表、监理工程师和承包人共同签字认可，并确定变更工程的单价和工程延长期限。

（7）工程量清单所列项目在实施时工程量的增减不属工程变更，不需要发出增减工程量的指示。但这类工程量的增减加上变更工程的金额，超过合同价的一个规定比例时，应按合同约定调整综合单价。

（8）施工过程中所发生的一切工程变更增减项目，都必须事先经双方办好洽商协议文件，做好签证工作，编制增减预算（见表6-7）。

表 6－7　　　　　　　　　　　　工程变更增减费用表

工程名称：　　　洽商编号：　　　共　　页

项目编号	工程项目	单位	增加费用			减少费用		
			数量	单价	合价	数量	单价	合价
增减相加后费用								

（9）由于工程变更所引起的项目及工程量的变化，有可能使工程造价超出原来的预算造价，必须对此严格予以控制，密切注意其对未完工程费用支出的影响以及对工期的影响。

三、工程设计变更

（1）施工中发生工程设计变更，承包人按照经发包人认可的变更设计文件，进行变更施工。其中，政府投资项目重大变更，需按基本建设程序报批后方可施工。现行《建设工程施工合同》约定：施工中发包人对原工程设计进行变更，应提前 14 天以书面形式向承包人发出变更通知。

（2）在工程设计变更确定后 14 天内，设计变更涉及工程价款调整的，由承包人向发包人提出，经发包人审核同意后调整合同价款。

（3）工程设计变更确定后 14 天内，如承包人未提出变更工程价款报告，则发包人可根据所掌握的资料决定是否调整合同价款和调整的具体金额。重大工程变更涉及工程价款变更报告和确认的时限由发承包双方协商确定。收到变更工程价款报告一方，应在收到之日起 14 天内予以确认或提出协商意见，自变更工程价款报告送达之日起 14 天内，对方未确认也未提出协商意见时，视为变更工程价款报告已被确认。现行《建设工程施工合同》约定：承包人在双方确定变更后 14 天内不向工程师提出变更工程价款报告时，视为该项变更不涉及合同价款的变更。这是一个要求严格的规定。

（4）确认增加（减少）的工程变更价款作为追加合同价款与工程进度款同期支付。

（5）因变更导致合同价款的增减及承包人的损失，由发包人承担，延误的工期相应顺延。

四、施工条件变更

施工条件变更指未能预见的现场条件或不利的自然条件，即在施工中实际遇到的现场条件同招标文件中描述的现场条件有本质的差异，使承包人向发包人提出工程单价和施工时间的变更要求，或由此而引起索赔。

在建筑工程中，现场条件的变更主要出现在基础地质方面，如基础下发现流沙或淤泥层。当发包人对工程实行分标招标时，承包人之间的互相干扰和影响被认为是发包人的责任，也被认为是施工条件变更。

控制由于施工条件变化所引起的合同价款变化，重点在于把握工程单价和施工工期变化的合理性。施工合同对施工条件变更并没有十分严格的定义，应充分做好现场记录资料和试验数据的收集整理工作，使合同价款的调整处理更具有科学性，也更具有说服力。

五、工程变更价款的确定

（1）明确工程变更的责任。根据工程变更的内容和原因，明确应由谁承担责任。如施工合同中已明确约定，则按合同执行；如合同中未预料到的工程变更，则应查明责任，判明损失承担者。通常由发包人提出的工程变更，损失由发包人承担；由于客观条件的影响（如施工条件、天气、工资和物价变动等）产生的工程变更，在合同规定范围之内的，按合同规定处理，否则应由双方协商解决。在特殊情况下，变更也可能是由于承包人的违约所致，损失必须由承包人自己承担。

（2）估测损失。在明确损失承担者的情况下，根据实际情况、设计变更文件和其他有关资料，按照施工合同的有关条款，对工程变更的费用和工期作出评估，以确定工程变更项目与原工程项目之间的类似程度和难易程度，确定工程变更项目的工程量，确定工程变更的单价或总价。

（3）确定变更价款。确定变更价款的原则是：

1）合同中已有适用于变更工程的项目时，按合同已有的价格变更合同价款。当变更项目和内容直接适用合同中已有项目时，由于合同中的工程量单价和价格由承包人投标时提供，用于变更工程，容易被发包人、承包人及工程师所接受，从合同意义上讲也是比较公平的。

2）合同中只有类似于变更工程的项目时，可以参照类似项目的价格变更合同价款。当变更项目和内容类似合同中已有项目时，可以将合同中已有项目的工程量清单的单价和价格拿来间接套用，即依据工程量清单，通过换算后采用；或者是部分套用，即依据工程量清单，取其价格中的某一部分使用。

3）合同中没有适用于或类似于变更工程的项目时，由承包人或发包人提出适当的变更价格，经对方确认后执行。如双方不能达成一致的，可提请工程所在地工程造价管理部门进行咨询或按合同约定的争议解决程序办理。由于确定价格的过程可能延续时间较长或者在双方尚未能达成一致意见时，可以先确定暂行价格以便在适当的月份反映在付款证书之中。

当变更工程对其他部分工程产生较大影响，原单价已不合理或不适用时，则应按上述原则协商或确定新的价格。例如，如变更是基础结构形式发生变化，而对挖土及回填施工的工程量和施工方法产生重大影响，挖土及回填土施工的有关单价便可能不合理。实际工作中，可通过实事求是地编制预算来确定变更价款。编制预算时根据施工合同已确定的计价原则、实际使用的设备、采用的施工方法等进行，施工方案的确定应体现科学、合理、安全、经济和可靠的原则，在确保施工安全及质量的前提下，节省投资。

4）签字存档。经合同双方协商同意的工程变更，应有书面材料，并由双方正式委托的代表签字。涉及设计变更的，还必须有设计单位的代表签字，这是进行工程价款结算的依据。

第五节 工 程 索 赔

一、索赔的含义与内容

发包人、承包人未能按施工合同约定履行自己的各项义务或发生错误，给另一方造成经济损失的，由受损方按合同约定提出索赔，索赔金额按施工合同约定支付。

索赔是在合同履行过程中，合同一方因对方不履行或没有全面适当履行合同所规定的义务而遭受损失时，向对方提出索赔或补偿要求的行为。索赔是合同双方各自享有的权利。索赔是双向的，既可以是承包人向发包人索赔，也可以是发包人向承包人索赔。在实际操作中，索赔主要指承包人向发包人的索赔，因为发包人在向承包人的索赔中处于主动地位，可以直接从应付给承包人的工程款中扣抵。

一般称承包人提出的索赔为施工索赔，即由于发包人或其他方面的原因，致使承包人在施工中付出了额外的费用或造成了损失，承包人要求发包人对施工中的费用损失给予补偿或赔偿。索赔的内容包括费用和工期两部分。

（一）费用索赔

费用索赔是施工索赔的主要内容，指承包人向发包人提出补偿自己的额外费用支出或赔偿损失的要求。费用索赔时应遵循以下两个原则：

（1）费用索赔以赔偿或补偿实际损失为原则。索赔所发生或所涉及的费用是承包人履行合同所必需的，如果没有该费用支出，合同无法履行。赔（补）偿实际损失包括直接损失和间接损失。直接损失即索赔事件造成的财产的直接减少，实际工程中常表现为成本增加或实际费用超支；间接损失即可能获得的利益的减少。

（2）给予费用赔偿或补偿后，承包人应处于假设不发生索赔事件的同样地位。承包人不应由于索赔事件的发生而额外受益或额外受损。

（二）工期索赔

工期索赔指承包人在索赔事件发生后向发包人提出延长工期、推迟竣工日期的要求。工期索赔的目的是避免承担不能按原计划施工、完工而需承担的责任。对于不应由承包人承担责任的工期延误，发包人应给予工期顺延。事实上，工期索赔在很大程度上也是为了费用索赔。

二、处理索赔的一般原则

（1）必须以合同为依据。对合同条件、专用条款等应有详细了解，以合同为依据处理合同双方的利益纠纷。

（2）必须注意资料的积累。积累一切可能涉及索赔论证的资料，建立业务往来的文件编号档案等业务记录制度，做到处理索赔时以事实和数据为依据。

（3）必须及时处理索赔。索赔应当按照合同约定的程序和时限及时处理。任何在中间付款期将问题搁置下来留待以后处理的想法将会带来意想不到的后果。此外，在索赔的初期和中期，可能只是普通的信件往来，拖到后期综合索赔，将会使矛盾进一步复杂化，大大增加了处理索赔的难度。

三、索赔费用的计算

费用索赔的项目与合同价款的构成类似，也包括直接费、管理费、利润等。索赔费用的计算方法，基本上与报价计算相似。

实际费用法是索赔计算最常用的一种方法。一般是先计算与索赔事件有关的直接费用，然后计算应分摊的管理费、利润等。关键是选择合理的分摊方法。由于实际费用法所依据的是实际发生的成本记录或单据，在施工过程中，系统而准确地积累记录资料非常重要。

（1）人工费索赔。人工费索赔包括完成合同范围之外的额外工作所花费的人工费用，由于发包人责任的工效降低所增加的人工费用，由于发包人责任导致的人员窝工费，法定的人工费增长等。

（2）材料费索赔。材料费索赔包括完成合同范围之外的额外工作所增加的材料费，由于发包人责任的材料实际用量超过计划用量而增加的材料费，由于发包人责任的工程延误所导致的材料价格上涨和材料超期储存费用，有经验的承包人不能预料的材料价格大幅度上涨等。

（3）施工机械使用费索赔。施工机械使用费索赔包括完成合同范围之外的额外工作所增加的机械使用费，由于发包人责任的工效降低所增加的机械使用费，由于发包人责任导致机械停工的窝工费等。机械窝工费的计算，如系租赁施工机械，一般按实际租金计算（应扣除运行使用费用）；如系承包人自有施工机械，一般按机械折旧费加人工费（司机工资）计算。

（4）管理费索赔。按国际惯例，管理费包括现场管理费和公司管理费。由于我国工程造价没有区别现场管理费和公司管理费，因此有关管理费的索赔需综合考虑。现场管理费索赔包括完成合同范围之外的额外工作所增加的现场管理费，由于发包人责任的工程延误期间的现场管理费等。对部分工人窝工损失索赔时，如果有其他工程仍然进行（非关键线路上的工序），一般不予计算现场管理费索赔。公司管理费索赔主要指工程延误期间所增加的公司管理费。

参照国际惯例，管理费的索赔有下面两种主要的分摊计算方法。

日费率分摊法。计算公式为：

$$日管理费 = \frac{合同价款中所包括的管理费}{合同工期} \tag{6-7}$$

$$管理费索赔额 = 日管理费 \times 合同延误天数 \tag{6-8}$$

直接费分摊法。计算公式为：

$$单位直接费的管理费率 = \frac{管理费总额}{总直接费} \times 100\% \tag{6-9}$$

$$管理费索赔额 = 索赔直接费 \times 单位直接费的管理费率 \tag{6-10}$$

（5）利润。工程范围变更引起的索赔，承包人是可以列入利润的。而对于工程延误的索赔，由于延误工期并未影响或削减某些项目的实施，未导致利润减少，因此一般很难在延误的费用索赔中加进利润损失。当工程顺利完成，承包人通过工程结算实现了分摊在工程单价中的全部期望利润，但如果因发包人的原因工程终止，承包人可以对合同利润未实现部分提出索赔要求。

索赔利润的款额计算与原报价的利润率保持一致，即在工程成本的基础上，乘以原报价利润率，作为该项索赔款的利润。

【例6-2】　某工程施工过程中，由于发包人委托的另一承包人进行场区道路施工，影响了承包人正常的混凝土浇筑运输作业。工程师已审批了原预算和降效增加的工日及机械台班的数量，资料如下：受影响部分的工程原预算用工2200工日，预算支出40元/工日，原预算机械台班360台班，综合台班单价为180元/台班，受施工干扰后完成该部分工程实际用工2800工日，实际支出45元/工日，实际用机械台班410台班，实际支出200元/台班。

解：另一承包人影响承包人正常的混凝土浇筑运输作业的降效，这是发包人应当予以补偿的。

人工费补偿为：　　　　　$(2800-2200) \times 40 = 24000$（元）

机械台班费补偿为：　　　$(410-360) \times 180 = 9000$（元）

【例6-3】　某工业厂房（带地下室）的施工合同签订后，承包人编制的施工方案和进度计划已获工程师批准。该工程的基坑开挖土方量为4500m³，假设直接工程费单价为14.2元/m³，综合费率为直接工程费的20%（为解题简捷，不计规费与税金）。在承包人投标报价的其他项目清单零星工作项目计价表中，人工费单价为30元/工日，因增加用工所需的管理费为增加人工费的30%。该基坑施工方案规定：土方工程采用租赁1台斗容量为1m³的反铲挖掘机施工（租赁费750元/台班，其中运转费用300元/台班）。双方约定5月11日开工，5月20日完工。在实际施工中发生了如下几项事件，承包人及时提出了索赔。

解：（1）因租赁的挖掘机大修，晚开工2天，造成人员窝工10个工日。

（2）施工过程中，因遇软土层，接到工程师5月15日停工的指令，进行地质复查，配合用工15个工日。

（3）5月19日接到工程师于5月20日复工令，同时提出基坑开挖深度加深2m的设计变更通知单，由此增加土方开挖量900m³。

（4）5月20～22日，因下大雨迫使基坑开挖暂停，造成人员窝工10工日。

（5）5月23日用30个工日修复冲坏的永久道路；5月24日恢复挖掘工作，最终基坑于5月30日挖坑完毕。

以上索赔的处理情况是：

事件（1）：不能提出索赔要求，因为租赁的挖掘机大修延迟开工，属承包人的责任。

事件（2）：可提出索赔要求，因为地质条件变化属于发包人应承担的责任。

可予以延长工期5天（15～19日）。

费用索赔为

（1）人工费：

　　　　　15工日×30元/工日×(1+30%) = 585.00（元）

（2）机械费：

　　　　　$(750-300)$元/台班×5天(台班) = 2250.00（元）

事件（3）可提出索赔要求，因为这是由设计变更引起的。

根据经工程师批准的进度计划计算，原施工速度为 4500m³÷10 天＝450m³/天，现增加 900m³ 土方工程量，予以延长工期 2 天。

费用索赔为：

$$900m^3 \times 14.2 \text{元/m}^3 \times (1+20\%) = 15336.00 (\text{元})$$

事件（4）：可提出索赔要求，因大雨迫使停工，根据施工合同不可抗力的条款，可予以延长工期 3 天（20～22 日），但费用不予补偿。

事件（5）：可提出索赔要求，因雨后修复冲坏的永久道路是发包人的责任。

可予以延长工期 1 天（23 日）。

费用索赔为：

（1）人工费

$$30 \text{工日} \times 30 \text{元/工日} \times (1+30\%) = 1170.00 (\text{元})$$

（2）机械费

$$450 \text{元/台班} \times 1 \text{天} = 450.00 (\text{元})$$

合计顺延工期 11 天。索赔费用总额为：

$$585.00 + 2250.00 + 15336.00 + 1170.00 + 450.00 = 19791.00 (\text{元})$$

第六节 工 程 价 款 结 算

工程价款结算指依据施工合同进行工程预付款、工程进度款结算的活动。在履行施工合同过程中，工程价款结算分为预付款结算、进度款结算这两个阶段。

一、工程预付款结算

（一）工程预付款的概念

预付款是施工合同订立后由发包人按照合同约定，在正式开工前预先支付给承包人的工程款。承包人承包工程，一般实行包工包料，需要有一定数量的备料周转金，由发包人在开工前拨给承包人一定数额的预付款，构成承包人为该承包工程项目储备和准备主要材料、结构件所需的流动资金。因此，预付款习惯上称为预付备料款。预付款还可以包括开办费，供施工人员组织、完成临时设施工程等准备工作之用。例如，有的地方建设行政主管部门明确规定：临时设施费作为预付款，发包人应在开工前全额支付。

支付预付款是公平合理的，因为承包人早期使用的金额相当大，这亦是国际工程承发包的一种通行做法。预付款相当于发包人给承包人的无息贷款。国际上的工程预付款不仅有材料、设备预付款，还有为施工人员组织、完成临时设施工程等准备工作之用的动员预付款。预付款一般为合同总价的 10%～15%。世界银行贷款的工程项目，预付款较高，但不会超过额度的 20%。近年来，国际上减少工程预付款做法有扩展的趋势，一些国家纷纷压低预付款的额度，但无论如何，工程预付款仍是履行合同的基本条件。

凡是没有签订施工合同和不具备施工条件的工程，发包人不得预付备料款，不准以备料款为名转移资金；承包人收取备料款后两个月仍不开工或发包人无故不按合同规定付给备料款的，可以根据合同约定分别要求收回或拨付备料款。

（二）工程预付款的拨付

施工合同约定由发包人供应材料的，按招标文件提供的"发包人供应材料价格表"所示的暂定价，由发包人将材料转给承包人，相应的材料款在结算工程款时陆续抵扣。这部分材料，承包人不应收取备料款。预付备料款的计算公式为：

$$预付备料款＝施工合同价或年度建安工程费×预付备料款额度（\%）\qquad（6-11）$$

预付备料款的额度由合同约定，招标时应在合同条件中约定工程预付款的百分比，根据工程类类型、合同工期、承包方式和供应方式等不同条件而定。《建设工程价款结算暂行办法》规定：包工包料工程的预付款按合同约定拨付，原则上预付比例不低于合同金额的10%，不高于合同金额的30%，对重大工程项目，按年度工程计划逐年预付。执行《计价规范》的工程，实体性消耗和非实体性消耗部分应在合同中分别约定预付款比例。

在具备施工条件的前提下，发包人应在双方签订合同后的一个月内或不迟于约定的开工日期前的7天内预付工程款；发包人不按约定预付，承包人应在预付时间到期后10天内向发包人发出要求预付的通知；发包人收到通知后仍不按要求预付，承包人可在发出通知14天后停止施工，发包人应从约定应付之日起向承包人支付应付款的利息（利率按同期银行贷款利率计），并承担违约责任。

（三）工程预付款的扣还

备料款属于预付性质，在工程后期应随工程所需材料储备逐步减少而逐步扣还，以抵充工程价款的方式陆续扣还。预付的工程款必须在施工合同中约定起扣时间和比例等，在工程进度款中进行抵扣。

1. 按公式计算起扣点和抵扣额

按公式计算起扣点和抵扣额方法的原则是：以未完工程和未施工工程所需材料价值相当于备料款数额时起扣；每次结算工程价款时，按主要材料比重扣抵工程价款，竣工时全部扣清。一般情况下，工程进度达到60%左右时，开始抵扣预付备料款。起扣点计算公式为：

$$起扣点已完工程价值＝施工合同总值-\frac{预付备料款}{主要材料比重}\qquad（6-12）$$

例如，主要材料比重为56%，预付备料款额度为18%，则预付备料款起扣时的工程进度为：$1-（18\%\div56\%）＝67.86\%$，这时未完工程，32.14%所需的主材费。接近18%（即 $32.14\%×56\%≈18\%$）。

结算时应扣还的预付备料款的计算公式为：

$$第一次扣抵额＝（累计已完工程价值-起扣点已完工程价值）×主要材料比重$$
$$（6-13）$$

$$以后每次扣抵额＝每次完成工程价值×主要材料比重\qquad（6-14）$$

主要材料比重可以按照工程造价当中的材料费结合材料供应方式确定。

2. 按合同约定办法扣还备料款

按公式计算确定起扣点和抵扣额，理论上较为合理，但获得有关计算数据比较繁琐。在实际工作中，常参照上述公式计算出起扣点，在施工合同中采用约定起扣点和固定比例扣还备料款的办法，双方共同遵守。

例如：约定工程进度达到60％，开始抵扣备料款，扣回的比例是按每完成10％进度，扣预付备料款总额的25％。

3. 工程最后一次抵扣备料款

工程最后一次抵扣备料款的方法适用于结构简单、造价低、工期短的工程。备料款在施工前一次拨付，施工过程中不分次抵扣，当备料款加已付工程款达到施工合同总值的95％时（当留5％尾款时），停付工程款。

【例6-4】　某工程合同价款为800万元。施工合同约定：工程备料款额度为18％，工程进度达到68％时，开始起扣工程备料款。经测算，主要材料比重为56％。在承包人累计完成工程进度64％后的当月，完成工程价款为80万元。试求：

（1）预付备料款总额为多少？

（2）在累计完成工程进度64％后的当月应收取的工程进度款及应归还的工程备料款为多少？

（3）在此后的施工过程还将归还多少工程备料款？

解：（1）预付备料款总额＝800×18％＝144（万元）

（2）承包人累计完成工程进度64％后的当月所完成的工程进度为：
$$80/800×100％＝10％$$

承包人当月在未达到起扣工程备料款时应收取工程进度款为：
$$800×4％＝32（万元）$$

承包人当月在已达到起扣工程备料款时应收取工程进度款为：
$$（80－32）×（1－56％）＝21.12（万元）$$

承包人当月应收取的工程进度款为：
$$32＋21.12＝53.12（万元）$$

也就是说，承包人当月扣还的工程备料款为：
$$80－53.12＝26.88（万元）$$
或
$$48－21.12＝26.88（万元）$$

（3）此后的施工过程还有144－26.88＝117.12（万元）应归还的备料款。此时，尚有工程价款为：
$$800×（100％－64％－10％）＝208（万元）$$

如按材料比重抵扣工程款可归还的工程备料款为：
$$208×56％＝116.48（万元）$$

应注意在竣工结算月要抵扣清了。

二、工程进度款结算

工程进度款结算，也称为中间结算，指承包人在施工过程中，根据实际完成的分部分项工程数量计算各项费用，向发包人办理工程结算。工程进度款结算的核心是完成多少工程付多少款。工程进度款结算，是履行施工合同过程中的经常性工作，具体的支付时间、方式和数额等都应在施工合同中作出约定。合同工期在两个年度以上的工程，在年终应进行工程盘点，办理年度结算。

众所周知，工程施工过程必然会产生一些设计变更或施工条件变化，从而使合同价款发生变化。对此，发包人和承包人均应加强施工现场的造价控制，及时对施工合同外的事项如实记录并履行书面手续，按照合同约定的合同价款调整内容以及索赔事项，对合同价款进行调整，进行工程进度款结算。

（一）工程量价款结算

1. 工程计量及其程序

计量支付指在施工过程中间结算时，工程师按照合同约定，对核实的工程量填制中间计量表，作为承包人取得发包人付款的凭证；承包人根据施工合同所约定的时间、方式和工程师所做的中间计量表，按照构成合同价款相应项目的单价和取费标准提出付款申请；经工程师审核签字后，由发包人予以支付。

《建设工程价款结算暂行办法》对工程计量有如下规定：

（1）承包人应当按照合同约定的方法和时间，向发包人提交已完工程量的报告。发包人接到报告后 14 天内核实已完工程量，并在核实前 1 天通知承包人，承包人应提供条件并派人参加核实，承包人收到通知后不参加核实，以发包人核实的工程量作为工程价款支付的依据。发包人不按约定时间通知承包人，致使承包人未能参加核实，核实结果无效。

（2）发包人收到承包人报告后 14 天内未核实完工程量，从第 15 天起，承包人报告的工程量即视为被确认，作为工程价款支付的依据，双方合同另有约定的，按合同执行。

（3）对承包人超出设计图纸（含设计变更）范围和因承包人原因造成返工的工程量，发包人不予计量。

工程计量应当注意严格确定计量内容，严格计量的方法，并且加强隐蔽工程的计量。为了切实做好工程计量与复核工作，工程师应对隐蔽工程作预先测量。测量结果必须经各方认可，并以签字为凭。

通过工程计量支付来控制合同价款，由工程师掌握工程支付签认权，约束承包人的行为，在施工的各个环节上发挥其监督和管理的作用。把工程财务支付的签认权和否决权交给工程师，对控制造价十分有利。在施工过程的各个工序上，设置由工程师签认的质量检验程序，同时设置中期支付报表的一系列签认程序，没有工程师签认的工序或分项工程检验报告，该工序或该分项工程不得进入支付报表，且未经工程师签认的支付报表无效。这样做，能有效地控制工程造价，并提高承包人内部管理水平。

2. 工程量价款的计算

按照施工合同约定的时间、方式和工程师确认的工程量，承包人按构成合同价款相应项目的单价和取费标准计算，要求支付工程进度款。

工程进度款的计算主要涉及两个方面：一是工程量的计量；二是单价的计算方法。施工合同选用工料单价还是综合单价，工程进度款的计算方法不同。

在工程量清单计价方式下，能够获得支付的项目必须是工程量清单中的项目，综合单价必须按已标价的工程量清单确定。采用固定综合单价法计价，工程进度款的计算公式为：

$$工程进度款 = \sum (计量工程量 \times 综合单价) \times (1 + 规费费率) \times (1 + 税金率) \quad (6-15)$$

工程进度款结算的性质是按进度临时付款，这是因为在有工程变更但又未对变更价款达成协议时，工程师可以提出一个暂定的价格，作为临时支付工程进度款的依据；有些合同还可能为控制工程进度而提出一个每月最低付款额，不足最低付款额的已完工程价款会延至下个月支付；另外，在按月支付时可能还存在计算上的疏漏，工程竣工结算将调整这些结算差异。

3. 工程支付的有关规定

承包人提出的付款申请除了对所完成的工程量要求付款以外，还包括变更工程款、索赔款、价格调整等。按照《建设工程价款结算暂行办法》及其他有关规定，发承包双方应该按照以下要求办理工程支付：

（1）根据确定的工程计量结果，承包人向发包人提出支付工程进度款申请后的 14 天内，发包人应按数额不低于工程价款的 60%，不高于工程价款的 90% 向承包人支付工程进度款。

（2）发包人向承包人支付工程进度款的同时，按约定发包人应扣回的预付款，供应的材料款，调价合同价款，变更合同价款及其他约定的追加合同价款，与工程进度款同期结算。需要说明的是，发包人应扣回的供应的材料款，应按照施工合同规定留下承包人的材料保管费，并在合同价款总额计算之后扣除，即税后扣除。

（3）发包人超过约定的支付时间不支付工程进度款，承包人应及时向发包人发出要求付款的通知，发包人收到承包人通知后仍不能按要求付款，可与承包人协商签订延期付款协议，经承包人同意后可延期支付，协议应明确延期支付的时间和从工程计量结果确认后第 15 天起计算应付款的利息（利率按同期银行贷款利率计）。

（4）发包人不按合同约定支付工程进度款，双方又未达成延期付款协议，导致施工无法进行，承包人可停止施工，由发包人承担违约责任。

【例 6-5】　某工程开、竣工时间分别为当年 4 月 1 日、9 月 30 日。发包人根据该工程的特点及项目构成情况，将工程分为三个标段。其中第Ⅲ标段造价为 4150 万元，第Ⅲ标段中的预制构件由发包人提供（直接委托构件厂生产）。

解：第Ⅲ标段承包人为 C 公司。发包人与 C 公司在施工合同中约定：

（1）开工前发包人应向 C 公司支付合同价 25% 的预付款，预付款从第 3 个月开始等额扣还，4 个月扣完。

（2）发包人根据 C 公司完成的工程量（经工程师签认后）按月支付工程款，质量保证金总额为合同价的 5%。质量保证金按每月工程价款的 10% 扣除，直至扣完为止。

（3）工程师签发的月付款凭证最低金额为 300 万元。

第Ⅲ标段各月完成的工程价款见表 6-8。试计算支付给 C 公司的工程预付款是多少？工程师在 4 月至 8 月底按月分别给 C 公司实际签发的付款凭证金额是多少？

表 6-8 　　　　　　　　　　　各月完成工程价款　　　　　　　　　　　单位：万元

月　份	4	5	6	7	8	9
C 公司	480	685	560	430	620	580
构件厂			275	340	180	

（1）计算工程预付款

C 公司的合同价款为：

$$4150-(275+340+180)=3355.00(万元)$$

C 公司应得到的工程预付款为：

$$3355.00\times25\%=838.75(万元)$$

质量保证金为：

$$3355.00\times5\%=167.75(万元)$$

（2）计算实际签发的付款凭证金额

①4 月底：

$$480.00-480.00\times10\%=432.00(万元)$$

实际签发的付款凭证金额为 432.00 万元；

②5 月底：

$$685.00-685.00\times10\%=616.50(万元)$$

实际签发的付款凭证金额为 616.50 万元；

③6 月底：

$$工程保留金应扣 167.75-48.00-68.50=51.25(万元)$$

应签发的付款凭证金额为：

$$560-51.25-838.75\div4=299.06(万元)$$

由于应签发的付款凭证金额低于合同规定的最低支付限额，故不予支付；

④7 月底：

$$430-838.75\div4=220.31(万元)$$

实际签发的付款凭证金额为：

$$299.06+220.31=519.37(万元)$$

⑤8 月底：

$$620-838.75\div4=410.31(万元)$$

实际签发的付款凭证金额为 410.31 万元。

4. 固定单价合同的单价调整

对于固定单价合同，工程量的大小对造价控制有十分重要的影响。在正常履行施工合同期间，如果工程量的变化以及价格上涨水平没有超出规定的变化幅度范围，则执行同一综合单价，按实际完成的且经过工程师核实确认的工程量进行结算，量变价不变。

《计价规范》规定：不论是由于工程量清单有误，还是由于设计变更引起工程量的增减，均应按实调整合同价款。合同中综合单价因工程量变更需调整时，除合同另有约定外，应按照下列办法确定：由于工程量清单的工程数量有误或设计变更引起工程量的增减，属合同约定幅度以内的，应执行原有的综合单价；属合同约定幅度以外的，其增加部分的工程量或减少后剩余部分的工程量的综合单价由承包人提出，经发包人确认后，作为结算的依据。《计价规范》还规定：由于工程量的变更，且实际发生了除前述规定以外的费用损失，承包人可提出索赔要求，与发包人协商确认后，给予补偿。

单价调整的具体做法示意如图 6-5 所示。

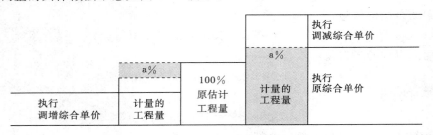

图 6-5　固定单价合同的单价调整

固定单价合同单价调整的原因是，在单价合同条件下，招标所采用的工程量清单中的工程量是估计的，承包人是按此工程量分摊完成整个工程所需要的管理费和利润总额，即在投标单价中包含一个固定费率的管理费和利润。当工程量"自动变更"时，承包人实际通过结算所获得的管理费和利润也随之变化。当这种变化当超过一定的幅度后，应对综合单价进行调整，这样既保护承包人不因工程量大幅度减少而减少管理费和利润，又保护发包人不因工程量大幅度增加而造成更大的支出。在某种意义上说，这也是对承包人"不平衡报价"的一个制约。

综合单价的调整主要调整分摊在单价中的管理费和利润，合同应当明确约定具体的调整方法，同时在合同签订时还应当约定，承包人应配合工程师确认合同价款中的管理费率和利润率。

【例 6-6】 某工程施工合同中含两个分项工程，估算工程量甲项为 2300m³，乙项为 3200m³，合同单价甲项为 180 元/m³，乙项为 160 元/m³。施工合同规定：

解：（1）开工前发包人应向承包人支付合同价 20％的预付款。

（2）发包人自第 1 个月起，从承包人的工程款中，按 5％的比例扣留质量保证金。

（3）当分项工程实际工程量超过估算工程量 10％时，可进行调价，调整系数为 0.9。

（4）根据市场情况，价格调整系数平均按 1.2 计算。

（5）工程师签发月度付款最低金额为 25 万元。

（6）预付款在最后两个月扣除，每月扣 50％。

承包人每月实际完成并经工程师签证确认的工程量见表 6-9。

表 6-9　　　　　　　　　每月实际完成工程量　　　　　　　　　单位：m³

月　份	1	2	3	4	合　计
甲项目	500	800	800	600	2700
乙项目	700	900	800	600	3000

试求按月结算情况下的每月付款签证金额。

本合同预付款金额为：

$$(2300×180＋3200×160)×20％＝18.52（万元）$$

（1）第 1 个月。

工程量价款为：

$$500\times180+700\times160=20.2(万元)$$

应签证的工程款为：

$$20.2\times1.2\times(1-5\%)=23.028(万元)$$

月度付款最低金额为 25 万元，故本月不予签发付款凭证。

（2）第 2 个月。

工程量价款为：

$$800\times180+900\times160=28.8(万元)$$

应签证的工程款为：

$$28.8\times1.2\times0.95=32.832(万元)$$

本月实际签发的付款凭证金额为：

$$23.028+32.832=55.86(万元)$$

（3）第 3 个月。

工程量价款为：

$$800\times180+800\times160=27.2(万元)$$

应签证的工程款为：

$$27.2\times1.2\times0.95=31.008(万元)$$

应扣预付款为：

$$18.52\times50\%=9.26(万元)$$

应付款为：

$$31.008-9.26=21.748(万元)$$

月度付款最低金额为 25 万元，故本月不予签发付款凭证。

（4）第 4 个月。甲项工程累计完成工程量为 2700m^3，比原估算工程量 2300m^3 超出 400m^3，已超过估算工程量的 10％，超出部分的单价应进行调整。

超过估算工程量 10％的工程量为：

$$2700-2300\times(1+10\%)=170(m^3)$$

这部分工程量单价应调整为：

$$180\times0.9=162(元/m^3)$$

甲项工程工程量价款为：

$$(600-170)\times180+170\times162=10.494(万元)$$

乙项工程累计完成工程量为：3000m^3，比原估计工程量 3200m^3 减少 200m^3，不超过估算工程量的 10％，其单价不予进行调整。

乙项工程工程量价款为：

$$600\times160=9.6(万元)$$

本月完成甲、乙两项工程量价款合计为：

$$10.494+9.6=20.094(万元)$$

应签证的工程款为：

$$20.094\times1.2\times0.95=22.907(万元)$$

本月实际签发的付款凭证金额为：

$$21.748 + 22.907 - 18.52 \times 50\% = 35.395(万元)$$

（5）合同以外零星项目工程价款结算。发包人要求承包人完成合同以外的零星工作项目，承包人应在接受发包人要求的 7 天内就用工数量和单价、机械台班数量和单价、使用材料和金额等向发包人提出施工签证，发包人签证后施工。如发包人未签证，承包人施工后发生争议的，责任由承包人自负。

凡不属于施工图应包括的范围，而这些费用又是有明文规定或因实际施工的需要，经双方同意所发生的费用项目，一般表现为现场签证。

【例 6 - 7】　某工程施工合同价为 560 万元，其中包括大型设备进退场费用 10 万元、利润 30 万元。该工程实行全费用单价计价。承包人包工包全部材料。合同工期为 6 个月。各月计划与实际完成工程价款见表 6 - 10。

表 6 - 10　　　　　　　　各月计划与实际完成工程价款　　　　　　　　单位：万元

月　份	1	2	3	4	5	6
计划完成价款	70	90	110	110	100	80
实际完成价款	70	80	120			

解： 该工程施工进入第 4 个月时，由于发包人资金出现困难，合同被迫终止。此时，施工现场存有为本工程购买的特殊工程材料 50 万元。

这是合同因发包人原因而终止的情况。索赔处理情况如下：

已购特殊工程材料价款 50 万元应全部予以补偿。

合同终止时，已完成的工程价款为：

$$70 + 80 + 120 = 270(万元)$$

未完成部分占合同价的比例：

$$\frac{560 - 270}{560} \times 100\% = 51.79\%$$

大型设备进退场费用应补偿：

$$10 \times 51.79\% = 5.179(万元)$$

利润应补偿：

$$30 \times 51.79\% = 15.537(万元)$$

（二）中间结算的预测工作

发包人在中间结算时，应根据施工实际完成工程量按月结算，做到拨款有度，心中有数，同时要随时检查投资运用情况，预估竣工前必不可少的各项支出并要求落实后备资金。

（1）检查施工图设计中的活口及甩项等情况。例如，材料、设备等的不定因素；预留孔洞等的遗漏或没有包括的内容等。

（2）检查施工合同中的活口及甩项等情况。例如，材料、设备的暂估价有多少，按实调整结算的内容以及其他甩项或未包括的费用等。

（3）预估竣工时政策性调价的增加系数及按实调整材料的差价等。

（4）预估发包人订货的材料、设备的差价。

（5）预估不可避免的施工中的零星变更有多少。

（6）预估其他可能增加的费用，例如各项地方性规费及由于专业施工所发生的差价等。

上述各项内容必须预先估足，并与实际投资余额进行核对，看看是否足够，如有缺口应及时采取节减措施，落实后备资金。

第七节　工程造价（投资）偏差分析

在确定了工程造价（投资）控制目标之后，为了有效地进行工程造价（投资）控制，工程造价管理者就必须定期地进行投资计划值与实际值的比较，当实际值偏离计划值时，分析产生偏差的原因，采取适当的纠偏措施，以使投资超支尽可能小。

一、工程造价（投资）偏差的概念

在工程造价（投资）控制中，把投资的实际值与计划值的差异叫做投资偏差，即：

$$投资偏差＝已完工程实际投资－已完工程计划投资 \qquad (6-16)$$

投资偏差结果为正，表示投资超支；结果为负，表示投资节约。但是，必须特别指出，进度偏差对投资偏差分析的结果有重要影响，如果不加考虑就不能正确反映投资偏差的实际情况。例如：某一阶段的投资超支，可能是由于进度超前导致的，也可能是由于物价上涨导致的。所以，必须引入进度偏差的概念。

$$进度偏差1＝已完工程实际时间－已完工程计划时间 \qquad (6-17)$$

为了与投资偏差联系起来，进度偏差也可表示为：

$$进度偏差2＝拟完工程计划投资－已完工程计划投资 \qquad (6-18)$$

所谓拟完工程计划投资，是指根据进度计划安排在某一确定时间内所应完成的工程内容的计划投资。

$$拟完工程计划投资＝拟完工程量(计划工程量)\times计划单价 \qquad (6-19)$$

进度偏差结果为正值，表示工期拖延；结果为负值，表示工期提前。但是用公式（6-17）来表示进度偏差，其思路是可以接受的，但表达式并不十分严格。在实际应用时，为了便于工期调整，还需要将用投资差额表示的进度偏差转换为所需要的时间。

另外，在进行投资偏差分析时，还要考虑以下几组投资偏差参数：

1. 局部偏差和累计偏差

所谓局部偏差，有两层含义：其中一层含义是对于整个项目而言，指各单项工程、单位工程及分部分项工程的投资偏差；另一层含义是对于整个项目已经实施的时间而言，是指在每一个控制周期内所发生的投资偏差。累计偏差是一个动态的概念，其数值总是与具体的时间联系在一起，第一个累计偏差在数值上等于局部偏差，最终的累计偏差就是整个项目的投资偏差。

局部偏差的引入，可使项目投资管理人员清楚地了解偏差发生的时间、所在的单项工程，这有利于分析其发生的原因。而累计偏差所涉及的工程内容较多、范围较大，且原因也较复杂，因而累计偏差分析必须以局部偏差分析为基础。从另一方面来看，因为累计偏差分析是建立在对局部偏差进行综合分析的基础上，所以其结果更能显示出代表性和规律性，对投资控制工作在较大范围内具有指导作用。

2. 绝对偏差和相对偏差

绝对偏差是指投资实际值与计划值比较所得到的差额，绝对偏差的结果很直观，有助于投资管理人员了解项目投资出现偏差的绝对数额，并依此采取一定措施，制定或调整投资支付计划和资金筹措计划。但是，绝对偏差有其不容忽视的局限性。例如：同样是 1 万元的投资偏差，对于总投资为 1000 万元和总投资为 10 万元的项目而言，其严重性显然是不同的。因此又引入相对偏差这一参数。

$$相对偏差 = \frac{绝对偏差}{投资计划值} = \frac{投资实际值 - 投资计划值}{投资计划值} \qquad (6-20)$$

与绝对偏差一样，相对偏差可正可负，且两者同号。正值表示投资超支，反之表示投资节约。两者都只涉及投资的计划值和实际值，既不受项目层次的限制，也不受项目实施时间的限制，因而在各种投资比较中均可采用。

3. 偏差程度

偏差程度是指投资实际值对计划值的偏离程度，其表达式为：

$$偏差程度 = \frac{投资实际值}{投资计划值} \qquad (6-21)$$

偏差程度可参照局部偏差和累计偏差分为局部偏差程度和累计偏差程度。注意累计偏差程度并不等于局部偏差程度的简单相加。以月为控制周期，其公式为：

$$局部偏差程度 = \frac{当月投资实际值}{当月投资计划值} \qquad (6-22)$$

将偏差程度与进度结合起来，引入进度偏差程度的概念，则可得到以下公式：

$$进度偏差程度 = \frac{已完工程实际时间}{已完工程计划时间} \qquad (6-23)$$

或

$$进度偏差程度 = \frac{拟完工程计划投资}{已完工程计划投资} \qquad (6-24)$$

上述各组偏差和偏差程度变量都是投资比较的基本内容和主要参数。投资比较的程度越深，为下一步的偏差分析提供的支持就越有力。

二、偏差分析的方法

偏差分析可采用不同的方法，常用的有横道图法、表格法和曲线法。

（一）横道图法

用横道图法进行投资偏差分析，是用不同的横道标识已完工程计划投资、拟完工程计划投资和已完工程实际投资，横道的长度与其金额成正比例，如图 6-6 所示。

横道图法具有形象、直观、一目了然等优点，它能够准确表达出投资的绝对偏差，而且能一眼感受到偏差的严重性。但是，这种方法反映的信息量少，一般在项目的较高管理层应用。

（二）表格法

表格法是进行偏差分析最常用的一种方法。它将项目编号、名称、各投资参数以及投资偏差数综合归纳入一张表格中，并且直接在表格中进行比较。由于各偏差参数都在表中列出，使得投资管理者能够综合地了解并处理这些数据。

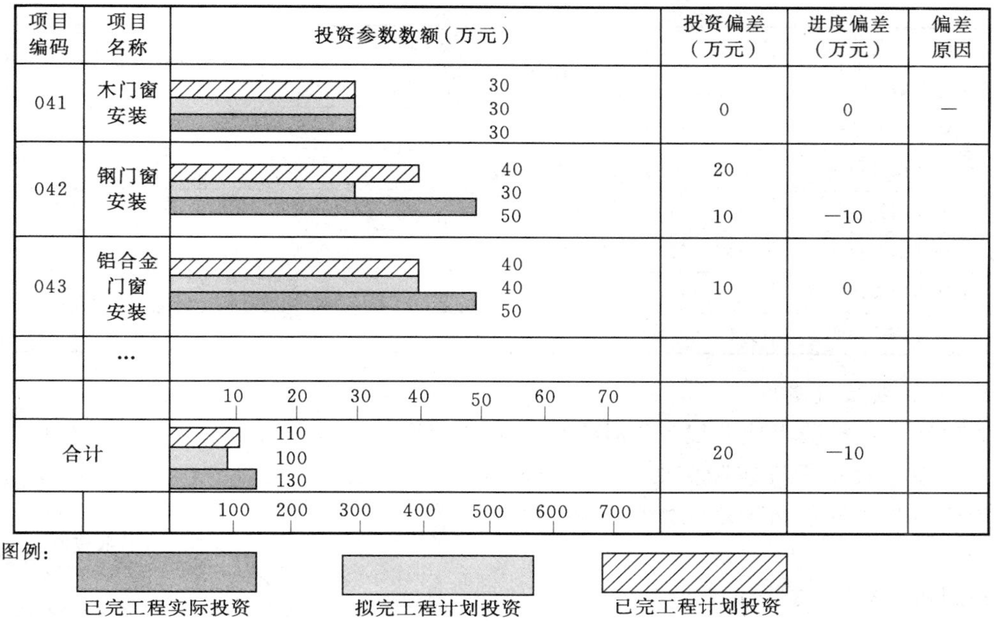

项目编码	项目名称	投资参数数额（万元）		投资偏差（万元）	进度偏差（万元）	偏差原因
041	木门窗安装		30 30 30	0	0	—
042	钢门窗安装		40 30 50	20 10	 −10	
043	铝合金门窗安装		40 40 50	 10	 0	
	…					
		10　20　30　40　50　60　70				
合计			110 100 130	20	−10	
		100　200　300　400　500　600　700				

图例：

已完工程实际投资　　拟完工程计划投资　　已完工程计划投资

图6-6　横道图法的投资偏差分析

用表格法进行偏差分析具有如下优点：

（1）灵活、适用性强。可根据实际需要设计表格，进行增减项。

（2）信息量大。可以反映偏差分析所需的资料，从而有利于投资控制人员及时采取有针对性的措施，加强控制。

（3）表格处理可借助于计算机，从而节约大量数据处理所需的人力，并大大提高效率。

表6-11是用表格法进行偏差分析的例子。

表6-11　　　　　　　　　　　投资偏差分析表

项目编码	(1)	041	042	043
项目名称	(2)	木门窗安装	钢门窗安装	铝合金门窗安装
单位	(3)			
计划单价	(4)			
拟完工程量	(5)			
拟完工程计划投资	(6)=(4)×(5)	30	30	40
已完工程量	(7)			
已完工程计划投资	(8)=(4)×(7)	30	40	40
实际单价	(9)			
其他款项	(10)			
已完工程实际投资	(11)=(7)×(9)+(10)	30	50	50
投资局部偏差	(12)=(11)−(8)	0	10	10

续表

项目编码	(1)	041	042	043
投资局部偏差程度	(13)＝(11)÷(8)	1	1.25	1.25
投资累计偏差	(14)＝∑(12)			
投资累计偏差程度	(15)＝∑(11)÷∑(8)			
进度局部偏差	(16)＝(6)－(8)	0	−10	0
进度局部偏差程度	(17)＝(6)÷(8)	1	0.75	1
进度累计偏差	(18)＝∑(16)			
进度累计偏差程度	(19)＝∑(16)÷∑(8)			

（三）曲线法（赢值法）

曲线法是用投资累计曲线（S形曲线）来进行投资偏差分析的一种方法，如图 6-7 所示。其中 a 表示投资实际值曲线，p 表示投资计划值曲线，两条曲线之间的竖向距离表示投资偏差。

在用曲线法进行投资偏差分析时，首先要确定投资计划值曲线。投资计划值曲线是与确定的进度计划联系在一起的。同时，也应考虑实际进度的影响，应当引入三条投资参数曲线，即已完工程实际投资曲线 a，已完工程计划条投资曲线 b 和拟完工程计划投资曲线 p，如图 6-8 所示。该图中曲线 a 与曲线 b 的竖向距离表示投资偏差，曲线 b 与曲线 p 的水平距离表示进度偏差。

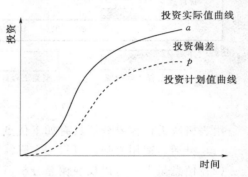

图 6-7 投资计划值与实际值曲线

图 6-8 反映的偏差为累计偏差。用曲线法进行偏差分析同样具有形象、直观的特点，但这种方法很难直接用于定量分析，只能对定量分析起一定的指导作用。

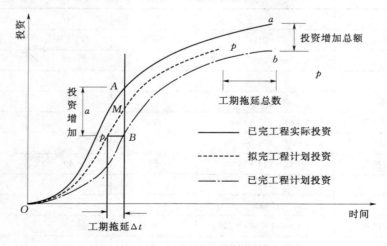

图 6-8 三条投资参数曲线

【**例 6-8**】 某工程项目施工合同于 2000 年 12 月签订，约定的合同工期为 20 个月，2001 年 1 月正式开始施工，施工单位按合同工期要求编制了混凝土结构工程施工进度时标网络计划（如图 6-9 所示），并经专业造价管理者审核批准。

该项目的各项工作均按最早开始时间安排，且各工作每月所完成的工程量相等。各工作的计划工程量和实际工程量见表 6-12。工作 D、E、F 的实际工作持续时间与计划工作持续时间相同。

表 6-12   计划工程量和实际工程量表

工 作	A	B	C	D	E	F	G	H
计划工程量（m³）	8600	9000	5400	10000	5200	6200	1000	3600
实际工程量（m³）	8600	9000	5400	9200	5000	5800	1000	5000

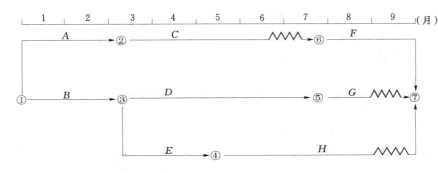

图 6-9 时标网络计划

合同约定，混凝土结构工程综合单价为 1000 元/m³，按月结算。结算价按项目所在地混凝土结构工程价格指数进行调整，项目实施期间各月的混凝土结构工程价格指数见表 6-13。

表 6-13   工 程 价 格 指 数 表

时 间	2000 年 12 月	2001 年 1 月	2001 年 2 月	2001 年 3 月	2001 年 4 月	2001 年 5 月	2001 年 6 月	2001 年 7 月	2001 年 8 月	2001 年 9 月
混凝土结构工程价格指数（%）	100	115	105	110	115	110	110	120	110	110

施工期间，由于建设单位原因使工作的开始时间比计划的开始时间推迟了 1 个月，并由于工作 H 工程量的增加使该工作的工作持续时间延长了 1 个月。

问题：

（1）请按施工进度计划编制资金使用计划（即计算每月和累计拟完工程计划投资），并简要写出其步骤。将计算结果填入表 6-14 中。

（2）计算工作 H 各月的已完工程计划投资和已完工程实际投资。

（3）计算混凝土结构工程已完工程计划投资和已完工程实际投资，将计算结果填入表 6-14 中。

（4）列式计算 8 月月末的投资偏差和进度偏差（用投资额表示）。

解：（1）将各工作计划工程量与单价相乘后，除以该工作持续时间，得到各工作每月拟完工程计划投资额；再将时标网络计划中各工作分别按月纵向汇总得到每月拟完工程计划投资额；然后逐月累加得到各月累计拟完工程计划投资额。

（2）H 工作 6～9 月每月完成工程量为：

$$5000 \div 4 = 1250 (\text{m}^3/\text{月})$$

H 工作 6～9 月已完成工程计划投资均为：

$$1250 \times 1000 = 125 (\text{万元})$$

H 工作已完工程实际投资：

6 月：$125 \times 110\% = 137.5$（万元）

7 月：$125 \times 120\% = 150.0$（万元）

8 月：$125 \times 110\% = 137.5$（万元）

9 月：$125 \times 110\% = 137.5$（万元）

（3）将计算结果填入表 6-14 中。

表 6-14　　　　　　　　　　　　计 算 结 果　　　　　　　　　　单位：万元

项 目	投资数据								
	1	2	3	4	5	6	7	8	9
每月拟完工程计划投资	880	880	690	690	550	370	530	310	
累计拟完工程计划投资	880	1760	2450	3140	3690	4060	4590	4900	
每月已完工程计划投资	880	880	660	660	410	355	515	415	125
累计已完工程计划投资	880	1760	2420	3080	3490	3845	4360	4775	4900
每月已完工程实际投资	1012	924	726	759	451	390.5	618	456.5	137.5
累计已完工程实际投资	1012	1936	2662	3421	3872	4262.5	4880.5	5337	5474.5

（4）投资偏差：已完工程实际投资－已完工程计划投资：$5337 - 4775 = 562$（万元），超支 562 万元。

进度偏差：拟完工程计划投资－已完工程计划投资：$4900 - 4775 = 125$（万元），拖后支付 125 万元。

三、偏差原因分析

偏差分析的一个重要目的就是要找出引起偏差的原因，从而有可能采取有针对性的措施，减少或避免相同原因的偏差再次发生。在进行偏差原因分析时，首先应当将已经导致和可能导致偏差的各种原因逐一列举出来。导致不同工程项目产生投资偏差的原因具有一定共性，因而可以通过对已建项目的投资偏差原因进行归纳、总结，为该项目采用预防措施提供依据。

一般来说，产生投资偏差的原因有以下几种，如图 6-10 所示。

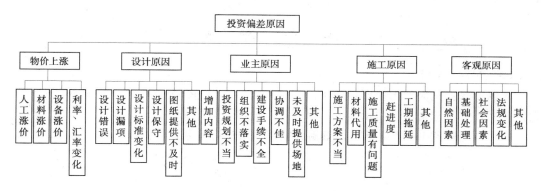

图 6-10 投资偏差原因

四、纠偏

对偏差原因进行分析的目的是为了有针对性地采取纠偏措施，从而实现投资的动态控制和主动控制。

纠偏首先要确定纠偏的主要对象，比如上面介绍的偏差原因，有些是无法避免和控制的，比如客观原因，充其量只能对其中少数原因做到防患于未然，力求减少该原因所产生的经济损失。对于施工原因所导致的经济损失通常是由承包商自己承担的，从投资控制的角度只能加强合同的管理，避免被承包商索赔。所以，这些偏差原因都不是纠偏的主要对象。纠偏的主要对象是业主原因和设计原因造成的投资偏差。在确定了纠偏的主要对象之后，就需要采取有针对性的纠偏措施。纠偏可采用组织措施、经济措施、技术措施和合同措施等。

本 章 小 结

施工阶段工程造价管理首先要做好计划工作，即编制资金使用计划和施工预算。工程量的计量与调整和工程变更价款的确定是施工阶段工程造价确定的两个关键因素。控制的要点在于明确由实际值产生的偏差。同时，由于具体施工过程中的施工条件与环境变化多端，设计状况与实际施工过程的差异容易导致纠纷，索赔在所难免，索赔控制也是施工过程中工程造价（投资）控制的一个重要方面。在明确产生偏差的基础上，有针对性地采取纠偏措施。

思 考 题

1. 工程计量的依据和方法有哪些？
2. 工程价款现行结算办法和动态结算办法有哪些？
3. 简述工程变更价款的确定办法。
4. 简述索赔费用的一般构成和计算方法。
5. 投资偏差的原因有哪些？投资偏差分析的方法有哪些？

案 例 分 析

【案例分析题1】

案例背景： 某大型工业项目的主厂房工程，发包人通过公开招标选定了承包人，并依据招标文件和投标文件，与承包人签订了施工合同。合同中部分内容如下：

（1）合同工期160天，承包人编制的初始网络进度计划，如图6-11所示。

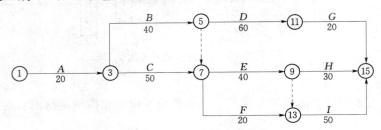

图6-11

由于施工工艺要求，该计划中 C、E、I 三项工作施工需使用同一台运输机械，B、D、H 三项工作施工需使用同一台吊装机械。上述工作由于施工机械的限制只能按顺序施工，不能同时平行进行。

（2）承包人在投标报价中填报的部分相关内容如下：

1）完成 A、B、C、D、E、F、G、H、I 九项工作的人工工日消耗量分别为100、400、400、300、200、60、60、90、1000个工日；

2）工人的日工资单价为50元/工日，运输机械台班单价为2400元/台班，吊装机械台班单价为1200元/台班；

3）分项工程项目和措施项目均采用以直接费为计算基础的工料单价法，其中的间接费费率为18%，利润率为7%，税金按相关规定计算。施工企业所在地为县城。

（3）合同中规定：人员窝工费补偿25元/工日，运输机械折旧费1000元/台班，吊装机械折旧费500元/台班。

在施工过程中，由于设计变更使工作 E 增加了工程量，作业时间延长了20天，增加用工100个工日，增加材料费2.5万元，增加机械台班20个，相应的措施费增加1.2万元。同时，H、I 的工人分别属于不同工种，H、I 工作分别推迟20天。

问题：

（1）对承包人的初始网络进度计划进行调整，以满足施工工艺和施工机械对施工作业顺序的制约要求。

（2）调整后的网络进度计划总工期为多少天？关键工作有哪些？

（3）按《建筑安装工程费用项目组成》（建标〔2003〕206号）文件的规定计算该工程的税率。分项列式计算承包商在工作 E 上可以索赔的直接费、间接费、利润和税金。

（4）在因设计变更使工作 E 增加工程量的事件中，承包商除在工作 E 上可以索赔的费用外，是否还可以索赔其他费用？如果有可以索赔的其他费用，请分项列式计算可以索赔的费用。如果没有，请说明原因。

（注：计算结果均保留两位小数）

【案例分析题 2】

案例背景： 某工程项目施工承包合同价为 3200 万元，工期 18 个月。承包合同规定：

（1）发包人在开工前 7 天应向承包人支付合同价 20％的工程预付款。

（2）工程预付款自工程开工后的第 8 个月起分 5 个月等额抵扣。

（3）工程进度款按月结算。工程质量保证金为承包合同价的 5％，发包人从承包人每月的工程款中按比例扣留。

（4）当分项工程实际完成工程量比清单工程量增加 10％以上时，超出部分的相应综合单价调整系数为 0.9。

（5）规费费率 3.5％，以工程量清单中分部分项工程合价为基数计算，税金率 3.41％，按规定计算。

在施工过程中，发生以下事件：

（1）工程开工后，发包人要求变更设计，增加一项花岗石墙面工程，由发包人提供花岗石材料，双方商定该项综合单价中的管理费、利润均以人工费与机械费之和为计算基数，管理费率为 40％，利润率为 14％。消耗量及价格信息资料见表 1：

表 1   **铺贴花岗石面层定额消耗量及价格信息**

项目		单位	消耗量	市场价（元）
人工	综合工日	工日	0.56	60.00
材料	白水泥	kg	0.155	0.80
	花岗石	m²	1.06	530.00
	水泥砂浆（1:3）	m³	0.0299	240.00
	其他材料费			6.40
机械	灰浆搅拌机	台班	0.0052	49.18
	切割机	台班	0.0969	52.00

（2）在工程进度至第 8 个月时，施工单位按计划进度完成了 200 万元建安工作量，同时还完成了发包人要求增加的一项工作内容。经工程师计量后的该工作工程量为 260m²，经发包人批准的综合单价为 352 元/m²。

（3）施工至第 14 个月时，承包人向发包人提交了按原综合单价计算的该月已完工程量结算报告 180 万元。经工程师计量，其中某分项工程因设计变更实际完成工程数量为 58m³（原清单工程数量为 360m³，综合单价 1200 元/m³）。

问题：

（1）计算该项目工程预付款。

（2）编制花岗石墙面工程的工程量清单综合单价分析表，列式计算并把计算结果填入答题纸表 2 中。

表2　　　　　　　　　　分部分项工程量清单综合单价分析表　　　　　　　　单位：m²

项目编号	项目名称	工程内容	综合单价组成					综合单价
			人工费	材料费	机械费	管理费	利润	
020108001001	花岗石墙面	进口花岗岩板（25mm） 1：3水泥砂浆结合层						

（3）列式计算第8个月的应付工程款。

（4）列式计算第14个月的应付工程款。

（注：计算结果均保留两位小数，问题3和问题4的计算结果以万元为单位。）

第七章　竣工验收、竣工决算、后评价
阶段的工程造价管理

【学习指导】　通过本章的学习，要求掌握建设项目的竣工结算的组成内容及其编制的方法、竣工决算的组成内容及其编制的方法、竣工结算的审核内容、工程竣工结算价款的结算方法、新增固定资产价值的确定方法；熟悉建设项目竣工验收的依据与验收程序等内容、建设项目保修范围及保修费用的处理方法；了解建设项目竣工与交付阶段的工程造价管理的内容、建设项目后评价的相关知识。

第一节　竣工验收、后评价概述

一、建设工程项目竣工验收与后评价的概念及任务

（一）建设工程项目竣工验收的概念及任务

1. 建设工程项目竣工验收的概念

在建设工程项目已按照设计要求完成全部施工任务，准备交付给建设单位投入使用时，由建设单位或有关主管部门依照国家关于建设工程竣工验收制度的规定，对该项工程是否符合设计要求和工程质量标准所进行的检查、考核工作。建设工程项目的竣工验收是建设工程项目建设全过程的最后一道程序，是建设工程项目施工阶段与保修阶段的中间过程，是对建设工程项目的工程质量实施控制的最后一个重要环节。建设工程项目经过施工完成全部施工任务，只有在竣工经验收合格后，方可交付使用。未经验收或者验收不合格的建设工程项目，不得交付使用。

建设工程项目的竣工验收是指由建设单位、设计单位、监理单位、施工单位与相关的建设行政主管部门组成的建设工程项目竣工验收委员会，以批准的设计任务书、设计文件以及国家或者建设行政主管部门颁布的建设工程项目施工验收规范和建设工程项目质量检验标准为依据，按照一定的程序和手续，在建设工程项目建成且工业生产性项目试生产合格后，对建设工程项目的整体进行检验、综合评价和做出鉴定结论的活动。

2. 建设工程项目竣工验收的任务

（1）建设单位、勘察与设计单位、施工承包单位分别就建设工程项目实施的全过程进行评价，找出并分析各自的经验与教训，保证建设工程项目的各项技术经济指标能够达到设计要求。

（2）施工承包单位与建设单位之间办理建设工程项目的竣工验收和竣工结算，签署建设工程项目的工程保修书。建设工程项目竣工验收通过后，施工承包单位应当按照国家有关规定和合同约定的时间、方式向建设单位提出结算报告，建设单位在审查结算报告后，应当在合同约定的时间内将拨款通知送经办银行，与施工承包单位办理建设工程项目竣工

结算价款的结算。

（3）施工承包单位收到工程款后，应与建设单位办理建设工程项目的各种移交手续，并将建设工程项目交付建设单位管理与使用。

（4）施工承包单位通过竣工验收后应采取措施将工程项目的收尾工作、市场需求、"三废"治理、交通运输等方面的遗留问题尽快予以处理，以保证建设工程项目正常地投产运作或者使用，充分发挥建设工程项目的经济与社会效益。

（二）建设工程项目后评价的概念、分类、作用及任务

建设工程项目竣工投产或者使用以后，通过对建设工程项目的后评价，可以达到肯定成绩、总结经验、研究问题、吸取教训、提出建议、改进工作部署的目的，并不断提高建设工程项目的决策水平和投资效果。建设工程项目后评价应根据项目管理和组织实施方式的不同，分别采取不同的项目后评价办法。评价人应站在项目投资人的角度综合考虑项目的社会、经济及企业效益，把自己的项目投资人、项目实施人、项目融资人的角色结合起来，客观全面的对建设工程项目进行后评价。

1. 建设工程项目后评价的概念

建设工程项目后评价是指在建设工程项目竣工投产或者使用一定时间后，对照项目可行性研究报告及审批文件的主要内容，将项目建成后所达到的实际效果即建设工程项目在实施过程中和投产或者使用后的实际数据与建设工程项目后续年限的预测数据进行对比分析，以对建设工程项目的立项决策、设计方案、施工过程与施工质量、竣工投产或者使用、生产运营或者使用情况、建设工程项目的维护与管理情况、建设工程项目的运营或者使用的效果及其效益情况以及建设工程项目的发展前景等过程进行全面性、系统性、可行性与科学性的综合评价，找出差距及原因，总结经验教训，提出相应对策建议，并不断提高投资决策水平和投资效益的技术、经济活动。

建设工程项目后评价是固定资产投资管理的重要内容和最后一个环节；是对建设工程投资项目的实际投资费用与经济效益进行全面、系统、科学的评审，将建设工程项目立项决策阶段的预期效果和竣工投产或者使用后的最终结果进行对比与考核；也是将建设工程项目投资过程中对财务、经济、社会和环境等方面产生的影响与投资效益进行科学的分析与评价。

2. 建设工程项目后评价的类型

由于建设工程项目涉及后评价的内容多且复杂、建设工程项目的自身特点差异比较大、后评价的时间点与后评价的阶段也差别较大，致使建设工程项目后评价的类型较多，其具体的后评价名称也随后评价内容等的区别而各有定义。建设工程项目后评价的类型大致有如下几种划分方法。

（1）根据建设工程项目评价时间的不同进行划分。根据建设工程项目评价时间的不同进行划分，建设工程项目后评价可分为跟踪评价、实施效果评价和影响评价。

1）建设工程项目跟踪评价是指建设工程项目在其开工以后到项目竣工验收之前任何一个时间点所进行的评价，它又称为建设工程项目中间评价。

2）建设工程项目实施效果评价是指建设工程项目竣工验收合格并投产运营或者使用一段时间之后所进行的评价，即通常所称的建设工程项目后评价。

3）建设工程项目影响评价是指建设工程项目后评价报告完成一定时间之后所进行的评价，又称为建设工程项目效益评价。

（2）根据项目立项、投资等决策的需求情况进行划分。根据项目立项、投资等决策的需求进行划分，建设工程项目后评价可分为宏观决策型后评价和微观决策型后评价。

1）宏观决策型后评价是指涉及国家、地区、行业发展战略的评价。

2）微观决策型后评价是指仅为某个项目组织、管理机构积累经验而进行的评价。

（3）根据建设工程项目评价阶段的不同进行划分。根据建设工程项目评价阶段的不同进行划分，建设工程项目后评价可分为建设工程项目目标的后评价、建设工程项目决策阶段的后评价、建设工程项目准备阶段的后评价、建设工程项目建设实施阶段的后评价。

1）建设工程项目目标的后评价。建设工程项目目标的后评价是对照建设工程项目的可行性研究报告和评估中关于建设工程项目目标的论述，找出变化，分析项目目标的实现程度以及成败的原因，同时还应探讨项目目标的确定是否正确合理，是否符合发展的要求。建设工程项目目标后评价包括建设工程项目宏观目标、建设工程项目建设目标等内容，通过建设工程项目实施过程中对建设工程项目目标的跟踪，发现变化，分析原因。建设工程项目目标的后评价，通过变化原因及合理性分析，及时总结经验教训，为建设工程项目的决策、管理、建设实施提供信息反馈。以便适时调整政策、修改计划，为续建和新建建设工程项目提供参考和借鉴。同时可根据分析，为宏观发展方针、产业政策、价格政策、投资和金融政策的调整和完善提供参考依据。

2）建设工程项目决策阶段的后评价。

a. 建设工程项目前期决策阶段的后评价重点是对建设工程项目的可行性研究报告、项目的评估报告和项目的批复批准文件进行后评价，即根据建设工程项目实际的产出、效果、影响，分析评价建设工程项目的决策内容，检查建设工程项目的决策程序，分析决策成败的原因，探讨决策的方法和模式，总结经验教训。

b. 建设工程项目可行性研究报告后评价的重点是建设工程项目实施的目的和目标是否明确、合理；建设工程项目是否进行了多方案比较，是否选择了正确的方案；建设工程项目实施的效果和效益是否可能实现；建设工程项目是否可能产生预期的作用和影响。在发现问题的基础上，分析原因，得出评价结论。

c. 建设工程项目评估报告的后评价是建设工程项目后评价最重要的任务之一。建设工程项目评估报告是建设工程项目决策的最主要的依据，投资决策者按照评估意见批复的建设工程项目可行性研究报告是建设工程项目后评价对比评价的根本依据。因此，建设工程项目评估报告的后评价应根据实际建设工程项目产生的结果和效益，对照建设工程项目评估报告的主要参数指标进行分析与评价。建设工程项目评估报告后评价的重点是建设工程项目的目标、效益、风险。

d. 建设工程项目决策的后评价包括建设工程项目决策程序、决策内容和决策方法分析三部分内容。

e. 建设工程项目决策程序分析是指比较分析建设工程项目立项决策的依据和程序是否正确，是否存在先决策后立项、再评估，有无违背建设工程项目建设的客观规律，有无执行错误的决策程序等。

　　f. 建设工程项目决策内容评价分析是指建设工程项目后评价应对照建设工程项目决策批复的意见和要求，根据建设工程项目实际完成或进展的情况，从投资决策者的角度，分析评价投入与产出关系，评价决策的内容是否正确、能否实现、主要差别，分析并找出原因。

　　g. 建设工程项目决策方法分析包括决策方法是否科学、客观，有无主观臆断；是否实事求是，有无哗众取宠之处。

　　3）建设工程项目准备阶段的后评价。对建设工程项目准备阶段的后评价，包括建设工程项目勘察设计、采购招投标、投资融资、开工准备等方面的后评价。

　　a. 建设工程项目勘察设计的后评价包括对勘察设计的质量、技术水平和服务进行分析评价。后评价还应进行两个对比，一是该阶段建设工程项目的内容与前期立项所发生的变化，二是建设工程项目实际实现的结果与勘察设计时的变化和差别，分析变化的原因，分析的重点是建设工程项目的建设内容、投资概算、设计变更等。

　　b. 建设工程项目投资融资后评价包括对建设工程项目的投资结构、融资模式、资金选择、项目担保和风险管理等进行分析评价。其后评价的重点是根据建设工程项目准备阶段所确定的投融资方案，对照实际实现的融资方案，找出差别和问题，分析利弊。同时还要分析实际融资方案对建设工程项目原定的目标和效益指标的作用和影响，特别是融资成本的变化，评价融资与建设工程项目债务的关系和今后的影响。

　　c. 建设工程项目采购招投标工作的后评价包括招投标公开性、公平性和公正性的后评价，其后评价应对建设工程项目采购招投标的资格、程序、法律、法规、规范等事项进行后评价，同时要分析确定建设工程项目采购招投标更加经济合理的方法。

　　d. 建设工程项目开工准备的后评价是建设工程项目后评价工作的一部分，建设工程项目的建设内容、厂址、引进技术方案、融资条件等重大变化有可能在这一阶段发生，应特别注意这些变化及其可能产生对建设工程项目的目标、效益、风险的影响。

　　4）建设工程项目建设实施阶段的后评价。建设工程项目建设实施阶段的后评价包括建设工程项目的合同执行情况、工程实施及管理、建设资金来源及使用情况的分析与评价。建设工程项目建设实施阶段的后评价应注意前后两方面的对比，找出问题及对应的解决办法，一方面应与开工前的建设工程有关计划进行对比，另一方面应把该阶段的建设实施情况有可能产生的结果和影响与建设工程项目决策阶段所预期的效果和影响进行对比，分析偏离度，进而找出原因，提出相应的对策，总结经验教训。建设工程项目建设实施阶段的后评价由于对比时的时间点不同，其对比数据的可比性应该统一。

　　a. 建设工程合同执行情况的后评价。建设工程合同是项目业主（法人）依法确定与承包商、供货商、制造商、咨询者之间的权利和义务关系的协议或有法律效应的文件。执行建设工程合同是建设工程项目实施阶段的核心工作，因此建设工程合同执行情况的分析评价是建设工程项目建设实施阶段后评价的一项重要内容，建设工程合同包括勘察设计、设备物资采购、工程施工、工程监理、咨询服务和合同管理等合同。建设工程项目后评价的合同分析评价一方面要分析评价建设工程合同依据的法律、法规、规范和程序等内容，另一方面要分析建设工程合同的履行情况和违约责任及其原因分析。

建设工程项目合同后评价应重点对工程监理进行后评价。后评价应根据合同条款的相关内容，对照建设工程项目的实际情况，找出存在的问题或差别，分析差别的利弊，分清责任。同时，要对工程监理过程中发生的问题可能对建设工程项目总体目标产生的影响加以分析评价，得出相应的结论。

b. 建设工程项目实施及管理的后评价。建设工程项目建设实施阶段是建设工程项目建设从设计与计划转变为事实的全过程，是建设工程项目建设的关键，建设工程项目的施工单位应根据批准的施工组织设计，按照施工图纸、质量、进度和造价的要求，合理组织施工，做到计划、设计、施工三个环节互相衔接，资金、器材、图纸、施工力量按时落实，施工中如需变更设计，应取得建设工程项目监理和设计单位的同意，并填写设计变更、工程更改、材料代用报告，做好原始记录。

建设工程项目建设实施管理的后评价是对建设工程项目的工程的造价、质量和进度进行的分析评价，建设工程项目的工程管理后评价是工程管理者对工程三项指标（工程投资、工程质量、工程进度）的控制能力及控制结果的分析评价。分析和评价可以从工程监理和业主管理两个方面进行，同时分析领导部门的职责。

c. 建设工程项目投资资金使用情况的后评价。建设工程项目投资资金使用情况的后评价是对建设工程项目的建设资金供应情况与运用情况进行分析评价，是建设工程项目实施管理评价的一项重要内容。一个建设工程项目从项目决策到实施建成的全部活动，既是耗费大量活劳动和物化劳动的过程，也是资金运动的过程。建设项目实施阶段，资金能否按预算规定使用，对降低建设工程项目建设实施费用关系极大。通过对投资项目的后评价，可以分析资金的实际来源与项目预测的资金来源的差异和变化。同时要分析建设工程项目的财务制度和财务管理的情况，分析资金支付的规定和程序是否合理并有利于建设工程造价的控制，分析建设过程中资金的使用是否合理，是否注意了节约、做到了精打细算、加速资金周转、提高资金的使用效率。

d. 建设工程项目竣工后评价。建设工程项目竣工后评价应根据建设工程项目建设的实际情况，对照建设工程项目决策所确定的目标、效益和风险等有关指标，分析竣工阶段的工作成果，找出差别和变化及其原因。建设工程项目竣工后评价包括建设工程项目完工后评价和建设工程项目生产运营准备后评价等。

3. 建设工程项目后评价的作用

建设工程项目的后评价对提高建设工程项目决策的科学化水平和管理项目的能力、监督项目的正常生产经营或者正常使用、降低建设工程项目的投资及决策风险等方面发挥着非常重要的作用。具体地说，建设工程项目后评价的作用主要表现在以下几个方面：

（1）总结建设工程项目管理的经验教训，提高项目管理水平。建设项目管理是一项十分复杂的综合性工作活动。它涉及主管部门、贷款银行、物资供应部门、勘察设计部门、施工单位、项目建设单位以及相关的地方行政管理部门等单位。

建设工程项目能否顺利完成并取得预期的投资经济效果，不仅取决于建设工程项目自身因素，而且还取决于各个部门之间能否相互协调、密切合作、保质保量地完成各项任务。建设工程项目的后评价通过对已建成项目的分析研究和论证，较全面地总结建设工程项目管理各个环节的经验教训，指导未来建设工程项目的管理活动。

此外，通过对建设工程项目的后评价，针对建设工程项目的实际效果所反映出来的项目建设全过程（从项目的立项、准备、决策、设计、施工实施和投产经营或者使用）各阶段存在的问题提出切实可行的、相应的改进措施和建议，可以促使建设工程项目更好地发挥应有的经济效益。

同时，对一些因决策失误，或投产（使用）后因经营管理不善，或环境变化造成生产、技术或经济状况处于困境的建设工程项目，也可通过后评价为其找出生存和发展的途径。

（2）提高建设工程项目决策的科学化水平。建设工程项目评价的质量高低关系到贷款决策的成败，前评价（可行性研究报告）中所用的预测是否准确，需要后评价来进行检验。

通过建立完善的建设工程项目后评价制度和科学的方法体系，一方面可以增强前评价人员的责任感，促使参入评价的相关人员努力做好建设工程项目的前评价工作，提高项目评价的准确性；另一方面可以通过项目后评价的反馈信息，及时纠正项目决策中存在的问题，从而提高未来项目决策的科学化水平。

（3）为国家制定产业政策和技术经济参数提供重要依据，对国家建设工程项目的投资管理工作起着强化和完善的作用。通过建设工程项目的后评价，能够发现宏观决策管理中存在的某些问题，从而使国家可以及时地修正某些不适合经济发展的技术经济政策，修订某些已经过时的技术经济指标参数。

同时，国家还可以根据建设工程项目后评价所反馈的信息，合理确定投资规模和投资方向，协调各产业、各部门之间及其内部的各种比例关系。

（4）为贷款银行部门及时调整贷款政策提供依据。通过开展建设工程项目后评价工作，及时发现建设工程项目建设资金使用过程中存在的问题，分析研究贷款项目成功或者失败的原因，从而为贷款银行调整信贷政策提供依据，并确保贷款的按期回收。

（5）对建设工程项目的建设过程具有监督与检查作用，促使建设工程项目运营或者使用状态的正常化。建设工程项目的后评价是在建设工程项目建设竣工并投入运营或者使用阶段进行的，因而可以分析和研究建设工程项目投产或者使用初期和达到投产或者使用规模时期的实际情况，比较建设工程项目的实际情况与预测状况的偏离程度，探索产生偏差的原因，提出切实可行的补救措施，提高建设工程项目的经济效益和社会效益。

建设工程项目竣工投产或者使用后，通过建设工程项目的后评价，针对建设工程项目实际效果所反映出来的从建设工程项目的决策、设计、施工实施到投产运营或者使用各个阶段存在的问题，提出相应的改进措施和建议，使建设工程项目能尽快地实现预期的目标，并更好地发挥其经济和社会效益。

对于因决策失误或者环境改变致使生产或者使用、技术、经济等方面处于严重困境的建设工程项目，通过对其进行后评价可以为其找到生存和发展的途径，并为主管部门重新制定或优选方案提供决策的依据。

（6）建设工程项目的后评价有利于通过对引进技术与装备的吸收、消化，不断提高相关领域的技术水平和装备能力。建设工程项目建设竣工并投产或者使用后，通过对其进行项目的后评价，可检验决策引进技术或者装备的合理性、可行性，检验对引进技术或者装备的吸收、消化能力和水平，找出存在的差距与不足，确定相应的改进和攻关措施，有利于提高企业乃至整个行业的技术和装备能力与水平，提高我国在相关行业或者领域的竞争力和可持续发展。通过对其进行项目的后评价，也可为国家或者行业或者企业制定或优选项目及技术或者装备引进方案提供决策的参考或者依据。

4. 建设工程项目后评价的任务

建设工程项目后评价一般由建设工程项目投资决策者、主要投资者提出并组织，项目法人根据需要也可组织进行项目的后评价。项目后评价应由独立的咨询机构或专家来完成，也可由投资评价决策者组织独立专家共同完成，"独立"是指从事项目后评价的机构和专家应是没有参加项目前期和工程实施咨询业务和管理服务的机构和个人。项目的后评价一般应对项目执行全过程每个阶段的实施和管理进行定量和定性的分析，重点包括法律法规（政策、合同等）、执行程序、工程三大控制（质量、进度、投资）、技术经济指标、社会影响、环境影响、工程咨询质量（可行性研究报告、评估报告、设计等）、宏观和微观管理等。

二、建设工程项目竣工验收应具备的条件

建设工程项目完工后，承包单位应当按照国家对建设工程项目竣工验收的有关规定，向建设单位提供完整的竣工资料和竣工验收报告，提请建设单位组织竣工验收。建设单位收到竣工验收报告后，应在规定的时间内及时组织由设计、施工、工程监理等单位参加的竣工验收。竣工验收前应检查整个建设工程项目是否早已按设计文件要求和合同约定全部建设完成，是否已符合竣工验收条件。

1. 建设工程项目竣工验收应具备的条件

交付竣工验收的建设工程项目，必须符合规定的建设工程质量标准，有完整的工程技术经济资料和经签署的工程保修书，并具备国家规定的其他竣工条件。建设工程项目竣工验收应具备的具体条件：

（1）已完成建设工程设计和合同约定的各项内容。建设工程设计和合同约定的内容是指设计文件所确定的、在建设工程施工承包合同中约定并明确的工程承包范围和具体的工程施工内容，也包括监理工程师签发的变更通知单中所确定的工作内容。承包单位必须按合同的约定，保质、保量并按时完成上述工作内容，使工程项目具有正常的使用功能。

（2）有申请竣工验收的报告书及完整的技术档案和施工管理资料。工程技术档案和施工管理资料是工程竣工验收和质量保证的重要依据之一，主要包括以下档案和资料：

1）工程项目竣工报告及申请竣工验收的报告书。

2）负责分项、分部工程和单位工程的相关技术人员名单。

3）图纸会审和设计交底记录。

4）设计变更通知单，技术变更核实单。

5）工程质量事故发生后调查和处理资料。

6）隐蔽验收记录及施工日志。

7）竣工图。

8）质量检验评定资料等。

9）合同约定的其他资料。

（3）有工程使用的主要建筑材料、建筑构配件和设备的出厂检验合格证明和进场试验报告。建设工程使用的主要建筑材料、建筑构配件和设备进场时，除应具有质量合格证明资料外，还应当有试验、检验报告。试验、检验报告中应当注明其规格、型号、用于工程的哪些部位、批量批次、性能等技术指标，其质量要求必须符合国家标准的规定以及建设工程施工承包合同中的相关约定。

（4）有勘察、设计、施工、工程监理等单位分别签署的质量合格文件。

1）施工单位在工程完工后对工程质量进行了检查，确认工程质量符合有关法律、法规和工程建设强制性标准，符合设计文件及合同要求，并提出工程竣工报告。工程竣工报告应经项目经理和施工单位有关负责人审核签字。

2）对于委托监理的工程项目，监理单位对工程进行了质量评价，具有完整的监理资料，并提出工程质量评价报告。工程质量评价报告应经总监理工程师和监理单位有关负责人审核签字。

承包人按照合同要求，提交的全套竣工资料，应经专业监理工程师审查，确认无误后，由总监理工程师签署认可意见。

（5）有施工单位签署的工程保修书。施工单位同建设单位签署的工程质量保修书也是交付竣工验收的必备条件之一。工程竣工交付使用后，施工单位应对其施工的建筑工程质量在一定期限内承担保修责任，以维护使用者的合法权益。为此，施工单位应当按规定提供建筑工程质量保修书，作为其向建设单位承诺承担质量保修责任的书面凭证。

（6）有建筑工程承包合同。

（7）有建筑工程用地的批准文件、工程的设计图纸及其他有关设计技术文件。

（8）有完整的工程经济资料。

1）建设工程项目施工现场的签证资料。

2）建设工程项目施工过程中有关索赔的资料。

3）发包人按照工程承包合同约定支付工程款的相关凭据。

4）承包人已按工程承包合同的有关规定和要求编制并提交工程竣工结算资料。

（9）城乡规划行政主管部门对工程是否符合规划设计要求进行检查，并出具认可文件。

（10）法律、行政法规规定应当由规划、环保等部门出具的认可文件或者准许使用文件。

（11）法律规定应当由公安消防部门出具的对大型的人员密集场所和其他特殊建设工程验收合格的证明文件。

（12）市政基础设施的有关质量检测和功能性试验资料以及备案机关认为需要提供的有关资料。

（13）建设行政主管部门及其委托的工程质量监督机构等有关部门责令整改的问题全部整改完毕。

（14）法规、规章规定必须提供的其他文件。

2.建设工程项目不允许进行竣工验收的情形

建设工程项目有下列情况之一者，施工单位不能报请监理工程师进行竣工验收：

（1）生产、科研性建设项目，因工艺或科研设备、工艺管道尚未安装，地面和主要装修未完成者。

（2）生产、科研性建设项目的主体工程已经完成，但附属配套工程未完成影响投产使用。

（3）非生产性建设项目的房屋建筑已经竣工，但由本施工企业承担的室外管线没有完成，锅炉房、变电室、冷冻机房等配套工程的设备安装尚未完成，不具备使用条件。

（4）各类工程的最后一道喷浆、表面油漆活未做。

（5）房屋建筑工程已基本完成，但被施工单位临时占用，尚未完全腾出。

（6）房屋建筑工程已完成，但其周围的环境未清扫，仍有建筑垃圾。

三、建设工程项目竣工验收的依据、任务和标准

（一）建设工程项目竣工验收的依据

（1）国家颁布的各种标准与现行的相关工程施工验收规范。

（2）有关主管部门针对建设工程项目批准的各种文件。

（3）建设单位与施工承包单位之间签订的建设工程施工承包合同文件。

（4）地质勘测资料。

（5）可行性研究报告。

（6）建设工程项目的设计审批文件。

（7）技术设备说明书。

（8）施工单位提供的有关质量保证文件和技术资料。

（9）建设单位与施工承包单位之间约定的协作配合协议。

（10）建筑安装工程统一规定及有关建设行政主管部门关于建设工程项目竣工验收的有关规定。

（11）从国外引进的新技术和成套设备项目以及中外合资建设项目，应按照签订的合同和进口国提供的设计文件等进行竣工验收。

（12）利用世界银行等国际金融机构贷款的建设项目，应按世界银行的规定，按时编制《项目完成报告》。

（二）建设工程项目竣工验收的任务

（1）建设单位、勘察和设计单位、施工单位分别对建设工程项目的决策和论证、勘察和设计以及施工全过程进行最后的评价，应对各自在建设工程项目进展过程中的经验和教训进行客观的评价。

（2）办理建设工程项目的验收和移交手续，并办理建设工程项目竣工结算和竣工决算，以及建设工程项目档案资料的移交和保修手续等。

（三）建设工程项目竣工验收的标准

建设工程项目的竣工验收必须依法办事，符合工程建设强制性标准、设计文件和建设工程施工承包合同的规定。

1. 合同约定的工程质量标准

合同约定的质量标准具有强制性，合同的约定内容规范了承发包双方的质量责任和义务，承包人必须确保工程质量达到验收标准，不合格不得交付验收和使用。

2. 单位工程竣工验收的合格标准

（1）单位（子单位）工程所含分部（子分部）工程的质量均应验收合格。

（2）质量控制资料应完整。

（3）单位（子单位）工程所含分部工程有关安全和功能的检测资料应完整。

（4）主要功能项目的抽查结果应符合相关专业质量验收规范的规定。

（5）观感质量验收应符合要求。

专业工程的竣工验收标准，必须符合各专业工程质量验收标准的规定。合格标准是工程验收的最低标准，不合格一律不允许交付使用。

3. 单项工程达到使用条件或满足生产要求

建设项目的某个单项工程已按设计要求完成，即每个单位工程都已竣工、相关的配套工程整体收尾已完成，能满足生产要求或具备使用条件，工程质量经检验合格，竣工资料整理符合规定，发包人可组织竣工验收。

4. 建设工程项目能满足建成投入使用或生产的各项要求

建设工程项目的全部子项工程均已完成，符合交付竣工验收的要求。但由于建设工程项目门类很多，要求各异，因此必须有相应竣工验收标准，以资遵循。

四、建设工程项目竣工验收的内容及程序

（一）建设工程项目竣工验收的方式

1. 单位工程（或专业工程）的竣工验收

单独签订施工合同的单位工程，竣工后可单独进行竣工验收。在一个单位工程中满足规定交工要求的专业工程，可征得发包人同意，分阶段进行竣工验收。

中间交工工程的范围和竣工时间在施工合同中双方有约定的，则应按合同约定的程序进行分阶段的竣工验收。

2. 单项工程的竣工验收

单项工程竣工验收应符合设计文件和施工图纸要求，满足生产需要或具备使用条件，并符合其他竣工验收条件要求。

3. 全部工程的竣工验收

整个建设工程项目已按设计要求全部建设完成，并已符合竣工验收标准，应由建设单位组织设计、施工、监理等单位和档案部门进行全部工程的竣工验收。全部工程的竣工验收，应在单位工程、单项工程竣工验收的基础上进行。对已经交付竣工验收的单位工程（中间交工）或单项工程并已办理了移交手续的，不再重复办理验收手续，但应将单位工程或单项工程竣工验收报告作为全部工程竣工验收的附件加以说明。

建设工程项目的竣工验收应按照国家的有关规定组织实施。大中型和限额以上基本建设和技术改造项目，由国家相关部委或由国家相关部委委托项目主管部门、地方政府部门组织验收；小型和限额以下基本建设和技术改造项目，由项目主管部门或地方政府部门组织验收。竣工验收要根据工程规模大小，复杂程度组成工程项目竣工验收委员会或竣工验收组，并对工程设计、施工和设备质量等方面作出全面的评价。不合格的工程不予验收；对遗留问题提出具体解决意见，限期落实完成。

（二）建设工程项目竣工验收的组织实施

（1）建设工程项目施工完工后，建设工程项目具备竣工验收的条件，施工单位应按国家工程竣工验收的有关规定，向建设单位提供完整竣工资料及竣工验收报告。双方约定由承包人提供竣工图的，应当约定提供的日期和份数；承包人应按要求提供。

（2）由建设单位负责组织实施建设工程项目的竣工验收工作，工程质量监督机构对建设工程项目的竣工验收实施监督。建设单位收到竣工验收报告后28天内应组织勘察、设计、施工、监理单位和其他方面的专家组成工程项目竣工验收委员会或竣工验收组，以对建设工程项目进行竣工验收。

（3）工程项目竣工验收委员会或竣工验收组制定建设工程项目竣工验收方案。

（4）建设单位将竣工验收的条件和相关资料向工程质量监督机构进行汇报。

（5）建设单位应在建设工程项目竣工验收7个工作日前将验收的时间、地点及工程项目竣工验收委员会或竣工验收组名单书面通知工程质量监督机构。

（6）负责监督该工程的工程质量监督机构应对工程竣工验收的组织形式、验收程序、执行验收标准等情况进行现场监督。工程质量监督机构应审查建设单位递交的建设工程项目的竣工验收条件和相关资料，符合条件的，发给建设工程项目竣工验收备案表，不符合条件的，通知建设单位整改。

（7）建设单位递交工程竣工验收报告，并向工程质量监督机构申领建设工程竣工验收备案表。

（8）整理各种技术文件材料，绘制竣工图纸。建设项目（包括单项工程）竣工验收前，各有关单位应将所有技术文件材料进行系统整理，由建设单位分类立卷，并在竣工验收时，交生产单位统一保管，同时将与所在地区有关的文件材料交当地档案管理部门，以适应生产、维修的需要。

（三）建设工程项目竣工验收的程序

1. 竣工验收的准备工作

（1）完成收尾工程。收尾工程的特点是零星、分散、工程量小，但分布面广，如果不及时完成，将会直接影响项目的竣工验收及投产使用。

（2）竣工验收资料的准备。竣工验收资料和文件是建设工程项目竣工验收的重要依据，从施工开始就应完整地积累和保管，竣工验收时应进行编目建档。

（3）竣工验收的预验收。竣工验收的预验收是初步鉴定工程质量，避免竣工进程拖延，保证建设工程项目顺利投产使用不可缺少的工作。

2. 建设工程项目的竣工验收

（1）建设、勘察、设计、施工、监理单位分别汇报工程合同履约情况和在工程建设各个环节执行法律、法规和工程建设强制性标准的情况。

1）施工单位介绍工程施工情况、自检情况以及竣工情况，出示竣工资料（竣工图和各项原始资料及记录）；

2）监理工程师通报工程监理中的主要内容，发表竣工验收的意见；

3）业主根据在竣工项目目测中发现的问题，按照合同规定对施工单位提出限期处理的意见。

（2）审阅建设、勘察、设计、施工、监理单位的工程档案资料（竣工验收资料）。

（3）检查工程实体的工程质量。

（4）对建设工程项目的使用功能进行抽查、试验。应按不同门类的建设工程项目的相关要求分别进行抽查、试验，以使建设工程项目能够满足相关使用或生产功能的要求。

（5）对竣工验收情况进行汇总讨论，并听取工程质量监督机构对建设工程项目的工程质量监督情况的总结。

（6）对工程勘察、设计、施工、设备安装质量和各管理环节等方面作出全面评价，最终形成建设工程项目竣工验收意见。形成统一的竣工验收意见后，由监理工程师宣布建设工程项目竣工验收的结果，工程质量监督机构人员宣布建设工程项目质量等级。填写《建设工程竣工验收备案表》和《建设工程竣工验收报告》，工程项目竣工验收委员会或竣工验收组人员应分别签字、建设单位加盖公章。

（7）办理竣工验收签证书，竣工验收签证书必须有三方的签字方可生效。

（8）当在验收过程中发现严重问题，达不到竣工验收标准时，工程项目竣工验收委员会或竣工验收组应责成责任单位立即整改，并宣布本次验收无效，重新确定时间组织竣工验收。

（9）当在竣工验收过程中发现一般需整改质量问题，工程项目竣工验收委员会或竣工验收组可形成初步竣工验收意见，填写有关表格，各有关人员签字，但建设单位不加盖公章。工程项目竣工验收委员会或竣工验收组责成有关责任单位整改，可委托建设单位项目负责人组织复查，整改完毕符合要求后，加盖建设单位公章。

（10）当工程项目竣工验收委员会或竣工验收组各方不能形成一致的竣工验收意见时，应当协商提出解决办法，待意见一致后，重新组织工程竣工验收。当协商不成时，应上报建设行政主管部门或工程质量监督机构进行协调裁决。

（四）建设工程项目竣工验收的质量核定

建设工程项目竣工验收的质量核定是政府对竣工工程进行质量监督的一种带有法律性的手段，是竣工验收交付使用必须办理的手续。质量核定的范围包括新建、扩建、改建的工业与民用建筑，设备安装工程，市政工程等。

1. 申报竣工质量核定的工程条件

（1）必须符合国家或地区规定的竣工条件和合同规定的内容。委托工程监理的工程，必须提供监理单位对工程质量进行监理的有关资料。

（2）必须具备各方签证确认的验收记录。对验收各方提出的质量问题，施工单位进行返修的，应具备建设单位和监理单位的复验记录。

（3）提供满足相关规定要求且齐全有效的施工技术资料。

（4）保证竣工质量核定所需的水、电供应及其他必备的条件。

2. 核定的方法和步骤

（1）单位工程完成之后，施工单位应按照国家检验评定标准的规定进行自验，符合有关规范、设计文件和合同要求的质量标准后，提交建设单位。

（2）建设单位组织设计、监理、施工等单位，对工程质量评出等级，并向有关的工程质量监督机构提出申报竣工工程质量核定。

（3）工程质量监督机构在受理了竣工工程质量核定后，按照国家的《工程质量检验评定标准》进行核定，经核定合格或优良的工程，发给《合格证书》，并说明其相应的质量等级。工程交付使用后，如工程质量出现永久性缺陷等严重问题，工程质量监督机构将收回《合格证书》，并予以公布。

（4）经工程质量监督机构核定不合格的单位工程，不发给《合格证书》，不准投入使用，责任单位在规定期限返修后，再重新进行申报、核定。

（5）在核定中，如施工单位资料不能说明结构安全或不能保证使用功能的，由施工单位委托法定监测单位进行监测，并由工程质量监督机构对隐瞒事故者进行依法处理。

五、建设工程项目竣工验收后的相关工作

（一）建设工程项目竣工时间的认定

建设工程项目竣工日期为承包人送交竣工验收报告的日期，需要修改后才能达到竣工要求的，应为承包人修理、改建后提请发包人验收的日期。

1. 竣工日期的确定

建设工程项目竣工日期的确定依据：

（1）合同约定竣工日期；

（2）实际竣工日期。

如实际竣工日期超过约定竣工日期，承包人应承担违约责任；如实际竣工日期先于约定竣工日期，承包商可以根据约定获得奖励。

建设工程项目竣工验收通过，承包人送交竣工验收报告的日期为实际竣工日期。

建设工程项目按发包人要求修改后通过竣工验收的，承包人修改后提请发包人验收的日期为实际竣工日期。

2. 建设工程项目竣工日期的争议及解决方法

（1）由于建设单位和施工单位对工程质量是否符合合同约定产生争议而导致对竣工日期的争议。质量有争议的需权威部门进行鉴定。鉴定结果是合格的，应以提交竣工验收报告之日为实际竣工日期。

（2）由于发包人拖延竣工验收而产生的对实际竣工日期的争议。发包人应在收到竣工验收报告后 28 天内组织有关单位验收，并在验收后 14 天内给予认可或提出修改意见。

承包人已提交竣工验收报告，发包人拖延验收的，以承包人提交验收报告之日为竣工日期。

（3）由于发包人擅自使用工程而产生的对实际竣工验收日期的争议。建设工程未经竣工验收，发包人擅自使用的，以转移占有建设工程之日为竣工日期。

（二）建设工程项目竣工验收后的管理

（1）发包人收到竣工验收报告后 28 天内组织有关部门验收，并在验收后 14 天内给予批准或提出修改意见。承包人应当按照发包人提出的修改意见进行修理或者改建，并承担由其自身原因造成修理、改建的费用。

（2）由于承包人原因，工程质量达不到约定的质量标准，承包人承担违约责任。因特殊原因，发包人要求部分单位工程或者工程部位需甩项竣工时，双方另行签订甩项竣工协议，明确各方责任和工程价款的支付办法。建设工程未经验收或验收不合格，不得交付使用。发包人强行使用的，由此发生的质量问题及其他问题，由发包人承担责任。

（三）建设工程项目竣工验收后的相关工作

1. 工程质量监督机构报送建设工程质量监督报告

工程竣工验收后 5 日内，工程质量监督机构应向委托的政府有关部门报送建设工程质量监督报告。

建设工程质量监督报告的内容包括：

（1）对地基基础和主体结构质量检查的结论。

（2）建设工程项目的实体质量是否存在严重缺陷。

（3）建设工程项目竣工验收的程序和内容是否符合有关规定。

（4）建设工程项目工程质量的检验评定是否符合国家验收标准。

（5）历次抽查发现的质量问题及处理情况。

（6）对需要实施行政处罚的，报告委托的政府部门进行行政处罚。

2. 建设单位办理工程竣工验收备案

建设单位应当自工程竣工验收合格之日起 15 日内，向工程所在地的县级以上地方人民政府建设行政主管部门（以下简称备案机关）备案。

建设单位办理工程竣工验收备案应当提交下列文件：

（1）工程竣工验收备案表。

（2）工程竣工验收报告。

（3）法律、行政法规规定应当由规划、环保等部门出具的认可文件或者准许使用文件。

（4）法律规定应当由公安消防部门出具的对大型的人员密集场所和其他特殊建设工程验收合格的证明文件。

（5）施工单位签署的工程质量保修书。

（6）法规、规章规定必须提供的其他文件。

备案机关发现建设单位在竣工验收过程中有违反国家有关建设工程质量管理规定行为的，应当在收讫竣工验收备案文件 15 日内，责令停止使用，重新组织竣工验收。

3. 建设单位整理并编制工程竣工验收报告

工程竣工验收合格后，建设单位应当及时整理并编制工程竣工验收报告。工程竣工验收报告主要包括工程概况，建设单位执行基本建设程序情况，对工程勘察、设计、施工、监理等方面的评价，工程竣工验收时间、程序、内容和组织形式，工程竣工验收意见等内容。

工程竣工验收报告还应附有下列文件：

（1）施工许可证。

（2）施工图设计文件审查意见。

（3）施工单位在工程完工后对工程质量进行了检查，确认工程质量符合有关法律、法规和工程建设强制性标准，符合设计文件及合同的要求，并提出工程竣工报告。工程竣工报告应经项目经理和施工单位有关负责人审核签字。

（4）对于委托监理的工程项目，监理单位对工程进行了质量评估，具有完整的监理资料，并提出工程质量评估报告。工程质量评估报告应经总监理工程师和监理单位有关负责人审核签字。

（5）勘察、设计单位对勘察、设计文件及施工过程中由设计单位签署的设计变更通知书进行了检查，并提出质量检查报告。质量检查报告应经该项目勘察、设计负责人和勘察、设计单位有关负责人审核签字。

（6）法律、行政法规规定应当由规划、环保等部门出具的认可文件或者准许使用文件。

（7）法律规定应当由公安消防部门出具的对大型的人员密集场所和其他特殊建设工程验收合格的证明文件。

（8）验收组人员签署的工程竣工验收意见。

（9）市政基础设施工程应附有质量检测和功能性试验资料。

（10）施工单位签署的工程质量保修书。

（11）法规、规章规定的其他有关文件。

4. 建设单位向城建档案馆移交建设工程项目档案

建设单位应当严格按照国家有关档案管理的规定，及时收集、整理建设工程项目各个环节的文件资料，建立、健全建设工程项目档案，并在建设工程项目竣工验收后六个月内，及时向城建档案馆移交一套完整的符合规定要求的建设工程项目档案原件。

建设工程项目档案一般包括以下文件材料：

（1）立项依据审批文件。

（2）建设用地、征地、拆迁文件。

（3）勘察、测绘、设计文件。

（4）招标投标文件。

（5）项目开工审批文件。

（6）监理文件。

（7）施工技术文件。

（8）竣工图和竣工验收文件。

凡建设工程项目档案不全的，应当限期补充。

停建、缓建建设工程项目的档案，暂由建设单位保管。

撤销单位的建设工程项目档案，应当向上级主管机关或者城建档案馆移交。

对改建、扩建和重要部位维修工程，建设单位应当组织设计、施工单位据实修改、补充和完善原建设工程项目档案。凡结构和平面布置等改变的，应当重新编制建设工程项目档案，并在建设工程项目竣工后三个月内向城建档案馆移交。

第二节 竣 工 结 算

一、建设工程项目竣工结算的概念

（1）建设工程项目竣工结算是指建设工程项目的承包人全部完成合同约定的工程项目的施工任务并通过交工或者竣工验收后，其提交的建设工程项目竣工结算书经发包人或者由发包人委托的建设工程造价咨询人审核通过并经发包人、承包人与监理人三方签证后，送交经办银行或者工程造价审核部门审核并签证确认，最终由经办银行办理拨付工程价款手续的工程造价结算过程。

（2）建设工程项目竣工结算书是指由承包人按照合同约定的内容全部完成其承包的建设工程项目，经验收工程质量合格并符合合同约定要求后，在原合同价款的基础上，将有增减变化的相关内容（含索赔费用与现场签证费用），按照招标文件、投标文件、合同约定的调整方法与有关法律、法规的相关规定，对原合同价款进行相应的调整，编制确定建设工程项目的实际工程造价，并以此作为向发包人进行最终工程价款结算依据的工程造价文件。

建设工程项目竣工结算书由承包人编制，报送发包人审核，经双方协商一致后共同办理建设工程项目最终工程价款的结算手续。

二、建设工程项目竣工结算的编制

（一）工程竣工结算的方式

工程竣工结算分为单位工程竣工结算、单项工程竣工结算和建设项目竣工总结算。

（二）工程竣工结算的编制人

工程竣工结算可由承包人自行编制。

如果承包人不具有编制工程竣工结算的能力，可由承包人委托具有相应资质的工程造价咨询人代为编制。

（三）工程竣工结算的编制依据

工程完工并验收合格后，双方应按照约定的合同价款及合同价款调整内容以及索赔事项，进行工程竣工结算。工程价款结算应按合同的约定办理，合同未作约定或约定不明的，发、承包双方应依照有关规定与文件协商处理。

（1）国家有关法律、法规和规章制度。

（2）《建设工程工程量清单计价规范》（GB50500-2008）。

（3）国家或者省、自治区、直辖市建设行政主管部门发布的工程造价计价标准、计价办法等有关规定。

（4）建设工程项目的合同及其相关的补充协议。

（5）工程竣工图纸及资料。

（6）双方确认的工程量。

（7）双方确认追加（减）的工程价款。

（8）双方确认的索赔、变更签证、现场签证事项及价款。

（9）投标文件。

（10）招标文件。

（11）经发、承包人认可的其他有效文件。

（四）工程竣工结算的程序

建设工程竣工验收合格后，应当按照下列规定进行竣工结算：

（1）承包方应当在工程竣工验收合格后的约定期限内提交竣工结算文件。

（2）发包方应当在收到竣工结算文件后的约定期限内予以答复。逾期未答复的，竣工结算文件视为已被认可。

（3）发包方对竣工结算文件有异议的，应当在答复期内向承包方提出，并可以在提出之日起的约定期限内与承包方协商。

（4）发包方在协商期内未与承包方协商或者经协商未能与承包方达成协议的，应当委托工程造价咨询单位进行竣工结算审核。

（5）发包方应当在协商期满后的约定期限内向承包方提出工程造价咨询单位出具的竣工结算审核意见。

发承包双方在合同中对上述事项的期限没有明确约定的，可认为其约定期限均为28日。

（五）工程竣工结算的编制内容

（1）整理并编制建设工程项目的竣工资料：包括工程竣工图、工程款支付申请（核准）表、费用索赔申请（核准）表、现场签证表等资料。

（2）工程竣工结算的编制说明：包括各类材料与设备的清单与单价、工程费用调整的内容和调整原因、执行的定额文件、相关费用标准、材差调整依据、国家或者省、自治区、直辖市建设行政主管部门发布的相关费用调整文件等。

（3）编制工程竣工结算总价汇总表。

（4）编制分部分项工程综合单价分析表。

（5）编制确定分部分项工程费。

（6）编制确定措施项目费。

（7）编制确定其他项目费：包括计日工费用、暂列金额费用、总承包服务费、索赔费用、现场签证费用等。

（8）编制确定规费与税金。

（六）工程竣工结算的编制原则及编制方法

1. 编制工程竣工结算时分部分项工程费的计价原则

（1）工程量应依据发、承包双方确认的工程量计算。

（2）综合单价应依据合同约定的单价计算；如发生了调整的，以发、承包双方确认调整后的综合单价计算。

2. 编制工程竣工结算时措施项目费的计价原则

（1）采用综合单价计价的措施项目，应依据发、承包双方确认的工程量和综合单价计算。

（2）采用"项"计价的措施项目，应依据合同约定的措施项目和金额或发、承包双方确认调整后的措施项目费金额计算。

（3）措施项目费中的安全文明施工费应按照国家或省级、行业建设主管部门的规定计算。施工过程中，国家或省级、行业建设主管部门对安全文明施工费进行调整的，措施项目费中的安全文明施工费应作相应调整。

3. 编制工程竣工结算时其他项目费的计价原则

（1）计日工的费用应按发包人实际签证确认的数量和合同约定的相应项目综合单价计算。

（2）若暂估价中的材料是招标采购的，其材料单价按中标价在综合单价中调整。若暂估价中规定材料为非招标采购的，其单价按发、承包双方最终确认的材料单价在综合单价中调整。

若暂估价中的专业工程是招标分包的，其专业工程分包费应按中标价计算。若暂估价中的专业工程为非招标分包的，其专业工程分包费应按发、承包双方与分包人最终结算确认的金额计算。

（3）总承包服务费应依据合同约定的金额计算，发、承包双方依据合同约定对总承包服务费进行调整的，应按调整后的金额计算。

（4）索赔事件产生的费用在办理竣工结算时应在其他项目费中反映。索赔费用的金额应依据发、承包双方确认的索赔事项和金额计算。

（5）现场签证发生的费用在办理竣工结算时应在其他项目费中反映。现场签证费用金额依据发、承包双方签证确认的金额计算。

（6）合同价款中的暂列金额在用于各项价款调整、索赔与现场签证后，若有余额，则余额归发包人，若出现差额，则由发包人补足并反映在相应项目的工程价款中。

4. 编制工程竣工结算时规费和税金的计价原则

工程竣工结算中的规费和税金应按照国家或省级、行业建设主管部门对规费和税金的规定计取标准进行计算。

（七）工程竣工结算计价单的填写格式及要求

1. 竣工结算总说明包括的内容

（1）工程概况：建设规模、工程特征、计划工期、合同工期、实际工期、施工现场及变化情况、施工组织设计的特点、自然地理条件、环境保护要求等。

（2）编制与计价依据等。

（3）工程变更。

（4）工程价款调整。

（5）索赔。

（6）其他有关内容的说明等。

2. 其他项目费计价表的填写要求

（1）编制竣工结算时，使用其他项目费计价表时可取消暂估价。

（2）按照其他项目费计价表的注示：为了计取规费等的使用，可在表中增设其中："直接费"、"人工费"或"人工费＋机械费"，由于各省、自治区、直辖市以及行业建设主管部门对规费计取基础的不同设置，可灵活处理。

（3）暂列金额尽管包含在投标总价中（所以也将包含在中标人的合同总价中），但并不属于承包人所有和支配，是否属于承包人所有受合同约定的开支程序的制约。在合同的履行过程中，应按照暂列项目的实际实施情况决定该项目的最终价款。

（4）索赔与现场签证计价汇总表是对发、承包双方签证认可的费用索赔申请（核准）表和现场签证表的汇总。

1）费用索赔申请（核准）表将费用索赔申请与核准设置于一个表。使用费用索赔申请（核准）表时，承包人应按合同条款的约定，阐述原因，附上索赔证据、费用计算方法并上报发包人，经监理工程师复核（按照发包人的授权不论是监理工程师或发包人现场代表均可），经造价工程师（此处造价工程师可以是发包人现场管理人员，也可以是发包人委托的工程造价咨询人的人员）复核具体费用，经发包人审核后生效，该表以在选择栏中"□"内作标识"√"表示。

2）现场签证表是对计日工的具体化。由于建设工程项目招标时，招标人对计日工项目的预估可能会有遗漏，致使在实际工程施工发生后，被遗漏的项目无相应的计日工单价，此时现场签证只能将被遗漏项目的有关单价一并处理，使有的现场签证项目价款的确定易于操作。

在编制工程竣工结算过程中，对现场签证表的汇总，有计日工单价的，可归并于计日工；无计日工单价的，可归并于现场签证，以示区别。当然，现场签证全部汇总于计日工也是一种可行的处理方式。

三、建设工程项目竣工结算的审核

（一）建设工程项目竣工结算审核的概念及相关规定

1. 建设工程项目竣工结算审核的概念

建设工程项目竣工结算审核是指建设工程项目的发包人或者发包人委托的工程造价咨询人对承包人提交的工程竣工结算书依据招标文件、投标文件、合同约定的调整方法与有关法律、法规的相关规定，根据有关现场签证资料与索赔资料及其相关的批复、原合同价款、结算工程项目增减变化的相关内容，本着公平、公正的原则进行审查和相应的调整，从而最终编制确定建设工程项目的工程竣工结算价款，并以此作为建设工程项目竣工结算价款支付依据的工程经济活动。

经过审核的建设工程项目竣工结算文件经发包方与承包方确认后生效，即应当作为建设工程项目竣工结算价款支付和进行建设工程项目竣工决算的依据。

发、承包双方签字确认后，表示工程竣工结算完成，禁止发包人又要求承包人与另一或多个工程造价咨询人重复核对竣工结算。

2. 建设工程项目竣工结算审核人

建设工程项目竣工结算书可由发包人自行审核。

如果发包人不具有审核竣工结算的能力，可由发包人委托具有相应资质的工程造价咨询人代为审核。

3. 建设工程项目竣工结算审核的相关规定

（1）单位工程竣工结算由承包人编制，发包人审查；实行总承包的工程，由具体承包人编制，在总包人审查的基础上，发包人审查。

（2）单项工程竣工结算或建设项目竣工总结算由总承包人编制，发包人可直接进行审查，也可以委托具有相应资质的工程造价咨询人进行审查。政府投资项目，由同级财政部门审查。单项工程竣工结算或建设项目竣工总结算经发、承包人双方签字盖章后生效。

（3）承包人应在合同约定期限内完成项目竣工结算编制工作，未在规定期限内完成的并且提不出正当理由延期的，责任自负。

4. 建设工程项目竣工结算审核的期限规定

承包人应在合同约定时间内编制完成竣工结算书，并在提交竣工验收报告的同时递交给发包人。

（1）建设工程合同明确约定竣工结算审核完成并予以答复时间的。发包人在收到承包人递交的竣工结算书后，应按合同约定时间进行核对。

竣工结算的核对时间：按发、承包双方合同约定的时间完成并予以答复。

合同约定或相关规范规定的结算核对时间含发包人委托工程造价咨询人核对的时间。

（2）建设工程合同对竣工结算审核完成并予以答复时间没有约定或者约定不明确的。合同中对竣工结算审核完成并予以答复的时间没有约定或约定不明的，应根据财政部、建设部印发的《建设工程价款结算暂行办法》中规定时间进行核对并提出核对意见，发包人竣工结算审核、答复的期限详见表7-1。

表7-1   发包人竣工结算审核、答复的期限

序号	工程竣工结算书金额	核对时间
1	500 万元以下	从接到竣工结算书之日起 20 天
2	500 万~2000 万元	从接到竣工结算书之日起 30 天
3	2000 万~5000 万元	从接到竣工结算书之日起 45 天
4	5000 万元以上	从接到竣工结算书之日起 60 天

建设项目竣工总结算在最后一个单项工程竣工结算核对确认后 15 天内汇总，送发包人后 30 天内核对完成。

（3）几点说明。

1）最高人民法院《关于审理建设工程施工合同纠纷案件适用法律问题的解释》中明确：当事人合同中约定，发包人收到竣工结算文件后，在约定期限内不予答复，视为认可竣工结算文件的，按照约定处理。承包人请求按照竣工结算文件结算工程价款的，应予支持。

2）承包人无正当理由在约定时间内未递交竣工结算书，造成工程结算价款延期支付的，责任由承包人承担。承包人如未在规定时间内提供完整的工程竣工结算资料，经发包人催促后 14 天内仍未提供或没有明确答复，发包人有权根据已有资料进行审查，责任由承包人自负。

3）发包人或受其委托的工程造价咨询人收到承包人递交的竣工结算报告及完整的结算资料后，在法律、法规规定或合同约定期限内，不核对竣工结算或未提出核对意见的，视为承包人递交的竣工结算书已经认可，发包人应按承包人递交的竣工结算金额向承包人支付工程结算价款。

4）承包人在接到发包人提出的核对意见后，在合同约定时间内，不确认也未提出异议的，视为发包人提出的核对意见已经认可，竣工结算手续办理完毕；发包人按核对意见中的竣工结算金额向承包人支付结算价款。

5）发包人应对承包人递交的竣工结算书签收，拒不签收的，承包人可以不交付竣工工程。承包人未在合同约定时间内递交竣工结算书的，发包人要求交付竣工工程，承包人应当交付。

6）竣工结算办理完毕，发包人应将竣工结算书报送工程所在地工程造价管理机构备案。竣工结算书作为工程竣工验收备案、交付使用的必备文件。

（二）建设工程项目竣工结算审核的内容

（1）审核工程施工合同的相关条款。建设工程合同是明确合同当事人彼此之间权利与义务关系的法律文件，合同的约定内容及签订方式将影响建设工程项目竣工结算的编制与审核。为此，在进行建设工程项目竣工结算审核时，必须弄清楚合同中对工程造价编制的内容及编制方法的约定、有关工程量与工程价款调整方法及要求的约定、相关费用计取方法及要求的约定、主材价格的约定及承包人承诺的优惠条件等条款内容，以明确建设工程项目竣工结算审核过程中的审核重点。只有在建设工程项目的全部工程内容已按合同约定完成并竣工验收合格的情况下，建设工程项目才能进行竣工结算，其竣工结算文件才具备了进行审核的条件与资格。

（2）检查隐蔽验收记录。对隐蔽工程验收记录审核的主要内容是隐蔽工程是否符合设计及质量要求，其中设计要求中包含了工程造价的成分达到或符合设计要求，也就达到或符合设计要求的造价。因此，作好隐蔽工程验收记录是进行工程结算的前提。建设工程项目中的所有隐蔽工程必须进行验收并签证，由监理工程师进行签证确认。进行建设工程项目竣工结算的审核时，应审查隐蔽工程的施工记录、验收签证及其确认资料，核对其施工内容是否达到合同约定内容及施工图的要求，审核其相关手续是否完整，核对其工程量与建设工程项目的竣工图是否一致等内容，只有在其达到合同约定条款及施工图的要求后，才能将其列入竣工结算审核的范围。

（3）落实设计变更签证。设计变更应由原设计单位根据工程的实际情况和需要出具工程设计变更通知单和设计变更图纸，设计及相关审核人员应签字并加盖公章，经建设单位和监理工程师审查通过并签字确认后，方可作为变更项目施工和进行工程竣工结算的依据。对于重大的设计变更必须向原审批部门审批并获得批准，否则不得列入竣工结算。

（4）核实结算工程数量。施工工程量主要在以下方面反映：施工图（或竣工图）、隐蔽工程验收记录、设计变更通知单、施工现场签证单等工程结算资料。分析结算资料中有无重复签证项目、与现场勘察项目是否对应，是否存在结算资料中有而现场没有的虚有项目等。对施工图工程量的审核最重要的是熟悉工程量的计算规则。

（5）核实结算单价。结算单价是编制工程竣工结算和进行工程竣工结算审核的依据。在工程竣工结算审核的过程中，应根据合同的约定或者招标文件中规定的计价方法及要求进行审核。合同中约定单价的则应执行合同单价；合同约定或者招标文件中规定采用定额计价，则应按照规定的相应定额及其计价方法确定有关项目的单价；合同约定或者招标文件中规定采用工程量清单计价，则应按照投标文件中相应项目的综合单价，根据国家有关法律、法规和规章制度、《计价规范》、国家或者省、市、自治区建设行政主管部门发布的工程造价计价标准、计价办法等有关规定以及承包人投标时的优惠条件等确定工程项目的结算单价。

（6）核实现场签证与索赔签证。施工现场签证单是施工工程量是否按设计、变更等完工最终的确认。认真分析施工现场签证单，避免同一项目多次计算。对签证工程量及设计变更通知书应根据现场实际情况核实，做到实事求是，合理计量。审核时应作好实地调查研究，审核其合理性和有效性，不能见有签证即给予计量，杜绝和防范不实际的开支。

索赔签证的项目及其费用为合同外的追加内容。在进行工程竣工结算审核时，应对有关的费用索赔申请（核准）表和现场签证单进行审核，审核有关项目的合理性、工程量及其费用的准确性，以确保工程竣工结算审核的公平与公正。

（7）核实各项相关费用的计取情况。在进行工程竣工结算审核时，应根据合同的约定及承包人在投标文件中的优惠条件，按照根据国家有关法律、法规和规章制度、《计价规范》、国家或者省、市、自治区建设行政主管部门发布的工程造价计价标准、计价办法等有关规定审核有关费用的费率、价格指数等是否准确，审核有关费用的计费基数、计费方法与计费程序是否合理；审核价差及其他有关费用的调整是否符合合同约定和国家法律、法规的规定。

（8）核实有关补充协议及经发、承包人认可的其他有效文件。审核有关补充协议及经发、承包人认可的其他有效文件的合法性与有效性。

（9）核对新增项目。有些变更项目表面看起来是新增的项目，实际上在投标文件中已经包含，这样的项目应不予计量。

四、建设工程项目竣工结算价款的结算

（一）工程竣工结算价款的概念

1. 竣工结算价款

竣工结算价款是指在承包人完成合同约定的全部工程承包内容，发包人依法组织竣工验收，并验收合格后，由发、承包双方根据国家有关法律、法规和《计价规范》的相关规定，按照合同约定的工程造价确定条款即合同价、合同价款调整内容以及索赔和现场签证等事项确定的最终工程造价。

在实际工程中，当年开工、当年竣工的工程，只需办理一次性结算。跨年度的工程，在年终办理一次年终结算，将未完工程转到下一年度，此时竣工结算等于各年度结算的总和。为此，建设工程项目竣工结算价款的计算公式可为：

工程竣工结算价款＝预算（或者概算）或者合同价款＋施工过程中相关价款的调整数额－预付或者已结算的工程价款－保修金

2. 建设工程价款结算的方式

建设工程价款结算可以根据不同情况采取多种方式：

（1）按月结算。即实行旬末或月中预支，月终结算，竣工后清算的办法。跨年度施工的工程，在年终进行工程盘点，办理年度结算。此种结算方式一般是以分部分项工程为对象。在实际中，按月结算方式是最常用的一种结算方式。

（2）竣工后一次结算。建设项目或单项工程全部建筑安装工程建设期在 12 个月以内，或者工程承包合同价值在 100 万元以下的，可以实行工程价款每月月中预支，竣工后一次结算。此种结算方式一般适用于规模较小、工期较短（12 个月以内）的项目。

（3）分段结算。即当年开工，当年不能竣工的单项工程或单位工程按照工程形象进度划分不同阶段进行结算。分段的划分标准，由各行业部门或省、自治区、直辖市、计划单位规定，分段结算可以按月预支工程款。

（4）目标结算。即将合同中的工程内容分解为若干个单元，完成并验收一个单元，就支付该单元的工程价款。

（5）结算双方约定并经开户建设银行同意的其他结算方式。实行竣工后一次结算和分段结算的工程，当年结算的工程款应与年度完成工作量一致，年终不另清算。

（二）工程竣工结算价款的结算

工程完工后，双方应按照约定的合同价款及合同价款调整内容以及索赔事项，进行工程竣工结算。

1. 工程竣工结算价款的结算

发包人收到承包人递交的竣工结算报告及完整的结算资料后，应按有关法律、法规的规定的期限（合同约定有期限的，从其约定）进行核实，给予确认或者提出修改意见。发包人根据确认的竣工结算报告在合同约定的时间内将拨款通知送经办银行支付工程款，并将副本送承包人，向承包人支付工程竣工结算价款，保留 5％左右的质量保证（保修）金，待工程交付使用至约定的质保期到期后清算，质保期内如有返修，发生费用应在质量保证（保修）金内扣除。

2. 索赔价款结算

发、承包人未能按合同约定履行自己的各项义务或发生错误，给另一方造成经济损失的，由受损方按合同约定提出索赔，索赔金额按合同约定支付。

3. 合同以外零星项目工程价款结算

发包人要求承包人完成合同以外零星项目，承包人应在接受发包人要求的 7 天内就用工数量和单价、机械台班数量和单价、使用材料和金额等向发包人提出施工签证，发包人签证后施工，如发包人未签证，承包人施工后发生争议的，责任由承包人自负。

4. 建设项目质量保修金的扣除

按照规定，在工程的总造价中应预留出一定比例的尾留款作为质量保修费用，该部分费用称为建设项目质量保修金。质量保修金一般应在结算过程中扣除，在工程质量保修期结束时拨付。

有关质量保修金的扣除，通常有两种扣除方式：

质量保修金的计取比例通常为建设项目合同价款的 5％左右，质量保修金也可以是以建设项目的最终造价为计算基数，具体的计算基数和计取比例以合同中当事人的约定为准。

下面以合同约定质量保修金为合同价款的 5％为例进行说明。

（1）先办理正常结算，直至累计结算工程进度款达到合同价款的 95％时，停止支付，剩余的结算价款作为建设项目质量保修金。

（2）先扣除，扣完为止，即从第一次办理工程进度款支付时就按照双方在合同中约定的计算基数和计取比例扣除质量保修金，直至所扣除的累计金额已达到合同约定质量保修金的金额为止（质量保修金为合同价款的 5％）。

5. 工程进度款结算（中间结算）

承包人在建设工程项目的建设过程中，应按逐月完成的分部分项工程量计算各项费用，在月末提出工程价款结算账单和已完工程月报表，向发包人办理中间结算，收取当月的工程价款。当工程价款拨付累计额达到该建设项目工程造价的 95％～97％时，应停止支付，作为尾款和保修期用，在办理建设工程项目的竣工结算时一并清算。

（1）工程进度款的结算方式。

1）按月结算与支付。即实行按月支付进度款，竣工后清算的办法。合同工期在两个年度以上的工程，在年终进行工程盘点，办理年度结算。

2）分段结算与支付。即当年开工、当年不能竣工的工程按照工程形象进度，划分不同阶段支付工程进度款。具体阶段的划分应在合同中给以明确。

（2）工程量计算。

1）承包人应当按照合同约定的方法和时间，向发包人提交已完工程量的报告。发包人接到报告后14天内核实已完工程量，并在核实前1天通知承包人，承包人应提供条件并派人参加核实，承包人收到通知后不参加核实，以发包人核实的工程量作为工程价款支付的依据。发包人不按约定时间通知承包人，致使承包人未能参加核实，核实结果无效。

2）发包人收到承包人报告后14天内未核实已完工程量，从第15天起，承包人报告的工程量即视为被确认，作为工程价款支付的依据，双方合同另有约定的，按合同执行。

3）对承包人超出设计图纸（含设计变更）范围和因承包人原因造成返工的工程量，发包人不予计量。

（3）工程进度款结算（中间结算）的具体步骤。

1）根据每月所完成的工程量按照合同的有关要求和规定计算工程的中间结算价款。

2）计算累计工程款。若累计工程款没有超过起扣点，则根据当月工程量计算出的工程中间结算价款即为该月应支付的工程款；若累计工程款已超过起扣点，则应支付工程中间结算价款的计算公式分别为：

a．累计工程款超过起扣点的当月应支付工程的中间结算价款为：

当月应支付工程的中间结算价款＝当月完成工作量－（截至当月累计工程款－起扣点）×主要材料所占的比重

b．累计工程款超过起扣点的以后各月应支付工程的中间结算价款为：

以后各月应支付工程的中间结算价款＝当月完成的工作量×（1－主要材料所占比重）

3）工程尾款的扣除应根据建设工程项目的具体情况以及合同当事人在合同中约定的条件或要求进行计算。一般有两种扣除方式：①最后一次扣清；②从第一次支付建设工程项目工程价款开始就按月逐步扣除。

（三）建设工程项目竣工结算的备案制度及其管理

1．建设工程项目竣工结算的备案制度

建设工程项目竣工结算办理完毕，发包人应将竣工结算书报送工程所在地工程造价管理机构备案。竣工结算书作为工程竣工验收备案、交付使用的必备文件。工程造价管理机构对建设工程项目竣工结算编制、审核以及工程竣工结算价款支付等工作将按照国家相关法律、法规的有关规定予以监督和检查。

工程竣工结算后，承包人应将工程竣工结算报告及完整的结算资料纳入工程竣工资料，及时归档保存。

2. 建设工程项目竣工结算的管理

（1）国务院财政部门、各级地方政府财政部门和国务院建设行政主管部门、各级地方政府建设行政主管部门在各自职责范围内负责工程价款结算的监督管理。

（2）从事工程价款结算活动，应当遵循合法、平等、诚信的原则，并符合国家有关法律、法规和政策。

（3）在工程计价中，对工程造价计价依据、办法以及相关政策规定发生争议事项的，由工程造价管理机构负责解释。

（4）在合同纠纷案件处理中，需做工程造价鉴定的，应委托具有相应资质的工程造价咨询人进行。

（5）工程竣工后，发、承包双方应及时办清工程竣工结算，否则，工程不得交付使用，有关部门不予办理权属登记。

（6）工程竣工结算以合同工期为准，实际施工工期比合同工期提前或延后，发、承包双方应按合同约定的奖惩办法执行。

（7）工程竣工结算后，承包人应将工程竣工结算报告及完整的结算资料纳入工程竣工资料，及时归档保存。承包人在收到工程款后将竣工的工程交付发包人，发包人应当接收该工程。

（8）发包人与中标的承包人不按照招标文件和中标的承包人的投标文件订立合同的，或者发包人、中标的承包人背离合同实质性内容另行订立协议，造成工程价款结算纠纷的，另行订立的协议无效，由建设行政主管部门责令改正，并按《中华人民共和国招标投标法》第五十九条进行处罚。

（9）建设工程发承包双方应当按照合同约定定期或者按照工程进度分段进行工程款结算。

（10）建设工程施工专业分包或劳务分包，总承包人与分包人必须依法订立专业分包或劳务分包合同，按照《建设工程价款结算暂行办法》的有关规定在合同中约定工程价款及其结算办法。

（11）竣工验收报告已被批准，承包人可以要求发包人办理结算手续，支付工程款。发包人未能按照合同约定的日期对工程进行验收的，应从合同约定的期限的最后一天的次日起承担保管费用。

（四）工程竣工结算价款结算过程中的争议处理

1. 审核结算价款的争议

工程造价咨询机构接受发包人或承包人委托，编审工程竣工结算，应按合同约定和实际履约事项认真办理，出具的竣工结算报告经发、承包双方签字后生效。当事人一方对报告有异议的，可对工程结算中有异议部分，向有关部门申请咨询后协商处理，若不能达成一致的，双方可按合同约定的争议或纠纷解决程序办理。

2. 建设工程项目竣工结算争议的解决

（1）工程承发包双方应严格履行工程承包合同。工程价款结算中的经济纠纷，应协商解决。协商不成的，可向相关主管部门或国家仲裁机关申请裁决或向法院起诉。对产生纠纷的结算款额，在有关方面仲裁或判决以前，建设银行不办理结算手续。

（2）建设工程项目竣工结算争议应根据发、承包双方在建设工程合同中的约定方法进行解决。

发、承包双方发生工程造价合同纠纷时，应通过下列办法解决：

1）双方协商；

2）提请调解，工程造价管理机构负责调解工程造价问题；

3）按合同约定向仲裁机构申请仲裁或向人民法院起诉。

第三节　竣　工　决　算

一、建设工程项目竣工决算的概念及作用

（一）建设工程项目竣工决算的概念

建设工程项目竣工决算是指建设工程项目竣工完成后，建设单位按照国家有关规定核实新建、改建和扩建建设工程项目从筹建到竣工验收、交付使用全过程中实际支付的全部建设费用，并以实物数量和货币指标为计量单位编制综合反映建设工程项目建设过程中的全部建设费用、建设成果和财务运行状况的建设工程项目决算报告的总结性文件。

（二）建设工程项目竣工决算的作用

竣工决算是由建设单位编制的反映建设工程项目实际造价和投资效果的文件。其作用表现在以下几个方面：

（1）建设工程项目竣工决算是综合、全面地反映建设工程竣工项目建设成果及财务情况的总结性文件，它采用货币指标、实物数量、建设工期和各种技术经济指标综合、全面地反映建设工程项目自开始筹建到竣工交付使用为止的全部建设成果和财务运行状况，是总结和完善财务管理工作的重要依据。

（2）建设工程项目竣工决算是核定建设工程竣工项目的新增固定资产与流动资产价值和建设单位办理交付使用资产的依据，也是竣工验收报告的重要组成部分。

（3）建设工程项目竣工决算是建设工程经济效益的全面反映，是分析、检查与考核各项建设资金的使用情况、设计概算的执行情况、建设工程项目的实际造价以及考核投资效果的依据。

（4）通过建设工程项目竣工决算与其概算及竣工结算的对比分析，考核投资控制的工作成效，总结经验教训，积累技术、经济方面的基础资料，提高未来建设工程的投资效益。

（5）建设工程项目竣工决算是整个建设工程的最终价格，是作为建设单位财务部门汇总固定资产的主要依据。

（6）建设工程项目竣工决算界定了建设工程项目经营的基础，为建设工程项目进行后评价提供了依据。

（7）建设工程项目竣工决算全面反映了建设工程竣工项目从开始筹建到竣工交付使用为止的建设工程项目的工程概况。

（8）建设工程项目竣工决算报告作为重要的技术经济文件，是存档的需要，是建设工

程项目竣工验收报告的重要组成部分，也是工程造价积累的基础资料之一。

二、建设工程项目竣工决算与竣工结算之间的关系

建设工程项目竣工决算是以其竣工结算为基础进行编制的。两者之间的区别主要表现在如下几方面：

（1）建设工程项目竣工决算与竣工结算的计费范围不同。建设工程项目竣工结算是指承包人按工程施工图、工程进度、建设工程合同、建设工程监理资料等办理的建设工程价款结算，并依据建设工程合同约定的相关条款，根据建设工程项目实施过程中发生的超出建设工程合同约定范围的工程设计变更、现场签证、索赔签证等情况，对建设工程合同的合同价款进行调整，以确定建设工程项目的最终竣工结算价款。它分为单位工程竣工结算、单项工程竣工结算和建设工程项目竣工结算。建设工程项目竣工结算价款等于合同价款加上建设工程项目实施过程中合同价款调整数额减去预付款以及已结算的工程价款再减去建设工程项目保修金。

建设工程项目竣工决算包括建设工程项目从开始筹建到其竣工交付使用全过程的全部建设费用。建设工程项目竣工决算所反映的建设工程项目建设造价，不仅包括建设工程项目的竣工结算费用，还包括：设备、工具、器具、家具购置费以及建设工程项目建设过程中发生的其他相关费用（包括征地拆迁、勘察设计、建设期贷款利息等）等用于建设工程项目全部实际性支出费用的总和。即建设工程项目竣工决算是按整个建设项目及其整个实施过程进行编制的，它包括技术、经济、财务等方面的有关内容，是在建设工程项目竣工结算的基础上加设备购置费、勘察设计费、征地费、拆迁费、建设期贷款利息、预备费和投资方向调节税等其他费用，以形成最后的固定资产。按照财政部、国家发改委等部委的有关文件规定，建设工程项目竣工决算由建设工程项目竣工决算报告说明书、竣工财务决算报表、建设工程竣工图、工程造价比较分析四部分组成。前两部分又称建设工程项目竣工财务决算，是竣工决算的核心内容。

（2）建设工程项目竣工决算与竣工结算的编制人和审核人不同。单位工程项目竣工结算由承包人编制，发包人审核；实行总承包的建设工程项目，由具体承包人编制，在总承包人审核的基础上，发包人审核。单项工程项目竣工结算或建设工程项目竣工结算由总承包人编制，发包人可直接审核，或者委托具有相应资质的工程造价咨询人进行审核。

建设工程项目竣工决算由建设单位负责组织工程技术、计划、财务、物资、统计等有关人员进行编制，并上报相关的主管部门进行审核，同时抄送有关的设计单位。大中型建设工程项目的竣工决算还应抄送财政部、建设银行总行和省、自治区、直辖市的财政主管部门与建设银行分行各一份。

（3）建设工程项目竣工决算与竣工结算所反映的内容不同。建设工程项目竣工结算是在建设工程项目全部按要求完成并已经竣工验收后编制的，是建设工程项目承包人完成施工项目的施工产值，它最终反映的是建设工程项目的实际工程施工造价。

建设工程项目竣工决算是建设工程项目从开始筹建到其竣工交付使用全过程的全部建设费用。它所反映的是建设工程项目的投资效果与效益。

（4）建设工程项目竣工决算与竣工结算的性质及作用不同。建设工程项目竣工结算是发、承包双方办理建设工程项目最终结算价款结算的依据，是发、承包双方签订建设工程项目承包合同终结协议的凭证，是发包人（建设单位）编制建设工程项目竣工决算的依据。

建设工程项目竣工决算是建设工程项目竣工验收报告的重要组成部分，是正确核算新增固定资产价值、考核分析投资效果、建立健全经济责任制的依据，是发包人（建设单位）办理交付、验收、动用新增各类资产的依据，是反映建设工程项目实际工程造价和投资效果之间关系的文件。

三、建设工程项目竣工决算的组成内容

建设工程项目竣工决算由建设工程项目竣工决算报告说明书、竣工财务决算报表、建设工程竣工图、工程造价比较分析四部分组成。

（一）建设工程项目竣工决算报告说明书

建设工程项目竣工决算报告说明书主要反映竣工工程建设成果和经验，是对竣工决算报表进行分析和补充说明的文件，是全面考核分析工程投资与造价的书面总结，其内容主要包括：

（1）建设工程项目概况及对建设工程项目的总体评价。建设工程项目概况主要介绍建设工程项目的建设规模、占地范围、建筑面积、设备配置情况、建设周期、建设工程总造价、建设工程项目的总投入、建设工程项目竣工运行后的运行状况、建设工程项目的投资效果等方面。

建设工程项目的整体评价应从建设工程项目的工程进度、工程质量、施工安全、工程项目造价等方面进行分析评价。

（2）资金来源及运用等财务分析。主要对建设工程项目的竣工结算价款的结算情况、会计账务的处理情况、财产物资情况及债权债务的清偿情况等进行分析说明。

（3）基本建设收入、投资包干结余、竣工结余资金的上交分配情况分析。通过对基本建设投资包干情况的分析，说明投资包干数、实际支用数和节约额、投资包干的有机构成和包干节余的分配情况。

（4）各项经济技术指标的分析与计算情况。建设工程项目概算的执行情况应根据实际投资的完成额与工程项目的概算数据进行对比分析；新增生产能力的效益分析应在说明支付使用财产占总投资额的比例、占支付使用财产的比例和不增加固定资产的造价占总投资额的比例的基础上分析其有机构成和成果。

（5）建设工程项目实施过程中建设经验以及出现的主要问题和相关建议。应很好地总结建设工程项目的建设经验，分析说明建设工程项目的项目管理工作、财务管理工作以及建设工程项目竣工决算中有待解决的问题（如：投资与方案决策效果、项目管理模式、投资估算与资金使用情况等），并就有关问题提出相关建议。

（6）需要说明的其他事项。分析说明建设工程项目实施过程中出现的遗留问题和需要解决的问题等。

（二）建设工程项目竣工财务决算报表

建设工程项目竣工财务决算报表是用来反映建设工程项目的全部建设资金来源和建设资金占用（支出）情况，是考核和分析投资效果的依据。其采用的是平衡表的形式，即建设资金来源合计等于建设资金占用合计。建设工程项目竣工财务决算报表根据大、中型建

设项目和小型建设项目分别制定。

大、中型建设项目竣工决算报表包括：建设项目竣工财务决算审批表，大、中型建设项目概况表，大、中型建设项目竣工财务决算表，大、中型建设项目交付使用资产总表，建设项目交付使用资产明细表。

小型建设项目竣工财务决算报表包括：建设项目竣工财务决算审批表，竣工财务决算总表，建设项目交付使用资产明细表。

1. 建设项目竣工财务决算审批表

建设项目竣工财务决算审批表作为竣工决算上报有关部门审批时使用，大、中、小型项目均应按照此表（如表7-2所示）填报。

（1）建设性质按照新建、改建、扩建、迁建和恢复建设项目等分类填列。

（2）主管部门为建设单位的主管部门。

表 7 - 2　　　　　　　　　　　　　工程项目竣工财务决算审批表

项目法人（建设单位）		建设性质	
工程项目名称		主管部门	
开户银行意见： <div align=right>盖　章 年　月　日</div>			
专员办（审批）审核意见： <div align=right>盖　章 年　月　日</div>			
主管部门或地方财政部门审批意见： <div align=right>盖　章 年　月　日</div>			

（3）所有建设项目均须经过开户银行签署意见后，按照有关要求进行报批：中央级小型项目由主管部门签署审批意见；中央级大、中型建设项目报所在地财政监察专员办事机构签署意见后，再由主管部门签署意见报财政部审批；地方级项目由同级财政部门签署审批意见。

（4）已具备竣工验收条件的项目，三个月内应及时填报审批表，如三个月内不办理竣工验收和固定资产移交手续的应视同建设项目已正式投产，其费用不得从基本建设投资中支付，所实现的收入作为经营收入，不再作为基本建设收入管理。

2. 大、中型建设项目概况表

大、中型建设项目概况表（如表7-3所示）综合反映了大、中型建设项目的基本概况，内容包括该项目总投资、建设起止时间、新增生产能力、主要材料消耗、建设成本、完成主要工程量和主要技术经济指标及基本建设支出情况，为全面考核和分析投资效果提供依据。大、中型建设项目概况表填写过程中应注意：

（1）建设项目名称、建设地址、主要设计单位和主要施工单位，要按全称填列。

（2）各项目的设计、概算、计划等指标应按照批准的设计文件、概算、计划等确定的数字填列。

（3）新增生产能力、完成主要工程量、主要材料消耗的实际数据应按照建设单位统计资料和施工单位提供的有关成本核算资料填列。

（4）主要技术经济指标（包括单位面积造价、单位生产能力投资、单位投资增加的生产能力、单位生产成本和投资回收年限等反映投资效果的综合性指标）应根据概算和主管部门规定的内容分别按概算和实际投资填列。

（5）基建支出是指建设项目从开工起至竣工为止发生的全部基本建设支出，包括形成资产价值的交付使用资产，应根据财政部门历年批准的"基建投资表"中的有关数据填列。

表7-3   大、中型建设项目概况表

建设项目（单项工程）名称			建设地址			项目	概算（元）	实际（元）	备注
主要设计单位			主要施工企业			建筑安装工程			
占地面积（m²）	设计	实际	总投资（万元）	设计	实际	设备、工具、器具			
						待摊投资			
新增生产能力	能力（效益）名称		设计	实际		其中：建设单位管理费			
						其他投资			
建设起止时间	设计		自 年 月 日至 年 月 日			待核销基建支出			
	实际		自 年 月 日至 年 月 日			非经营性项目转出投资			
设计概算批准文号						合计			
完成主要工程量	建设规模					设备（台、套、t）			
	设计		实际			设计		实际	
收尾工程	工程项目内容		已完成投资额			尚需投资额		完成时间	
	小计								

按照财政部关于《基本建设财务管理若十规定》的通知，需要注意以下几点：

1）建筑安装工程投资支出、设备工器具投资支出、待摊投资支出和其他投资支出构成建设项目的建设成本。

2）待核销基建支出是指非经营性项目发生的江河清障、补助群众造林、水土保持、城市绿化、建设项目可行性研究费、项目报废等不能形成资产部分的投资。对于能够形成资产部分的投资，应计入交付使用资产价值。

3）非经营性项目转出投资支出是指非经营项目为项目配套的专用设施投资，包括专用道路、专用通信设施、送变电站、地下管道等，其产权不属于本单位的投资支出，对于产权归属本单位的，应计入交付使用资产价值。

（6）初步设计和概算批准日期和文号应按最后经批准的日期和文件号填列。

（7）收尾工程是指全部工程项目验收后尚遗留的少量收尾工程，填表时应明确收尾工程内容、完成时间，这部分工程的实际成本可根据实际情况进行估算并加以说明，完工后不再编制竣工决算。

3. 大、中型建设项目竣工财务决算表

大、中型建设项目竣工财务决算表反映了竣工的大、中型建设项目从开工到竣工为止全部资金来源和资金运用情况，它是考核和分析投资效果，落实结余资金，并作为报告上级核销基本建设支出和基本建设拨款的依据。此表采用平衡表形式，即资金来源合计等于资金支出合计（表7-4）。具体编制方法如下所述。

（1）资金来源包括基建拨款、项目资本金、项目资本公积金、基建借款、上级拨入投资借款、企业债券资金、待冲基建支出、应付款和未交款以及上级拨入资金和企业留成收入等。

1）项目资本金是指经营性项目投资者按国家有关项目资本金的规定，筹集并投入项目的非负债资金，在项目竣工后，相应转为生产经营企业的国家资本金、法人资本金、个人资本金和外商资本金。

2）项目资本公积金是指经营性项目对投资者实际缴付的出资额超过其资金的差额（包括发行股票的溢价净收入）、资产评估确认价值或者合同、协议约定价值与原账面净值的差额、接收捐赠的财产、资本汇率折算差额，在项目建设期间作为资本公积金、项目建成交付使用并办理竣工决算后，转为生产经营企业的资本公积金。

表7-4　　　　　　　　　　　大、中型建设项目竣工财务决算表

资金来源	金额（元）	资金占用	金额（元）
一、基建拨款		一、基本建设支出	
1. 预算拨款		1. 交付使用资产	
2. 基建基金拨款		2. 在建工程	
其中：国债专项资金拨款		3. 待核销基建支出	
3. 专项建设基金拨款		4. 非经营项目转出投资	
4. 进口设备转账拨款		二、应收生产单位投资借款	
5. 器材转账拨款		三、拨付所属投资借款	
6. 煤代油专用基金拨款		四、器材	
7. 自筹资金拨款		其中：待处理器材损失	
8. 其他拨款		五、货币资金	
二、项目资本		六、预付及应收款	
1. 国家资本		七、有价证券	
2. 法人资本		八、固定资产	
3. 个人资本		固定资产原价	
4. 外商资本		减：累计折旧	
三、项目资本公积		固定资产净值	

资金来源	金额（元）	资金占用	金额（元）
四、基建借款		固定资产清理	
其中：国债转贷		待处理固定资产损失	
五、上级拨入投资借款			
六、企业债券资金			
七、待冲基建支出			
八、应付款			
九、未交款			
1. 未交税金			
2. 其他未交款			
十、上级拨入资金			
十一、留成收入			
合　　计		合　　计	

注　1. 基建投资借款期末余额；

　　2. 应收生产单位投资借款期末数；

　　3. 基建结余资金。

3）基建收入是基建过程中形成的各项工程建设副产品变价净收入、负荷试车的试运行收入以及其他收入，在表中基建收入以实际销售收入扣除销售过程中所发生的费用和税后的实际纯收入填写。

（2）"交付使用资产"、"预算拨款"、"自筹资金拨款"、"其他拨款"、"项目资本"、"基建投资借款"、"其他借款"等项目是指自开工建设至竣工止的累计数，上述有关指标应根据历年批复的年度基本建设财务决算和竣工年度的基本建设财务决算中资金平衡表相应项目的数字进行汇总填写。

（3）其余项目费用办理竣工验收时的结余数，根据竣工年度财务决算中资金平衡表的有关项目期末数填写。

（4）资金支出反映建设项目从开工准备到竣工全过程资金支出的情况，内容包括基建支出、应收生产单位投资借款、库存器材、货币资金、有价证券和预付及应收款以及拨付所属投资借款和库存固定资产等，资金支出总额应等于资金来源总额。

（5）补充材料的"基建投资借款期末余额"反映竣工时尚未偿还的基本投资借款额，应根据竣工年度资金平衡表内的"基建投资借款"项目期末数填写；"应收生产单位投资借款期末数"，根据竣工年度资金平衡表内的"应收生产单位投资借款"项目的期末数填写；"基建结余资金"反映竣工的结余资金，根据竣工决算表中有关项目计算填写。

（6）基建结余资金可以按下列公式计算：

基建结余资金＝基建拨款＋项目资本＋项目资本公积金＋基建投资借款＋企业债券基金＋待冲基建支出－基本建设支出－应收生产单位投资借款

4. 大、中型建设项目交付使用资产总表

大、中型建设项目交付使用资产总表反映了建设项目建成后新增固定资产、流动资产、无形资产和递延资产价值的情况和价值，作为财产交接、检查投资计划完成情况和分析投资效果的依据。小型项目不编制"交付使用资产总表"，直接编制"交付使用资产明细表"；大、中型项目在编制"交付使用资产总表"的同时，还需编制"交付使用资产明细表"（如表7-5所示）。大、中型建设项目交付使用资产总表具体编制方法如下所述：

（1）表中各栏目数据根据"交付使用明细表"的固定资产、流动资产、无形资产、递延资产的各相应项目的汇总数分别填写，表中总计栏和总计数应与竣工财务决算表中的交付使用资产的金额一致。

（2）表中各栏的合计数，应分别与竣工财务决算表交付使用的固定资产、流动资产、无形资产、递延资产的数据相符。

表 7-5　　　　　　　　　　大、中型建设项目交付使用资产总表　　　　　　　　　单位：元

序号	单项工程项目名称	总计	固定资产				流动资产	无形资产	递延资产
			合　计	建安工程	设备	其他			

交付单位：　　　　　　　负责人：　　　　　　　接收单位：　　　　　　　负责人：

盖　章：　　　　年　月　日　　　　盖　章：　　　　年　月　日

5. 建设项目交付使用资产明细表

建设项目交付使用资产明细表反映了交付使用的固定资产、流动资产、无形资产和递延资产及其价值的明细情况，是办理资产交接的依据和接收单位登记资产账目的凭证，是使用单位建立资产明细账和登记新增资产价值的依据。大、中型和小型建设项目均需编制此表。编制时要做到：齐全完整，数字准确，各栏目价值应与会计账目中相应科目的数据保持一致（如表7-6所示）。建设项目交付使用资产明细表具体编制方法是：

（1）表中"建筑工程"项目应按单项工程名称填列其结构、面积和价值。其中"结构"是指项目按钢结构、钢筋混凝土结构、混合结构等结构形式填写；面积则按各项目实际完成面积填列；价值按交付使用资产的实际价值填写。

表 7-6　　　　　　　　　　基本建设项目交付使用资产明细表

单项工程名称	建筑工程			设备、工具、器具、家具						流动资产		无形资产		递延资产	
	结构	面积 (m²)	价值 (元)	名称	规格型号	单位	数量	价值 (元)	设备安装费（完）	名称	价值 (元)	名称	价值 (元)	名称	价值 (元)

交付单位：　　　　　　　　　　　　　　接收单位：

盖　章：　　年　月　日　　　　　　盖　章：　　年　月　日

（2）表中"固定资产"部分要在逐项盘点后，根据盘点实际情况填写，工具、器具和家具等低值易耗品可分类填写。

（3）表中"流动资产"、"无形资产"、"递延资产"项目应根据建设单位实际交付的名称和价值分别填列。

6. 小型建设项目竣工财务决算总表

由于小型建设项目内容比较简单，因此可将工程概况与财务情况合并编制一张"竣工财务决算总表"，该表主要反映小型建设项目的全部工程和财务情况（如表 7-7 所示）。具体编制时可参照大、中型建设项目概况表指标和大、中型建设项目竣工财务决算表指标进行填写。

（三）建设工程竣工图

建设工程竣工图是真实地记录各种地上地下建筑物、构筑物等情况的技术文件，是工程进行交工验收、维护改建和扩建的依据，是国家的重要技术档案。国家相关法律、法规规定：各项新建、扩建、改建的建设工程项目如房屋、铁路、公路、机场、港口、桥梁、矿井、水库、电站、通信设施及其相关的线路、管道、设备安装工程等，特别是其中关系到建设工程项目结构安全的隐蔽工程项目必须绘制其工程竣工图，以作为其维护、保养和进行维修的依据。隐蔽工程项目的竣工图必须在隐蔽工程验收合格并签证确认的情况下进行绘制，其检查、验收资料及其记录必须完整齐备。建设工程项目竣工图应满足的具体要求如下：

（1）凡按图竣工没有变动的，由施工单位在原施工图上加盖"竣工图"标志后，即作为竣工图。

（2）凡在施工过程中，虽有一般性设计变更，但能将原施工图加以修改补充作为竣工图的，可不重新绘制，应由施工单位负责在原施工图（必须是新蓝图）上注明修改的部分，并附以设计变更通知单和施工说明，加盖"竣工图"标志后，作为竣工图。

表 7-7　　　　　　　　　　小型建设项目竣工财务决算总表

建设项目名称			建设地址			资金来源			资金运用		
设计概算批准文号						项目		金额（元）	项目		金额（元）
						一、基建拨款 其中：预算拨款			交付使用资产		
占地面积	计划	实际	总投资（元）	计划	实际				待核销基建支出		
	固定资产	流动资产		固定资产	流动资产	二、项目资本			非经营项目转出投资		
						三、项目资本公积金					
新增生产能力	能力（效益）名称	设计	实际			四、基建借款			应收生产单位投资借款		
						五、上级拨入借款			拨付所属投资借款		
建设起止时间	计划	从　年　月开工 至　年　月竣工				六、企业债券资金			器材		
	实际	从　年　月开工 至　年　月竣工				七、待冲基建支出			货币资金		

续表

项目	概算 (元)	实际 (元)	八、应付款		预付及应收款	
建设 工程 项目 支出	建筑安装工程			九、未付款 其中：未交基建收入 　　　未交包干收入		有价证券	
	设备、工具、器具						
	待摊投资					原有固定资产	
	其中：建设单位管理费			十、上级拨入资金			
	其他投资			十一、留成收入			
	待摊销基建支出			待摊销基建支出			
	非经营性项目转出投资						
	合计			合计		合计	

（3）凡结构形式改变、施工工艺改变、平面布置改变、项目改变以及有其他重大改变，不宜再在原施工图上修改、补充时，应重新绘制改变后的竣工图。施工单位负责在新图上加盖"竣工图"标志，并附以有关记录和说明，作为竣工图。

（4）为了满足竣工验收和竣工决算的需要，还应绘制反映竣工工程全部内容的工程设计平面示意图。

（四）工程造价比较分析

建设工程项目竣工决算报告中必须对控制建设工程项目总造价所采取的措施、效果及其动态的变化进行认真地比较分析。批准的概算是考核建设工程项目总造价的依据。在分析时，可先对比整个建设工程项目的总概算，此后对比各个单项工程的综合概算和其他建设工程费用概算，最后对比其中各个单位工程的概算。将建设工程项目的建筑与安装工程费、设备工器具费和其他建设工程费用逐一与建设工程项目竣工决算表中所提供的实际数据和相关资料及批准的概算、预算指标、实际的工程造价分别进行对比分析，找出节约或者超支的内容和原因，提出相应的改进措施。在实际工作中，应主要分析以下内容：

（1）主要实物工程量。在工程造价的比较分析过程中，应重点分析建设工程项目的实物工程量。应先分析建设工程项目的建设规模、结构形式、建设标准是否遵循了设计文件的相关规定，设计变更部分是否符合有关规定，对建设工程项目的造价有何影响。对实物工程量出入较大的工程项目，必须查明其工程量发生变化的原因；对设计变更项目的工程量及现场签证项目的工程量应进行核实、分析和比较，以确保其真实、合理。

（2）主要材料消耗量。在建设工程项目的投资中，其工程材料的费用所占的比例都较大，其费用合理如否，将直接影响建设工程项目的总造价。在比较分析建设工程项目的总造价时必须分析和考核建设工程项目所用材料的费用，而影响材料费用的主要原因是建设工程项目建设过程中各种材料的消耗量，应将分析主要材料的消耗量作为分析比较建设工程项目总造价的重点。为此，分析考核工程中主要材料的消耗量时，应将工程中各种主要材料的实际用量与建设工程项目的概算指标进行比较，查出超出建设工程项目概算指标的主要材料及其所发生的具体环节，通过分析查出这些主要材料超出建设工程项目概算指标的原因并确定其具体的解决方法。

（3）考核建设单位管理费以及建筑与安装工程的措施项目费、其他项目费、规费和税金、管理费与利润的取费标准。

将建设工程项目竣工决算报告中所列的建设单位管理费与建设工程项目概算（预算）中的建设单位管理费控制额进行比较分析，确定其节约或者超支的数额，进一步查明其原因并找出具体的解决办法。

建筑与安装工程的措施项目费、其他项目费、规费和税金、管理费与利润应根据国家有关法律、法规和规章制度、《计价规范》、国家或者省、自治区、直辖市建设行政主管部门发布的工程造价计价标准、计价办法等有关规定以及建设工程合同及其相关的补充协议的相关约定确定其计费费率、计费基数和具体的计费方法。

四、建设工程项目竣工决算的编制

（一）建设工程项目竣工决算的编制依据

（1）经批准的可行性研究报告及其投资估算书。

（2）经批准的初步设计或扩大初步设计、概算或修正总概算及其批复文件（批准的开工报告文件）。

（3）经批准的施工图设计及其施工图预算书。

（4）设计交底或图纸会审会议纪要。

（5）建设工程项目的招投标文件、工程承包合同、投资包干合同、竣工结算及其审核文件和与有关单位签定的重要经济合同（或协议）等有关文件。

（6）设计变更记录、施工记录或施工签证单及其他施工发生的费用记录。

（7）工程质量鉴定、检验等有关文件，工程监理等有关资料。

（8）竣工图、各种竣工验收资料等有关技术经济文件，最终竣工结算价款支付、中期支付等有关支付的资料。

（9）有关资金的筹集、借贷、使用等方面的资料。

（10）历年基建资料、基本建设投资计划、财务决算及批复文件。

（11）设备、材料价格及其他相关费用调价依据和调价记录。

（12）有关财务核算制度、办法和其他有关资料、文件等。

（13）国家或者地方建设行政主管部门颁布的有关建设工程项目竣工决算的文件。

（14）有关建设项目副产品、简易投产、试生产等产生基本建设收入的财务资料。

（15）其他有关的重要文件。

（二）竣工决算的编制步骤

（1）收集、整理和分析有关依据资料。收集、整理和分析有关的技术资料、建设工程项目竣工结算的经济资料、工程施工图和有关的技术说明、设计变更资料、现场签证资料及有关的索赔签证资料等，分析其完整性、准确性和合理性。

（2）清理各项财务、债务和结余物资。收集、整理和分析建设工程项目从开始筹建到竣工验收交付使用全过程中全部费用的各项财务、债权、债务的清理情况，做到工程完毕账目清晰，在核对财务账目的同时还应清点库存实物的数量，做到账目与实物相等、账目与账目相符，对建设工程项目建设过程中结余的材料、工器具和设备应逐项清点核实，妥善保管，并按有关规定及时进行处理，收回资金。对建设工程项目建设过程中的各种往来款项应及时进行全面清理，为顺利而准确地编制建设工程项目竣工决算提供可靠的数据和结果。

（3）填写竣工决算报表。按照规定表格的格式和内容结合建设工程项目建设过程中相关内容进行填写。

（4）编制建设工程竣工决算说明。按照规定的组成内容和编制格式进行编制。

（5）做好工程造价对比分析。按照有关规定对建设工程项目建设过程中影响建设工程项目总造价的有关因素进行对比分析。

（6）整理、装订好竣工图。以便于将工程竣工图与其他有关材料一起很好地进行存档、备案。

（7）上报上级主管部门进行审批与存档。以利于建设工程项目投资的控制，避免造成国有资产的大量流失，及时办理固定资产移交手续，加强固定资产的管理。

五、新增资产价值的确定

（一）新增资产价值的分类

按照新的财务制度和企业会计准则，新增资产按资产性质可分为固定资产、流动资产、无形资产、递延资产和其他资产等五大类。

1. 固定资产

固定资产是指使用期限超过一年，单位价值在规定标准（如 1000 元、1500 元或 2000元）以上，并且在使用过程中保持原有实物形态的资产。如建筑物、机械设备等。不同时具备以上两个条件的资产为低值易耗品，应列入流动资产范围，如单位自身使用的家具等。

2. 流动资产

流动资产是指可以在一年或者超过一年的营业周期内变现或者耗用的资产。流动资产按资产的占用形态可分为现金、存货、银行存款、短期投资、应收账款及预付账款。其中，存货是指单位的库存材料、在产品、产成品或者商品等。

3. 无形资产

无形资产是指特定主体所控制的，不具有实物形态，对生产经营长期发挥作用且能带来经济利益的资源。如专利权、非专利技术、生产许可证、特许经营权、租赁权、土地使用权、矿产资源勘探权和采矿权、商标权、版权、计算机软件及商誉等。

4. 递延资产

递延资产是指不能全部计入当年损益，应当在以后年度分期摊销的各种费用，包括开办费、经营租赁租入固定资产改良支出、固定资产大修理支出等。

5. 其他资产

其他资产是指现场临建设施以及具有专门用途，但不参加生产经营的经国家批准的特种物资，如银行冻结存款和冻结物资、涉及诉讼的财产等。

（二）新增资产价值的确定

1. 新增固定资产价值的确定

新增固定资产（交付使用的固定资产）是指投资项目竣工投产或者使用后所增加的固定资产，是以价值形态表示的固定资产投资的最终成果的综合性指标。主要包括如下内容：已经竣工投产或者使用的建筑安装工程施工造价；达到固定资产规定标准的相关设备、工具、器具的有关购置费用；增加固定资产价值的其他费用，如建设项目可行性研究及环境评价费用、土地征用及拆迁补偿费、勘察与设计费用、建设单位管理费、报废工程项目损失费、建设项目施工单位流动施工补偿费、建设项目竣工投产或者使用联合试运行费用等。

新增固定资产价值的确定是以独立发挥生产能力的单项工程为对象的。单项工程建成经有关部门验收鉴定合格，正式移交生产或使用，即应计算新增固定资产价值。一次交付生产或使用的工程一次计算新增固定资产价值，分期分批交付生产或使用的工程，应分期分批计算新增固定资产价值。

在计算新增固定资产价值时应注意以下几种情况：

(1) 对于为了提高产品质量、改善劳动条件、节约材料消耗、保护环境而建设的附属辅助工程，只要全部建成，正式验收交付使用后就要计入新增固定资产价值。

(2) 对于单项工程中不构成生产系统，但能独立发挥效益的非生产性项目，如住宅、托儿所、生活服务网点等，在建成并交付使用后，也要计算新增固定资产价值。

(3) 凡购置达到固定资产标准不需安装的设备、工具、器具，应在交付使用后计入新增固定资产价值。

(4) 属于新增固定资产价值的其他投资，应随同受益工程交付使用的同时一并计入。

(5) 交付使用财产的成本，应按下列内容计算：

1) 房屋、管道等固定资产的成本包括：建筑、安装工程成本和应分摊的待摊投资。

2) 动力设备和生产设备等固定资产的成本包括：需要安装设备的采购成本、安装工程成本、设备基础支柱等建筑工程成本、应分摊的待摊投资等。

3) 运输设备及其他不需要安装的设备、工具、器具、家具等固定资产一般仅计算采购成本，不计分摊的"待摊投资"。

4) 共同费用的分摊：当新增固定资产的其他费用属于整个建设项目或两个以上单项工程的，在计算新增固定资产价值时，应在各单项工程中按比例分摊。通常，建设单位管理费按建筑工程、安装工程、需安装设备价值总额按比例分摊，而土地征用费、勘察设计费等费用则按建筑工程造价分摊。

【例 7-1】 某工业建设项目及其总装车间的建筑工程费、安装工程费、需要安装设备的费用以及应摊入费用详见表 7-8 所示，试计算总装车间新增固定资产价值。

解：应分摊的建设单位管理费用＝(1000＋280＋520)/(4000＋800＋1200)×80＝24(万元)

表 7-8　　　　　　　　　　　　　　**分 摊 费 用 计 算 表**　　　　　　　　　　　单位：万元

项目名称	建设工程费	安装工程费	需安装设备费用	建设单位管理费用	土地征用费用	勘察设计费用
建设单位竣工决算	4000	800	1200	80	540	80
总装车间竣工决算	1000	280	520			

应分摊的土地征用费＝(1000/4000)×540＝130(万元)

应分摊的勘察设计费＝(1000/4000)×80＝20(万元)

总装车间新增固定资产价值＝(1000＋280＋520)＋(24＋130＋20)

＝1800＋174＝1974(万元)

【例 7 -2】 某建设项目及其主要生产车间的有关费用见表 7 - 9，试计算该车间新增固定资产价值。

解：(1)应分摊的土地征用费＝(250/1000)×50＝12.5(万元)

(2)该车间新增固定资产价值＝(250＋100＋280)＋12.5＝630＋12.5＝642.5(万元)

表 7 - 9   **分 摊 费 用 计 算 表**   单位：万元

项目名称	建筑工程费	安装工程费	需安装设备价值	土地征用费
建设项目竣工决算	1000	450	600	50
生产车间竣工决算	250	100	280	

2. 新增流动资产价值的确定

流动资产是指可以在一年内或者超过一年的一个营业周期内变现或者运用的资产。包括货币资金、应收及预付款项、短期投资（包括股票、债券、基金）、存货（企业的库存材料、在产品、产成品等）。

3. 新增无形资产价值的确定

(1) 新增无形资产的计价原则。

1) 新增无形资产具有的特征：①没有实物形态，必须依赖于一定的实体存在；②它是企业特有的专权，具有排他性；③能服务于企业多个经营周期；④能为企业带来相当的经济利益，但经济利益的大小及分布具有不确定性；⑤企业要取得无形资产必须付出一定代价。

2) 新增无形资产计价应遵循的原则：①按其取得时的实际成本入账；②确实是为取得无形资产而发生的支出；③已确认能为企业带来较大经济收益；④投资者作为资本金或者合作条件投入的无形资产，按照评估确认或者合同、协议约定的金额计价；⑤购入的无形资产，按照实际支付的价款（买价和购买过程中发生的相关费用）计价；⑥企业自创并依法申请取得的，按开发过程中的实际支出计价；自行研制开发无形资产，应对研究开发费用进行准确归集，凡在发生时已作为研究开发费直接扣除的，该项无形资产使用时，不得再分期摊销；⑦企业接受捐赠的无形资产，按照发票账单所持金额或者同类无形资产市价计价。无形资产计入账后，应在其有效使用期内分期摊销，即企业为无形资产支出的费用应在无形资产的有效期内得到及时补偿；⑧购买计算机硬件所附带的软件，未单独计价的，应并入计算机硬件作为固定资产管理；单独计价的软件，应作为无形资产管理。

(2) 新增无形资产的计价方法。

1) 专利权的计价。专利权是指专利发明人经过专利申请获得批准，从而获得法律保护的对某一产品的设计、造型、配方、结构、制造工艺或程序等拥有的专有权利。在有效期限内，发明者享有专利的独占权。

专利权分为自创和外购两类。自创专利权的价值为开发过程中的实际支出，主要包括专利的研制成本和交易成本。研制成本包括其直接成本和间接成本，直接成本是指研制过程中直接投入发生的费用（如材料费、工资费用、培训费、差旅费等）；间接成本是指与研制开发有关的费用（如管理费、非专用设备折旧费、应分摊的公共费用、能源费用等）。交易成本是指在交易过程中的费用支出（技术服务费、交易过程中的差旅费、管理费、手续费和税金等）。由于专利权是具有独立性并能带来超额利润的生产要素，为此，专利权转让价格不按成本估价，而是按其所能带来的超额收益计价。

2）非专利技术的计价。非专利技术是指未经专利权申请，没有对社会公开，而只是由企业自己研制开发，并采取严格保密措施的专门技术、工艺规程、经验和产品设计等。非专利技术不受法律保护，没有法律的有效年限，只有经济有效年限。

非专利技术具有使用价值和价值，使用价值是非专利技术本身所具有的，非专利技术的价值在于非专利技术的使用所能产生的超额获利能力，应在研究其直接和间接的获利能力的基础上，准确计算出其价值。对于外购非专利技术，应由法定评估机构确认后再进行估价，其方法往往通过对能产生的收益采用收益法进行估价。如果非专利技术是自创的，一般不作为无形资产入账，自创过程中发生的费用，按当期费用处理。

3）商标权的计价。商标权是指商标所有者将某类指定的产品或商品使用特定的名称或图案即商标，商标注册登记后，取得的受法律保护并享有独家使用的权利。

如果商标权是自创的不般不作为无形资产入账，而将商标设计、制作、注册、广告宣传等发生的费用直接作为销售费用计入当期损益；只有当企业购入或转让商标时，才需要对商标权进行计价；商标权的计价一般根据被许可方新增的收益确定。

4）土地使用权的计价。土地使用权是指某一企业按照法律规定所取得的在一定时期对国有土地进行开发、利用和经营的权利。企业可以依照法定程序取得土地使用权，或将已取得的土地使用权依法转让。

土地使用权的计价按照土地使用权的取得方式不同，可分为以下几种方式：①当建设单位向土地管理部门申请土地使用权并为之支付一笔出让金时，土地使用权作为无形资产核算；②如建设单位获得土地使用权是通过行政划拨的，这时土地使用权就不能作为无形资产核算；③在将土地使用权有偿转让、出租、抵押、作价入股和投资，按规定补交土地出让价款时，才作为无形资产核算。

5）商誉的计价。商誉是指包括企业经营中具有的超过一般经营水平和获利能力的优越性。商誉相异于其他无形资产之处在于：商誉只有依附于企业才能加以表现，不能单独存在；商誉价值只有在把企业作为一个整体看待时才能按总额加以确定；商誉只有企业合并时才在会计账面上表现出来。

（3）无形资产摊销的账务处理。

1）无形资产摊销期限的确认原则。无形资产计价入账后，无形资产应当采取直线法摊销即应在其有效使用期内分期摊销。无形资产的成本，应自取得当月起在预计使用年限（其有效使用期）内分期平均摊销。

无形资产的摊销年限一经确定，就不得随便更改，根据现行制度，无形资产摊销期限的确认原则为：法律和合同以及企业申请书分别规定有法定有效期限和受益年限的，按照规定的有效期限和受益年限孰短的原则确定；法律没有规定有效年限，而企业合同或者合同申请书中有规定受益年限的，按规定的受益年限确定；法律或合同以及企业申请书均未规定有效期限或者受益年限的，按照不少于 10 年的期限确定。

2）无形资产摊销方法。无形资产一般采用分期等额摊销法进行摊销。

某项无形资产年摊销额＝该项无形资产实际支出数/有效年份

月摊销额＝年摊销额/12

3）无形资产摊销的账务处理。以月实际摊销额进行账务处理：

借：管理费用——无形资产摊销

　　贷：无形资产——××

【例 7-3】　某工程竣工验收后，经计算其中的单位开办费为 100 万元，土地使用费为 200 万元，购入的软件费为 50 万元，自创的专有技术费为 30 万元，则在确定新增资产价值时应计入的无形资产价值是多少？

解：由前述内容可知：

（1）专利权的计价。专利权分为自创和外购两类。自创专利权的价值为开发过程中的实际支出，主要包括专利的研制成本和交易成本。专利权转让价格不按成本估价，而是按其所能带来的超额收益计价；

（2）非专利技术是自创的，一般不作为无形资产入账，自创过程中发生的费用，按当期费用处理；对于外购非专利技术，应由法定评估机构确认后再进行估价，其方法往往通过对能产生的收益采用收益法进行估价；

（3）如果商标权是自创的一般不作为无形资产入账，而将商标设计、制作、注册、广告宣传等发生的费用直接作为销售费用计入当期损益；只有当企业购入或转让商标时，才需要对商标权计价；商标权的计价一般根据被许可方新增的收益确定；

（4）土地使用权的计价按照土地使用权的取得方式不同，可分为以下几种方式：当建设单位向土地管理部门申请土地使用权并为之支付一笔出让金时，土地使用权作为无形资产核算；如建设单位获得土地使用权是通过行政划拨的，这时土地使用权就不能作为无形资产核算；在将土地使用权有偿转让、出租、抵押、作价入股和投资，按规定补交土地出让价款时，才作为无形资产核算。

题目中自创的专有技术部分作为无形资产看待，要将它与专利技术区分开。因此，依据以上规定，应计入的无形资产价值＝200＋50＝250 万元。

4. 新增递延资产和其他资产价值的确定

（1）递延资产价值的确定。

1）开办费是指在筹集期间发生的费用，不能计入固定资产或无形资产价值的费用，主要包括筹建期间人员工资、办公费、员工培训费、差旅费、印刷费、注册登记费以及不计入固定资产和无形资产购建成本的汇兑损益、利息支出等。根据现行财务制度规定，企业筹建期间发生的费用，应于开始生产经营起一次计入开始生产经营当期的损益。企业筹建期间开办费的价值可按其账面价值确定。

2）固定资产大修理费用，是指为固定资产局部更新或配件置换而发生的一切费用。

3）租入固定资产的改良支出，是指为了能增加租入固定资产的效用或延长其使用寿命，而对其进行改装、翻修、改建等的支出。此项费用的计价，应在租赁有限期限内摊入制造费用或管理费用。

4）递延资产核算的基本账户。递延资产核算的基本账户是"递延资产"，其下设的明细账户有："开办费支出"、"固定资产大修理支出"、"租入固定资产改良支出"、"其他待摊支出"。该账户借方登记发生的开办费等多项支出，贷方登记已摊销递延资产的金额；余额在借方，表示期末尚未摊销递延资产的余额。

（2）其他长期资产价值的确定。其他长期资产是指除流动资产、长期投资、固定资产、无形资产和递延资产以外的长期资产。具体包括特种储备物质、冻结存款、冻结物质、涉及诉讼中的财产等。

其他资产由于不参与生产经营活动，不需要进行摊销，如果发生，设置相应科目核算即可，期末余额可在资产负债表中单列。对于特准储备物资等，按实际入账价值核算。

第四节　工程保修费用的处理

一、建设工程保修的概念与意义

（一）建设工程保修与建设工程质量保修制度

1. 建设工程质量保修

建设工程质量保修是指建设工程项目竣工验收后在国家法律、法规规定或者工程承包合同中约定的保修期限内，因勘察、设计、施工、材料等原因造成的质量缺陷（或者质量问题），应由工程施工单位按照国家法律、法规的相关规定或者工程承包合同中的约定予以维修、返工或更换，由责任单位负责赔偿损失的法律行为。

质量缺陷是指工程不符合国家或行业现行的有关技术标准、设计文件以及合同中对质量的要求等。

2. 建设工程质量保修制度

建设工程质量保修制度是指建设工程在办理竣工验收手续后，在国家法律、法规规定或者工程承包合同中约定的保修期限内，因勘察、设计、施工、材料等原因造成的质量缺陷，应当由工程施工单位按照国家法律、法规的相关规定或者工程承包合同中的约定予以维修、返工或更换，由责任单位负责赔偿损失的法律制度。

建设工程实行质量保修制度是《中华人民共和国建筑法》中确立的一项基本法律制度，是国家维护建设工程使用者合法权益的一项重要措施。

（二）实行建设工程保修制度的现实意义

（1）建设工程质量保修制度的实行明确了工程施工单位对其施工的建设工程项目的质量负有保修的责任。

（2）建设工程质量保修制度的实行明确了建设工程项目施工单位不依法履行保修义务或者拖延履行保修义务应承担的法律责任。

（3）建设工程质量保修制度的实行明确了因建设工程质量不合格而给他人造成财产损失或者人身伤害时有关责任方应当依法承担赔偿的责任。

（4）建设工程质量保修制度的实行有利于维护使用者的合法权益。

（5）建设工程质量保修制度的实行明确了建设工程质量的保修范围、保修期限和保修责任。

（6）建设工程实行质量保修制度是落实建设工程质量责任制的重要措施。建设工程质量保修制度的实行明确了建设工程项目竣工验收以后，建设单位、勘察设计单位、施工企业以及材料与设备供应等单位对工程质量保修应付的质量责任和经济责任。

（7）建设工程质量保修制度的实行有利于保证建设工程项目在其合理使用年限内能够正常使用。

（8）建设工程质量保修制度的实行有利于确保建设工程项目在使用阶段能够安全使用，充分发挥其使用功能。

（9）建设工程质量保修制度的实行有利于合同当事人严格并全面地履行合同。

（10）建设工程质量保修制度的实行有利于促使施工单位加大投入并不断提高自己的技术水平、管理水平和机械设备的装备水平。

（11）建设工程质量保修制度的实行有利于促进建设工程项目的施工单位加强质量管理，对保护使用者的合法权益可起到重要的保障作用。

二、建设工程保修的内容与保修期限

（一）建设工程质量保修书

《建设工程质量保修书》是一种保修合同，是工程承包合同所约定双方权利义务的延续，是建设工程项目的施工单位对竣工验收的建设工程项目承担保修责任的法律文本。它是发承包双方就建设工程项目工程质量的保修范围、保修期限和保修责任等设立彼此之间权利与义务的一种协议，是建设工程项目承包单位就工程质量对发包单位作出的保修承诺。

工程保修书的内容包括：保修项目内容及范围；保修期；保修责任、保修金的数额或者计算方法、保修金的具体返还时间以及保修费用的处理方法等内容。

建设工程质量保修书的实施是建设工程质量责任完善的体现。在社会主义市场经济体制下，如果建设工程项目没有保修约定，对建设单位有失公平，是不符合权利义务对等的市场经济准则的。建设工程项目的承包单位在竣工验收时，向建设单位出具工程质量保修书，是落实竣工后质量责任的有效措施，也是建设工程项目进行竣工验收的必备条件之一。

施工单位在《建设工程质量保修书》中对建设单位合理使用工程应有提示。因建设单位或用户使用不当或擅自改动结构、设备位置或不当装修和使用等造成的质量问题，施工单位不承担保修责任；因此而造成的房屋质量受损或其他用户损失，由责任人承担相应责任。

（二）建设工程保修的内容与范围

建设工程项目的保修内容和范围应当包括：地基基础工程、主体结构工程、屋面防水工程和其他工程，以及电气管线、上下水管线的安装工程，供热、供冷系统工程等项目。

此保修内容与范围是建设工程项目质量保修的最低标准要求，如有质量保修项目的增项或者其他特殊要求，则应由发包方与承包方经过协商达成一致意见后，在工程承包合同中给以明确。

（三）建设工程保修的期限

在正常使用条件下，建设工程的最低保修期限为：

（1）基础设施工程、房屋建筑的地基基础工程和主体结构工程，为设计文件规定的该工程的合理使用年限。

（2）屋面防水工程、有防水要求的卫生间、房间和外墙面的防渗漏，为5年。

（3）供热与供冷系统，为2个采暖期、供冷期。

（4）电气管线、给排水管道、设备安装和装修工程，为2年。

《建设工程质量管理条例》中规定的工程质量保修期为最低保修期限要求，建设工程项目的施工单位对其施工的建设工程的质量保修期不能低于这一期限，国家鼓励建设工程项目的施工单位提高其施工工程的质量保修期限。

（四）建设工程保修期限的确定原则

1. 保证建设工程项目合理使用年限内正常使用

建设工程项目的合理使用年限是指其设计基准期。对危及建设工程项目在合理使用年限内安全使用的质量缺陷，建设工程项目的施工单位应当负责保修。

2. 维护使用者的合法权益

建设工程项目是以高额投资取得的长期使用的特殊产品，建设工程项目的保修期限，应当与建设工程项目产品的特点相适应，不能过短。否则，使用者以高额投资取得的建设工程项目产品在短期内即出现质量问题而无人负责，将严重损害使用者的合法利益。

（五）工程质量保修期的起始日

保修期的起始日是建设工程项目竣工验收合格之日。建设工程的保修期，自竣工验收合格之日起计算。

竣工验收合格之日的确定，是指建设单位收到建设工程项目竣工报告后，组织设计、施工、工程监理等有关单位进行竣工验收，验收合格并各方签收竣工验收之文本的日期。

对于建设行政主管部门或者其他有关部门发现建设单位在竣工验收过程中有违反国家有关建设工程质量管理规定行为并责令停止使用、重新组织竣工验收的建设工程项目，其保修期的起始日应为各方都认可的重新组织竣工验收的日期。

（六）工程质量保证金（保修金）及其支付

为了保证保修任务的完成，承包人应当向发包人支付保修金，也可由发包人从应付承包人工程款内预留。质量保修金的比例及金额由双方约定，但不应超过施工合同价款的5%。

待工程交付使用至质保期到期后清算（合同另有约定的，从其约定），即工程的质量保证期满后，发包人应当及时结算和返还（如有剩余）质量保修金。发包人应当在质量保证期满后14天内，将剩余保修金和按约定利率计算的利息返还承包人。质保期内如有返修，发生费用应在质量保证（保修）金内扣除。

三、建设工程保修责任

建设单位与施工单位在签订建设工程承包合同及签署建设工程质量保修书时，应在合同和保修书中明确建设工程质量保修期间双方的责任，建设工程承包单位应向建设单位承诺保修范围、保修期限、有关具体实施保修的有关规定和措施等，以确保双方能够很好地履行各自的义务。

（1）施工单位对施工中出现质量问题的建设工程或者竣工验收不合格的建设工程，应当负责返修。

对于非因施工单位的原因造成建设工程项目质量问题或竣工验收不合格的建设工程项

目，施工单位也应当负责返修，但是造成的损失及返修费用由责任方承担。

（2）在建设工程项目保修范围和保修期限内，当出现工程质量缺陷或者其他与工程质量有关的问题时，建设单位应及时地通知施工单位；施工单位在接到通知后，应及时地给以维修或者进行加固处理，避免因事故的进一步扩大而影响建设工程项目的使用和安全。否则，一切后果均由施工单位承担。

（3）建设工程项目的施工单位应当按照国家法律、法规的规定及建设工程承包合同的约定，全面履行对建设工程质量的保修义务。建设工程项目的施工单位如不按照国家法律、法规的规定和合同的约定履行或者拖延履行建设工程质量保修义务，则应按照国家相关法律、法规的规定依法追究其法律责任。

（4）建设工程项目在超过合理使用年限后需要继续使用的，产权所有人应当委托具有相应资质等级的勘察、设计单位进行鉴定，并根据鉴定结果采取加固、维修等措施，重新界定使用期。

四、建设工程保修费用的处理

1. 建设工程保修费用的处理

根据修理项目的性质、内容以及检查修理等多种因素的实际情况，区别保修责任的承担问题，对于保修的经济责任的确定，应当由有关责任方承担。由建设单位和施工单位共同商定经济处理办法。建设工程在保修范围和保修期限内发生质量问题的，施工单位应当履行保修义务。

保修过程中发生费用的处理方法如下：

（1）施工单位未按国家有关规范、标准、设计施工图和相关技术要求、合同约定内容进行工程施工，造成建设工程项目出现质量缺陷或者竣工验收不合格的，应由施工单位无偿地进行维修或者返工、改建。

（2）由于设计方面的原因造成建设工程项目出现质量缺陷或者竣工验收不合格的，先由施工单位负责维修或者返工、改建，其经济责任按有关规定通过建设单位向设计单位索赔。

（3）因材料、构配件和设备质量不合格造成建设工程项目出现质量缺陷或者竣工验收不合格的，由施工单位负责维修或者返工、改建，其经济责任属于施工单位采购的或经其验收同意的，由施工单位承担经济责任；属于建设单位采购的，由建设单位承担经济责任。

（4）因建设单位（含监理单位）错误管理造成建设工程项目出现质量缺陷或者竣工验收不合格的，先由施工单位负责维修或者返工、改建，其经济责任由建设单位承担，如属监理单位责任，则由建设单位向监理单位索赔。

（5）因使用单位或者使用者使用不当造成损坏而出现质量问题，先由施工单位负责维修，其经济责任由使用单位或者使用者自行负责。

（6）因地震、洪水、台风等不可抗力造成损坏而出现质量问题，可由施工单位负责维修，但设计单位与施工单位均不承担经济责任，由建设单位自行负责处理。

2. 建设工程保修期间的权益维护

对在建设工程项目的保修期限和保修范围内发生质量问题的，应先由建设单位组织勘察、设计、施工等单位分析质量问题的原因，确定保修方案，再由施工单位负责保修。但当问题严重时和紧急时，不管是什么原因造成的，均先由施工单位履行保修义务。对期间发生的费用及造成的损失应根据引起质量问题的原因按责任大小由相关责任人承担不同比例的经济责任。

（1）因保修范围和保修期限内发生的质量问题而对使用单位或者使用者造成的损失，应由建设工程项目的施工单位承担赔偿责任。

保修期内因质量缺陷造成的损失，施工单位应当承担赔偿责任。施工单位应当依其实际损失给予补偿，可以实物赔付，也可以货币支付。

如果质量缺陷是由勘察设计原因、监理原因或者建筑材料构配件和设备等原因造成的，施工单位可以向有关责任单位索赔。

（2）在保修期后的建筑物合理使用寿命内，因建设工程使用功能的质量缺陷造成的工程使用损害，由建设单位负责维修，并承担责任方的赔偿责任。

（3）在建设工程项目的合理使用寿命内，因建设工程质量不合格受到损害的，使用者有权向相关责任者要求赔偿。

第五节　建设项目后评价

一、建设项目前期评价与后评价的比较

（一）建设项目前期评价与后评价的相同点

建设项目的前期评价是指《建设项目的可行性研究报告》、《建设项目的投资评估报告》。

（1）建设项目的前期评价与后评价的评价性质相同，都是对建设项目生命期全过程进行技术、经济的论证；

（2）建设项目的前期评价与后评价的评价目的相同，都是为了提高建设工程项目的投资效益，实现经济、社会和环境效益的统一。

（二）建设项目前期评价与后评价的不同点

建设项目的前期评价与后评价是对同一建设项目在其不同过程或者阶段分别进行的评价，其评价内容前后呼应、相互兼顾，两种评价方法有联系也存在区别，它们在评价的作用、评价的时间选择、使用的评价方法等方面存在较大的差异，具体情况如下所述。

（1）两种评价的评价主体不同。建设项目的前期评价主要是以定量指标为主结合定性分析，重点对建设项目的经济效益和投资回报率进行分析与评价，其作用是直接作为建设项目的投资决策和项目立项的依据。

建设项目的后评价则是结合行政和法律、经济和社会、建设和投产运营或者使用、决策和实施等各方面的内容进行综合评价。它是以建设项目的现有事实为根据，以提高建设项目的经济效益为目的，对建设项目的实施结果进行综合评价，并间接地作用于未来新的建设项目的投资决策，为其提供必需的经济、技术等方面的反馈信息。

（2）两种评价的评价内容不同。建设项目的前期评价主要是对建设项目建设实施的必要性、可行性、合理性及其相应的技术方案和生产建设条件等进行评价，对项目未来的经

济效益和社会效益进行科学预测。建设项目的后评价除对上述内容进行再评价外，还应对建设项目决策的准确程度和实施效率进行评价；对建设项目的实际投产运营或者使用状况及其对社会和环境影响等方面进行深入细致的综合分析评价。

（3）两种评价的评价依据不同。建设项目的前期评价主要依据历史资料和经验性资料，以及国家和有关部门颁发的有关政策、相关规定、具体方法、有关参数等文件和资料。而建设项目的后评价则主要依据建设项目的建设实施阶段和建成投产运营或者使用后对建设项目的客观事实所进行综合分析评价的有关反馈资料，并把历史资料与现实资料进行对比分析，其准确程度较高，有利于投资决策的合理性、可靠性和准确性。

（4）两种评价的评价阶段不同。建设项目的前期评价是在建设项目决策前的前期阶段进行，是建设项目前期工作的重要内容之一，是为建设项目的投资决策与贷款决策提供依据的评价。建设项目的后评价则是在建设项目建成投产运营或者使用一段时间后，对建设项目全过程的总体情况进行的综合的分析评价。

（5）两种评价在建设项目投资决策中的作用不同。建设项目的前期评价主要为建设项目的投资决策、贷款决策及项目立项等提供依据。而建设项目的后评价则是为国家的宏观经济调控、国家行业及其产业的调整、先进技术或者装备的引进与吸收消化、未来新的建设项目的投资决策及项目立项提供相关数据和依据。

总之，建设项目的后评价是依据国家政策、法律、法规和相关的规定，对建设项目的决策水平、管理水平和实施结果及相关影响进行的综合分析与评价。在与其前期评价进行比较分析的基础上，总结经验教训，发现存在的问题并提出相应的对策措施，以促使建设项目能够更快更好地发挥其经济、社会和环境效益。

二、建设项目后评价的评价方法

（1）统计预测法。统计预测法是以统计学原理和预测学原理为基础，对建设项目已经发生的事实进行总结和对建设项目未来发展的前景作出预测的建设项目后评价方法。

（2）对比分析法。建设项目后评价的对比分析法是把客观事物加以比较，以达到认识事物的本质和规律并做出正确评价的一种后评价方法。根据建设项目后评价调查得到的建设项目的实际情况，对照建设项目立项时所确定的直接目标和宏观目标，以及其他指标，找出偏差和变化，分析原因，得出结论和经验教训。建设项目后评价的对比法包括前后对比、有无对比和横向对比。

1）前后对比法是建设项目实施前后相关指标的对比，用以直接评价建设项目实施的相对成效。

2）有无对比法是指在建设项目的整个周期内具体实施的建设项目相关指标的实际值与没有实施的建设项目相关指标的预测值进行对比，用以度量建设项目真实的效益、作用及影响。

3）横向对比法是将同一行业内类似的建设项目的相关指标进行对比，用以评价企业（项目）的绩效或竞争力。

（3）逻辑框架法（LFA）。建设项目后评价的逻辑框架法是通过建设项目的投入、产出、直接目标、宏观影响四个层面对建设项目进行分析和总结的综合评价方法，即逻辑框架法。逻辑框架法是将一个复杂建设项目的多个具有因果关系的动态因素组合起来，用一张简单的框图分析其内涵和关系，以确定建设项目的范围和任务，分清建设项目的目标和达到目标需采取手段的逻辑关系，以评价建设项目活动及其成果的方法。

建设项目后评价指标框架（目标树）：

1）构建建设项目后评价的指标体系，应按照建设项目逻辑框架构架，从建设项目的投入、产出、直接目标三个层面出发，将各个层面的目标进行分解，落实到各项具体指标中。

2）建设项目后评价指标包括工程咨询评价常用的各类指标：工程技术指标、财务和经济指标、环境和社会影响指标、管理效能指标等。不同类型建设项目后评价应选用不同的重点评价指标。

3）建设项目后评价应根据不同情况，对建设项目的项目立项、项目评估、初步设计、合同签订、开工报告、概算调整、竣工验收、完工投产运营或者使用等建设项目整个周期中几个时间点的指标值进行评价，应重点分析比较建设项目的项目立项与完工投产运营或者使用（或竣工验收）两个时间点指标值的变化，并分析其变化的原因，确定解决问题应采取的措施。

（4）定量和定性相结合的效益分析法。定量和定性相结合的效益分析法是指建设项目某些方面产生的效益通过定量计算和定性分析相结合的方式进行综合分析评价的建设项目后评价方法。

三、建设项目后评价的组织与实施

（一）建设项目后评价的组织与实施

1. 建设项目后评价实行分级管理

中央企业作为投资主体，负责本企业建设项目后评价的组织和管理；项目业主作为项目法人，负责建设项目竣工验收后进行建设项目自我总结评价并配合企业具体实施建设项目后评价。

（1）项目业主后评价的主要工作有：完成项目自我总结评价报告；在项目内及时反馈评价信息；向后评价承担机构提供必要的信息资料；配合后评价现场调查以及其他相关事宜。

（2）中央企业后评价的主要工作有：制定本企业项目后评价实施细则；对企业投资的重要项目的自我总结评价报告进行分析评价；筛选后评价项目；制订后评价计划；安排相对独立的项目后评价；总结投资效果和经验教训，配合完成国资委安排的项目后评价工作等。

2.《项目自我总结评价报告》和《项目后评价报告》的编写

《项目自我总结评价报告》和《项目后评价报告》应根据规定的内容和格式编写。

（1）建设工程项目《项目自我总结评价报告》的内容和格式。列入项目后评价年度计划的建设工程项目单位，应当在项目后评价年度计划下达后 3 个月内，向国家发展改革委报送项目自我总结评价报告。项目自我总结评价报告的主要内容包括：

1）项目概况：项目目标、建设内容、投资估算、前期审批情况、资金来源及到位情况、实施进度、批准概算及执行情况等。

2）项目实施过程总结：前期准备、建设实施、项目运行等。

3）项目效果评价：技术水平、财务及经济效益、社会效益、环境效益等。

4）项目目标评价：目标实现程度、差距及原因、持续能力等。

5）项目建设的主要经验教训和相关建议。

（2）建设工程项目《项目后评价报告》的内容和格式。建设项目后评价报告是后评价结果的汇总，是反馈经验教训的重要文件。建设项目后评价报告必须反映真实情况，并把后评价结果与未来规划以及政策的制订、修改相联系。根据委托要求和建设项目后评价报告的主要内容，建设项目后评价报告的格式应有所侧重，通常建设项目后评价报告可按如下格式几项编制：

1）报告封面（包括：编号、密级、评价者名称、日期等）；封面内页（包括：汇率、权重指标及其他说明）；项目基础数据；地图。

2）报告摘要。

3）报告正文。

a. 建设项目概况：项目的原定目标和目的、项目的建设及投资规模、项目建设内容、项目工期、资金来源与安排。

b. 建设项目实施评价：设计与技术；合同；组织管理；投资和融资；项目进度等。

c. 建设项目实施效果评价：项目的运营和管理；财务状况分析；财务和经济效益评价；环境和社会效果评价。

d. 建设项目目标和可持续性评价：项目目标实现程度分析；项目可持续性评价。

e. 建设项目主要变化和问题、原因分析：建设项目实施和投产运营或者使用过程中的主要变化、建设项目实施和投产运营或者使用过程中存在的问题及产生的原因等。

f. 建设项目后评价的经验教训、后评价的结论和建议：综合评价和结论；主要经验教训；建议和措施。

g. 建设项目后评价的基础数据和后评价方法的说明：建设项目后评价的基础数据的确定依据及用途、建设项目后评价的评价方法解释等。

（二）建设项目后评价的基本构成内容

建设项目后评价的评价范围，依据建设项目建设周期的划分，包括建设项目前期决策、工程准备、建设实施、竣工投产等方面的评价。建设项目实施过程后评价的基本内容包括：技术、经济、环境、社会和管理等方面的后评价。

1. 建设项目的技术后评价

建设项目的技术后评价是指对技术方案、工艺技术流程、技术装备选择的可靠性、适用性、配套性、先进性、经济合理性的再分析，即根据当时的条件和对以后可能发生的情况进行的预测和计算的结果。在建设项目实施前决策环节决定的工艺技术流程和技术装备，在使用中有可能与预想的结果有差异，使用过程中将暴露出很多的纰漏，在后评价过程中就需要针对建设项目实施和投产运营或者使用过程中存在的问题、产生的原因进行认真地总结分析，肯定经验、总结教训并找出各种问题解决的方法。对建设项目中已采用的工艺技术与装备水平的分析与评价，主要包括技术的先进性、适用性、经济性、安全性。

（1）技术先进性的后评价：从设计规范、工程标准、工艺路线、装备水平、工程建设质量等方面分析建设项目所采用的技术可以达到的水平。

（2）技术适用性的后评价：从技术的难易程度、当地的技术水平及相应的配套条件、相关人员的技术与业务素质和技术掌握的程度等方面进行分析。

（3）技术经济性的后评价：根据相关行业的主要技术经济指标，说明建设项目的技术、经济指标在国内同行业所处的地位，以及建设项目所在地的技术水平等。

（4）技术安全性的后评价：通过建设项目实施和投产运营或者使用的相关数据，分析建设项目所采用技术的可靠性、主要技术风险、安全运营水平及成本等。

2. 建设项目的财务后评价

建设项目的财务后评价与前评估中的财务分析在内容上基本是相同的，都要进行建设项目的盈利性分析、清偿能力分析、生存能力分析和外汇平衡分析。但在进行建设项目的财务后评价时，所采用的数据不能简单地使用实际数据，应将实际数据中包含的物价指数扣除，并使之与建设项目财务前评价中的各项评价指标在评价时点和计算效益的范围上都有可比性。

在盈利性分析中要用建设项目的总投资和建设工程项目自有资本金的现金流量表，通过全投资和自有资金现金流量表，计算全投资税前内部收益率、净现值、自有资金税后内部收益率等指标，通过编制损益表，计算总投资收益率、资金利润率、资金利税率、资本金净利润率等指标，以反映建设项目和投资者的获利能力。清偿能力分析主要通过编制资产负债表、借款还本付息计算表，计算资产负债率、利息备付率、偿债备付率等指标，反映建设项目的清偿能力。

3. 建设项目的经济后评价

建设项目的经济后评价是通过编制建设项目的总投资、国内投资经济效益、费用流量表、外汇流量表、国内资源流量表等计算国民经济盈利性指标，计算建设项目的总投资与国内投资经济内部收益率和经济净现值、经济换汇成本、经济节汇成本等指标。建设项目的经济后评价结果需要与前期的评价指标进行对比。

4. 建设项目的环境影响后评价

建设项目的环境影响后评价是指对照建设项目前期评价时批准的《环境影响报告书》，重新将建设项目对环境影响的实际结果进行分析，即对建设项目是否造成环境影响，以及造成怎样的影响进行评价，对实际产生的结果进行全方位的评价，得出科学的结论。建设项目的环境影响后评价应审核建设项目环境管理的决策、规定、规范、参数的可靠性和实际效果，实施环境影响后评价应遵守国家环保法的有关规定，并根据国家和地方环境质量标准和污染物排放标准以及相关产业部门的相关环保规定进行。在审核已实施的环评报告和评价环境影响现状的同时，应对建设项目将产生的未来环境影响进行预测，对可能产生的突发性事件进行时间的预测，并对建设项目造成环境影响的风险进行分析。建设项目环境影响后评价的主要内容包括：项目的污染控制、区域的环境质量、自然资源的利用、区域的生态平衡和环境管理能力。

5. 建设项目的社会影响后评价

（1）建设项目社会影响后评价的内容。建设项目社会影响后评价是在总结国内外建设项目建设已有经验的基础上，借鉴、吸收了国外社会费用效益分析、社会影响评价与社会影响分析方法等比较先进的评价内容和指标后设计的，它主要包括建设项目的社会效益与影响的综合评价和建设项目与社会两相适应的综合分析评价。

建设项目与社会相互适应性分析的目的：

1）使建设项目与社会相适应，以防止发生社会风险，保证建设项目生存的可持续性。

2）使社会适应建设项目的生存与发展，以促进社会进步与发展。

3）从建设项目的社会可行性方面为建设项目的立项决策提供科学的依据。

建设项目的社会效益与影响是以各项社会政策为基础、针对国家与地方各项社会发展目标而进行的分析评价。其内容可分为项目对社会环境、自然与生态环境、自然资源以及社会经济4个方面的效益与影响评价和对国家、地区、项目3个层次的分析。建设项目对国家与地区（省、自治区、直辖市）的相互影响分析可视为建设项目的社会宏观影响分析，建设项目对社区的相互影响分析可视为建设项目的社会微观影响分析。

（2）建设项目社会影响后评价的方法。建设项目社会影响后评价的常用方法是将定量计算和定性分析相结合，但应以定性分析为主。在众多要素分析评价的基础上，做社会影响的综合评价，社会影响的综合评价可以采用多目标评价法和矩阵分析法。

6. 建设项目的管理后评价

建设项目管理后评价是以建设项目竣工验收和建设项目效益后评价为基础，在结合其他相关资料的基础上，对建设项目整个生命周期中的各个阶段的管理工作进行后评价。建设项目管理后评价的重点是分析评价建设项目建设和投产运营或者使用过程中的组织结构及组织能力。建设项目的管理效果后评价包含：组织结构形式的评价、组织人员的评价、组织内部沟通与交流机制的评价、激励机制及员工满意度的评价、组织内部利益冲突调停能力的评价及组织机构的环境适应性的评价。

（三）建设项目后评价的原则

建设项目后评价应当遵循独立、实用、透明、公正、客观、科学的原则，建立畅通快捷的信息反馈机制，为建立和完善建设项目投资监管体系和责任追究制度服务。其中建设项目后评价的重点是后评价的独立性和反馈功能。

1. 建设项目后评价的独立性

建设项目后评价的独立性是指评价不受项目决策者、管理者、执行者和前评估人员的干扰，不同于项目决策者和管理者自己评价自己的情况。它是评价的公正性和客观性的重要保障。没有独立性，或独立性不完全，评价工作就难以做到公正和客观，就难以保证评价及评价者的信誉。为确保评价的独立性，必须从机构设置、人员组成、履行职责等方面综合考虑，使评价机构既保持相对的独立性又便于运作，独立性应自始至终贯穿于评价的全过程。只有这样，才能使评价的分析结论不能带任何偏见，才能提高评价的可信度，才能充分发挥评价在项目管理工作中不可替代的作用。

2. 建设项目后评价的反馈功能

建设项目后评价的最大的特点是信息的反馈，即建设项目后评价的最终目标是将建设项目后评价的评价结果反馈到决策部门，作为新的建设项目决策、立项和评估的基础，作为调整投资规划和相关政策的依据。因此，建设项目后评价的反馈机制、手段和方法是建设项目后评价成败的关键环节之一，可通过建立"项目管理信息系统"，使建设项目整个周期中各个阶段的信息进行交流和反馈，系统地为建设项目的后评价提供有关资料和向相关的决策机构提供建设项目后评价的反馈信息。

（四）建设项目后评价成果的应用

1. 国家投资项目后评价成果的应用

（1）国家发展改革委通过项目后评价工作，认真总结同类项目的经验教训，将后评价成果作为规划制定、项目审批、投资决策、项目管理的重要参考依据。

（2）国家发展改革委将后评价成果及时提供给相关部门和机构参考，加强信息引导，确保信息反馈的畅通和快捷。

（3）对于通过项目后评价发现的问题，国家发展改革委会同有关部门和地方认真分析原因，提出改进意见。

（4）国家发展改革委会同有关部门，大力推广通过项目后评价总结出来的成功经验和做法，不断提高投资决策水平和政府投资效益。

2. 企业投资项目后评价成果的应用

（1）企业的投资项目后评价成果应成为编制规划和投资决策的参考和依据。《项目后评价报告》应作为企业重大决策失误责任追究的重要依据。

（2）企业在进行新的投资项目策划时，应参考过去同类建设项目的后评价结论和主要经验教训。在新的建设项目立项后，应尽可能地参考建设项目后评价指标体系，建立建设项目管理信息系统，随着建设项目的进程及时开展监测分析，改善建设项目的日常管理，并为建设项目的后评价积累资料。

思　考　题

1. 分别解释建设项目竣工验收、竣工结算、竣工决算和其后评价的概念。

2. 建设项目的竣工验收、竣工结算、竣工决算、后评价各有什么作用？

3. 分别简述建设项目的竣工结算、竣工决算的组成内容、编制依据和编制方法。

4. 简述建设项目竣工验收的形式与程序。

5. 简述建设项目竣工验收的内容和竣工验收的依据。

6. 建设项目的竣工结算价款的结算方法有哪些？

7. 建设项目后评价的类型有哪些？

8. 如何确定新增固定资产的价值？

9. 简述建设项目竣工决算与竣工结算之间的关系。

10. 简述建设项目的保修范围和保修期限各有哪些？

11. 建设工程项目的保修费用应如何处理？

12. 建设项目的竣工验收报告、竣工结算报告、竣工决算报告及建设项目的后评价报告分别由哪些内容组成？

13. 建设单位办理建设工程项目竣工验收备案时应提交哪些文件？

14. 如何确定建设项目的竣工日期？

15. 建设项目后评价的成果有何作用？

16. 建设项目后评价的方法有哪些？

案　例　分　析

【案例分析题1】

案例背景： 某宾馆工程竣工交付营业后，经审计实际总投资为54514万元。其中：

（1）建筑安装工程费为27000万元。

（2）家具、用具购置费（均为使用期限一年以内，单位价值在2000元以下）5650万元。

（3）土地使用权出让金3200万元。

（4）建设单位管理费2710万元。

（5）投资方向调节税5784万元。

（6）流动资金7170万元。

（7）建设单位筹建期间发生的费用3000万元。

问题：

请按资产性质分别计算其中的固定资产、流动资产、无形资产、递延资产各是多少？

【案例分析题2】

案例背景： 某工程项目施工合同价为560万元，合同工期为6个月。施工合同中规定：

（1）开工前业主向施工单位支付合同价20％的预付款。

（2）业主自第一个月起，从施工单位应得的工程款中按10％的比例扣留质保金，质保金限额暂定为合同价的5％，质保金到第三个月底全部扣完。

（3）预付款在最后两个月扣除，每月扣50％。

（4）工程进度款按月结算，不考虑调价。

（5）业主供料价款在发生当月的工程款中扣回。

（6）若施工单位每月实际完成产值不足计划产值的90％时，业主可按实际完成产值的8％的比例扣留工程进度款，在工程竣工结算时将扣留的工程进度款退还施工单位。

（7）经业主签证确认的施工进度计划和实际完成产值见表1。

该工程施工进入第四个月时，由于业主资金出现困难，合同被迫终止。为此，施工方提出以下费用补偿要求：

1）施工现场存有为本工程购买的特殊工程材料，总计50万元；

2）因设备撤回基地发生的费用共计10万元；

3）人员遣返费用共计8万元。

问题：

（1）该工程的工程预付款是多少万元？应扣留的质保金为多少万元？

（2）第一个月到第三个月，工程师各月签证的工程款是多少？应签发的付款凭证金额是多少？

表1			施工进度计划与实际完成产值表			单位：万元
月 份	1	2	3	4	5	6
计划完成产值	70	90	110	110	100	80
实际完成产值	70	80	120			
业主供料价款	8	12	15			

（3）合同终止时，业主已支付施工单位各类工程款是多少万元？

（4）合同终止后，施工单位提出的补偿要求是否合理？业主应补偿多少万元？

（5）合同终止后，业主共应向施工单位支付多少万元的工程款？

第八章　建设工程造价审计

【学习指导】　了解建设项目工程造价审计的概念、主体、客体，审计的目标和依据；熟悉前期准备、设计概算、施工图预算、竣工结算审计的依据、方法、内容和程序。

第一节　概　　述

改革开放以来，国家对原有的投资体制进行了一系列改革，打破了传统计划经济体制下高度集中的投资管理模式，初步形成了投资主体多元化、资金来源多渠道、投资方式多样化、项目建设市场化的新格局。改革政府对企业投资的管理制度，按照"谁投资、谁决策、谁收益、谁承担风险"的原则，落实企业投资自主权；无论是国家还是企业，作为投资主体，其风险意识正日益增强。为了保障建设资金安全有效使用，防止损失、浪费、贪污、挪用等问题发生，建设项目造价审计成为一种迫切需求。

一、建设项目造价审计的基本概念

建设项目造价审计是由审计机构及其审计人员，根据国家有关法规政策，运用规定的程序和方法，对建设项目工程造价形成过程中的经济活动和文件资料，进行审查、复核的一种经济监督活动。从审计需求的角度来看，建设项目工程造价审计是基于两个层面展开的，一种是审计机关对政府投资项目工程造价的外部审计监督，另一种是内部审计机构对本单位或本系统内投资项目工程造价的内部审计监督。但就造价审计的内容而言，基本是统一的。

（一）建设项目造价审计的主体

审计的主体是指实施审计活动的当事人，与其他专业审计一样，我国建设项目造价审计的主体由政府审计机关、社会审计组织和内部审计机构三大部分所构成。

政府审计机关包括：国务院审计署及派出机构和地方各级人民政府审计厅（局）都属于政府审计机关，政府审计机关重点审计以国家投资或融资为主的基础性项目和公益性项目。

社会审计组织是指经政府有关部门批准和注册的社会中介组织，如会计师事务所、造价咨询审计机构；它们以接受被审单位或审计机关委托的方式对委托审计的项目实施审计。

内部审计机构是指部门或单位内设的审计机构。在我国，它由本部门、本单位负责人直接领导，应接受国家审计机关和上级主管部门内部审计机构的指导和监督。内部审计机构则重点审计在本单位或本系统内投资建设的所有建设项目。

无论是哪一种审计主体，在从事建设项目造价审计工作时，必须保持审计上的独立性。审计的独立性是指项目审计机构和审计人员在审计中应独立于项目的建设与管理的主体之外。即审计机构和审计人员在经济上、业务上和行政关系上不与被审项目的主体发生任何关系。对于内部审计人员来说，独立性还要求其保持良好的组织状态和意识上的客观性，应不受行政机构、社会团体或个人的干涉。审计的独立性是审计的本质，是保证审计工作顺利进行的必要条件，独立性可使审计人员提出客观的、公正的鉴定或评价，这对正常地开展审计工作是必不可少的。审计的独立性应体现在建设项目造价审计的全过程之中，主要表现在审计的实施阶段和审计报告阶段。

（二）建设项目造价审计的客体

审计的客体亦即审计主体作用的对象，按照审计的定义，审计的客体在内涵上为审计内容或审计内容在范围上的限定，建设项目造价审计的客体是指项目造价形成过程中的经济活动及相关资料，包括前期准备、设计概算、施工图预算及竣工结算等所有工作以及涉及的资料。在外延上为被审计单位，在建设项目造价审计中是指项目的建设单位、设计单位、施工单位、金融机构、监理单位以及参与项目建设与管理的所有部门或单位。

（三）建设项目造价审计的目的

建设项目工程造价审计属于一门专项审计，其目的是确定建设项目造价确定过程中的各项经济活动及经济资料的真实性、合法性、合理性、效益性。

真实性是指在造价形成过程中经济活动是否真实，如账目是否真实明晰、有无虚列项目增设开支；资料内容是否真实，如单据是否真实有效、图纸与实体是否一致；计量计价是否真实，如工程量是否准确按规定计算，材料用量、设备报价是否真实。

合法性是指建设项目造价确定过程中的各项经济活动是否遵循法律、法规及有关部门规章制度的规定。在工程项目造价审计中，主要审计编制依据是否经过国家或授权机关的批准、适应该部门的专业工程范围（如主管部门的各种专业定额及取费标准）；编制程序是否符合国家的编制规定。

合理性是指造价的组成是否必要，取费标准是否合理，有无不当之处，有无高估冒算，弄虚作假，多列费用，加大开支等问题。

效益性是指在造价形成过程中是否充分遵循成本效益原则，合理使用资金和分配物资材料，使建设项目建成后，生产能力或使用效益最大化。

二、建设项目造价审计的依据

建设项目工程造价的审计依据由以下 3 个层次组成。

（一）法律、法规

建设项目工程造价审计时必须执行的法律如《中华人民共和国审计法》、《中华人民共和国审计法实施条例》、《中华人民共和国国家审计准则》、《中华人民共和国预算法》、《中华人民共和国建筑法》、《中华人民共和国价格法》、《中华人民共和国税法》、《中华人民共和国土地法》等。

建设项目工程造价审计时必须执行的法规如国家建设项目审计准则（审计署令第 3 号之五）第 13 条规定：审计机关对建设成本进行审计时，应当检查建设成本的真实性和合法性。第 15 条规定：审计机关根据需要对工程结算和工程决算进行审计时，应当检查工程价款结算与实际完成投资的真实性、合法性及工程造价控制的有效性。内部审计实务指南第 1 号《建设项目内部审计》第 32 条规定：工程造价审计是指对建设项目全部成本的真实性、合法性进行的审查和评价。

（二）资料文件

资料文件主要有设计施工图、合同、可行性研究报告以及概、预算文件等。

（三）相关的技术经济指标

相关的技术经济指标如造价审计中所依据的概算定额、概算指标、预算定额、费用定额以及有关技术经济分析参数指标等。建设项目审计的依据不是一成不变的，审计人员在使用这些依据时，必须要注意依据的适用性、时效性、地区性。

可见，工程造价审计是指由独立的审计机构和审计人员，依据国家的方针政策、法律法规和相关的技术经济指标，运用审计技术对工程建设过程中涉及工程造价的活动以及与之相联系的各项工作进行的审查、监督和评价。

第二节　工程造价审计分类

一、按审计主体可分为政府审计、社会审计与内部审计

各主体之间既有相互联系，也有明确分工。

根据《国务院关于投资体制改革的决定》和新修改的《中华人民共和国审计法》，针对工程造价审计而言，不同审计主体的审计范围和审计重点均有相应调整，政府审计的范围将重点集中在政府投资和政府投资为主的建设项目上，更多的审计工作将由市场来配置，充分发挥内部审计和社会审计的作用。

目前，建设项目工程造价政府审计主要有以下范围。

（一）基础性项目造价审计

基础性项目指以中央投资为主的建设项目，主要是一些关系到国计民生的大中型建设项目，由国家审计署、审计署驻各地特派员办事处负责完成审计，个别项目可委托当地审计机关代审或与当地审计机关合作审计。对基础性项目造价审计的重点是投资估算与设计概算的编制及设计概算的执行情况。

（二）公益性项目造价审计

公益性项目指以地方投资为主建设的项目，原则上交由当地审计机关审计。公益性项目造价的审计重点是概算审计与决算审计。通过概算审计，检查投资计划的制定情况；通过决算审计，检查投资计划的执行及完成情况。

（三）竞争性项目造价审计

竞争性项目指以企事业单位及实行独立经济核算的经济实体投资为主的项目，往往是一些中小型项目或盈利性项目。竞争性项目造价审计的目的是帮助企业、事业单位减少投资浪费，提高投资效益。因此，对这一类项目造价的审计多由社会审计单位与内部审计机构协作完成，审计重点是工程结算。

二、按工程造价审计的时间划分

（一）事后审计

长期以来，工程造价审计有一种明显的事后审计特征，采用报送审计的方式，一般是在工程竣工后相关单位报送竣工结算资料。审计工作基本上是一项"内业"。建设项目具有建设周期长、组成内容复杂等专业技术特点，面对如此复杂的审计对象系统，事后审计却采取远离具体工程建设过程的这样一种审计途径，使得工程造价审计的深度和质量难以满足要求。事后审计表现出了明显的弱效性或无效性。

（二）跟踪审计

工程造价审计的目的是追求造价形成的合理性、造价控制的有效性。要达到审计结果的有效性，没有一个针对过程的监督是不可能实现的。因此，必须要进行工程造价审计方式的创新，变静态的事后审计为动态的跟踪审计，将工程造价的事后审核提前和扩展到工程造价形成全过程。工程造价的跟踪审计指将工程建设全过程划分为若干阶段或期间，审计人员在工程建设过程中及时对各阶段或期间涉及工程造价的活动和文件进行审计，并及时作出审计评价和建议，有助于建设单位及时发现问题、解决问题，有效防范风险，强化管理，有效地解决了传统审计介入滞后带来的整改难问题。

三、按审计阶段来划分

按审计阶段来划分可分为前期准备阶段审计、设计概算阶段审计、施工图预算阶段审计及竣工结算阶段审计等。

总之，对建设项目造价的审计在不同阶段，从不同角度，有不同的划分和审计方法。

第三节　工程造价审计程序

审计程序是审计机构和人员在审计工作中必须遵循的工作规程，对于保证审计质量、提高审计工作效率、确保依法审计、增强审计工作的严肃性和审计人员的责任感都有十分重要的意义。建设项目造价审计程序分为三个阶段，即审计准备阶段、审计实施阶段和审计终结阶段。

一、建设项目工程造价审计准备阶段

准备阶段是整个审计工作的起点，直接关系到审计工作的成效，包括以下步骤。

1. 接受审计任务，通知审计部门接受造价审计任务

主要途径有如下三种形式：

（1）接受上级审计部门或主管部门的任务安排，完成当年审计计划的审计。

（2）接受建设单位委托，根据自己的业务能力情况酌情安排建设项目造价审计工作。以审计事务所为代表的社会审计大多选择这种方式。

（3）根据国家有关政策要求及当地的经济发展和城市规划安排，及时主动地承担审计范围内的建设项目造价审计任务，这也是政府审计。

2. 组织审计人员，做好审计准备工作

从政府审计角度来讲，在对大中型建设项目造价审计时，要求组织有关的工程技术人员、经济人员、财务人员参加，并成立审计小组，明确分工，落实审计任务。

从社会审计与内部审计角度看，重点是将建设项目造价审计工作按专业不同再详细分工，如土建工程审计、水电工程审计、安装工程审计等。

二、建设项目造价审计实施阶段

审计实施阶段是将审计的工作方案付诸实施，是审计全过程中的最主要阶段。

1. 进入施工现场，了解建设项目建设过程

深入分析建设项目情况，根据审计重点，进行实测实量工作，尤其是对设计变更部位的分项工程，及时调整原审计方案。

2. 获取审计证据，编写审计工作底稿

这是围绕审计准备阶段制订的审计目标，以收集到的审计资料为依据，从各个方面对建设项目造价进行审计，如工程量计算审计、定额套用审计、取费计算审计等具体过程，排查建设项目经济活动中的疑点。通过合法有效的渠道获取审计证据，做出审计记录，编制审计工作底稿。被审计单位负责人应当对所提供的审计资料的真实性和完整性作出承诺。审计人员应本着实事求是、公正客观的基本原则，从技术经济分析入手，完善建设项目造价文件中不确切的部分内容，必要时可实地调查取证，保证审计质量，达到审计目的，实现审计要求。

三、建设项目造价审计终结阶段

1. 撰写审计组审计报告，征求被审计对象意见

审计实施阶段工作完成后，审计组撰写出审计报告，征求被审计对象如建设项目的主管部门及造价有关部门的意见。被审计对象应当自接到审计组的审计报告之日起十日内，将其书面意见送交审计组。

2. 编写审计报告，提出处理建议

按照法定程序对审计组的审计报告进行审议，并对被审计对象对审计组审计报告提出的意见研究后，提出审计机关的审计报告；对违反规定的有关行为，依法依规应当给予处理。

第四节　工程造价审计的内容

按照工程造价形成过程，建设项目从立项筹建到竣工交付使用整个建设过程可划分为前期准备、设计阶段、施工图阶段、竣工阶段等。各阶段审计依据各不相同，审计内容各有侧重。

一、前期准备阶段审计

前期准备阶段审计是审计机关对其前期准备工作、前期资金运用情况、建设程序、概（预）算的真实性、合法性、效益性及一致性进行的审计监督。

1. 前期准备阶段审计的依据

前期准备阶段审计的依据是《中华人民共和国审计法》；项目审批文件、计划批准文件和项目概（预）算；项目前期财务支出等有关资料；施工图预算及其编制依据；与项目前期审计相关的其他资料等。

2. 前期准备阶段审计的主要内容

对政府投资项目前期准备阶段审计的主要内容有：

（1）项目立项审批、许可等基本建设程序执行情况及设计用途、设计规模、投资概

（预）算情况；

（2）项目初步设计概算、施工图预算编制情况；

（3）项目相关实施单位确定的程序及合同签订情况；

（4）建设资金来源渠道的真实性、合法性，已到位资金的真实性和项目前期资金使用的合法性；

（5）项目征地拆迁、勘察、设计、监理、咨询服务等前期工作及其资金运用的真实性、合法性；

（6）法律、法规、规章规定需要审计监督的其他事项。

二、设计阶段概算审计

建设项目设计概算是国家对基本建设实现科学管理和科学监督的重要措施。设计概算审计就是对概算编制过程和执行过程的监督检查，有利于投资资金的合理分配，加强投资的计划管理，缩小投资缺口。设计概算在投资决策完成之后项目正式开工之前编制，但对设计概算的审计工作却反映在项目建设全过程之中。按审计要求，审计部门应在建设项目概算编制完成之后，立即进行审计，这属于开工前的审计内容之一。

1. 设计概算审计的依据

设计概算审计的依据包括：《中华人民共和国预算法》；《关于国家建设项目预算（概算）执行情况审计实施办法》；批准的设计概算或修正设计概算书；有关部门颁布的现行概算定额、概算指标、费用定额、建设项目设计概算编制办法；有关部门发布的人工、设备和材料的价格、造价指数等。

2. 设计概算审计的方法

审查概算一般采用会审的方法，可以先由会审单位分头审查，然后再集中讨论，研究定案；也可以按专业分成不同的专业班组，分专业审查，然后再集中定案；还可以根据以往经验，及参考类似工程，选择重点项目重点审查。

3. 设计概算审计的内容

按照审计署颁布的建设项目预算（概算）执行情况和建设项目竣工决算审计实施办法以及审计署统一计划组织实施的建设项目审计工作方案要求，概算审计内容主要包括六个方面：

（1）概算或调整概算是否依照国家规定的编制办法、定额、标准，由有资质单位编制，是否经有权机关批准。

（2）设计变更的内容是否符合规定，手续是否齐全。

（3）影响项目建设规模的单项工程间投资调整和建设内容变更，是否按照规定的管理程序报批，有无擅自扩大建设规模和提高建设标准问题。

（4）核实概算总投资，总概算表、综合概算表、单位工程概算表和有关初步设计图纸的完整性，审查概算调整原则、调整系数、调整增加的费用；总概算中各项综合指标和单项指标与同类工程技术经济指标对比是否合理。

（5）审查设计单位设计收费内容和设计收费计算方法以及签订的设计收费合同是否符合国家规定。

（6）对建设项目超概算情况进行审计监督，分析其重大差异原因。

三、施工图预算审计

施工图预算是在施工图确定后，根据批准的施工图设计、预算定额和地区单位估价表、施工组织设计文件以及各种费用定额等有关资料进行计算和编制的单位工程预算造价文件。施工图预算是确定拦标价、投标报价以及签订施工合同的依据。在开工前或在建设过程中，审计人员应进行施工图预算审计。相对而言，施工图预算审计比概算审计更为具体，更为细致，审计工作量大，审计方法灵活，主要为控制工程造价、保证工程质量服务。

1. 施工图预算审计依据

施工图预算审计依据包括施工图纸；预算定额；人工、材料及机械的市场价格信息；有关的取费文件；施工方案或施工组织设计；施工合同等。

2. 施工图预算审计方法

在一定程度上，施工图预算审计与施工图预算编制在工作过程、工作要求与工作内容基本上是一致的，只不过审计人员与编制人员由于所处位置不同而导致工作角度不同。

3. 施工图预算审计内容

施工图预算审计主要检查施工图预算的量、价、费计算是否正确，计算依据是否合理。施工图预算审计包括直接费用审计、间接费用审计、计划利润和税金审计等内容。

（1）直接费用审计包括工程量计算、单价套用的正确性等方面的审查和评价。

1）工程量计算审计。一方面审查与图纸设计所示的尺寸数量、规格是否相符，另一方面计算方法与工作内容是否与工程量计算规则一致。采用工程量清单报价的，要检查其符合性。

2）单价套用审计。检查是否套用规定的预算定额、有无高套和重套现象；检查定额换算的合法性和准确性；检查新技术、新材料、新工艺出现后的材料和设备价格的调整情况，检查市场价的采用情况。

采用工程量清单计价时应审计：检查实行清单计价工程的合规性；检查招标过程中，对招标人或其委托的中介机构编制的工程实体消耗和措施消耗的工程量清单的准确性、完整性；检查工程量清单计价是否符合国家清单计价规范要求；检查由投标人编制的工程量清单报价目文件是否响应招标文件；检查拦标价的编制是否符合国家清单计价规范。

（2）其他费用审计包括检查定额套用、取费基数、费率计取是否正确。

（3）审计计划利润和税金计取的合理性。

（4）合同价的审计

检查合同价的合法性与合理性，包括固定总价合同的审计、可调合同价的审计、成本加酬金合同的审计。检查合同价的开口范围是否合适，若实际发生开口部分，应检查其真实性和计取的正确性。

四、竣工结算阶段审计

竣工结算阶段审计是建设项目审计的重要环节，它对于提高竣工结算本身质量，考核投资及概预算执行情况，正确评价投资效益，总结经验教训，改善和加强对建设项目的管理具有重要意义。建设项目通过工程验收并编制竣工结算后即实行竣工结算审计，通过竣工结算审计后才可进行甲乙方的工程价款结算。竣工结算审计的完成，标志着一个建设项目投资建设阶段的监督告一段落和建设工程造价审计的结束。竣工结算审计必须确保工程施工过程与竣工结算所反映的内容一致、施工图预算与竣工结算前后呼应、竣工结算本身合理准确。

1. 竣工结算阶段审计的依据

竣工结算阶段审计的依据是《审计机关国家建设项目审计准则》；竣工验收报告；工程施工合同；施工图及设计变更或竣工图；图纸会审纪要；隐蔽工程检查验收单；现场签证；经批准的施工图预算以及有关定额、费用调整的补充项目；材料、设备及其他各项费用的调整文件。

《政府投资项目审计管理办法》审投发〔2006〕11号第六条　政府重大投资项目应当在相关合同中列明：必须经审计机关审计后方可办理工程结算或竣工决算。

2. 竣工结算阶段审计的主要内容及程序

竣工结算阶段审计的主要内容：

(1) 结算方式是否符合合同约定。

(2) 工程量计算是否符合规定的计算规则，数量是否准确。

(3) 分项工程预算定额或清单子目选套是否合规、恰当，定额换算是否正确。

(4) 核实工程取费是否执行相应的计算基数和费率标准。

(5) 核查设备、材料用量是否与定额含量或设计含量一致等。

(6) 核查水电费、甲供材等建设方代扣代缴费用是否扣完；质量保证金、违约金是否扣除。

审核程序：现场踏勘→监理/建设单位介绍情况→初审→交换意见→签订三方定案→出具报告。

结算审计中常发现的主要问题：应扣未扣；工程量多计/重复；定额/清单子目错误/混用/高套；材料代换/变更未减原预算；甲供材赚取材差；费率错误；变更计价不执行合同/招标原则；暂估价材料单价虚高；合同价格调整与合同/投标约定不符；隐蔽工程量虚假等。

思　考　题

1. 建设项目造价审计的主体和客体各是什么？
2. 工程造价审计的目标、依据是什么？
3. 工程造价审计方法有哪些？其审计程序是什么？
4. 前期准备阶段审计的依据和内容有哪些？
5. 设计概算审计的依据和内容有哪些？
6. 施工图预算审计的依据和内容有哪些？
7. 竣工结算审计的依据和内容有哪些？

第九章　工程造价司法鉴定

【学习指导】 通过本章学习，应掌握工程造价司法鉴定的概念及其作用；熟悉我国的工程造价司法鉴定管理制度（特别是工程造价司法鉴定人登记管理制度）、工程造价司法鉴定的主要内容、工程造价司法鉴定业务操作基本流程；了解工程造价司法鉴定人的出庭要求。

第一节　工程造价司法鉴定概述

一、工程造价司法鉴定的定义

工程造价司法鉴定是指在诉讼活动中，依法取得有关工程造价司法鉴定资格的鉴定机构及鉴定人受司法机关、仲裁机构或当事人委托，依据国家的有关法律、法规以及中央和省、自治区及直辖市等地方政府颁布的工程造价定额标准，运用工程造价理论知识和技术手段对诉讼涉及的工程造价问题进行鉴别和判断并提供鉴定意见的活动。

二、工程造价司法鉴定人员和鉴定机构

国家对工程造价司法鉴定人员和司法鉴定机构实行登记管理制度，按照学科和专业分类编制并公告司法鉴定人员和司法鉴定机构名册。国务院司法行政部门和省级人民政府司法行政部门负责对工程造价司法鉴定人员和司法鉴定机构的登记管理、监督和名册编制工作。

（一）工程造价司法鉴定人

工程造价司法鉴定人是指按照《注册造价工程师管理办法》取得了造价工程师注册证书，具备了《司法鉴定人登记管理办法》规定的条件，经省级司法行政机关审核登记，取得《司法鉴定人执业证》，按照登记的司法鉴定执业类别，在一个工程造价司法鉴定机构中执业，从事工程造价司法鉴定业务，运用工程造价的理论知识和技术手段对诉讼涉及的工程造价纠纷问题进行鉴别和判断并提出鉴定意见的人员。工程造价司法鉴定人只得在其注册的机构从事工程造价司法鉴定工作。

工程造价司法鉴定人应当科学、客观、独立、公正地从事司法鉴定活动，遵守法律、法规的规定，遵守职业道德和职业纪律，遵守司法鉴定管理规范。

对于尚不具备独立开展司法鉴定工作能力，相关专业本科（或以上）毕业，尚不符合申请司法鉴定人执业资格的年限、工作经历等要求，经司法鉴定机构（或其发起成立单位）正式聘用，在司法鉴定人的指导下专门从事司法鉴定辅助业务的人员，称为司法鉴定人助理。北京市司法鉴定业协会印发的《北京市司法鉴定人助理管理办法》（京司鉴协发〔2011〕3号）对经北京市司法局审核登记的司法鉴定机构聘用的司法鉴定人助理的管理提出了具体要求。工程造价司法鉴定人助理应按照《全国建设工程造价员管理暂行办法》取得了造价员证书。

（二）工程造价司法鉴定机构

工程造价司法鉴定机构即工程造价司法鉴定人的执业机构，是指具有工程造价咨询资质，且具备了《司法鉴定机构登记管理办法》规定的条件，经省级司法行政机关审核登记，取得《司法鉴定许可证》并通过年度检验，在登记的司法鉴定业务范围内，开展工程造价司法鉴定活动的法人或者其他组织。按照有关规定，人民法院和司法行政部门不得设立工程造价鉴定机构，以保持工程造价鉴定机构的中立性，实现司法鉴定与法院的分离。

工程造价司法鉴定机构开展工程造价司法鉴定活动应当遵循的原则是合法、中立、规范、及时。

工程造价司法鉴定机构应统一接受委托，组织所属的工程造价司法鉴定人开展工程造价司法鉴定活动，遵守法律、法规和有关制度，执行统一的司法鉴定实施程序、技术标准和技术操作规范。

三、工程造价司法鉴定管理制度

工程造价司法鉴定管理实行行政管理与行业管理相结合的管理制度。司法行政机关对司法鉴定人及其执业活动进行指导、管理和监督、检查，司法鉴定行业协会依法进行自律管理。

司法鉴定管理制度是由多个相互关联的制度子系统有机协同运行的制度体系。该体系包括：司法鉴定机构和司法鉴定人员的准入制度、鉴定机构的名称管理制度、司法鉴定人的继续教育制度、司法鉴定人的职业道德和执业纪律规范、司法鉴定机构的执业规则和内部管理制度、司法鉴定机构的定期评估检查制度、司法鉴定机构和鉴定人的资质管理制度、鉴定机构和人员的责任追究制度、司法鉴定行业收费制度等。通过严格的管理制度，实现对司法鉴定工作全过程的系统完备的监督管理，以实现司法鉴定业的可持续和科学发展。下面主要论述工程造价司法鉴定人登记管理制度和司法鉴定机构登记管理制度。

（一）工程造价司法鉴定人登记管理制度

1. 主管机关

司法部负责全国司法鉴定人的登记管理工作；省级司法行政机关负责本行政区域内司法鉴定人的登记管理工作。

2. 执业登记

工程造价司法鉴定人的登记事项包括：姓名、性别、出生年月、学历、专业技术职称或者行业资格、执业类别、执业机构等。

个人申请从事工程造价司法鉴定业务，应当具备下列条件：

（1）拥护中华人民共和国宪法，遵守法律、法规和社会公德，品行良好的公民。

（2）具有相关的高级专业技术职称；或者具有相关的行业执业资格或者高等院校相关专业本科以上学历，从事相关工作五年以上。

（3）申请从事经验鉴定型或者技能鉴定型司法鉴定业务的，应当具备相关专业工作十年以上经历和较强的专业技能。

（4）所申请从事的司法鉴定业务，行业有特殊规定的，应当符合行业规定。

（5）拟执业机构已经取得或者正在申请《司法鉴定许可证》。

（6）身体健康，能够适应司法鉴定工作需要。

个人申请从事工程造价司法鉴定业务，应当由拟执业的工程造价司法鉴定机构向司法行政机关提交相关材料，经审核符合条件的，省级司法行政机关应当作出准予执业的决定，颁发《司法鉴定人执业证》；工程造价司法鉴定人应当在所在工程造价司法鉴定机构接受司法行政机关统一部署的监督、检查。

（二）工程造价司法鉴定机构登记管理制度

全国实行统一的工程造价司法鉴定机构及司法鉴定人审核登记、名册编制和名册公告制度。国家对工程造价司法鉴定机构实行登记管理制度，按照学科和专业分类编制并公告司法鉴定人员和司法鉴定机构名册。国务院司法行政部门和省级人民政府司法行政部门负责对工程造价司法鉴定机构的登记管理、监督和名册编制工作。司法行政机关负责监督指导司法鉴定行业协会及其专业委员会依法开展活动。

工程造价司法鉴定机构的主要登记事项包括：名称、住所、法定代表人或者鉴定机构负责人、资金数额、仪器设备、司法鉴定人、司法鉴定业务范围等。

法人或者其他组织申请从事工程造价司法鉴定业务，应当具备的主要条件包括：

（1）有自己的名称、住所。

（2）有不少于 20 万～100 万元人民币的资金。

（3）有明确的司法鉴定业务范围。

（4）有在业务范围内进行司法鉴定必需的仪器、设备。

（5）每项司法鉴定业务有三名以上司法鉴定人。

概括来说，司法行政部门对司法鉴定机构管理的两种主要许可形式：

（1）法人或者其他组织以现有机构名义申请从事司法鉴定业务，实质是一种增加业务范围的申请，即资格（或行为）许可。

（2）法人或者其他组织申请新设具有独立法人资格的机构，并以新设机构的名义专门从事司法鉴定业务，即机构设立许可。

上述内容就是通常所说的"双重管理、二次准入"的管理模式，现阶段第一种形式的许可占大多数。

四、工程造价司法鉴定的作用

一般来说，受当事人双方委托，工程造价司法鉴定起到仲裁作用，是解决当事人双方纠纷的重要依据。受当事人单方委托，工程造价鉴定可作为委托人的重要举证；受司法部门委托，工程造价鉴定的结论成为审判机关定案的一种诉讼证据。

工程造价鉴定在诉讼过程中有着举足轻重的地位。根据《最高人民法院关于民事诉讼证据的若干规定》（法释〔2001〕33 号），当事人申请工程造价鉴定经人民法院同意后，由双方当事人协商确定有鉴定资格的鉴定机构、鉴定人员，协商不成的，由人民法院指定。对需要鉴定的工程造价事项负有举证责任的当事人，在人民法院指定的期限内无正当理由不提出鉴定申请或者不预交鉴定费用或者拒不提供相关材料，致使对案件争议的事实无法通过鉴定结论予以认定的，应当对该事实承担举证不能的法律后果。若一方当事人自行委托有关部门作出的鉴定结论，另一方当事人有证据足以反驳并申请重新鉴定的，人民法院应当准许。

五、工程造价司法鉴定的主要内容

工程建设中各个环节都有可能引起工程造价纠纷，主要包括：

（1）在招投标活动中，常出现的争议包括：对招标标文件中有关工程造价计价条款的不同解释，对中标人投标文件中工程报价和优惠条件等方面的不同认识。

（2）在施工合同签订中，工程计价依据、合同价格、结决算方式、合同价款调整方式、工程价款支付等易引起纠纷，需要司法鉴定；

（3）在施工过程中，工程变更、工程验收、工程预付款、工程进度款、工程进度、工期等内容是工程造价鉴定的主要对象；

（4）在工程结算时，工程质量、工程总造价、工程分包价款、工程尾留款、工程其他费用以及工程结算价款的支付等是工程造价鉴定的主要内容。

第二节　工程造价司法鉴定业务操作基本流程

一、工程造价司法鉴定的委托

工程造价司法鉴定的委托主体包括司法机关、公民、组织。目前，委托主体为各级人民法院、仲裁委员会情况的较普遍。在诉讼案件中，在当事人负有举证责任的情况下，工程造价司法鉴定机构也可以接受当事人的司法鉴定委托。当事人委托司法鉴定时一般通过律师事务所进行。

工程造价司法鉴定的委托，应当采取书面形式。委托书应当载明委托人的名称或者姓名、拟委托的司法鉴定机构的名称、委托鉴定的事项、鉴定事项的用途以及鉴定要求等内容。委托人应当向司法鉴定机构提供真实、完整、充分的鉴定材料，并对鉴定材料的真实性、合法性负责。

二、工程造价司法鉴定的受理

工程造价司法鉴定机构收到委托书后，应对委托人的委托事项进行审核。对于符合受理条件的，能够即时决定受理的，工程造价司法鉴定机构应当与委托人在协商一致的基础上签订《司法鉴定委托协议书》；不能即时决定受理的，应当向委托人出具《司法鉴定委托材料收领单》，在收领委托材料之日起7日内对是否受理作出决定。决定受理的，与委托人签订《司法鉴定委托协议书》。对于不符合受理条件的，决定不予受理的，应当退回鉴定材料并向委托人书面说明理由。对于函件委托的，工程造价司法鉴定机构应当在收到函件之日起7日内作出是否受理的书面答复。

1. 送交工程造价司法鉴定的主要材料

送交工程造价司法鉴定的主要材料包括：

（1）工程造价鉴定委托书。

（2）诉讼状与答辩状等卷宗。

（3）工程施工合同、补充合同。

（4）招投标工程的招标文件、投标文件及中标通知书。

（5）施工图纸、图纸会审记录、设计变更、技术核定单、现场签证单等。

（6）竣工工程的竣工验收证明（未竣工验收的工程如对工程质量有争议的，委托人另行委托工程质检机构先行质量鉴定）。

（7）结算（或中间结算）文件。

（8）开工报告及有关造价鉴定所需的技术资料。

（9）当事人双方约定的其他协议。

（10）必须提供的其他材料。

2. 工程造价司法鉴定协议书的主要内容

工程造价司法鉴定协议书应当载明下列事项：

（1）委托人和工程造价司法鉴定机构的基本情况。

（2）委托鉴定的事项及用途。

（3）委托鉴定的要求。

（4）委托鉴定事项涉及的案件的简要情况。

（5）委托人提供的鉴定材料的目录和数量。

（6）鉴定过程中双方的权利、义务。

（7）鉴定费用及收取方式。

（8）其他需要载明的事项。

在进行司法鉴定过程中需要变更协议书内容的，应当由协议双方协商确定。

三、工程造价司法鉴定的实施

工程造价司法鉴定应遵循科学、客观、独立、公正、合法、证据、从约的原则。科学原则，即运用工程造价理论和相关知识，采用科学方法进行鉴定；客观原则，即按照工程的真实面貌作出分析判断；独立原则，即应当不受任何人的干扰，独立利用工程造价的专业知识和有关法律、法规，提出鉴定意见；公正原则，即要平等、客观地听取各方当事人的意见，并且最好同时听取，公开地进行鉴定活动，维护当事人各方的合法权益；合法原则，即从委托到受理，从形式到内容，从技术手段到依据标准必须符合有关法律、法规的要求；证据原则，即只对以证据证明的事实作为鉴定结论的依据，否则就不予确认，不计取工程价款；从约原则，即根据《合同法》的自愿和诚实信用原则，只要当事人的约定不违反国家法律和国务院行政法规的强制性规定，也即只要与法无悖，不管双方签订的合同或具体条款是否"合理"（如有的约定明显高于或低于定额计价标准或市场平均价格），鉴定人员均无权自行更改或否定当事人之间有效的合同或补充协议的约定内容。

根据《司法鉴定程序通则》，工程造价司法鉴定的实施步骤如下。

（一）初始鉴定

1. 工程造价司法鉴定的组织

工程造价司法鉴定机构接受委托后，应当指定本机构中具有注册造价工程师执业资格的司法鉴定人；委托人有特殊要求的，经双方协商一致，也可以从本机构中选择符合条件的司法鉴定人完成委托事项。

工程造价司法鉴定机构对同一鉴定事项，应当指定或者选择二名司法鉴定人共同进行鉴定；对疑难、复杂或者特殊的鉴定事项，可以指定或者选择多名司法鉴定人进行鉴定。

工程造价司法鉴定人本人或者其近亲属与委托人、委托的鉴定事项或者鉴定事项涉及的案件有利害关系，可能影响其独立、客观、公正进行鉴定的，应当回避。司法鉴定人自行提出回避的，由其所属的工程造价司法鉴定机构决定；委托人要求司法鉴定人回避的，应当向该鉴定人所属的工程造价司法鉴定机构提出，由司法鉴定机构决定。委托人对工程造价司法鉴定机构是否实行回避的决定有异议的，可以撤销鉴定委托。

2. 鉴定方案的制定

工程造价司法鉴定人在全面了解熟悉案情，对送鉴材料要认真研究，了解当事人争议的焦点和委托方的鉴定要求后，结合工程合同和有关规定提出鉴定方案。鉴定方案经鉴定机构的技术总负责人核准后方能实施。

3. 案情调查

(1) 案情调查的形式。

1) 调查听证会。请当事人分别陈述案情及争议的焦点，目的是充分听取各方的意见。工程造价司法鉴定人员在听证会上应严格保持中立，不妄加评论。每次案情调查会应由第一司法鉴定人主持，专人负责记录，并形成会议纪要，会议纪要由参与者签字后方能作为鉴定的依据。

2) 现场勘验。现场勘验必须经双方当事人共同确认并通知委托人方能进行。对当事人争议的地方进行现场实测、实量、实查、实验。工程造价司法鉴定人勘验现场，应当制作笔录，记录勘验的时间、地点、勘验人、在场人、勘验的经过、结果，由勘验人、在场人签名或者盖章。对于绘制的现场图应当注明绘制的时间、方位、测绘人姓名、身份等内容。

3) 发质疑函、限期答复。工程造价鉴定人员在鉴定过程中如有质疑问题需要当事人答复，应向当事人发出书面质疑函，并要求规定限期内书面给予答复。

案情调查应根据工程实际情况，可以举行一次或多次。

(2) 案情调查的作用。

1) 避免其中一方当事人的先入为主，能够客观、公正地了解案情。

2) 克服送鉴材料的局限性，对一些不完整、表达不清楚、有矛盾的地方必须经双方当事人共同澄清。

4. 工程造价司法鉴定受理时限的一般要求

工程造价司法鉴定机构应当在与委托人签订司法鉴定协议书之日起三十个工作日内完成委托事项的鉴定。鉴定事项涉及复杂、疑难、特殊的技术问题或者检验过程需要较长时间的，经工程造价机构负责人批准，完成鉴定的时间可以延长，延长时间一般不得超过三十个工作日。工程造价司法鉴定机构与委托人对完成鉴定的时限另有约定的，从其约定。在鉴定过程中补充或者重新提取鉴定材料所需的时间，不计入鉴定时限。

5. 工程造价司法鉴定文书的复核

为确保工程造价司法鉴定文书的质量，应由工程造价司法鉴定机构中具有高级工程师职称且具有注册造价工程师资格的司法鉴定人对工程造价司法鉴定文书进行全面复核，复核人对工程造价司法鉴定结论承担连带责任。

6. 工程造价司法鉴定中复杂、疑难问题的论证

工程造价司法鉴定机构在进行鉴定的过程中，遇有特别复杂、疑难、特殊技术问题的，可以向本机构以外的相关专业领域的专家进行咨询，但最终的鉴定意见应当由本机构的司法鉴定人出具。

（二）终止鉴定

在工程造价司法鉴定过程中，出现下列情形之一的，可以终止鉴定：

（1）发现委托鉴定事项的用途不合法或者违背社会公德的。

（2）委托人提供的鉴定材料不真实或者取得方式不合法的。

（3）因鉴定材料不完整、不充分或者因鉴定材料耗尽、损坏，委托人不能或者拒绝补充提供符合要求的鉴定材料的。

（4）委托人的鉴定要求或者完成鉴定所需的技术要求超出本机构技术条件和鉴定能力的。

（5）委托人不履行司法鉴定协议书规定的义务或者被鉴定人不予配合，致使鉴定无法继续进行的。

（6）因不可抗力致使鉴定无法继续进行的。

（7）委托人撤销鉴定委托或者主动要求终止鉴定的。

（8）委托人拒绝支付鉴定费用的。

（9）司法鉴定协议书约定的其他终止鉴定的情形。

终止鉴定的，司法鉴定机构应当书面通知委托人，说明理由，退还鉴定材料；还应根据终止的原因及责任，酌情退还有关鉴定费用。

（三）补充鉴定、重新鉴定、复核鉴定、终局鉴定

1. 补充鉴定

有下列情形之一的，工程造价司法鉴定机构可以根据委托人的请求进行补充鉴定：

（1）委托人增加新的鉴定要求的。

（2）委托人发现委托的鉴定事项有遗漏的。

（3）委托人在鉴定过程中又提供或者补充了新的鉴定材料的。

（4）其他需要补充鉴定的情形。

补充鉴定是原委托鉴定的组成部分。

2. 复核鉴定

对工程造价鉴定结论有异议需进行复核鉴定的，其他资质较高的司法鉴定机构可以接受委托，进行复核鉴定。复核鉴定除需提交鉴定材料外，还应提交原司法鉴定文书。复核鉴定人须有不低于原司法鉴定人的专业技术职务的任职资格。

3. 重新鉴定

有下列情形之一的，工程造价司法鉴定机构可以接受委托进行重新鉴定：

（1）原工程造价司法鉴定人不具有从事原委托事项鉴定执业资格的。

（2）原工程造价司法鉴定机构超出登记的业务范围组织鉴定的。

（3）原工程造价司法鉴定人按规定应当回避没有回避的。

（4）委托人或者其他诉讼当事人对原鉴定意见有异议，并能提出合法依据和合理理由的。

（5）法律规定或者人民法院认为需要重新鉴定的其他情形。

接受重新鉴定委托的工程造价司法鉴定机构的资质条件，一般应当高于原委托的工程造价司法鉴定机构。重新鉴定，应当委托原工程造价鉴定机构以外的列入司法鉴定机构名册的其他司法鉴定机构进行；委托人同意的，也可以委托原工程造价司法鉴定机构，由其指定原司法鉴定人以外的其他符合条件的司法鉴定人进行。

四、工程造价司法鉴定文书的编制

工程造价司法鉴定文书也称工程造价司法鉴定意见书，是工程造价司法鉴定过程和鉴定结果的书面表达形式（包括文字、数据、图表和照片等），是委托人要求提供的重要诉讼证据，因此司法鉴定文书必须概念清楚、观点明确、文字规范、内容翔实。工程造价司法鉴定文书不得使用文言、方言和土语，不得涉及国家秘密，不得载有案件定性和确定当事人法律责任的内容。

工程造价司法鉴定机构在法定或者约定的鉴定期限内完成司法鉴定后，应当按时出具司法鉴定文书。

工程造价鉴定文书由封面、目录、正文、附件等几部分组成，详细内容如下。

1. 封面

工程造价司法鉴定文书的封面应当写明司法鉴定机构的名称、司法鉴定文书的类别和司法鉴定许可证号；封二应当写明声明、司法鉴定机构的地址和联系电话。

2. 目录

目录标明正文和附录部分章节名称和页码。

3. 正文

（1）标题：写明工程造价司法鉴定机构的名称和委托鉴定事项。

（2）编号：写明工程造价司法鉴定机构缩略名、年份、专业缩略语、文书性质缩略语及序号。

（3）基本情况：写明委托人、委托鉴定事项、受理日期、鉴定材料、鉴定日期、鉴定地点、在场人员、被鉴定人等内容。鉴定材料应当客观写明委托人提供的与委托鉴定事项有关的检材和鉴定资料的简要情况，并注明鉴定材料的出处。

（4）检案摘要：写明委托鉴定事项涉及案件的简要情况；如：说明建筑工程概况、招投标及合同情况、引起工程造价纠纷的原因、委托人及委托鉴定的要求等。有些项目还要介绍初审单位或原鉴定单位。

（5）鉴定过程：写明鉴定的实施过程和科学依据，包括鉴定程序、所用技术方法、技术标准和技术规范等内容。

1）确定工程造价鉴定涉及的依据。主要包括基础资料（如施工合同、施工图纸、设计变更、现场签证、执行的计价依据、材料价格、现场勘验记录、案情调查会议纪要等）、工程技术规范、国家有关法律、法规和规章等。

2）鉴定范围及要求。根据鉴证委托人提出的要求、范围和界定鉴证工作的全部内容。如：明确需要鉴定的是项目总造价，还是其中单位工程造价（如建筑、装饰、安装、市政或园林等单位工程造价），或其他事项。

3）鉴定方法。明确工程造价鉴定采用何种计算方法。

（6）分析说明：此部分是工程造价鉴定的重要内容，即工程造价鉴定的有关步骤、鉴定依据和结论的说明。反映造价鉴定结果的形成过程和相关计算。对鉴定结论要进行审查和判断；分析鉴定局部结果是否与鉴定前提相适应；鉴定依据的材料是否真实可靠；采用的鉴定方法是否科学；计算结果是否正确。有些无法用计算式或数字反映的，还必须加之文字说明。其他情况说明包括：如需由委托方定性的问题、需向委托方说明的问题及部分无法鉴定的项目说明等。

（7）鉴定意见：应当明确、具体、规范，具有针对性和适用性。主要根据鉴定要求，明确列出属于鉴定范围内的工程造价鉴定结论，并列出适合各专业造价、单方造价、主要材料消耗量的鉴定造价汇总表。还可根据需要决定是否增加文字说明。文字说明的内容一般包括：鉴定结论仅限于委托方提供资料和证据范围内；委托方提供资料的真实性由委托方负责；结论尚未包括的部分或尚有争议部分的看法；其他情况说明包括如需由委托方定性的问题、需向委托方说明的问题及部分无法鉴定的项目说明等。多人参加工程造价司法鉴定，对鉴定意见有不同意见的，应当注明。

（8）落款：由工程造价司法鉴定人签名或者盖章，并写明工程造价司法鉴定人的执业证号，同时加盖司法鉴定机构的司法鉴定专用章，并注明文书制作日期等。

（9）附注：对工程造价司法鉴定文书中需要解释的内容，可以在附注中作出说明。

4. 附件

工程造价司法鉴定文书附件应当包括与鉴定意见、检验报告有关的关键图表、照片等以及有关音像资料、参考文献等的目录。附件是工程造价司法鉴定文书的组成部分，应当附在工程造价司法鉴定文书的正文之后。

五、工程造价司法鉴定文书的出具和归档保管

1. 工程造价司法鉴定文书的出具

工程造及司法鉴定机构和司法鉴定人在法定或者约定的鉴定期限内完成委托的鉴定事项后，应当向委托人出具工程造价司法鉴定文书。工程造价司法鉴定文书应当由司法鉴定人签名或者盖章。

根据《建设部关于对工程造价司法鉴定有关问题的复函》（建办标函［2005］155号）的要求，从事工程造价司法鉴定，必须取得工程造价咨询资质，并在其资质许可范围内从事工程造价咨询活动。工程造价成果文件，应当由造价工程师签字，加盖执业专用章和单位公章后有效。从事工程造价司法鉴定的人员，必须具备注册造价工程师执业资格，并只得在其注册的机构从事工程造价司法鉴定工作，否则不具有在该机构的工程造价成果文件上签字的权力。

出具的司法鉴定文书一般应当一式三份，二份交委托人收执，一份由本机构存档；或按事先约定的份数出具。工程造价司法鉴定机构应当按照有关规定或者与委托人约定的方式，向委托人发送司法鉴定文书。委托人对工程造价司法鉴定机构的鉴定过程或者所出具的鉴定意见提出询问的，司法鉴定人应当给予解释和说明。

2. 工程造价司法鉴定文书的归档保管

司法鉴定机构完成委托的鉴定事项后，应当按照规定将司法鉴定文书以及在鉴定过程中形成的有关材料整理立卷，归档保管。

【例 9 - 1】　司法鉴定委托书示例如下：

委 托 鉴 定 书

××工程造价咨询有限公司：

　　我院审理的（20××）××初字第 7870 号原告××装饰装潢有限公司与被告××学院、××建筑工程局第×建筑工程公司建设工程施工合同纠纷一案，因原告××装饰装潢有限公司向我院提出申请，要求对其建设的工程项目进行评估，故委托贵公司进行评估，评估内容：

　　原告××装饰装潢有限公司为被告××学院建造的工程项目的价值。

委托单位：××市××法院

20××年××月××日

【例 9 - 2】　工程造价司法鉴定文书示例及其格式基本要求如下：

××工程造价咨询有限公司司法鉴定意见书

（司法鉴定机构的名称＋司法鉴定文书类别的标题：一般 2 号或者小 1 号宋体，加黑，居中排列）

司法鉴定许可证号：000000000

（司法鉴定机构许可证号：3 号仿宋体，居中排列）

声 明

(2号宋体，加黑，居中排列)

1. 委托人应当向鉴定机构提供真实、完整、充分的鉴定材料，并对鉴定材料的真实性、合法性负责。

2. 司法鉴定人按照法律、法规和规章规定的方式、方法和步骤，遵守和采用相关技术标准和技术规范进行鉴定。

3. 司法鉴定实行鉴定人负责制度。司法鉴定人依法独立、客观、公正地进行鉴定，不受任何个人和组织的非法干预。

4. 使用本鉴定文书应当保持其完整性和严肃性。

(声明内容：3号仿宋体)

地　　址：××市××路××号（邮政编码：000000）
联系电话：000－00000000

(司法鉴定机构的地址及联系电话：4号仿宋体)

××工程造价咨询有限公司
关于××学院学生公寓1号楼、实验楼
工程造价的鉴定意见书

编号××工程造价咨询有限公司［20××］×鉴字第20号

(编号：包括司法鉴定机构缩略名、年份、专业缩略语、文书性质缩略语及序号；年份、序号采用阿拉伯数字标识，年份应标全称，用方括号"［］"括入，序号不编虚位。5号宋体，居右排列。编号处加盖司法鉴定机构的司法鉴定专用章钢印)

一、基本情况 (3号黑体)

委 托 人：××市××法院 (二级标题：4号黑体，段首空2字)

(文内4号仿宋体，两端对齐，段首空2字，行间距一般为1.5倍。日期、数字等均采用阿拉伯数字标识。序号采用阿拉伯数字"1."等顺序排列。下同)

委托鉴定事项：

××市××法院审理的（2005）××初字第7870号原告××装饰装潢有限公司为被告××学院建造的工程项目的价值。

受理日期：20××年××月××日

鉴定材料：

××学院学生公寓1号楼、实验楼完成工程量交接单范围内的材料。

鉴定日期：20××年××月××日至××月××日

二、检案摘要

××市××法院审理的（20××）××初字第7870号原告××装饰装潢有限公司与被告××学院、××建筑工程局第×建筑工程公司建设工程施工合同纠纷一案，因原告××装饰装潢有限公司向××市××法院提出申请，要求对其建设的工程项目进行评估，故委托我公司进行评估，评估内容：

原告××装饰装潢有限公司为被告××学院建造的工程项目的价值。

三、鉴定过程

我公司接受贵院委托后，立即指派专业技术人员对位于××园区内××学院学生公寓1号楼、实验楼工程造价进行了鉴定，贵法院负责提供有关资料；我们的责任是根据提供的资料对该工程造价提出鉴定意见，在鉴定过程中实施了现场勘等必要的鉴定程序。经核实的具体情况如下：

被鉴定物位于××园区内××学院校园内，学生公寓1号楼建筑面积约8955m²，实验楼建筑面积约5170m²，均为框架结构。根据该工程原施工合同附件1，甲方为××学院，乙方为××建筑工程局第×建筑工程公司，丙方为××装饰装潢有限公司。

根据20××年6月9日甲、乙、丙方和监理单位确认的学生公寓1号楼、实验楼完成工程量交接单记载：实验楼工程实际完成工程量为"三层框架柱浇筑结束至三层梁底；三层（7.47m）以下框架柱、楼梯、楼板混凝土全部浇筑结束；外墙脚手架完成至三层顶板（11.1m）；柱钢筋接头按设计要求留至四层节点处；基础沙石回填至－1.5m（只计取人工费）。"学生公寓1号楼工程实际完成工程量为"三层框架柱、剪力墙①—17/A—F轴混凝土浇筑至三层梁底；三层柱、墙钢筋全部绑扎结束，接头到四层节点处；外墙脚手架完成至三层顶板（10.1m）；三层（6.57m）以下框架柱、楼梯、梁板混凝土全部浇筑结束；基础沙石回填至－1.5m（只计取人工费）。"

四、分析说明

1. 鉴定依据：

（1）××市××法院鉴定委托书及提供的有关资料；

（2）××××年《××市建设工程预算定额》、《××市建设工程费用定额》、××市建设工程造价管理处颁发的有关文件；

（3）该工程施工图纸、洽商等。

2. 鉴定范围：

××学院学生公寓 1 号楼、实验楼完成工程量交接单范围内。

3. 鉴定意见涉及的有关计算过程及其说明，详见附表。（略）

4. 特别说明：

（1）本鉴定结果只对本次委托有效；

（2）本鉴定结果只限于提供的有效证据范围。

五、鉴定意见

××学院学生公寓 1 号楼工程造价：3088226.00 元（人民币）；

××学院实验楼工程造价：1873683.00 元（人民币）；

××装饰装潢有限公司完成的项目工程造价合计金额（小写）：4961909.00 元（人民币）；合计金额（大写）：肆佰玖拾陆万壹仟玖佰零玖元整（人民币）。

六、落款

司法鉴定人签名（盖章）

《司法鉴定人执业证》证号：

加盖注册造价工程执业专用章：

司法鉴定人签名（盖章）

《司法鉴定人执业证》证号：

加盖注册造价工程执业专用章：

（司法鉴定机构司法鉴定专用章）

二〇××年×月×日

（文书制作日期：用简体汉字将年、月、日标全，"零"写为"〇"，居右排列。日期处加盖司法鉴定机构的司法鉴定专用章红印）

工程造价司法鉴定文书格式的其他要求还包括：

（1）本工程造价司法鉴定文书各页之间应当加盖工程造价司法鉴定机构的司法鉴定专用章红印，作为骑缝章。

（2）工程造价司法鉴定文书中需要添加附件的，须在鉴定结果后列出详细目录。

六、工程造价司法鉴定人的出庭

工程造价司法鉴定人执业时，应履行"依法出庭参与诉讼"的义务，这是法律规定的义务，是诉讼活动的需要，也是司法鉴定人支持自己出具的鉴定结论的需要。

对工程造价司法鉴定人出庭的一般要求：

（1）工程造价司法鉴定人应当按照司法机关或者仲裁机构的要求按时出庭。

（2）工程造价司法鉴定人应携带司法鉴定机构和司法鉴定人的资格证明，开庭时应当出示《司法鉴定人执业证书》和《中华人民共和国造价工程师注册执业证书》。

（3）工程造价司法鉴定人应携带已出具的司法鉴定文书及有关资料。

（4）工程造价司法鉴定人出庭时，应依法客观、公正、实事求是地回答司法鉴定相关问题。

司法公正是社会主义民主法制建设不断发展的需要，而司法鉴定公正则是实现司法公正的一项重要措施。规范的工程造价司法鉴定活动，是保证建筑市场经济秩序的需要。

思 考 题

1. 什么是工程造价司法鉴定？工程造价司法鉴定与工程造价审计有什么区别？

2. 简述工程造价司法鉴定业务操作的程序。

3. 简述工程造价司法鉴定人开展工程造价司法鉴定工作应当遵循的原则。

第十章 工程造价计算机管理

【学习指导】 本章主要讲述应用计算机计算工程造价的意义、特点、方法和步骤；预算编制软件系统的主要功能、预算编制软件使用的基本步骤；以及应用计算机编制土建工程施工图预算实例介绍等。通过本章的学习应做到掌握建筑工程造价软件的应用。

第一节 概 述

一、应用计算机计算建设工程造价的意义和特点

（一）应用计算机计算建设工程造价的意义

近年来，由于计算机技术发展迅速，出现了体积小、性能好、价格低、使用方便的微型计算机，这种计算机很快就在企业得到推广和普及，尤其是汉字系统的研究成功，为工程造价计算广泛应用计算机奠定了必要的软件和硬件基础，从而使微型计算机为修订定额、计算和分析工程造价、审查投标报价等提供了可靠的手段。

建设工程造价的计算（或施工图预算造价的编制）是一项相当繁琐的工作，其计算时间长，耗用人力多。传统的手工计算工程造价（编制预算），不仅速度慢、功效低，而且容易出差错。随着建筑业的发展和建筑市场的不断扩大，传统的手工计算工程造价（编制预算）已赶不上和不适应工程建设发展的需要，微型计算机是一种运算速度快、计算精度高、储存能力强、具有逻辑判断能力很强的信息处理和运算工具，将其应用在工程造价的计算及编制上，是提高工效、改善管理的重要手段。因此，应用计算机计算建设工程造价，对于工程招投标、企业实现现代化管理等都具有非常重要的意义。

（二）应用计算机计算建设工程造价的特点

应用计算机计算建设工程造价的特点，主要反映在它作为一种信息处理和运算工具所具有的优点，现分述如下：

（1）计算速度快、效率高、准确性强。由于应用计算机计算工程造价（编制预算），省去了繁琐的人工计算，大大地提高了工作效率，同时由于计算机计算的准确性，避免了人工计算中人为的差错。

（2）修改快、易调整。由于工程造价计算软件采用统一的编制计算程序，工程变更的修改，工程量计算规则的调整，定额套用及换算、打印修改等既快又方便。

（3）计算成果项目齐全、完整。应用计算机计算工程造价（编制预算），除完成工程造价（预算文件）本身的编制外，还对分层分段工程的工料进行了分析与统计，从而对项目成本的分析与控制起到了重要作用，其工料消耗指标、各项费用组成的比例等资料，也可为施工备料、施工计划编制和经济核算提供大量可靠的数据。

（4）人机对话、操作简单，有利于技术人员的培训。应用计算机计算工程造价（编制预算）的优势是十分明显的，只要对计算机基础知识有所了解的预算人员，经过短时间的培训，就能够独立地完成施工图预算的编制工作。

总之，计算机编制施工图预算优点概括起来是：快速准确、操作简便、修改调整方便、功能繁多。同时，应用计算机编制施工图预算也为进一步应用计算机编制工程初步规划、实施成本控制等奠定基础。

二、应用计算机编制施工图预算的方法和步骤

编制施工图预算的一般步骤大致是：工程量计算→钢筋计算→定额套价计算。

（一）工程量计算

工程量计算步骤是：

熟悉图纸→建立工程库→轴线输入→梁、柱、板、墙等主体输入→门窗洞口、楼梯、零星工程等的输入→房间、墙面等装饰工程输入→基础输入→计算汇总、打印。

（二）钢筋计算

钢筋计算步骤是：

熟悉图纸→建立工程库→梁、柱、板、墙等主体工程钢筋输入→构造柱、楼梯、零星工程钢筋输入→计算汇总、打印。

（三）定额套价计算

定额套价计算步骤是：

建立工程库→选择模板、费率→定额子目输入→计算、价差调整→选择打印输出。

第二节 工程造价管理软件

一、建筑工程造价软件概述

由于全国各地采用的定额水平不同，定额子目的划分也不尽相同，因此在预算软件的开发上存在很大的地域性。根据目前各软件商所开发的产品特征，归纳起来，比较完善的预算软件主要有工程量计算、钢筋计算、定额套价计算三大部分。工程量计算主要是由手工将图纸上的轴线及各构件分别定义并依次输入，然后由软件自动计算，得出所需工程量；钢筋目前在工程图纸上已基本采用平法表示，因此绝大部分软件已具备钢筋的平法输入法，输入的主要方式是表格输入和图标输入；定额套价计算是根据不同地区的建筑安装工程、市政工程、修缮工程、仿古园林工程等，建立不同的定额库，用于计算不同地区各种工程的工程造价。

概预算软件按开发方式大致分为以下三类：①由个人开发、单兵作战，开发出的软件水平较低、稳定性及易用性差，而且由于是个人升发，软件一般都无法升级，用户发现问题后，没办法解决，只有放弃该软件；②由建筑单位自行或合作开发，软件水平及稳定性较上一类软件有较大的提向，但由于该类软件针对性强，拿到与本单位情况稍有不向的地方，就无法继续使用；③是由专业软件公司在建筑界专家的协助下开发，开发出的产品水平高、稳定性好，并且充分考虑了预算人员的要求，量身订制，用户容易上手。产品在使用中发现问题后，可随时向软件公司提出修改要求，定时升级，得到完善的售后服务。

近几年，在信息技术飞速发展的推动下，全国工程造价信息技术有了很大的进步。在软件开发应用方面，大约有二三百家从事工程造价软件开发的企业。应用在工程建设中的工程造价应用软件已有上百种，现在市场上做得比较成熟的主要有"广联达"、"神机妙算"等一系列预算软件，其中"广联达"和"神机妙算"软件的市场占有率较高。无论哪种软件基本都包含图形算量、钢筋算量、工程量计价这三大模块。下面以北京慧中软件技术有限公司的"广联达"为例，说明工程概预算软件具有的主要特点及其应用。

"广联达"具备一般预算软件所必需的大多数功能，概括有以下主要特点。

（1）功能强大、界面友好、操作简单。

（2）独具用户自定义工程章节功能。

（3）定额子目录入方式灵活多样。

（4）预算工程量录入方便实用。

（5）汇总快速，条目清晰，调价方式灵活、方便。

（6）系统自带多套取费模板，取费方便，调整容易。

（7）报表美观大方，可原样导出到 Excel 保存、调整、打印。

二、建筑工程造价软件的应用

这里以"广联达"GBQ4.0 为例介绍一下建筑工程造价软件的功能与应用。GBQ4.0 是"广联达"推出的融计价、招标管理、投标管理于一体的计价软件，旨在帮助工程造价人员解决电子招投标环境下的工程计价、招投标业务问题。适用于招标人在招投标阶段编制工程量清单及标底；投标人在招投标阶段编制投标报价；施工单位在施工过程中编制进度结算；施工单位在竣工后编制竣工结算；甲方审核施工单位的竣工结算。

（一）软件构成及应用流程

GBQ4.0 包含三大模块，招标管理模块、投标管理模块、清单计价模块。招标管理和投标管理模块是站在整个项目的角度进行招投标工程造价管理。清单计价模块用于编辑单位工程的工程量清单或投标报价。在招标管理和投标管理模块中可以直接进入清单计价模块，软件使用流程如图 10-1 所示：

（二）软件操作流程

以投标人编制工程量清单为例，软件操作流程如下：

新建投标项目→编制单位工程分部分项工程量清单计价（包括套定额子目，输入子目工程量，子目换算，设置单价构成）→编制措施项目清单计价（包括计算公式组价、定额组价、实物量组价三种方式）→编制其他项目清单计价→人材机汇总（包括调整人材机价格，设置甲供材料、设备）→查看单位工程费用汇总（包括调整计价程序，工程造价调整）→查看报表→汇总项目总价（包括查看项目总价，调整项目总价）→生成电子标书（包括符合性检查，投标书自检，生成电子投标书，打印报表，刻录及导出电子标书）。

（三）新建投标项目、编制土建分部分项工程计价

1. 新建投标项目

在工程文件管理界面，点击【新建项目】→【新建投标项目】，如图 10-2 所示。

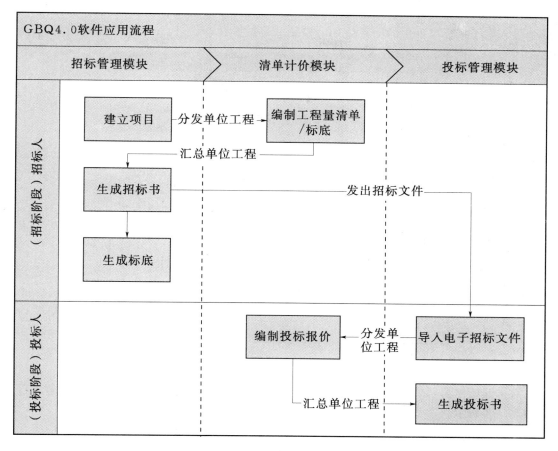

图 10-1

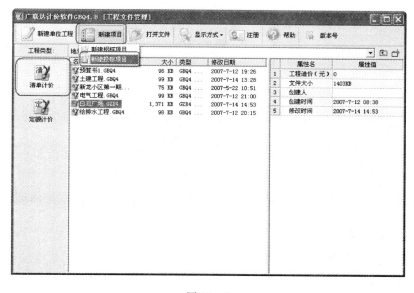

图 10-2

在新建投标工程界面，点击【浏览】，在桌面找到电子招标书文件，点击【打开】，软件会导入电子招标文件中的项目信息。如图 10-3 所示。

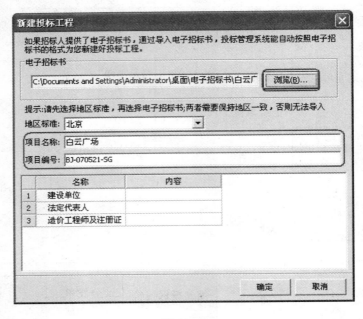

图 10-3

点击【确定】，软件进入投标管理主界面，可以看出项目结构也被完整导入进来了，如图 10-4 所示。

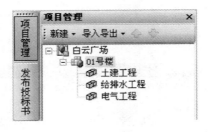

图 10-4

提示：除项目信息、项目结构外，软件还导入了所有单位工程的工程量清单内容。

2. 进入单位工程编辑界面

选择土建工程，点击【进入编辑窗口】，在新建清单计价单位工程界面设置如图 10-5所示。

点击【确定】后，软件会进入单位工程编辑主界面，能看到已经导入的工程量清单，如图 10-6 所示。

3. 套定额组价

在土建工程中，套定额组价通常采用的方式有以下五种。

（1）内容指引。选择平整场地清单，点击【内容指引】，选中 1-1 子目，如图 10-7 所示。

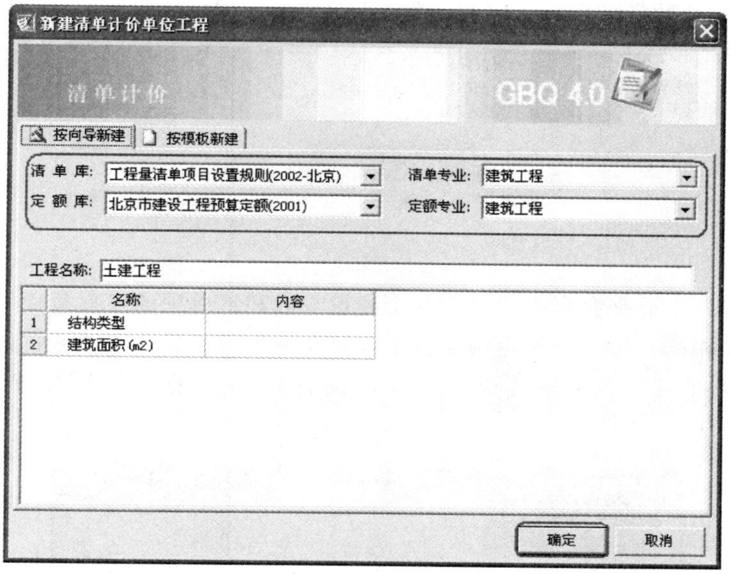

图 10-5

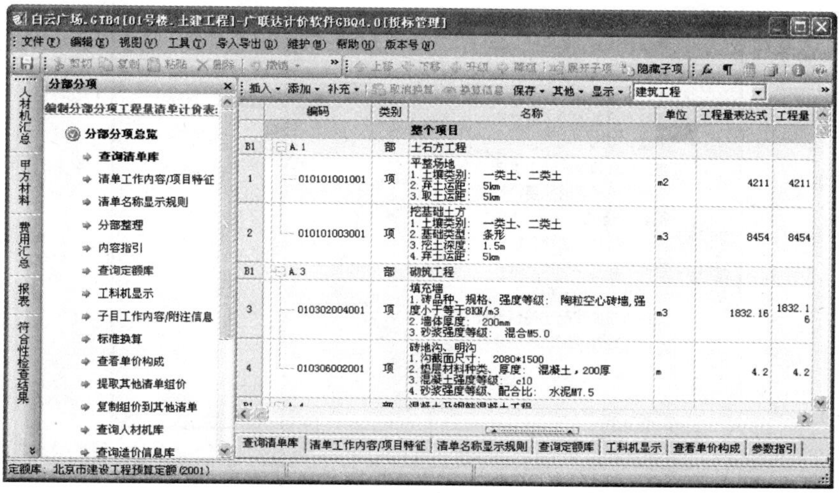

图 10-6

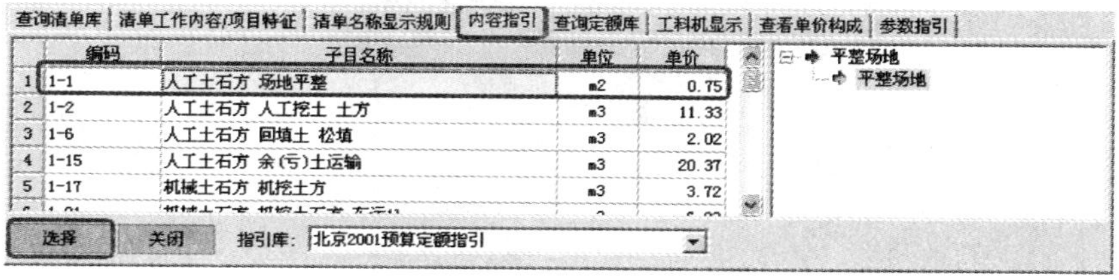

图 10-7

点击【选择】，软件即可输入定额子目，输入子目工程量如图10-8所示。

	编号	类别	名称	单位	工程量	综合单价
			整个项目			
B1	A.1	部	土石方工程			
1	010101001001	项	平整场地 1.土壤类别：一类土、二类土 2.弃土运距：5km 3.取土运距：5km	m2	4211	0.91
	1-1	定	人工土石方 场地平整	m2	5895.4	0.65

图 10 - 8

提示：清单项下面都会有主子目，其工程量一般和清单项的工程量相等，如果子目计量单位和清单项相同，可以设置定额子目工程量和清单项一致，设置方式如下。

点击下拉菜单【工具】→【预算书属性设置】，在预算书属性设置界面中设置如图10-9所示。

	选项名	选项值
1	**通用**	
2	按市场价组价	☑
3	层次码显示方式	章节码(A.1.1)
4	**直接输入**	
5	标准换算后多条子目合并	☑
6	输入清单后直接输入子目	☑
7	子目工程量自动等于清单工程量	☑
8	主材、设备遵循系数换算	☐
9	隐藏补差项	☑
10	直接输入换算时给出提示	☑
11	直接输入子目时需要材料询价	☐
12	**配合比选项**	
13	商品配比材料二次分析	☐
14	现浇配比材料二次分析	☑
15	机械台班组成分析	☐
16	允许直接修改配比材料单价	☐
17	允许直接修改配比机械单价	☐

图 10 - 9

（2）参数指引。选择挖基础土方清单，点击【参数指引】，设置参数如图10-10所示。

工作内容	参数	参数值
土方开挖	挖土方式	机械
	挖土类型	挖沟槽
截桩头	截桩	☐
基底钎探	打钎拍底	☑
运输	运输方式	机械运输(挖沟槽深5m以内)
	运距(km)	5

图 10 - 10

点击【执行指引并添加】，软件会按照参数自动套好定额子目，输入子目工程量如图 10－11所示。

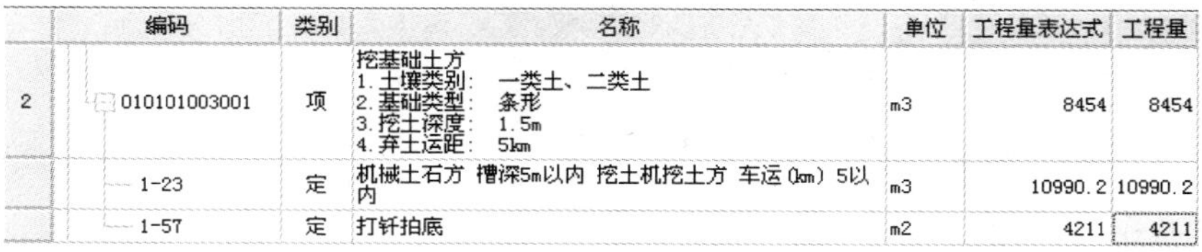

	编码	类别	名称	单位	工程量表达式	工程量
2	010101003001	项	挖基础土方 1.土壤类别：一类土、二类土 2.基础类型：条形 3.挖土深度：1.5m 4.弃土运距：5km	m3	8454	8454
	1-23	定	机械土石方 槽深5m以内 挖土机挖土方 车运(km) 5以内	m3	10990.2	10990.2
	1-57	定	打钎拍底	m2	4211	4211

图 10－11

（3）直接输入。选择填充墙清单，点击【插入】→【插入子目】，如图 10－12 所示。

插入
添加
补充
查找
插入清单项 Ctrl+Ins
插入子目 Ins
插入一级分部
插入二级分部
插入三级分部
插入四级分部

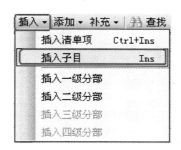

图 10－12

在空行的编码列输入 4-42，工程量为 1832.16，如图 10－13 所示。

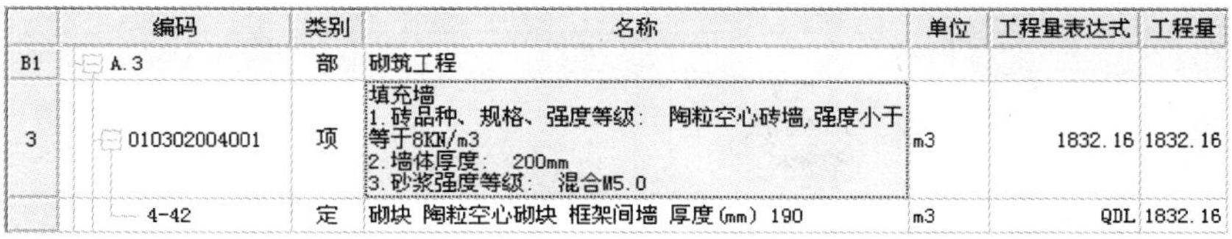

	编码	类别	名称	单位	工程量表达式	工程量
B1	A.3	部	砌筑工程			
3	010302004001	项	填充墙 1.砖品种、规格、强度等级：陶粒空心砖墙，强度小于等于8KN/m3 2.墙体厚度：200mm 3.砂浆强度等级：混合M5.0	m3	1832.16	1832.16
	4-42	定	砌块 陶粒空心砌块 框架间墙 厚度(mm) 190	m3	QDL	1832.16

图 10－13

（4）查询输入。选中 010401003001 满堂基础清单，点击【查询定额库】，选择垫层、基础章节，选中 5-1 子目，点击【选择子目】，用相同的方式输入 5-4 子目，如图 10－14 所示。

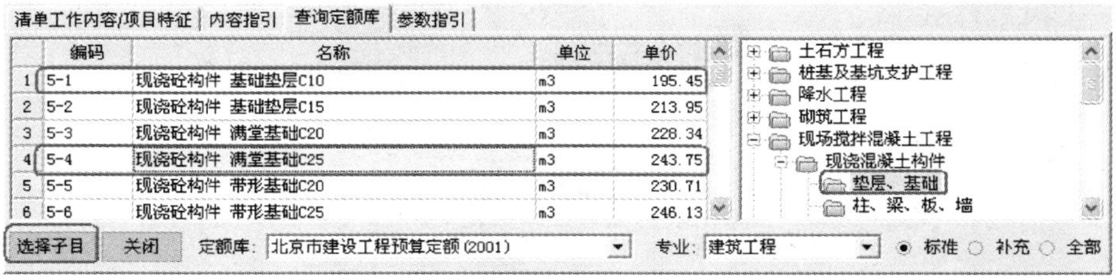

清单工作内容/项目特征
内容指引
查询定额库
参数指引
土石方工程
桩基及基坑支护工程
降水工程
砌筑工程
现场搅拌混凝土工程
现浇混凝土构件
垫层、基础
柱、梁、板、墙
选择子目
关闭
定额库：北京市建设工程预算定额(2001)
专业：建筑工程
标准
补充
全部

	编码	名称	单位	单价
1	5-1	现浇砼构件 基础垫层C10	m3	195.45
2	5-2	现浇砼构件 基础垫层C15	m3	213.95
3	5-3	现浇砼构件 满堂基础C20	m3	228.34
4	5-4	现浇砼构件 满堂基础C25	m3	243.75
5	5-5	现浇砼构件 带形基础C20	m3	230.71
6	5-6	现浇砼构件 带形基础C25	m3	246.13

图 10－14

（5）跨专业子目输入。在右上角选择专业为装饰工程，如图 10-15 所示。

图 10-15

选中散水、坡道清单，点击【插入】→【插入子目】，输入 1-1，1-7 子目，如图 10-16所示。

	编码	类别	名称	单位	工程量表达式	工程量	综合单价
18	010407002001	项	散水、坡道 1.垫层材料种类、厚度：灰土3：7，300mm厚 2.混凝土强度等级：c15 3.混凝土拌和料要求：石子粒径0.5～3.2cm	m2	415	415	45.7
	1-1	定	垫层 灰土3：7	m3	QDL	415	45.7
	1-7	定	垫层 现场搅拌 混凝土	m3		0	207.06

图 10-16

参考图 10-17 输入定额子目。

4. 输入子目工程量

输入定额子目的工程量，如图 10-17 所示。

	编码	类别	名称	工程量表达式	工程量
			整个项目		
B1	A.1	部	土石方工程		
1	010101001001	项	平整场地 1.土壤类别：一类土、二类土 2.弃土运距：5km 3.取土运距：5km	4211	4211
	1-1	定	人工土石方 场地平整	5895.4	5895.4
2	010101003001	项	挖基础土方 1.土壤类别：一类土、二类土 2.基础类型：条形 3.挖土深度：1.5m 4.弃土运距：5km	8454	8454
	1-23	定	机械土石方 槽深5m以内 挖土机挖土方 车运(0km) 5以内	10990.2	10990.2
	1-57	定	打钎拍底	4211	4211
B1	A.3	部	砌筑工程		
3	010302004001	项	填充墙 1.砖品种、规格、强度等级：陶粒空心砖墙，强度小于等于8kN/m3 2.墙体厚度：200mm 3.砂浆强度等级：混合M5.0	1832.16	1832.16
	4-42	定	砌块 陶粒空心砌块 框架间墙 厚度(mm) 190	QDL	1832.16
4	010306002001	项	砖地沟、明沟 1.沟截面尺寸：2080×1500 2.垫层材料种类、厚度：混凝土，200厚 3.混凝土强度等级：c10 4.砂浆强度等级、配合比：水泥M7.5	4.2	4.2
	5-1	定	现浇砼构件 基础垫层C10	1.83	1.83
	4-32	定	砌砖 砖砌沟道	1.953	1.953
	11-54	定	预制砼构件制作安装 沟盖板	4.2*0.18	0.756
	9-1	定	预制砼构件运输 一类构件 5km以内	4.2*0.18	0.756

图 10-17（一）

	编码	类别	名称	工程量表达式	工程量
B1	A.4	部	混凝土及钢筋混凝土工程		
5	010401003001	项	满堂基础 1. 垫层材料种类、厚度： C10混凝土（中砂），100mm 2. 混凝土强度等级： c30 3. 混凝土拌和料要求： 石子粒径0.5～3.2cm	1958.12	1958.12
	5-1	定	现浇砼构件 基础垫层C10	279.73	279.73
	5-4	定	现浇砼构件 满堂基础C25	QDL	1958.12
6	010402001001	项	首层以下矩形柱 1. 柱高度： 基础~4.1 2. 混凝土强度等级： c35 3. 混凝土拌和料要求： 石子粒径0.5～3.2cm	263.46	263.46
	5-18	定	现浇砼构件 柱 C35	QDL	263.46
7	010402001002	项	二层以上矩形柱 1. 柱高度： 4.1m以上 2. 混凝土强度等级： c30 3. 混凝土拌和料要求： 石子粒径0.5～3.2cm	1110.24	1110.24
	5-17	定	现浇砼构件 柱 C30	QDL	1110.24
8	010403001001	项	基础梁 1. 混凝土强度等级： c30 2. 混凝土拌和料要求： 石子粒径0.5～3.2cm	203.33	203.33
	5-24	定	现浇砼构件 梁 C30	QDL	203.33
9	010403002001	项	矩形梁 1. 混凝土强度等级： c30 2. 混凝土拌和料要求： 石子粒径0.5～3.2cm	1848.64	1848.64
	5-24	定	现浇砼构件 梁 C30	QDL	1848.64
10	010403005001	项	过梁 1. 混凝土强度等级： c20 2. 混凝土拌和料要求： 石子粒径0.5～3.2cm	53.68	53.68
	5-26	定	现浇砼构件 过梁、圈梁 C20	QDL	53.68
11	010404001001	项	直形墙 1. 墙厚度： 250mm 2. 混凝土强度等级： c30 3. 混凝土拌和料要求： 石子粒径0.5～3.2cm	1129.93	1129.93
	5-36	定	现浇砼构件 墙 C30	QDL	1129.93

	编码	类别	名称	工程量表达式	工程量
12	010404001002	项	直形女儿墙 1. 墙厚度： 200mm 2. 混凝土强度等级： c30 3. 混凝土拌和料要求： 石子粒径0.5～3.2cm	221.38	221.38
	5-36	定	现浇砼构件 墙 C30	QDL	221.38
13	010405001001	项	有梁板 1. 板厚度： 120mm 2. 混凝土强度等级： c30 3. 混凝土拌和料要求： 石子粒径0.5～3.2cm	2172.15	2172.15
	5-29	定	现浇砼构件 板 C30	QDL	2172.15
14	010405003001	项	平板 1. 板厚度： 140mm 2. 混凝土强度等级： c30 3. 混凝土拌和料要求： 石子粒径0.5～3.2cm	44.27	44.27
	5-29	定	现浇砼构件 板 C30	QDL	44.27
15	010405006001	项	栏板 1. 板厚度： 100mm 2. 混凝土强度等级： c30 3. 混凝土拌和料要求： 石子粒径0.5～3.2cm	4.11	4.11
	5-51	定	现浇砼构件 栏板 C25	QDL	4.11
16	010405008001	项	雨蓬、阳台板 1. 混凝土强度等级： c30 2. 混凝土拌和料要求： 石子粒径0.5～3.2cm	5.07	5.07
	5-47	定	现浇砼构件 雨罩 C30	QDL	5.07
17	010406001001	项	直形楼梯 1. 混凝土强度等级： C30 2. 混凝土拌和料要求： 石子粒径0.5～3.2cm	790.79	790.79
	5-41	定	现浇砼构件 楼梯 直形 C30	QDL	790.79
18	010407002001	项	散水、坡道 1. 垫层材料种类、厚度： 灰土3:7，300mm厚 2. 混凝土强度等级： c15 3. 混凝土拌和料要求： 石子粒径0.5～3.2cm	415	415
	1-1	定	垫层 灰土3:7	124.5	124.5
	1-7	定	垫层 现场搅拌 混凝土	24.9	24.9

图 10 - 17 （二）

	编码	类别	名称	工程量表达式	工程量
	1-1	定	垫层 灰土3:7	124.5	124.5
	1-7	定	垫层 现场搅拌 混凝土	24.9	24.9
19	010408001001	项	后浇带 1.部位：梁 2.混凝土强度等级：c35 3.混凝土拌和料要求：石子粒径0.5～3.2cm	9.83	9.83
	5-62	定	现浇砼构件 后浇带 楼板 C35	QDL	9.83
20	010408001002	项	后浇带 1.部位：板 2.混凝土强度等级：c35 3.混凝土拌和要求：石子粒径0.5～3.2cm	20.61	20.61
	5-62	定	现浇砼构件 后浇带 楼板 C35	QDL	20.61
21	010416001001	项	现浇混凝土钢筋 1.钢筋种类、规格：10以内	537.093	537.093
	8-1	定	钢筋 Φ10以内	QDL	537.093
22	010416001002	项	现浇混凝土钢筋 1.钢筋种类、规格：10以外	1488.66	1488.66
	8-2	定	钢筋 10以外	QDL	1488.66
	8-7	定	钢筋机械连接 锥螺纹接头 Φ25以内	26986	26986
	8-8	定	钢筋机械连接 锥螺纹接头 Φ25以外	5386	5386
23	010417002001	项	预埋铁件	0.435	0.435
	8-5	定	预埋铁件制安	QDL	0.435
B1	A.7	部	屋面及防水工程		
24	010702001002	项	屋面卷材防水	3962.69	3962.69
	13-1	定	水泥砂浆找平层 厚度(mm) 20 平面	QDL	3962.69
	13-98	定	屋面防水 SBS改性沥青防水卷材 厚度(mm) 3	QDL	3962.69
	13-98	定	屋面防水 SBS改性沥青防水卷材 厚度(mm) 3	QDL	3962.69
	12-35	定	屋面面层 着色剂	QDL	3962.69
B1	A.8	部	防腐、隔热、保温工程		
25	010803001001	项	保温隔热屋面 1.100 厚聚苯板保温层，密度18 Kg/m 3	3654.98	3654.98
	12-16	定	屋面保温 聚苯乙烯泡沫板	365.498	365.498

图 10－17（三）

5. 换算

（1）配比材料换算。

1）砂浆换算：选中砖地沟、明沟清单下的 4-32 子目，在子目名称后面输入 M7.5，软件即将子目中的 M5 水泥砂浆换算为 M7.5 水泥砂浆材料。如图 10－18 所示。

	编码	类别	名称	单位	工程量表达式	工程量	综合单价
4	010306002001	项	砖地沟、明沟 1.沟截面尺寸：2080*1500 2.垫层材料种类、厚度：混凝土，200厚 3.混凝土强度等级：c10 4.砂浆强度等级、配合比：水泥M7.5	m	4.2	4.2	307.57
	5-1	定	现浇砼构件 基础垫层C10	m3	1.83	1.83	204.58
	4-32	定	砌砖 砖砌沟道 M7.5	m3	1.953	1.953	179.21
	11-54	定	预制砼构件制作安装 沟盖板	m3	4.2*0.18	0.756	705.26
	9-1	定	预制砼构件运输 一类构件 5km以内	m3	4.2*0.18	0.756	45.27

图 10－18

2）混凝土换算：选中满堂基础清单下的 5-4 子目，在子目名称后面输入 C30，软件即将子目中的 C25 混凝土换算为 C30 混凝土材料。如图 10－19 所示。

	编码	类别	名称	单位	工程量表达式	工程量	综合单价
B1	A.4	部	混凝土及钢筋混凝土工程				
5	010401003001	项	满堂基础 1.垫层材料种类、厚度：C10混凝土（中砂），100mm 2.混凝土强度等级：c30 3.混凝土拌和料要求：石子粒径0.5～3.2cm	m3	1958.12	1958.12	478.24
	5-1	定	现浇砼构件 基础垫层C10	m3	QDL	1958.12	204.58
	5-4	定	现浇砼构件 满堂基础C30	m3	QDL	1958.12	273.65

图 10－19

（2）标准换算。

选中砖地沟、明沟清单下的 9-1 子目，在左侧功能区点击【标准换算】，在右下角属性窗口的标准换算界面输入实际运距为 8km，如图 10-20 所示。

| 内容指引 | 查询定额库 | 工料机显示 | **标准换算** | 查看单价构成 | 参数指引 |

执行方式：　◉ 清除原有换算　　○ 在原有换算基础上再进行换算

	提示信息	值
1	⊟ 实际运距 (km)	
2	├ 实际厚度/运距:	8

| **应用换算** | 取消换算 | 上移 | 下移 | 关闭 |

图 10-20

点击【应用换算】，则软件会把子目换算为运距为 8km，如图 10-21 所示。

	编码	类别	名称	单位	工程量表达式	工程量	综合单价
4	⊟ 010306002001	项	砖地沟、明沟 1.沟截面尺寸：　2080*1500 2.垫层材料种类、厚度：混凝土,200厚 3.混凝土强度等级：　c10 4.砂浆强度等级、配合比：　水泥M7.5	m	4.2	4.2	308.52
	5-1	定	现浇砼构件 基础垫层C10	m3	1.83	1.83	204.58
	4-32	定	砌砖 砖砌沟道 M7.5	m3	1.953	1.953	179.21
	11-54	定	预制砼构件制作安装 沟盖板 M7.5	m3	4.2*0.18	0.756	704.87
	9-1	换	预制砼构件运输 一类构件 8km以内	m3	4.2*0.18	0.756	50.92

图 10-21

其他需要换算换算的子目包括：

1）砖地沟、明沟清单下的 4-32，11-54 子目，水泥砂浆标号由 M5 换算为 M7.5；

2）栏板清单下的 5-51，混凝土标号由 C25 换为 C30。

换算完毕后，请按照下图所示核对清单项及定额子目的数量、价格。如图 10-22 所示。

	编码	类别	名称	单位	工程量表达式	工程量	综合单价	综合合价
			整个项目					10014325
B1	A.1	部	土石方工程					148141.79
1	⊟ 010101001001	项	平整场地 1.土壤类别：　一类土、二类土 2.弃土运距：　5km 3.取土运距：　5km	m2	4211	4211	0.91	3832.01
	1-1	定	人工土石方 场地平整	m2	5895.4	5895.4	0.65	3832.01
2	⊟ 010101003001	项	挖基础土方 1.土壤类别：　一类土、二类土 2.基础类型：条形 3.挖土深度：　1.5m 4.弃土运距：　5km	m3	8454	8454	17.07	144309.78
	1-23	定	机械土石方 槽深5m以内 挖土机挖土方 车运(km) 5以内	m3	10990.2	10990.2	12.57	138146.81
	1-57	定	打钎拍底	m3	4211	4211	1.42	5979.62
B1	A.3	部	砌筑工程					316280.73
3	⊟ 010302004001	项	填充墙 1.砖品种、规格、强度等级：陶粒空心砖墙,强度小于等于8DN/m3 2.墙体厚度：　200mm 3.砂浆强度等级：　混合M5.0	m3	1832.16	1832.16	171.92	314984.95
	4-42	定	砌块 陶粒空心砌块 框架间墙 厚度(mm) 190	m3	QDL	1832.16	171.92	314984.95
4	⊟ 010306002001	项	砖地沟、明沟 1.沟截面尺寸：　2080×1500 2.垫层材料种类、厚度：混凝土,200厚 3.混凝土强度等级：　c10 4.砂浆强度等级、配合比：　水泥M7.5	m	4.2	4.2	308.52	1295.78
	5-1	定	现浇砼构件 基础垫层C10	m3	1.83	1.83	204.58	374.38
	4-32	换	砌砖 砖砌沟道	m3	1.953	1.953	179.21	350
	11-54	换	预制砼构件制作安装 沟盖板	m3	4.2*0.18	0.756	704.87	532.88
	9-1	换	预制砼构件运输 一类构件 8km以内	m3	4.2*0.18	0.756	50.92	38.5

图 10-22（一）

序号	类型	编码	项目名称及特征描述	单位			单价	合价
B1	部	A.4	混凝土及钢筋混凝土工程					9080307.03
5	项	010401003001	满堂基础 1.垫层材料种类、厚度：C10混凝土（中砂），100mm 2.混凝土强度等级 c30 3.混凝土拌和料要求: 石子粒径0.5～3.2cm	m3	1958.12	1958.12	302.87	593055.8
	定	5-1	现浇砼构件 基础垫层C10	m3	279.73	279.73	204.58	57227.16
	换	5-4	现浇砼构件 满堂基础C30	m3	QDL	1958.12	273.65	535839.54
6	项	010402001001	首层以下矩形柱 1.柱高度：基础~4.1 2.混凝土强度等级 c35 3.混凝土拌和料要求: 石子粒径0.5～3.2cm	m3	263.46	263.46	307.9	81119.33
	定	5-18	现浇砼构件 柱 C35	m3	QDL	263.46	307.9	81119.33
7	项	010402001002	二层以上矩形柱 1.柱高度：4.1m以上 2.混凝土强度等级 c30 3.混凝土拌和料要求: 石子粒径0.5～3.2cm	m3	1110.24	1110.24	293.3	325633.39
	定	5-17	现浇砼构件 柱 C30	m3	QDL	1110.24	293.3	325633.39
8	项	010403001001	基础梁 1.混凝土强度等级 c30 2.混凝土拌和料要求: 石子粒径0.5～3.2cm	m3	203.33	203.33	287.7	58498.04
	定	5-24	现浇砼构件 梁 C30	m3	QDL	203.33	287.7	58498.04
9	项	010403002001	矩形梁 1.混凝土强度等级 c30 2.混凝土拌和料要求: 石子粒径0.5～3.2cm	m3	1848.64	1848.64	287.7	531853.73
	定	5-24	现浇砼构件 梁 C30	m3	QDL	1848.64	287.7	531853.73
10	项	010403005001	过梁 1.混凝土强度等级 c20 2.混凝土拌和料要求: 石子粒径0.5～3.2cm	m3	53.68	53.68	274.36	14727.64
	定	5-26	现浇砼构件 过梁、圈梁 C20	m3	QDL	53.68	274.36	14727.64
11	项	010404001002	直形墙 1.墙厚度：250mm 2.混凝土强度等级 c30 3.混凝土拌和料要求: 石子粒径0.5～3.2cm	m3	1129.93	1129.93	286.61	323849.24
	定	5-36	现浇砼构件 墙 C30	m3	QDL	1129.93	286.61	323849.24
12	项	010404001004	直形女儿墙 1.墙厚度：200mm 2.混凝土强度等级 c30 3.混凝土拌和料要求: 石子粒径0.5～3.2cm	m3	221.38	221.38	286.61	63449.72
	定	5-36	现浇砼构件 墙 C30	m3	QDL	221.38	286.61	63449.72
13	项	010405001002	有梁板 1.板厚度：120mm 2.混凝土强度等级 c30 3.混凝土拌和料要求: 石子粒径0.5～3.2cm	m3	2172.15	2172.15	285.59	620344.32
	定	5-29	现浇砼构件 板 C30	m3	QDL	2172.15	285.59	620344.32
14	项	010405003001	平板 1.板厚度：140mm 2.混凝土强度等级 c30 3.混凝土拌和料要求: 石子粒径0.5～3.2cm	m3	44.27	44.27	285.59	12643.07
	定	5-29	现浇砼构件 板 C30	m3	QDL	44.27	285.59	12643.07
15	项	010405006001	栏板 1.板厚度：100mm 2.混凝土强度等级 c30 3.混凝土拌和料要求: 石子粒径0.5～3.2cm	m3	4.11	4.11	281.87	1158.49
	定	5-51	现浇砼构件 栏板 C25	m3	QDL	4.11	281.87	1158.49
16	项	010405008001	雨蓬、阳台板 1.混凝土强度等级 c30 2.混凝土拌和料要求: 石子粒径0.5～3.2cm	m3	5.07	5.07	314.93	1596.7
	定	5-47	现浇砼构件 雨罩 C30	m3	QDL	5.07	314.93	1596.7
17	项	010406001001	直形楼梯 1.混凝土强度等级 C30 2.混凝土拌和料要求: 石子粒径0.5～3.2cm	m2	790.79	790.79	79.79	63097.13
	定	5-41	现浇砼构件 楼梯 直形 C30	m2	QDL	790.79	79.79	63097.13
18	项	010407002001	散水、坡道 1.垫层材料种类、厚度：灰土3:7, 300mm厚 2.混凝土强度等级 c15 3.混凝土拌和料要求: 石子粒径0.5～3.2cm	m2	415	415	26.14	10848.1
	定	1-1	垫层 灰土3:7	m3	124.5	124.5	45.7	5689.65
	定	1-7	垫层 现场搅拌 混凝土	m3	24.9	24.9	207.06	5155.79
19	项	010408001001	后浇带 1.部位 梁 2.混凝土强度等级 c35 3.混凝土拌和料要求: 石子粒径0.5～3.2cm	m3	9.83	9.83	351.5	3455.25
	定	5-62	现浇砼构件 后浇带 樑板 C35	m3	QDL	9.83	351.5	3455.25
20	项	010408001002	后浇带 1.部位 板 2.混凝土强度等级 c35 3.混凝土拌和料要求: 石子粒径0.5～3.2cm	m3	20.61	20.61	351.5	7244.42
	定	5-62	现浇砼构件 后浇带 樑板 C35	m3	QDL	20.61	351.5	7244.42
21	项	010416001001	现浇混凝土钢筋 1.钢筋种类、规格: 10以内	t	537.093	537.093	2997.54	1609957.75
	定	8-1	钢筋 Φ10以内	t	QDL	537.093	2997.54	1609957.75
22	项	010416001002	现浇混凝土钢筋 1.钢筋种类、规格: 10以外	t	1488.66	1488.66	3194.9	4756119.83
	定	8-2	钢筋 Φ10以外	t	QDL	1488.66	3025.13	4503390.03
	定	8-7	钢筋机械连接 锥螺纹接头 Φ25以内	个	26986	26986	7.02	189441.72
	定	8-8	钢筋机械连接 锥螺纹接头 Φ25以外	个	5366	5366	11.78	63447.08
23	项	010417002001	预埋铁件	t	0.435	0.435	3804.77	1655.08
	定	8-5	预埋铁件制安	t	QDL	0.435	3804.77	1655.07
B1	部	A.7	屋面及防水工程					363418.3
24	项	010702001002	屋面卷材防水	m2	3962.69	3962.69	91.71	363418.3
	定	13-1	水泥砂浆找平层 厚度(mm) 20 平面	m2	QDL	3962.69	6.63	26272.63
	定	13-98	屋面防水 SBS改性沥青防水卷材 厚度(mm) 3	m2	QDL	3962.69	42.04	166591.49
	定	13-98	屋面防水 SBS改性沥青防水卷材 厚度(mm) 3	m2	QDL	3962.69	42.04	166591.49
	定	12-35	屋面面层 着色剂	m2	QDL	3962.69	1	3962.69
B1	部	A.8	防腐、隔热、保温工程					106177.17
25	项	010803001001	保温隔热屋面 1.100 厚聚苯板保温层，密度18 kg/m3	m2	3654.98	3654.98	29.05	106177.17
	定	12-16	屋面保温 聚苯乙烯泡沫板	m3	365.498	365.498	290.59	106210.06

图 10-22 （二）

6. 设置单价构成

在左侧功能区点击【设置单价构成】→【单价构成管理】，如图 10 - 23 所示。

图 10 - 23

在管理取费文件界面输入现场经费及企业管理费的费率，如图 10 - 24 所示。

序号	费用代码	名称	计算基数	基数说明	费率(%)	费用类别	备注	是否输出
1	1	A	人工费	A1-A2	子目人工费-其中规费		人工费		☑
2	1.1	A1	子目人工费	RGF	人工费				☑
3	1.2	A2	其中规费	RGF_GR	综合工日人工费	18.73	人工费中规		☑
4	2	B	材料费	CLF	材料费		材料费		☑
5	3	C	机械费	JXF	机械费		机械费		☑
6	4	D	小计	A+B+C	人工费+材料费+机械费		直接费		☑
7	5	E	现场经费	E1-E2	含规费现场经费-其中规费		现场经费		☑
8	5.1	E1	含规费现场经费	D	小计	5.4		按不同工	☑
9	5.2	E2	其中规费	E1	含规费现场经费	14.45	现场经费中		☑
10	6	F	直接费	D+E	小计+现场经费		直接费		☑
11	7	G	企业管理费	G1-G2	含规费企业管理费-其中规费		企业管理费		☑
12	7.1	G1	含规费企业管理	F	直接费	6.74		按不同工	☑
13	7.2	G2	其中规费	G1	含规费企业管理费	29.16	企业管理费		☑
14	8	H	利润	F+G	直接费+企业管理费	7	利润		☑
15	9	I	风险费用	F	直接费	0	风险		☑
16	10		综合单价	F+G+H+I	直接费+企业管理费+利润+风险费用		合计		☑

图 10 - 24

提示：通过以上方式就完成了土建单位工程分部分项工程量清单计价。

（四）编制措施、其他等内容

1. 措施项目费

（1）普通措施项。

1）输入费用：选中环境保护项，点击【组价内容】，在组价内容界面计算基数中输入 75000，如图 10 - 25 所示。

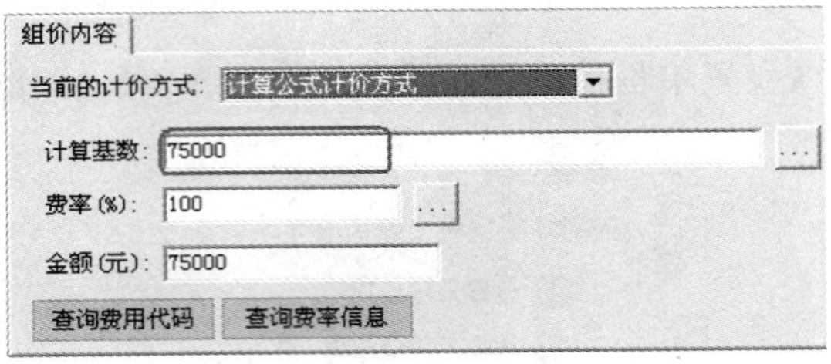

图 10 - 25

2）设置费用明细：点击【费用明细】→【编辑】，设置利润的费率为 0，如图 10 - 26 所示。

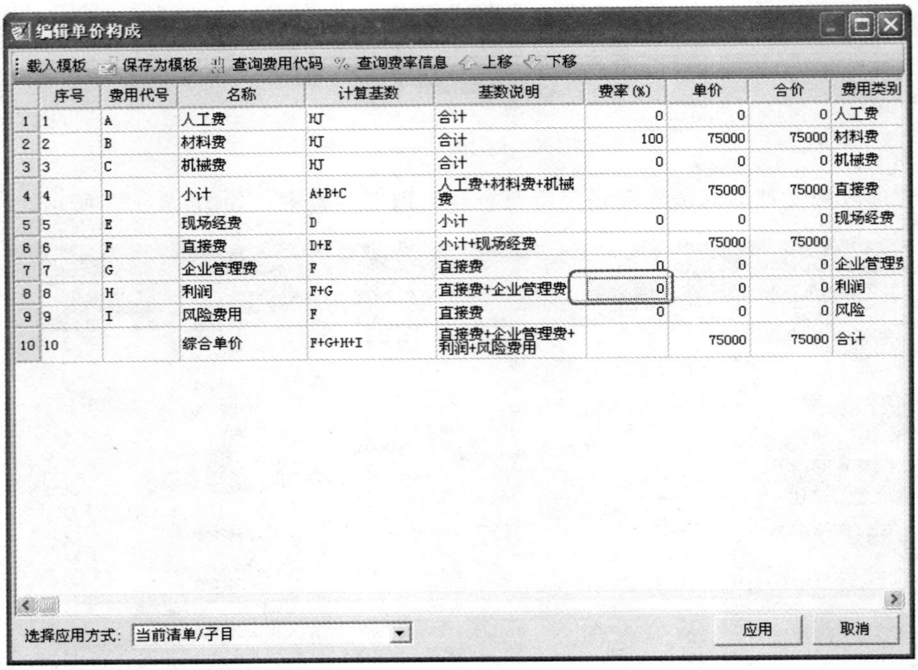

图 10 - 26

以同样的方式设置文明施工、安全施工、临时设施等费用，如图 10 - 27 所示。

序号		名称	单位	工程量	综合单价	综合合价
		措施项目				693000
	1	通用项目				693000
	1.1	环境保护	项	1	75000	75000
	1.2	文明施工	项	1	75000	75000
	1.3	安全施工	项	1	75000	75000
	1.4	临时设施	项	1	468000	468000

图 10 - 27

（2）混凝土模板。选择混凝土模板措施项，点击【组价内容】→【提取模板子目】。选中 5-1 子目，在对应的"模板类别"列，单击鼠标，在下拉选项中选择"混凝土基础垫层模板"，如图 10-28 所示。

	混凝土子目				模板子目				
	编码	名称	单位	工程量	编码	模板类别	系数	单位	工程量
1	010401003001	满堂基础		1958.120					
2	5-1	现浇砼构件 基础垫层	m3	279.7300	7-1	0 ▼	1.3800	m2	386.027
3	5-4	现浇砼构件 满堂基础	m3	1958.120	7-7	混凝土基础垫层模板	0.4600	m2	900.735

图 10-28

用同样的方式选择混凝土模板子目，如图 10-29 所示。

	混凝土子目				模板子目				
	编码	名称	单位	工程量	编码	模板类别	系数	单位	工程量
1	010401003001	满堂基础		1958.120					
2	5-1	现浇砼构件 基础垫层	m3	279.7300	7-1	混凝土基础垫层模板	1.3800	m2	386.027
3	5-4	现浇砼构件 满堂基础	m3	1958.120	7-7	无梁式模板	0.4600	m2	900.735
4	010306002001	砖地沟、明沟		4.2000					
5	5-1	现浇砼构件 基础垫层	m3	1.8300	7-1	混凝土基础垫层模板	1.3800	m2	2.5254
6	010402001001	首层以下矩形柱		263.4600					
7	5-18	现浇砼构件 柱 C35	m3	263.4600	7-14	圆形柱木模板	7.8400	m2	2065.52
8	010402001002	二层以上矩形柱		1110.240					
9	5-17	现浇砼构件 柱 C30	m3	1110.240	7-11	矩形柱普通模板	10.5300	m2	11690.8
10	010403001001	基础梁		203.3300					
11	5-24	现浇砼构件 梁 C30	m3	203.3300	7-27	基础梁模板	7.9000	m2	1606.30
12	010403002001	矩形梁		1848.640					
13	5-24	现浇砼构件 梁 C30	m3	1848.640	7-28	矩形单梁、连续梁普通模板	9.6100	m2	17765.4
14	010403005001	过梁		53.6800					
15	5-26	现浇砼构件 过梁、圈	m3	53.6800	7-38	过梁模板	9.6800	m2	519.622
16	010404001002	直形墙		1129.930					
17	5-36	现浇砼构件 墙 C30	m3	1129.930	7-19	直形墙大模板	7.4400	m2	8406.67
18	010404001004	直形女儿墙		221.3800					
19	5-36	现浇砼构件 墙 C30	m3	221.3800	7-20	直形墙普通模板	7.4400	m2	1647.06
20	010405001002	有梁板		2172.150					
21	5-29	现浇砼构件 板 C30	m3	2172.150	7-41	有梁板普通模板	6.9000	m2	14987.8
22	010405003001	平板		44.2700					
23	5-29	现浇砼构件 板 C30	m3	44.2700	7-43	无梁板普通模板	4.8500	m2	214.709
24	010405006001	栏板		4.1100					
25	5-51	现浇砼构件 栏板 C25	m3	4.1100	7-60	栏板模板	33.9000	m2	139.329
26	010405008001	雨蓬、阳台板		5.0700					
27	5-47	现浇砼构件 雨罩 C30	m3	5.0700	7-56	悬挑板模板	95.2400	m2	482.866
28	010406001001	直形楼梯		790.7900					
29	5-41	现浇砼构件 楼梯 直	m2	790.7900	7-54	直形楼梯模板	2.1200	m2	1676.47
30	010408001001	后浇带		9.8300					
31	5-62	现浇砼构件 后浇带	m3	9.8300	7-53	板后浇带	0.0000	m2	0
32	010408001002	后浇带		20.6100					
33	5-62	现浇砼构件 后浇带	m3	20.6100	7-53	板后浇带	0.0000	m2	0

提取 关闭

图 10-29

点击【提取】，提取的模板子目结果如图 10 - 30 所示。

编码	类别	专业	名称	规格型号	单位	损耗率	工程量	单价	合价
7-1	定	土	现浇砼模板 基础垫层		m2		386.02	12.42	4794.46
7-7	定	土	现浇砼模板 满堂基础		m2		900.73	13.89	12511.21
7-1	定	土	现浇砼模板 基础垫层		m2		2.5254	12.42	31.37
7-14	定	土	现浇砼模板 圆形柱 木模板		m2		2065.5	39.88	82373.19
7-11	定	土	现浇砼模板 矩形柱 普通模板		m2		11690.	24.23	283268.74
7-27	定	土	现浇砼模板 基础梁		m2		1606.3	21.7	34856.86
7-28	定	土	现浇砼模板 矩形梁 普通模板		m2		17765.	26.94	478600.69
7-38	定	土	现浇砼模板 圈梁 直形		m2		519.62	21.42	11130.31
7-19	定	土	现浇砼模板 直型墙 大钢模		m2		8406.6	15.31	128706.26
7-20	定	土	现浇砼模板 直型墙 普通模板		m2		1647.0	13	21411.87
7-41	定	土	现浇砼模板 有梁板 普通模板		m2		14987.	28.32	424455.49
7-43	定	土	现浇砼模板 无梁板 普通模板		m2		214.70	25.09	5387.06
7-60	定	土	现浇砼模板 栏板		m2		139.32	14.83	2066.25
7-56	定	土	现浇砼模板 阳台、雨罩		m2		482.86	31.41	15166.85
7-54	定	土	现浇砼模板 楼梯 直形		m2		1676.4	61.42	102969.08
7-53	定	土	现浇砼模板 板后浇带		m2		0	28.35	0
7-53	定	土	现浇砼模板 板后浇带		m2		0	28.35	0

查询定额库　查询人材机库　查询造价信息库　工料机显示　标准换算　提取模板子目

图 10 - 30

（3）定额组价措施项。

1）大型机械设备进出场及安拆：选择大型机械设备进出场及安拆措施项，点击【组价内容】，点击鼠标右键，点击【插入】，在编码列输入 16-8 子目，工程量 7631。如图 10 - 31 所示。

编码	类别	专业	名称	规格型号	单位	损耗率	工程量	单价	合价	人
16-8	定	土	大型垂直运输机械使用费 檐高45m以下 建筑面积(m2) 10000以外		m2		7631	14.32	109275.92	

查询定额库　查询人材机库　查询造价信息库　工料机显示　标准换算　提取模板子目

图 10 - 31

2）脚手架：用以上同样的方式输入 15-7 子目，工程量为 22893。

3）高层建筑增加费：用以上同样的方式输入 17-1 子目，工程量为 22893。

4）工程水电费：用以上同样的方式输入 18-12 子目，工程量为 22893。

5）垂直运输机械：用以上同样的方式输入 16-8 子目，工程量为 15262。如图 10 - 32 所示。

2. 其他项目清单

除招标人设定的预留金外，没有其他费用。

3. 人材机汇总

（1）修改材料价格。修改材料的市场价，如图 10 - 33 所示。

序号	名称	单位	工程量	综合单价	综合合价	人工合价	材料合价	机械合价
	措施项目				3425216	714804.	1836979	470711.
1	通用项目				3168881.	714804.3	1836979.	252159.1
1.1	环境保护	项	1	75000	75000	0	75000	0
1.2	文明施工	项	1	75000	75000	0	75000	0
1.3	安全施工	项	1	75000	75000	0	75000	0
1.4	临时设施	项	1	468000	468000	0	468000	0
1.5	夜间施工	项	1	0	0	0	0	0
1.6	二次搬运	项	1	0	0	0	0	0
1.12	高层建筑超高费	项	1	0	0	0	0	0
1.13	工程水电费	项	1	0	0	0	0	0
1.7	大型机械设备进出场及安拆	项	1	128167.4	128167.4		0	109275.9
1.8	混凝土、钢筋混凝土模板及支架	项	1	1705955.	1705955.	675788.7	641283.6	137430.1
1.9	脚手架	项	1	641758.1	641758.1	39015.61	502695.9	5453.11
1.10	已完工程及设备保护	项	1	0	0	0	0	0
1.11	施工排水、降水	项	1	0	0	0	0	0
2	建筑工程				256334.9	0	0	218551.8
2.1	垂直运输机械	项	1	256334.9	256334.9	0	0	218551.8

图 10-32

	编码	类别	名称	规格型号	单位	数量	供货方式	甲供数量	预算价	市场价
1	01001	材	钢筋	Φ10以内	kg	550869.041	自行采购	0	2.43	3.62
2	01002	材	钢筋	Φ10以外	kg	1525876.5	自行采购	0	2.5	3.65
3	02001	材	水泥	综合	kg	4146503.99	自行采购	0	0.366	0.4
4	04001	材	红机砖		块	1053.8388	自行采购	0	0.177	0.23
5	04023	材	石灰		kg	34444.61	自行采购	0	0.097	0.13
6	04025	材	砂子		kg	6782904.55	自行采购	0	0.036	0.06
7	04026	材	石子	综合	kg	11262458.8	自行采购	0	0.032	0.05
8	04037	材	陶粒混凝土空心砌块		m3	1579.3219	自行采购	0	120	145
9	04048	材	白灰		kg	28418.37	自行采购	0	0.097	0.13
10	09197	材	锥螺纹套筒	Φ25以内	个	27255.86	自行采购	0	5	6.5
11	09198	材	锥螺纹套筒	Φ25以外	个	5439.86	自行采购	0	7.7	8.23
12	09241	材	钢板网		m2	63.924	自行采购	0	3.5	3.5
13	09273	材	预埋铁件		kg	439.35	自行采购	0	2.98	4
14	09589	材	铁纱		m2	66.968	自行采购	0	2.3	2.3
15	10055	材	SBS改性沥青油毡防水	3mm	m2	10089.0088	自行采购	0	17	17
16	10080	材	聚氨酯防水涂料		kg	2314.211	自行采购	0	9.5	9.5
17	10104	材	嵌缝膏	CSPE	支	2559.8978	自行采购	0	17	17
18	10106	材	乙酸乙酯		kg	404.1944	自行采购	0	20	20
19	11133	材	着色剂		kg	800.4634	自行采购	0	1.5	1.5
20	12004	材	聚氨脂泡沫塑料		m3	1.0965	自行采购	0	700	700
21	12022	材	塑护套		个	11880.524	自行采购	0	0.3	0.3
22	13046	材	聚苯乙烯泡沫塑料板		m3	369.153	自行采购	0	235	235
23	39029	材	沟盖板		m3	0.756	自行采购	0	572	1275
24	81004	浆	1:2水泥砂浆	1:2	m3	80.4213	自行采购	0	251.02	304.12
25	81067	浆	M5混合砂浆	M5	m3	344.4461	自行采购	0	142.33	191

图 10-33

（2）设置甲供材。

1）逐条设置：选中材料，如钢筋，单击供货方式单元格，供货方式选择为完全甲供。

2）批量设置：选中材料，点击【批量修改】，点击设置值下拉选项，选择为完全甲供，点击【确定】退出，如图 10-34 所示。

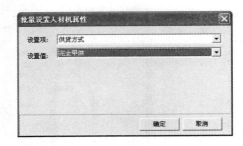

图 10-34

用以上方式设置完以下材料的供货方式，如图 10-35 所示。

	编码	类别	名称	规格型号	单位	数量	供货方式	甲供数量	预算价	市场价
1	01001	材	钢筋	Φ10以内	kg	550869.041	完全甲供	550869.0	2.43	3.62
2	01002	材	钢筋	Φ10以外	kg	1525876.5	完全甲供	1525876.	2.5	3.65
3	02001	材	水泥	综合	kg	4146503.99	完全甲供	4146503.	0.366	0.4
4	04001	材	红机砖		块	1053.8388	完全甲供	1053.84	0.177	0.23
5	04023	材	石灰		kg	34444.61	自行采购	0	0.097	0.13
6	04025	材	砂子		kg	6782904.55	完全甲供	6782904.	0.036	0.06
7	04026	材	石子	综合	kg	11262458.8	完全甲供	11262458	0.032	0.05
8	04037	材	陶粒混凝土空心砌		m3	1579.3219	完全甲供	1579.32	120	145
9	04048	材	白灰		kg	28418.37	自行采购	0	0.097	0.13
10	09197	材	锥螺纹套筒	Φ25以内	个	27255.86	完全甲供	27255.86	5	6.5
11	09198	材	锥螺纹套筒	Φ25以外	个	5439.86	完全甲供	5439.86	7.7	8.23

图 10-35

点击导航栏【甲方材料】，选择【甲供材料表】，查看设置结果如图 10-36 所示。

			编码	类别	名称	规格型号	单位	甲供数量	单价	合价	甲供材料分类
甲方材料	×	显示对应子目									
甲方材料:		1	02001	材	水泥	综合	kg	4146503.99	0.4	1658601.6	
◉ 甲供材料表		2	04025	材	砂子		kg	6782904.56	0.06	406974.27	
◉ 主要材料指标表		3	04037	材	陶粒混凝土空心砌块		m3	1579.32	145	229001.4	
◉ 甲方评标主要材料表		4	04026	材	石子	综合	kg	11262458.84	0.05	563122.94	
		5	04001	材	红机砖		块	1053.84	0.23	242.38	
		6	01001	材	钢筋	Φ10以内	kg	550869.04	3.62	1994145.92	
		7	01002	材	钢筋	Φ10以外	kg	1525876.5	3.65	5569449.22	
		8	09197	材	锥螺纹套筒	Φ25以内	个	27255.86	6.5	177163.09	
		9	09198	材	锥螺纹套筒	Φ25以外	个	5439.86	8.23	44770.05	

图 10-36

4. 费用汇总

点击【费用汇总】，如图 10-37 所示。

图 10-37

查看及核实费用汇总表，如图 10 - 38 所示。

	序号	费用代号	名称	计算基数	基数说明	费率(%)	金额
1	一	A	分部分项工程量清单计价合计	FBFXHJ	分部分项合计	100	14,499,602.16
2	二	B	措施项目清单计价合计	CSXMHJ	措施项目合计	100	3,425,216.74
3	三	C	其他项目清单计价合计	QTXMHJ	其他项目合计	100	100,000.00
4	四	D	规费	D1+D2+D3+D4	列入规费的人工费部分+列入规费的现场经费部分+列入规费的企业管理费部分+其他	100	716,931.68
5	1	D1	列入规费的人工费部分	GF_RGF	人工费中规费	100	300,167.40
6	2	D2	列入规费的现场经费部分	GF_XCJF	现场经费中规费	100	114,627.90
7	3	D3	列入规费的企业管理费部分	GF_QYGLF	企业管理费中规费	100	302,136.38
8	4	D4	其他			100	0.00
9	五	E	税金	A+B+C+D	分部分项工程量清单计价合计+措施项目清单计价合计+其他项目清单计价合计+规费	3.4	637,219.52
10		F	含税工程造价	A+B+C+D+E	分部分项工程量清单计价合计+措施项目清单计价合计+其他项目清单计价合计+规费+税金	100	19,378,970.10

图 10 - 38

5. 报 表

在导航栏点击【报表】，软件会进入报表界面，选择报表类别为"投标方"，如图 10 - 39 所示。

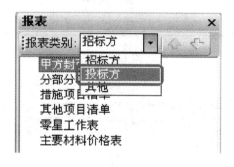

图 10 - 39

选择"分部分项工程量清单计价表"，显示如图 10 - 40 所示。

6. 保存、退出

通过以上操作就完成了土建单位工程的计价工作，点击 ![保存图标]，然后点击 ![关闭图标]，回到投标管理主界面。

给排水与电气工程组价方法与土建工程类似，此处不再赘述。

（五）汇总、定价

1. 汇总报价

土建、给排水、电气工程编制完毕后，可以在投标管理查看投标报价。由于软件采用了建设项目、单项工程、单位工程三级结构管理，所以可以很方便地查看各级结构的工程造价。

选择"01 号楼"，在右侧查看单项工程费用汇总，如图 10 - 41 所示。

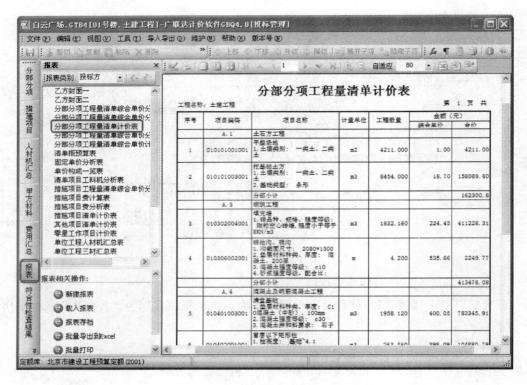

图 10 - 40

	序号	名称	金额	其中					占造价比例(%)
				分部分项合计	措施项目合计	其他项目合计	规费	税金	
1	一	土建工程	19378970.10	14499602.16	3425216.74	100000.00	716931.68	637219.5	94.88
2	二	给排水工程	274513.95	260349.71	533.74	0.00	4603.93	9026.57	1.34
3	三	电气工程	771581.87	725866.42	0.00	0.00	20344.29	25371.16	3.78
4									
5		合计	20425065.92						

图 10 - 41

选择"白云广场"，在右侧查看建设项目费用汇总，如图 10 - 42 所示。

	序号	名称	金额	其中					占造价比例(%)
				分部分项合计	措施项目合计	其他项目合计	规费	税金	
1	一	01号楼	20425065.92	15485818.29	3425750.48	100000.00	741879.90	671617.25	100
2									
3		合计	20425065.92						

图 10 - 42

提示：本项目只有一个单项工程，所以图 10 - 42 的"占造价比例"为 100%，如果包含多个单项工程，软件会计算各单项工程的造价比例。

2. 统一调整人材机价单价

点击【统一调整人材机单价】，如图 10 - 43 所示。

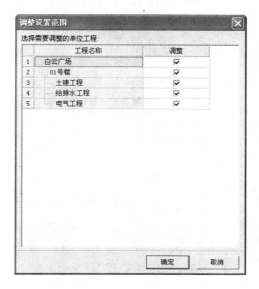

○ 进入编辑窗口

○ 检查与招标书的一致性

◎ **统一调整人材机单价**

○ 预览整个项目报表

图 10-43

选择需要调整价格的单位工程范围，如图 10-44 所示。

图 10-44

修改综合工日的价格为 34，如图 10-45 所示。

	名称	规格型号	单位	数量	类别	定额价	市场价
1	其他人工费		元	79514.24	人工费	1	1
2	人工费调整		元	99.77	人工费	1	1
3	综合工日		工日	824.12	人工费	23.46	23.46
4	综合工日		工日	9882.08	人工费	27.45	27.45
5	综合工日		工日	2119.83	人工费	28.24	28.24
6	综合工日		工日	1525.98	人工费	28.43	28.43
7	综合工日		工日	867.83	人工费	30.81	30.81
8	综合工日		工日	11688.64	人工费	31.12	31.12
9	综合工日		工日	25210.58	人工费	32.45	32.45
10	综合工日		工日	4078.12	人工费	32.53	34

图 10-45

修改后，每个单位工程的此人工价格都已经修改了，如图 10-46 所示。

明细

	项目	单位工程	编码	名称	规格型号	数量	市场价	市场价合计
1	01号楼	给排水工程	82011	综合工日		755.3	34	25680.2
2	01号楼	电气工程	82011	综合工日		3322.82	34	112975.88

图 10-46

点击【重新计算】→【关闭】，软件会按修改后的价格重新汇总投标报价，关闭返回主界面，选择01号楼，查看价格变化如图10-47所示。

序号	名称	金额	其中					占造价比例(%)
			分部分项合计	措施项目合计	其他项目合计	规费	税金	
1	一	土建工程	19378970.10	14499602.16	3425216.74	100000.00	716931.68	637219.52	94.85
2	二	给排水工程	275753.00	261314.09	557.60	0.00	4814.00	9067.31	1.35
3	三	电气工程	776863.98	730145.38	0.00	0.00	21173.75	25544.85	3.8
4									
5		合计	20431587.08						

图 10-47

3. 符合性检查

点击【检查与招标书一致性】，如图10-48所示。

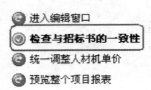

图 10-48

如果没有符合性错误，软件会提示没有错误，如图10-49所示。

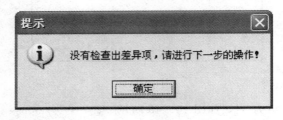

图 10-49

提示：如果检查到有不符合的项，软件会弹出界面提示具体的不符合项，如图10-50所示。

标准接口数据检查报告

项目结构

节点名称	不符合说明

项目内容

01号楼土建工程

分部分项工程量清单表								
当前标书				不符合说明	招标书			
编码	名称	单位	数量		编码	名称	单位	数量
010406001001	直形楼梯　1.混凝土强度等级：C30 2.混凝土拌和料要求：石子粒径0.5~3.2cm	m2	79.079	数量不符	010406001001	直形楼梯　1.混凝土强度等级：C30 2.混凝土拌和料要求：石子粒径0.5~3.2cm	m2	790.79

报告时间：2007-8-1 9:38:30

图 10-50

接下来需要修改不符合项，首先进入单位工程编辑主界面，点击导航栏【符合性检查结果】，选中需要修改的项，点击【更正错项】，如图10-51所示。

图10-51

软件会弹出选择更正项界面，由于此清单项是数量需要修改，勾选数量，如图10-52所示。

图10-52

点击【确定】后，处理结果单元格会显示"更正错项"，光标定位在处理结果时，软件会显示备注信息，如图10-53所示。

图10-53

4. 投标书自检

点击【发布投标书】→【投标书自检】，如图10-54所示。

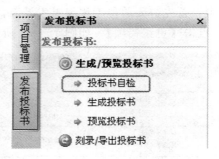

图 10 - 54

设置要选择的项，如图 10 - 55 所示。

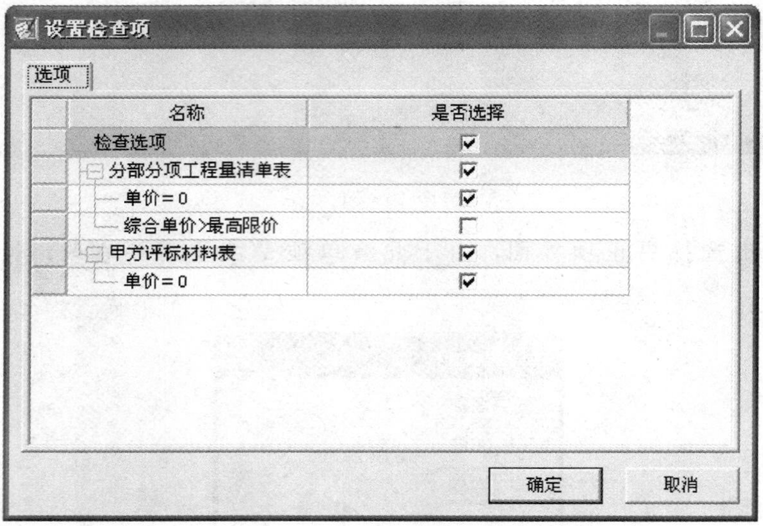

图 10 - 55

如果没有错误，软件提示如图 10 - 56 所示。

图 10 - 56

5. 生成电子投标书

点击【生成投标书】，如图 10 - 57 所示。

在投标信息界面输入信息，如图 10 - 58 所示。

点击【确定】，软件会生成电子标书文件，如图 10 - 59 所示。

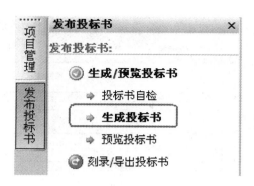

图 10 - 57

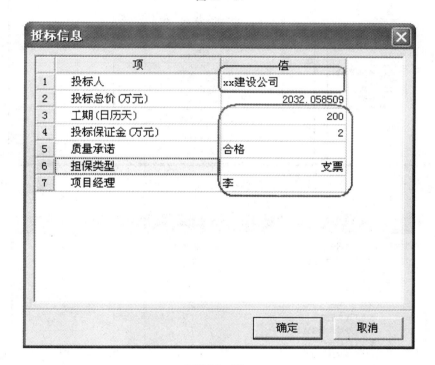

图 10 - 58

名称	版本	修改日期
白云广场BJ-070521-SG[2007-7-15 22:40:19]	1	[2007-7-15 22:40:19]

图 10 - 59

6. 预览、打印报表

点击【预览招标书】，软件会进入预览招标书界面，这个界面会显示本项目所有表，包括建设项目、单项工程、单位工程的报表，如图 10 - 60 所示。

点击【批量打印】，勾选需要打印的报表，点击【打印选中表】，如图 10 - 61 所示。

图 10－60

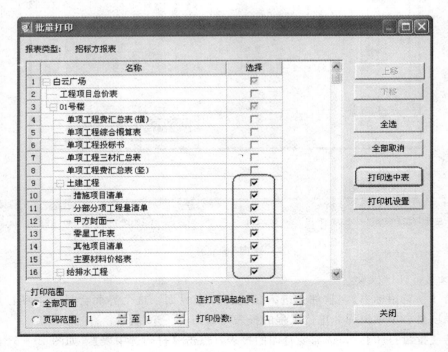

图 10－61

7. 刻录/导出电子投标书

点击【刻录/导出招标书】→【导出招标书】，如图 10 - 62 所示。

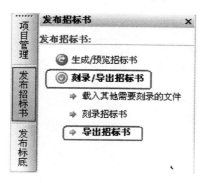

图 10 - 62

选择目录，如桌面，点击【确定】，如图 10 - 63 所示。

图 10 - 63

提示：通过以上操作就编制完成了一个项目的投标报价工作。

思 考 题

1. 根据本地区所用的预算软件，分析其优缺点，并对其进一步改进提出建设性意见。
2. 简述国外工程造价管理软件的发展思路。
3. 简述投标方使用软件的流程。

案例分析题参考答案

第三章

案例分析题

问题（1）：

1）建设期借款利息：

第1年贷款利息＝$500÷2×6\%＝15.00$（万元）

第2年贷款利息＝$[(500＋15)＋500÷2]×6\%＝45.90$（万元）

建设期借款利息＝$15＋45.90＝60.90$（万元）

2）固定资产年折旧费＝$\dfrac{2000＋60.90－100}{8}＝245.11$（万元）

3）计算期第8年的固定资产余值＝固定资产年折旧费$×(8－6)＋$残值＝$245.11×2＋100＝590.22$（万元）或＝$2000＋60.90－245.11×6＝590.24$（万元）

问题（2）：

表1　　借款还本付息计划表　　　　　　　　　　　　单位：万元

项目 年数	计 算 期							
	1	2	3	4	5	6	7	8
期初借款余额	0	515.00	1060.90	884.08	707.26	530.44	353.62	176.80
当期还本付息			240.47	229.86	219.26	208.65	198.04	187.43
其中：还本			176.82	176.82	176.82	176.82	176.82	176.82
付息			63.65	53.04	42.44	31.83	21.22	10.61
期末借款余额	515.00	1060.90	884.08	707.26	530.44	353.62	176.80	0

表2　　总 成 本 费 用 估 算 表　　　　　　　　　　单位：万元

序号	项目 年数	3	4	5	6	7	8
1	年经营成本	250.00	300.00	320.00	320.00	320.00	320.00
2	年折旧费	245.11	245.11	245.11	245.11	245.11	245.11
3	长期借款利息	63.65	53.04	42.44	31.83	21.22	10.61
4	总成本费用	558.76	598.15	607.55	596.94	586.33	575.72

问题（3）：

1）计算所得税：

第3年营业税及附加：$700×6\%＝42$（万元）

所得税＝（营业收入－营业税及附加－总成本费用）$×25\%$

第3年所得税＝$(700－42－558.76)×25\%＝24.81$（万元）

或第3年所得税＝$(700－700×6\%－558.76)×25\%＝24.81$（万元）

2）计算第 8 年的现金流入：

第 8 年的现金流入＝营业收入＋回收固定资产余值＋回收流动资金＝1000＋590.22＋300＝1890.22（万元）或＝1000＋590.24＋300＝1890.24（万元）

3）计算第 8 年的现金流出：

第 8 年所得税＝（1000－1000×6％－575.72）×25％＝91.07（万元）

第 8 年的现金流出＝借款本金偿还＋借款利息支出＋经营成本＋营业税金及附加＋所得税＝176.82＋10.61＋320＋60＋91.07＝658.50（万元）

4）计算第 8 年的净现金流量：

第 8 年的净现金流量＝现金流入－现金流出＝1890.22－658.50＝1231.72（万元）或＝1890.24－658.50＝1231.74（万元）

该项目资本金现金流量表如表 3 所示。

表3   项目资本金现金流量表   单位：万元

序号	项目 \ 年数	合计	计算期							
			1	2	3	4	5	6	7	8
1	现金流入				700.00	900.00	1000.00	1000.00	1000.00	1890.22
1.1	营业收入				700.00	900.00	1000.00	1000.00	1000.00	1000.00
1.2	补贴收入									
1.3	回收固定资产余值									590.22
1.4	回收流动资金									300.00
2	现金流出		1015.00	1045.90	557.28	645.82	682.37	674.42	666.46	658.50
2.1	项目资本金		500.00	500.00						
2.2	借款本金偿还		500.00	500.00	176.82	176.82	176.82	176.82	176.82	176.82
2.3	借款利息支付		15.00	45.90	63.65	53.04	42.44	31.83	21.22	10.61
2.4	经营成本				250.00	300.00	320.00	320.00	320.00	320.00
2.5	营业税金及附加				42.00	54.00	60.00	60.00	60.00	60.00
2.6	所得税				24.81	61.96	83.11	85.77	88.42	91.07
2.7	维持运营投资									
3	净现金流量（1－2）				142.72	254.18	317.63	325.59	333.54	1231.72

第四章

案例分析题 1

问题（1）：

X 为评价指标，Y 为各指标的权重，Z 为各方案的综合得分（或加权得分）。

问题（2）：

各方案的综合得分等于各方案的各指标得分与该指标的权重的乘积之和。计算结果见表 1。

表 1　　　　　　　　　　　　　综 合 评 价 计 算 表

X	Y	选址方案得分		
		A 市	B 市	C 市
配套能力	0.3	$85\times0.3=25.5$	$70\times0.3=21.0$	$90\times0.3=27.0$
劳动力资源	0.2	$85\times0.2=17.0$	$70\times0.2=14.0$	$95\times0.2=19.0$
经济水平	0.2	$80\times0.2=16.0$	$90\times0.2=18.0$	$85\times0.2=17.0$
交通运输条件	0.2	$90\times0.2=18.0$	$90\times0.2=18.0$	$80\times0.2=16.0$
自然条件	0.1	$90\times0.1=9.0$	$85\times0.1=8.5$	$80\times0.1=8.0$
Z		85.5	79.5	87

根据表 1 的计算结果可知，C 市的综合得分最高，因此，厂址应选择在 C 市。

案例分析题 2

问题（1）：

根据背景资料所给出的条件，各功能权重的计算结果见表 1。

表 1　　　　　　　　　　　　各技术经济指标得分和权重表

项目	F_1	F_2	F_3	F_4	F_5	得分	权重
F_1	×	3	3	4	4	14	$14/40=0.350$
F_2	1	×	2	3	3	9	$9/40=0.225$
F_3	1	2	×	3	3	9	$9/40=0.225$
F_4	0	1	1	×	2	4	$4/40=0.100$
F_5	0	1	1	2	×	4	$4/40=0.100$

问题（2）：

分别计算各方案的功能指数、成本指数、价值指数如下：

1）计算功能指数

将各方案各功能得分分别与该功能的权重相乘，然后汇总即为该方案的功能加权得分，各方案的功能加权得分为：

$WA=9\times0.350+10\times0.225+9\times0.225+8\times0.100=9.125$

$WB=10\times0.350+10\times0.225+9\times0.225+8\times0.100+7\times0.100=9.275$

$WC=9\times0.350+8\times0.225+10\times0.225+8\times0.100+9\times0.100=8.900$

$WD=8\times0.350+9\times0.225+9\times0.225+7\times0.100+6\times0.100=8.150$

各方案功能的总加权得分为：$W=WA+WB+WC+WD=9.125+9.275+8.900+8.150=35.45$

因此，各方案的功能指数为：

$FA=9.125/35.45=0.257$　　　　　　$FB=9.275/35.45=0.262$

$FC=8.900/35.45=0.251$　　　　　　$FD=8.150/35.45=0.230$

2）计算各方案的功能指数为：

$CA=1420/(1420+1230+1150+1360)=1420/5160=0.275$

$CB = 1230/5160 = 0.238$

$CC = 1150/5160 = 0.223$

$CD = 1360/5160 = 0.264$

3）计算各方案的价值指数

各方案的价值指数为：

$VA = FA/CA = 0.257/0.257 = 0.935$ $VB = FB/CB = 0.262/0.238$

$VC = FC/CC = 0.251/0.223 = 1.126$ $VD = FD/CD = 0.230/0.264 = 0.871$

由于 C 方案的价值指数最大，所以 C 方案为最佳方案。

案例分析题 3

问题（1）：

土建单位工程概算书，是由概算表、费用计算表和编制说明等内容组成的；土建单位工程概算表见表 1。

表 1   **某医科大学加速器室土建单位工程概预算表**

定额号	扩大分项工程名称	单位	工程量	价值（元）	
				基价	合价
3－1	实心砖基础（含土方工程）	10m³	1.960	1614.16	3163.75
3－27	多孔砖外墙（含外墙面勾缝、内墙面中等石灰砂浆及乳胶漆）	100m²	2.184	4035.03	8812.51
3－29	多孔砖内墙（含内墙面中等石灰砂浆及乳胶漆）	100m²	2.292	4885.22	11196.92
4－21	无筋混凝土带基（含土方工程）	m³	206.024	559.24	115216.86
4－24	混凝土满堂基础	m³	169.470	542.74	91978.15
4－26	混凝土设备基础	m³	1.580	382.70	604.67
4－33	现浇混凝土矩形梁	m³	37.860	952.51	36062.03
4－38	现浇混凝土墙（含内墙面石灰砂浆及乳胶漆）	m³	470.120	670.74	315328.29
4－40	现浇混凝土有梁板	m³	134.820	786.86	106084.47
4－44	现浇整体楼梯	10m²	4.440	1310.26	5817.55
5－42	铝合金地弹门（含运输、安装）	100m²	0.097	35581.23	3451.38
5－45	铝合金推拉窗（含运输、安装）	100m²	0.336	29175.64	9803.02
7－23	双面夹板门（含运输、安装、油漆）	100m²	0.331	17095.15	5658.49
8－81	全瓷防滑砖地面（含垫层、踢脚线）	100m²	2.720	9920.94	26984.96
8－82	全瓷防滑砖楼面（含踢脚线）	100m²	10.880	8935.81	97221.61
8－83	全瓷防滑砖楼梯（含防滑条、踢脚线）	100m²	0.444	10064.39	4468.59
9－23	珍珠岩找坡保温层	10m³	2.720	3634.34	9885.40
9－70	二毡三油一砂防水层	100m²	2.720	5428.80	14766.34
	脚手架摊销费	m²	1360.000	19.00	25840.00
	定额直接费合计				892344.98

由表 1 得：

定额直接费＝892344.98（元）

357

计算零星工程费＝892344.98×5％＝44617.25（元）

土建单位工程概算直接费＝892344.98＋44617.25＝936962.23（元）

根据概算定额直接费和背景材料给定费率，列表计算土建单位工程概算造价，见表2。

表2　　　　　某医科大学加速器室土建单位工程概算费用计算表

序号	费用名称	费用计算表达式	费用	备注
1	概算直接费	扩大分项工程定额直接费＋零星工程费	936962.20	
2	其他直接费	（1）×4.10％	38415.45	
3	现场经费	（1）×5.63％	52750.97	
4	直接工程费	（1）＋（2）＋（3）	1028128.62	
5	间接费	（4）×4.39％	45134.85	
6	利润	［（4）＋（5）］×4％	42930.54	
7	税金	［（4）＋（5）＋（6）］×3.51％	39178.41	
8	土建单位工程概算造价	（4）＋（5）＋（6）＋（7）	1155372.40	

问题（2）：

1）根据土建单位工程造价占单项工程综合造价比例，计算单项工程综合概算造价：

土建单位工程概算造价＝单项工程综合概算造价×40％

单项工程综合概算造价＝土建单位工程概算造价÷40％＝1155372.40÷40％＝2888431（元）

按各专业单位工程造价占单项工程综合造价的比例，分别计算各单位工程的概算造价。

采暖单位工程造价＝2888431×1.5％＝43326.47（元）

通风、空调单位工程造价＝2888431×13.5％＝389938.19（元）

电气、照明单位工程造价＝2888431×2.5％＝72210.78（元）

给排水单位工程造价＝2888431×1％＝28884.31（元）

工器具购置单位工程造价＝2888431×0.5％＝14442.16（元）

设备购置单位工程造价＝2888431×38％＝1097603.78（元）

设备安装单位工程造价＝2888431×3％＝86652.93（元）

2）编制单项工程综合概算书，见表3。

表3　　　　　　　　某医科大学加速器室单项工程综合概算书

序号	单位工程和费用名称	概算价值（万元）				技术经济指标			占总投资比例（％）
		建安工程费	设备购置费	建设其他费	合计	单位	数量	单位造价元/m²	
1	建筑工程	168.974			168.974	m²	1360	1242.45	58.50
1.1	土建工程	115.537			115.537			849.54	
1.2	采暖工程	4.333			4.333			31.86	
1.3	通风、空调工程	38.994			38.994	m²	1360	286.72	
1.4	电气、照明工程	7.221			7.221			53.10	

序号	单位工程和费用名称	概算价值（万元）				技术经济指标			占总投资比例（%）
		建安工程费	设备购置费	建设其他费	合计	单位	数量	单位造价元/m²	
1.5	给排水工程	2.889			2.889			21.24	
2	设备及安装工程	8.665	109.760		118.425	m²	1360	870.77	41.00
2.1	设备购置		109.760		109.760			807.06	
2.2	设备安装工程	8.665			8.665			63.71	
3	工器具购置		1.444		1.444	m²	1360	10.62	0.50
	合计	177.639	111.204		288.843			2123.85	100
4	占综合投资比例（%）	61.50	38.50		100				

第五章

案例分析题 1：

问题（1）：

该工程合同适宜采用单价合同。

因为该工程的工程项目性质清楚，只是工程的工程量事先无法给以准确的确定。

问题（2）：

监理工程师提出的已完工程的计量程序有如下不妥之处：

1）监理工程师接到报告后 7 天内（而非 14 天）按设计图纸核实已完工程的工程量，并在计量前 24 小时（而非 48 小时）通知乙方，乙方为计量提供便利条件并派人参加。

2）监理工程师收到乙方报告 7 天内（而非 14 天）未计量完毕，从第 8 天（而非第 15 天）起，乙方报告中开列的工程量及被认为已被确认，应将其作为工程价款支付的依据。

问题（3）：

监理工程师在对该工程进行计量时，计量方法主要采取图纸法。

问题（4）：

监理工程师应作如下处理：

1）监理工程师不能同意乙方的申请要求。因为该部分的工程施工范围超出了施工图纸的范围，其对应的工程量属于工程合同以外的工程内容，而监理工程师无权处理工程合同以外的相关事宜。

2）对排除孤石的补偿要求应予以批准，即工程施工工期应顺延 2 天，并追加合同价款 0.5 万元。

3）乙方因季节性大雨的原因而向监理工程师提出工期和窝工损失补偿的请求不能同意。

因为上述原因属于季节性问题，承包商在签订工程合同前应能够预测到，并应预测了因季节性问题而给工程施工造成的施工风险和应采取的相应措施，乙方与甲方签订的工程合同中的合同工期应考虑了相关施工风险因素对工程施工工期的影响，为此乙方提出的针对此类原因的工期和窝工损失补偿的请求不能同意。

问题 (5):

本月应支付的工程价款为 100.5 万元。

监理工程师已确认的追加合同价款应与工程进度款同期支付。

案例分析题 2

问题 (1):

业主对招标代理公司所提要求的正确性判断及理由:

1)"业主提出项目招标公告只在本市日报上发布"不正确。

理由:招标人采用公开招标方式的,应当发布招标公告。依法必须进行招标的建设项目的招标公告,应当通过国家指定的报刊、信息网络或者其他媒介发布。任何单位和个人不得非法限制招标公告的发布地点和发布范围。

2)"业主要求采用邀请招标"不正确。

理由:由于该工程项目是由政府投资建设,而按照《工程建设项目施工招标投标办法》的有关规定:"全部使用国有资金投资或者国有资金投资占控股或者主导地位的工程建设项目",其施工招标应当采用公开招标。如果采用邀请招标方式招标,应由相关部门批准。

3)"业主提出的仅对报名的潜在投标人的资质条件、业绩进行资格审查"不正确。

理由:投标资格审查的内容还应包括社会信誉、技术实力、机械设备的装备情况、拟投入的人员和机械情况、企业的财务状况等。

问题 (2):

投标文件有效与否的分析及理由:

1)A 投标人的投标文件有效。

2)B 投标人的投标文件有效,但其补充说明无效。因为开标后投标人不能变更(或者更改)投标文件的实质性内容。

3)C 投标人的投标文件无效。因投标保函的有效期应超过投标有效期 30 天或者 28 天(或者在投标有效期满后的 30 天或者 28 天内继续有效)。

4)D 投标人的投标文件有效。

5)E 投标人的投标文件无效。因为组成联合体投标的,投标文件应附有联合体各方共同投标的协议书。

问题 (3):

F 投标人的投标文件有效。

对其撤回投标文件的行为,招标人可以没收其投标保证金,给招标人造成的有关损失超过其投标保证金的,招标人可以向其提出索赔。

问题 (4):

1)招标人和 A 投标人应当自中标通知书发出之日起三十日内,按照招标文件和中标人的投标文件订立书面合同。双方不得再行订立背离合同实质性内容的其他协议。

2)合同价格为 8000 万元。

第六章

案例分析题 1

问题（1）：

对初始网络进度计划进行调整，结果如下图所示。

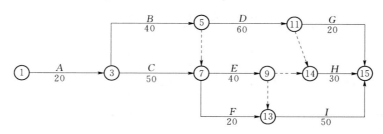

问题（2）：

1）总工期仍为 160 天。

2）关键工作有 A、C、E、I。（或①-③-⑦-⑬-⑮）。

问题（3）：

该工程的税金率为 $\dfrac{3\%(1+5\%+2\%)}{1-3\%(1+5\%+2\%)}=3.35\%$ 或 $\left[\dfrac{1}{1-3\%(1+5\%+2\%)}\right]=3.35\%$

承包商在工作 E 上可以索赔的费用为

直接费：$(100\times50+25000+2400\times20+12000)=90000(元)$

间接费：$90000\times18\%=16200(元)$

利润：$(90000+16200)\times7\%=7434(元)$

税金：$(90000+16200+7434)\times3.35\%=3860.74(元)$

问题（4）：

还可以索赔其他费用。

这些费用包括：

1）H 工作费索赔

①因为 H 工作有 10 天总时差，所以，人员窝工和吊装机械闲置时间为 $20-10=10(天)$

②每天窝工人数为 $90/30=3$（工日/天）

③索赔费用：$3\times10\times25+10\times500=5750(元)$

2）I 工作费用索赔：

①人员窝工时间为 20 天

②每天窝工人数：$1000/50=20$（工日/天）

③索赔费用：$20\times20\times25=1000(元)$

案例分析题 2

问题（1）：

工程预算付款：$3200\times20\%=640(万元)$

问题（2）：

人工费：$0.56 \times 60 = 33.60$（元/m²）

管理费：$(33.60 + 5.29) \times 40\% = 15.56$（元/m²）

利润：$(33.60 + 5.29) \times 14\% = 5.44$（元/m²）

分部分项工程量清单综合单价分析表见表1。

表1   **分部分项工程量清单综合单价分析表**   单位：m²

项目编号	项目名称	工程内容	综合单价组成					综合单价
			人工费	材料费	机械费	管理费	利润	
020108001001	花岗石墙面	进口花岗岩板（25mm）1：3水泥砂浆结合层	33.60	13.70（或575.50）	5.29	15.56	5.44	73.59（或635.39）

问题（3）：

增加工作的工程款：$260 \times 352 \times (1+3.5\%)(1+3.41\%) = 97953.26 = 980$（万元）

第8月应付工程款：$[(200+9.80) \times (1-5\%) - 640 \div 5] = 71.31$（万元）

问题（4）：

该分项工程增加工程量后的差价：

$(580 \times 360 \times 1.1) \times 1200 \times (1-0.9) \times (1+3.5\%)(1+3.4\%) = 23632.08$（元）

$= 2.36$（万元）

或该分项工程的工程款应为

$[360 \times 1.1 \times 1200 + (580 - 360 \times 1.1) \times 1200 \times 0.9] \times (1+35\%)(1-3.41\%)$

$= 72.13$（万元）

承包商结算报告中该分项工程的工程款为

$580 \times 1200 \times (1+35\%)(1-3.41\%) = 74.49$（万元）

承包商多报的该分项工程的工程款为 $74.49 - 72.13 = 2.36$（万元）

第14个月应付工程款：$(180 - 2.36) \times (1-5\%) = 168.76$（万元）

第七章

案例分析题1

(1) 各项费用项目应计入的资产类型：

1) 建筑安装工程费应计入固定资产价值。

2) 家具、用具购置费（因为使用期限一年以内，且单位价值较低）应计入流动资产价值。

3) 土地使用权出让金应计入无形资产价值。

4) 建设单位管理费应计入固定资产价值。

5) 投资方向调节税应计入固定资产价值。

6) 流动资金应计入流动资产价值。

7) 建设单位筹建期间发生的费用应计入递延资产价值。

(2) 各项资产价值的计算：

固定资产价值 $= 27000 + 2710 + 5784 = 35494$（万元）

流动资产价值＝5650＋7170＝12820（万元）

无形资产价值＝3200（万元）

递延资产价值＝3000（万元）

案例分析题2

问题（1）：

预付款及质保金：

工程预付款＝560×20％＝112（万元）

质保金＝560×5％＝28（万元）

问题（2）：

各月工程款及签发的付款凭证金额：

1）第一个月：

签证的工程款＝70×（1－0.1）＝63（万元）

应签发的付款凭证金额＝63－8＝55（万元）

2）第二个月：

本月实际完成产值不足计划的90％，即（90－80）/90＝11.1％

签证的工程款＝80×（1－0.1）－80×8％＝65.60（万元）

应签发的付款凭证金额＝65.6－12＝53.6（万元）

3）第三个月：

本月扣留质保金＝28－（70＋80）×10％＝13（万元）

签证的工程款＝120－13＝107（万元）

应签发的付款凭证金额＝107－15＝92（万元）

问题（3）：

合同终止时，业主已支付施工单位各类工程款为：

112＋55＋53.6＋92＝312.60（万元）

问题（4）：

业主应给施工单位的补偿：

1）已购买的特殊工程材料价款补偿50万元的要求合理。

2）设备撤回基地发生的费用要求为10万元不合理。

应补偿：（560－70－80－120）÷560×10＝5.18（万元）

3）施工人员遣返费用要求为8万元不合理。

应补偿：（560－70－80－120）÷560×8＝4.14（万元）

业主应给施工单位的补偿合计为：59.32（万元）

问题（5）：

合同终止后，业主共应向施工单位支付的工程款为：

70＋80＋120＋59.32－8－12－15＝294.32（万元）

参 考 文 献

［1］ 周述发．建筑工程造价管理［M］．武汉：武汉理工大学出版社，2010．

［2］ 车管鹏，杜春艳．工程造价管理［M］．北京：北京大学出版社，2006．

［3］ 周序洋．工程造价基础［M］．北京：中央广播电视大学出版社，2007．

［4］ 沈杰．工程造价管理［M］．南京：东南大学出版社，2006．

［5］ 丰艳萍，邹坦．工程造价管理［M］．北京：机械工业出版社，2011．

［6］ 彭红涛．造价工程师实务手册［M］．北京：中国建材工业出版社，2006．

［7］ 全国造价工程师执业资格考试培训教材编审组．工程造价计价与控制［M］．北京：中国计划出版社，2009．

［8］ 马楠，张国兴，韩英爱．工程造价管理［M］．北京：机械工业出版社，2009．

［9］ 全国注册咨询工程师（投资）资格考试参考教材编写委员会．项目决策分析与评价［M］．北京：中国计划出版社，2008．

［10］ 国家发展改革委，建设部．建设项目经济评价方法与参数（第三版）［M］．北京：中国计划出版社，2006．

［11］ 国家计委投资研究所建设部标准定额研究所社会评价课题组．投资项目社会评价指南［M］．北京：经济管理出版社，1997．

［12］ 刘元芳．建设工程造价管理［M］．北京：中国电力出版社，2005．

［13］ 全国造价工程师执业资格考试培训教材编审组．工程造价案例分析（2009年版）［M］．北京：中国城市出版社，2009．

［14］ 全国注册咨询工程师（投资）资格考试参考教材编写委员会．工程咨询概论［M］．北京：中国计划出版社，2008．

［15］ 尹贻林．2011年版全国造价工程师执业资格考试应试指南．工程造价案例分析［M］．北京：中国计划出版社，2011．

［16］ 中国建设工程造价管理协会．建设项目全过程造价咨询规程［M］．北京：中国计划出版社，2009．

［17］ 全国造价工程师执业资格考试培训教材编审委员会．工程造价计价与控制［M］．北京：中国计划出版社，2003．

［18］ 全国造价工程师执业资格考试培训教材编审委员会．工程造价案例分析［M］．北京：中国计划出版社，2003．

［19］ 程鸿群，姬晓辉，陆菊春．工程造价管理（第二版）［M］．武汉：武汉大学出版社，2010．

［20］ 郭婧娟．建设工程定额及概预算（第2版）（修订本）［M］．北京：清华大学出版社，北京交通大学出版社，2009．

［21］ 中华人民共和国住房和城乡建设部．建设工程工程量清单计价规范（GB 50500—2008）［M］．北京：中国计划出版社，2008。

［22］ 全国注册执业资格考试指定用书配套辅导系列教材编写组．全国造价工程师执业资格考试案例分析100题［M］．北京：中国建材工业出版社，2007．

［23］ 李惠强．工程造价与管理［M］．上海：复旦大学出版社，2007．

［24］ 尚梅．工程估价与造价管理［M］．北京：化学工业出版社，2008．

［25］ 卢谦．建设工程招标投标与合同管理［M］．北京：中国水利水电出版社，2007．

［26］ 刘钟莹，等．建设工程招标投标［M］．南京：东南大学出版社，2007．

［27］ 齐伟军．建筑工程造价［M］．武汉：华中科技大学出版社，2008．

［28］ 武育秦．建筑工程造价［M］．武汉：武汉理工大学出版社，2007．

［29］ 北京广联达软件技术有限公司．广联达计价软件 GBQ4．0 实训课程学生手册．2007．

［30］ 建设部标准定额研究所．建设项目经济评价参数研究［M］．北京：中国计划出版社，2004．

［31］ 全国造价工程师执业资格考试培训教材编审组．工程造价管理基础理论与相关法规［M］．北京：中国计划出版社，2009．

［32］ 郭婧娟．工程造价管理［M］．北京：清华大学出版社，北京交通大学出版社，2005．

［33］ 杨博．工程造价咨询［M］．合肥：安徽科学技术出版社，2004．